“十三五”普通高等教育本科规划教材

高分子科学与材料工程实验

第二版

刘建平　宋　霞　郑玉斌　主编

化学工业出版社
·北京·

本书主要分为五个部分，第一部分主要是高分子化学中最基本的、最常用的、具有较强应用性的聚合反应实验；第二部分是高分子物理中高聚物的表征及性能分析实验，主要包括高聚物分子量测定、熔体流动性能、结晶度以及聚合物官能团的鉴定等；第三部分是高分子材料的成型与加工实验，主要包括注射成型、挤出成型、吹塑成型、人造革涂覆、模压成型、橡胶加工工艺以及复合材料的加工工艺等；第四部分是高分子材料的性能测试实验，主要包括高分子材料的加工性能即加工流动性、加工稳定性以及制品的力学性能、电性能、热性能、光性能等；第五部分是综合与设计性实验，这一部分是为了锻炼学生的综合实验能力和实验的自主设计能力而编写的，主要涉及高分子化学实验、高分子物理实验、高分子材料加工改性以及高分子材料的测试等方面内容，学生通过学习本部分内容，可以提高自主实验、综合实验的能力。本书附录给出了实验中常用的一些基础数据供实验者使用。

本书可供高分子材料及相关专业的教学使用，还可供从事高分子材料研究、开发和应用的研究人员及工程技术人员参考。

图书在版编目（CIP）数据

高分子科学与材料工程实验/刘建平，宋霞，郑玉斌主编. —2版. 北京：化学工业出版社，2017.9（2024.8重印）
“十三五”普通高等教育本科规划教材
ISBN 978-7-122-30071-3

Ⅰ.①高… Ⅱ.①刘…②宋…③郑… Ⅲ.①高分子材料-材料试验-高等学校-教材 Ⅳ.①TB324.02

中国版本图书馆CIP数据核字（2017）第154154号

责任编辑：王 婧 杨 菁　　装帧设计：史利平
责任校对：王素芹

出版发行：化学工业出版社（北京市东城区青年湖南街13号 邮政编码100011）
印　　装：北京七彩京通数码快印有限公司
787mm×1092mm 1/16 印张21 字数531千字 2024年8月北京第2版第4次印刷

购书咨询：010-64518888　　售后服务：010-64518899
网　　址：http://www.cip.com.cn
凡购买本书，如有缺损质量问题，本社销售中心负责调换。

定　　价：59.00元

前言

FOREWORD

《高分子科学与材料工程实验》一书是为了适应教学改革、为了更好地培养我国21世纪高分子科学及高分子材料工程方面人才的需要，为高分子科学及高分子材料工程专业编写的教材。书中的内容尽量突出学科的方向，同时也兼顾了内容的新颖性及覆盖面。

本书包括五部分，共86个实验。第一部分为基本聚合反应，这一部分主要是一些经典的常用的高分子聚合反应，在编写内容上既注重高分子化学反应类型又兼顾了塑料、涂料、胶黏剂的合成；第二部分为高聚物的表征与性能分析，这一部分既注重了经典的高分子物理，又兼顾了其内容的实用性；第三部分为高分子材料的成型与加工，这一部分主要是以塑料的制造加工方法为主，同时也包括了复合材料和橡胶的成型与加工，这部分内容既有较强的实用性和可操作性，又有先进性和科学性；第四部分为高分子材料的测试，这一部分主要涉及高分子材料的力学性能、热性能、电性能、光学性能等方面，注重的是实用性和可操作性；第五部分为综合与设计性实验，目的是训练学生能够把学到的高分子化学、高分子物理以及高分子材料加工与测试方面的科学理论与实验方法综合应用，达到学生自主进行设计实验方案、实验内容，提高观察实验、分析实验、总结实验的能力。附录部分为了方便实验工作查阅有关实验数据，收录了实验中常用的提纯方法、分析方法和高分子化学、高分子物理的有关参数。总之，本书不仅注重理论指导实验，而且注重以实验来验证理论，目的是通过实验提高学生的理论水平和自主动手能力。

《高分子科学与材料工程实验》编写分工如下：温州大学刘建平主编第一部分、第三部分、第五部分；温州大学宋霞主编第二部分、第四部分及附录部分；大连理工大学郑玉斌参编第一部分、第二部分；参加编写工作的还有大连工业大学冯钠、华北理工大学尚宏周、闫莉、广西师范学院于淑娟。我们在此对支持、关心本书编写工作的各位老师、各位同仁表示衷心感谢！

由于编者水平有限，书中出现不当之处在所难免，恳请读者批评指正。

编者

2017年3月

目录

CONTENTS

第一部分 基本聚合反应 1

实验一 苯乙烯溶液聚合 …… 1
实验二 苯乙烯乳液聚合 …… 4
实验三 甲基丙烯酸甲酯的悬浮聚合 …… 6
实验四 苯乙烯阳离子聚合 …… 9
实验五 膨胀计法测定苯乙烯自由基聚合反应速率 …… 11
实验六 甲基丙烯酸甲酯本体聚合制备有机玻璃板 …… 14
实验七 环氧树脂的制备 …… 16
实验八 环氧胶黏剂的固化反应及胶接强度测定 …… 19
实验九 乙酸乙烯酯的溶液聚合及聚乙酸乙烯酯的醇解 …… 22
实验十 丙烯腈和乙酸乙烯酯的乳液共聚合 …… 26
实验十一 107胶及涂料的制备 …… 28
实验十二 苯丙乳液聚合及乳胶漆的制备与性能测试 …… 30
实验十三 酸法酚醛树脂的制备 …… 33
实验十四 碱法酚醛树脂的制备 …… 35
实验十五 不饱和聚酯树脂及玻璃钢的制备 …… 37
实验十六 热塑性聚氨酯弹性体的制备 …… 41
实验十七 聚氨酯泡沫塑料的制备 …… 44
实验十八 己内酰胺开环聚合尼龙-6 …… 47
实验十九 熔融缩聚法制备尼龙-66 …… 50
实验二十 对苯二甲酰氯与己二胺的界面缩聚 …… 53
实验二十一 丙烯腈-丁二烯-苯乙烯树脂的制备 …… 55
实验二十二 离子交换树脂制备及交换当量测定 …… 58

第二部分 高聚物的表征与性能分析 61

实验二十三 端基分析法测定聚合物的分子量 …… 61

实验二十四　光散射法测定分子量 …… 64
实验二十五　黏度法测定聚合物的分子量 …… 72
实验二十六　蒸气压渗透法测定分子量 …… 78
实验二十七　渗透压法测定分子量 …… 82
实验二十八　凝胶渗透色谱测聚合物分子量 …… 89
实验二十九　膨胀计法测定玻璃化转变温度 …… 92
实验三十　高聚物熔融指数的测定 …… 95
实验三十一　毛细管法测定高聚物熔体流变曲线 …… 97
实验三十二　差热分析 …… 101
实验三十三　热重分析法 …… 107
实验三十四　密度梯度管法测定高聚物的密度和结晶度 …… 111
实验三十五　反相气体色谱法测定聚乙烯的结晶度 …… 117
实验三十六　透射电镜观察聚合物球晶初态 …… 121
实验三十七　用扫描电子显微镜观察聚合物形态 …… 125
实验三十八　红外光谱法鉴定聚合物 …… 128

第三部分　高分子材料的成型与加工　133

实验三十九　热塑性塑料注射成型 …… 133
实验四十　热塑性塑料挤出造粒实验 …… 137
实验四十一　挤出成型聚氯乙烯塑料管材 …… 140
实验四十二　锥形双螺杆挤出成型硬质 PVC 异型材 …… 144
实验四十三　塑料挤出吹膜实验 …… 147
实验四十四　挤出流延膜实验 …… 152
实验四十五　中空塑料制品吹塑成型实验 …… 155
实验四十六　聚乙烯泡沫材料的制备 …… 159
实验四十七　离型纸法间接涂覆制作人造革试样 …… 164
实验四十八　玻璃钢（FRP）制品手糊成型实验 …… 168
实验四十九　不饱和聚酯的增稠及 SMC 的制备 …… 170
实验五十　SMC 的层压实验 …… 172
实验五十一　短切玻璃纤维预混料的制备 …… 174
实验五十二　FRP 制品模压成型 …… 176
实验五十三　酚醛塑料的模压成型 …… 178
实验五十四　脲醛树脂及其层压板的制备 …… 182
实验五十五　三聚氰胺-甲醛树脂及其层压板的制备 …… 184
实验五十六　PVC/FRP、PP/FRP 复合管道缠绕成型工艺 …… 186
实验五十七　复合材料拉挤成型工艺 …… 189

实验五十八　橡胶的密炼 …… 192
实验五十九　橡胶配合与开炼 …… 194
实验六十　橡胶的硫化工艺 …… 197

第四部分　高分子材料的测试　200

实验六十一　塑料拉伸强度的测定 …… 200
实验六十二　塑料弯曲强度实验 …… 206
实验六十三　塑料冲击强度的测定 …… 211
实验六十四　塑料硬度的测定 …… 216
实验六十五　高聚物维卡软化点温度的测定 …… 218
实验六十六　马丁耐热性测试 …… 220
实验六十七　塑料的热老化实验 …… 223
实验六十八　聚氯乙烯热稳定性测试 …… 225
实验六十九　氧指数法测定聚合物的燃烧性 …… 228
实验七十　塑料燃烧烟密度的测定 …… 232
实验七十一　聚合物材料动态（热）力学分析 …… 235
实验七十二　转矩流变仪实验 …… 242
实验七十三　介电常数、介电损耗的测定 …… 246
实验七十四　聚合物电阻的测定 …… 248
实验七十五　透明塑料透光率和雾度的测试 …… 253
实验七十六　塑料薄膜和人造革等材料透水蒸气性实验 …… 257
实验七十七　涂饰材料剥离强度测试 …… 260
实验七十八　门尼黏度实验 …… 263
实验七十九　门尼焦烧实验 …… 266
实验八十　橡胶硫化特性实验 …… 269

第五部分　综合与设计性实验　271

实验八十一　苯乙烯聚合的综合实验 …… 271
实验八十二　苯乙烯-丁二烯共聚合实验设计 …… 279
实验八十三　PC 合金综合设计性实验 …… 285
实验八十四　阻燃尼龙综合设计性实验 …… 289
实验八十五　玻璃纤维改性 PA-66 综合设计性实验 …… 295
实验八十六　塑料的填充改性实验设计 …… 298

附录 303

附录一 常用单体的精制 …… 303
附录二 引发剂的精制 …… 305
附录三 酸值的测定 …… 306
附录四 羟值的测定 …… 306
附录五 环氧值的测定 …… 307
附录六 结合丙烯腈含量的测定 …… 308
附录七 比重瓶法测固体和液体的密度 …… 309
附录八 常见聚合物的英文缩写 …… 310
附录九 常用单体物理常数表 …… 313
附录十 常用引发剂分解速率常数、活力及半衰期 …… 314
附录十一 几种引发剂的链转移常数 C_I …… 315
附录十二 几种溶剂（或调节剂）的链转移常数（60℃） …… 316
附录十三 在均聚反应中单体的链转移常数 C_M …… 316
附录十四 自由基共聚反应中单体的竞聚率 …… 316
附录十五 某些单体在阳离子型共聚时的竞聚率 …… 317
附录十六 一些聚合物的溶剂和沉淀剂（非溶剂） …… 317
附录十七 几种高聚物的特性黏数-分子量关系式 $[\eta]=KM^{\alpha}$ 参数 …… 318
附录十八 某些聚合物的 θ 溶剂 …… 321
附录十九 一些常见聚合物的密度 …… 322
附录二十 一些具有代表性的聚合物的结晶参数 …… 323
附录二十一 一些聚合物的玻璃化转变温度（T_g）和熔点（T_m） …… 324
附录二十二 一些聚合物的折射率 …… 325

参考文献 326

第一部分 基本聚合反应

实验一 苯乙烯溶液聚合

一、实验目的

① 了解苯乙烯自由基聚合机理。
② 掌握自由基溶液聚合方法。

二、实验原理

自由基聚合反应属于链锁聚合反应，活性中心是自由基，一般分为链引发、链增长、链终止及链转移等几个基元反应。

1. 链引发

链引发反应是初级自由基与单体反应生成单体自由基的过程。能产生初级自由基的物质称为引发剂，主要有过氧化物和偶氮化合物两大类，这些化合物的分子结构中有弱键，在较低温度下（40～100℃）就能均裂成两个自由基，例如过氧化苯甲酰的分解。

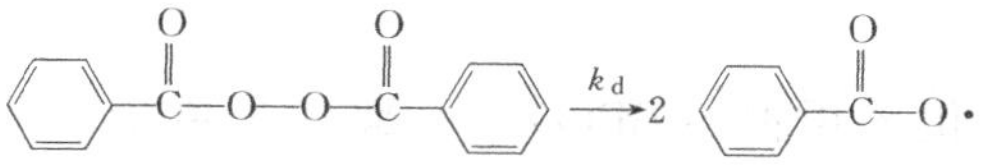

初级自由基与一分子苯乙烯单体反应生成自由基：

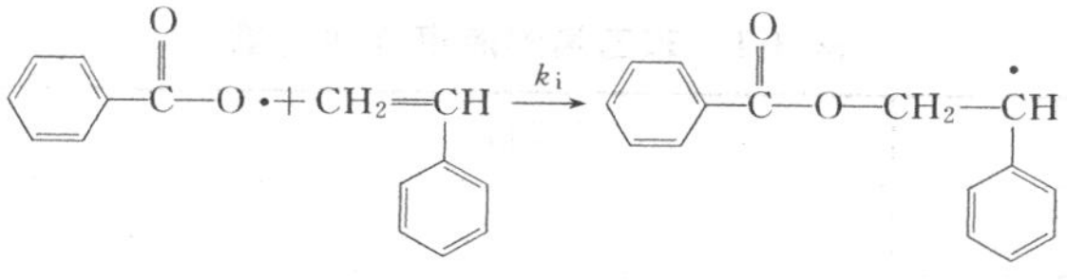

2. 链增长

单体自由基与单体继续反应，增长速率极快，在 0.01～10s 之内，就能使聚合度达到 10^3～10^4。

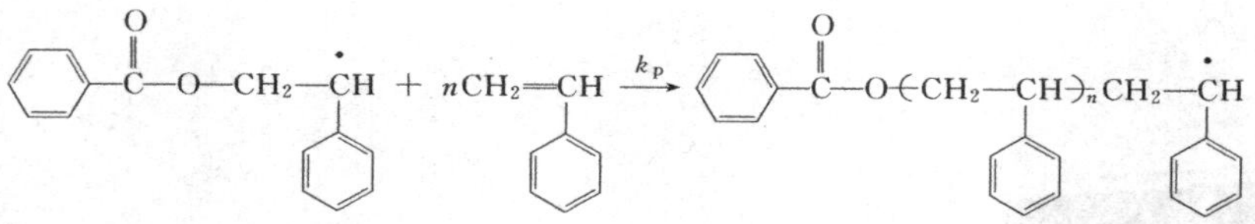

3. 链终止

自由基终止反应通常为双基终止，可分为偶合终止与歧化终止。

偶合终止：

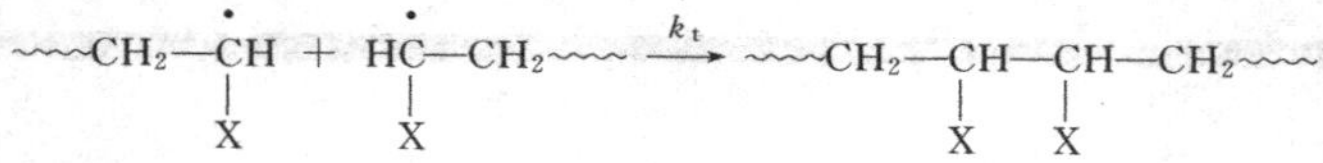

歧化终止：

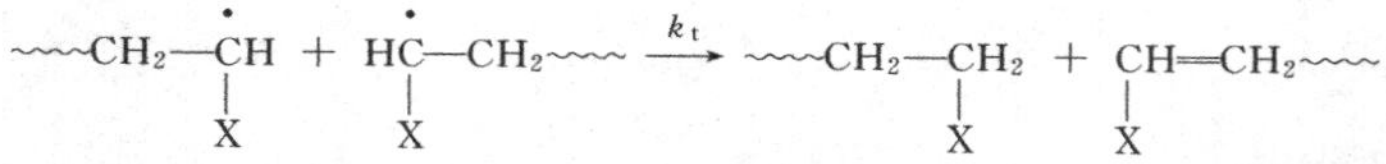

苯乙烯自由基聚合中链终止反应在一般温度下（40～100℃），通常是偶合终止。

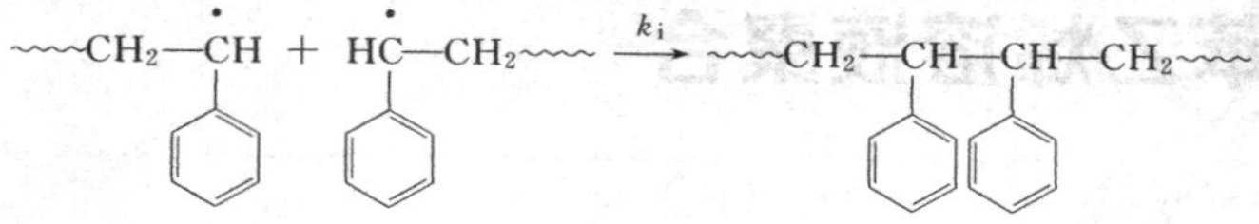

4. 链转移

自由基聚合中还可有链转移反应，这是因为大分子自由基有可能从单体、溶剂或引发剂分子上夺取一个原子或原子团而转移。

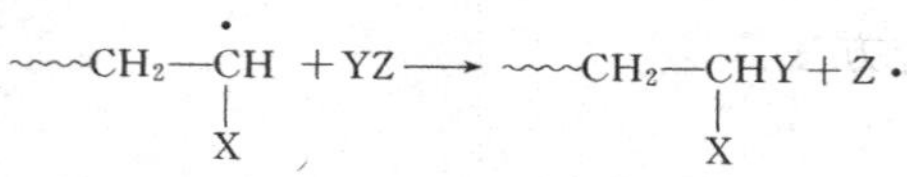

若链转移所产生的自由基的活性与原自由基活性相近，则继续引发、增长，结果使聚合速率保持不变，聚合物分子量降低。若转移，所产生的自由基活性减弱或失去活性，则会出现缓聚或阻聚现象。某些化合物如硝基苯、酚类等对自由基聚合反应有缓聚或阻聚作用。由于苯乙烯受热时易聚合，在保存时常加入二酚类化合物等阻聚剂，所以在苯乙烯聚合体系中，必须除掉上述阻聚剂。

三、试剂与仪器

1. 试剂

苯乙烯，甲苯，过氧化苯甲酰（BPO），乙醇，去离子水。按照表 1-1 的用量准备药品。

表 1-1 苯乙烯溶液聚合加料量

药品	质量份	实际加入量/g
苯乙烯(精制)	30	9
甲苯	70	21
过氧化苯甲酰(BPO)	0.6	0.18

2. 仪器

水浴锅，搅拌器，温度计，冷凝管，100mL 量筒，250mL 烧杯，100mL 三口烧瓶，球形冷凝管（装置如图 1-1）。

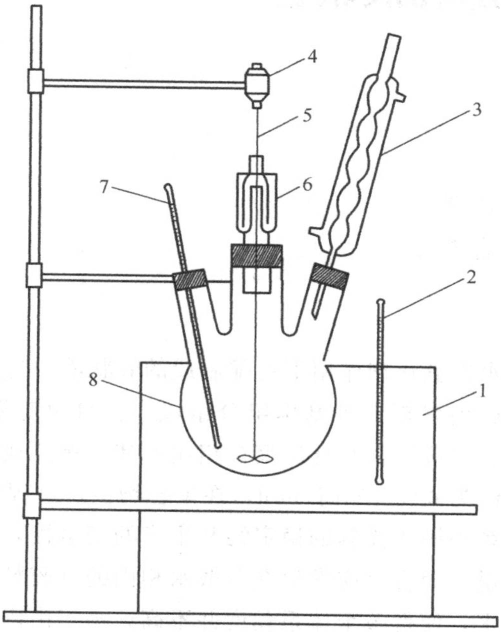

图 1-1 实验装置

1—水浴锅；2—温度计；3—冷凝管；4—搅拌器；5—搅拌棒；6—液封；7—温度计；8—三口瓶

四、实验步骤

在 100mL 三口烧瓶中加入 21g 甲苯和 9g 新蒸馏的苯乙烯，并加入 0.18g 过氧化苯甲酰，开动搅拌，使引发剂溶解，然后在 90℃水浴中加热聚合 3h。然后将聚合物溶液在搅拌下慢慢倒入装有 40g 乙醇的 250mL 烧杯中，聚合物沉析出来。静置后将滤液倾斜倒掉，再加入少量乙醇洗涤聚合物软胶团，最后将聚合物软胶团放在表面皿中于 60～70℃烘箱中干燥至恒重。

五、实验结果与分析

$$\text{聚合物收率}=\frac{\text{收到量}}{\text{理论产量}}\times 100\%$$

实验二 苯乙烯乳液聚合

一、实验目的

① 了解乳液聚合基本原理。

② 掌握苯乙烯乳液聚合方法。

二、实验原理

乳液聚合是由单体和水在乳化剂作用下在配制成的乳状液中进行的聚合，体系主要由单体、水、乳化剂及溶于水的引发剂四种基本组分组成。在自由基聚合反应的四种实施方法中，乳液聚合和本体聚合、溶液聚合及悬浮聚合相比有其可贵的独特优点。烯类单体聚合反应放热量很大，其聚合热约为 60～100kJ/mol，在聚合物生产过程中，反应热的排除是一个关键性的问题。它不仅关系到操作控制的稳定性和生产的安全性，而且严重地影响着产品的质量。对乳液聚合过程来说，聚合反应发生在分散水相内的乳胶粒中，尽管在乳胶粒内部黏度很高，但由于连续相是水，使得整个体系黏度并不高，易于由内向外传热，不会出现局部过热，更不会暴聚，同时易搅拌，便于管道输送，容易实现连续化操作。

在烯类单体的自由基本体、溶液及悬浮聚合中，提高反应速率的同时使得聚合物分子量降低，两者是相矛盾的。但是乳液聚合可以将两者统一起来，这是因为乳液聚合是按照和其他聚合方法不同的机理进行的。在乳液聚合体系中，聚合反应发生在一个个彼此孤立的乳胶粒中，自由基链被封闭于其中，不能同其他乳胶粒中的长链自由基相碰而终止，只能和由水相扩散进来的初始自由基发生链终止反应，故自由基有充分的时间增长到很高的分子量。另外，在乳液聚合体系中有着巨大数量的乳胶粒，其中封闭着巨大数量的自由基进行链增长反应，自由基的总浓度比其他聚合过程要大，故反应速率高。聚合速率大，同时分子量高，这是乳液聚合的一个重要的特点。

目前乳液聚合已成为生产高聚物的重要方法之一。许多高分子材料，如合成橡胶、合成树脂、涂料、胶黏剂、絮凝剂、光亮剂、添加剂、医用高分子材料、抗冲击聚合物以及其他许多特殊用途的合成材料等，都可以大量地采用乳液法生产。

苯乙烯乳液聚合的机理与一般乳液聚合相同，采用过硫酸钾为引发剂、十二烷基硫酸钠为乳化剂、十二硫醇为分子量调节剂。

三、试剂与仪器

1. 试剂

苯乙烯（精制），过硫酸钾，十二烷基硫酸钠，十二硫醇，去离子水，硫酸铝钾。按照表 2-1 的用量准备药品。

表 2-1 苯乙烯乳液聚合配料量

药品名称	质量份	理论用量/g	纯度/%	实际用量/g
苯乙烯(精制)	100	60	99.9	60
过硫酸钾	0.3	0.18	99	0.18
十二烷基硫酸钠	3	1.8	85	1.8
十二硫醇	0.28	0.168	85	0.197
去离子水	300	180	99.9	180

2. 仪器

水浴锅，搅拌器，温度计，氮气导管，冷凝管，200mL 量筒，100mL 烧杯，500mL 三口烧瓶，球形冷凝管，200mL 烧杯。

四、实验步骤

先按配方将所需药品称好，其中引发剂过硫酸钾用分析天平称量，去离子水用量筒计量，其余药物用天平称量。

先将乳化剂及配方中的一部分投入反应器内，启动搅拌，再加入新蒸馏的单体苯乙烯（十二硫醇已先溶于其中），通氮气 10min，排除装置中的空气升温至 50℃，加入引发剂过硫酸钾水溶液（用配方中一部分去离子水将过硫酸钾放入小烧杯中搅拌溶解）开始计算反应时间，诱导期过后反应体系自动升温，移去加热水浴用冷却水冷却，使反应器温度保持 60℃左右反应 2h，然后再升温至 90℃反应 1h，即得聚苯乙烯乳液。

转化率的测定如下。

称取 10g 乳液加入到 200mL 小烧杯中，一边搅拌一边加入 0.4%硫酸铝钾溶液 70mL，进行破乳。用预先称重的布氏漏斗抽滤（用水泵或真空抽滤）滤饼用去离子水洗 3 次，再用少量甲醇捣洗两次，以除去低聚物及未反应的单体（水洗或甲醇洗时可暂停抽滤），洗后将滤饼连同布氏漏斗一起放入 70℃烘箱中烘 4h，再放入 70℃的真空烘箱中，每隔 2h 称重一次，直到恒重为止。

转化率的计算：

$$\text{转化率}=\frac{\text{生成高聚物的质量}}{\text{乳胶样品质量}\times\text{乳胶中单体质量份}}\times 100\%$$

其中：

$$\text{生成的高聚物的质量}=(\text{布氏漏斗质量}+\text{产品质量})-\text{空布氏漏斗质量}$$

$$\text{乳胶中单体质量份}=\frac{\text{单体量}}{\text{实际总投料量}}$$

五、思考题

① 反应前及反应过程中为什么要通氮气？

② 乳化剂在乳液聚合中的作用是什么？

③ 反应过程中为什么有自动升温现象？为什么要控制反应温度？

实验三 甲基丙烯酸甲酯的悬浮聚合

一、实验目的

① 了解悬浮聚合的基本原理。
② 掌握甲基丙烯酸甲酯悬浮聚合方法。

二、实验原理

不溶于水的单体以小液滴状态悬浮在水中进行的聚合反应叫悬浮聚合。体系中主要有4个组分：单体、引发剂、介质（水）和分散剂（悬浮剂）。在悬浮聚合中，单体被分散剂在搅拌下均匀分散在水中，每个小液滴都是一个小的本体聚合的微型聚合反应器，液滴周围的水介质连续相都是这些微型本体聚合反应器的热传导体。因此尽管每液滴中单体的聚合与本体聚合无异，但整个聚合体系的温度控制比较容易，适合工业化生产。

悬浮聚合是将单体以微珠形式分散于介质中进行的聚合。

从动力学的观点看，悬浮聚合与本体聚合完全一样，每一个微珠相当于一个小的本体。虽然悬浮聚合克服了本体聚合中散热困难的问题，但因珠粒表面附有分散剂，使纯度降低。当微珠聚合到一定程度，珠子内黏度迅速增大，珠与珠之间很容易碰撞黏结，不易成珠子，甚至粘成一团，为此必须加入适量分散剂，选择适当的搅拌器与搅拌速度。单体分散示意如图3-1。

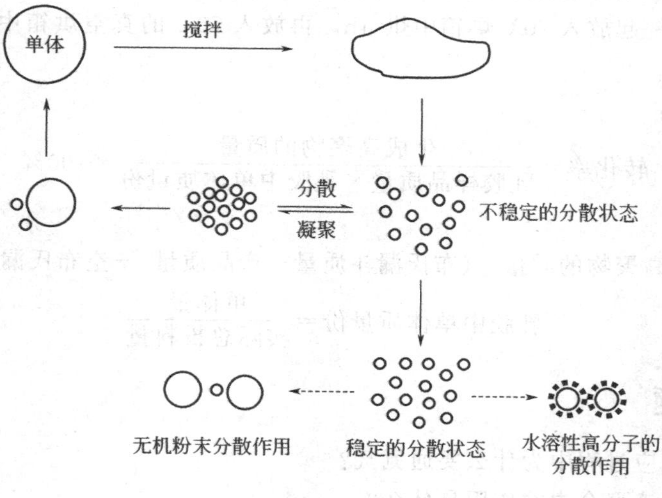

图 3-1 单体分散示意

由于分散剂的作用机理不同，在选择分散剂的种类和确定分散剂用量时，要随聚合物种类和颗粒要求而定，如颗粒大小、形状、树脂的透明性和成膜性能等。同时也要注意合适的搅拌速度、水与单体比等。

悬浮聚合常用的分散剂有有机化合物和无机化合物两类：一类是明胶、羟乙基纤维素、聚丙烯酰胺和聚乙烯醇等，这类是亲水性的聚合物；另一类是不溶于水的无机物粉末，如硫酸钡、磷酸钙、氢氧化铝、氢氧化钙、二羟基六磷酸十钙等。本实验以氯化镁与氢氧化钠为分散剂进行甲基丙烯酸甲酯的悬浮聚合。

悬浮聚合法的优点是反应体系温度易控制，聚合热易排除，兼有本体聚合和溶液聚合之长处，后处理简单，生产成本低，产物可直接加工。但产品纯度不如本体聚合法高，残留的分散剂等难以除去，影响产品的透明度及介电性能。

三、试剂与仪器

1. 试剂

名　称	级　别	数　量
甲基丙烯酸甲酯(MMA)	除阻聚剂新蒸馏	24mL
过氧化二苯甲酰(BPO)	重结晶	0.2～0.24g
氯化镁($MgCl_2$)	化学纯级	1mol/L　10mL
氢氧化钠(NaOH)	化学纯级	1mol/L　10mL
蒸馏水		60mL

2. 仪器

名　称	规　格	数　量
三口瓶	250mL	1 支
球形冷凝管		1 支
平板搅拌器		1 副
烧杯	1000mL,200mL,25mL	各 1 只
量筒	10mL,25mL,100mL	各 1 只
温度计	0～100 ℃	1 支
水浴锅	1kW	1 台
玻璃棒		1 根
玻璃漏斗		1 只
吸滤纸、布氏漏斗公用		3

四、实验步骤

① 安装时搅拌器装在支管正中，不要与壁碰撞，搅拌时要平稳，支管下装有加热水浴，(冷凝管可待料加入支管后再安上)，其装置如图 3-2。

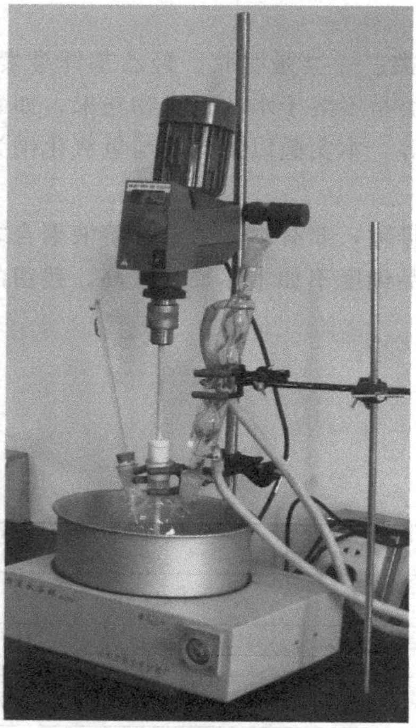

图 3-2　反应装置

② 将大部分蒸馏水（40mL 左右）先加于三口瓶中，开动搅拌器，加入预先配好的 1mol/L $MgCl_2$ 溶液和 1mol/L NaOH 溶液各 8～10mL。加热水浴至 60℃，反应 5min。

③ 同时取除阻聚剂新蒸馏的单体 24mL 于小烧杯中，使其先与过氧化二苯甲酰混溶，待全部溶解后，用玻璃漏斗加至三口瓶支管中，剩余的蒸馏水冲洗小烧杯，洗液一并加入三口瓶支管中。

此时应注意调整搅拌器转速，为使单体在水中分散成为大小均匀的珠粒，搅拌速度恒定，使反应温度保持在 78～80℃ 。

④ 注意观察悬浮粒子的情况，由于聚合物密度增大，球形的聚合物逐渐沉降于支管底部，并且从支管嗅出单体气体很稀，通常进行 1.5～2h，即可升温至 85℃ 熟化 0.5h 左右。

⑤ 反应结束后，移去热水浴，用水冷却后将产物倾入 200mL 烧杯，用温蒸馏水清洗数次，再过滤，放在 60℃ 烘箱中烘至恒重，计算产率。

五、思考题

① 悬浮聚合成败的关键何在？

② 如何控制聚合物粒度？

③ 试比较有机分散剂与无机分散剂的分散机理。

④ 分析实验中哪些因素对分子量（或黏度）产率有影响？有何影响？

⑤ 聚合过程中，油状单体变成黏稠状，最后变成硬的粒子现象如何解释？

实验四 苯乙烯阳离子聚合

一、实验目的

① 了解苯乙烯阳离子聚合机理。
② 掌握阳离子溶液聚合方法。

二、实验原理

阳离子型聚合是用酸性催化剂所产生的阳离子引发，使单体形成离子，然后通过阳离子形成大分子。苯乙烯在 $SnCl_4$ 作用下进行阳离子聚合。

1. 链的引发

$$SnCl_4 + CH_2{=}CH\text{—}\phenyl \longrightarrow (Sn\overline{Cl}_4\cdots)CH_2\text{—}CH\text{—}CH_2\text{—}\overset{+}{CH}$$

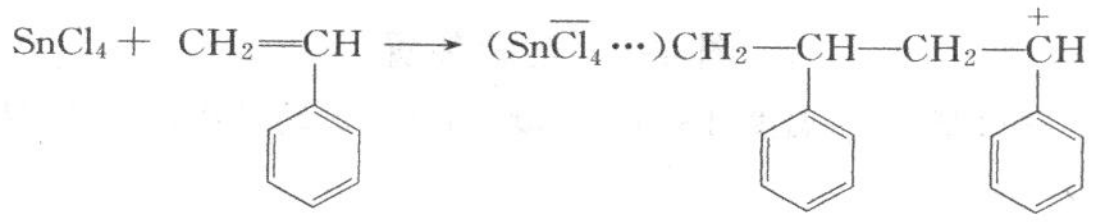

2. 链的增长

$$(Sn\overline{Cl}_4\cdots)CH_2\text{—}CH\text{—}CH_2\text{—}\overset{+}{CH} + (n-1)\ CH_2{=}CH \longrightarrow (Sn\overline{Cl}_4\cdots)[\cdots CH_2\text{—}CH]_{\overline{n}}CH_2\text{—}\overset{+}{CH}$$

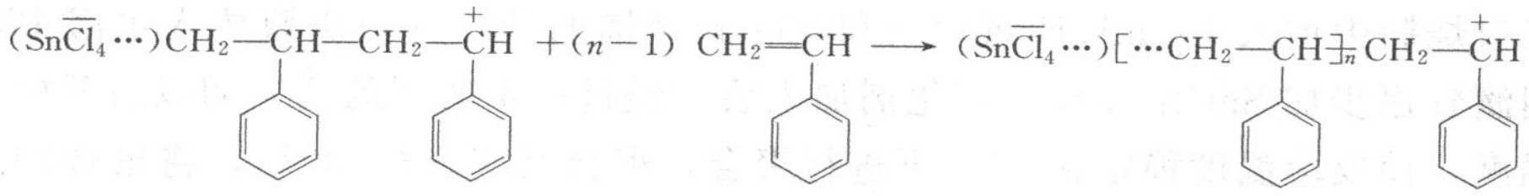

3. 链的终止

$$(Sn\overline{Cl}_4\cdots)[\cdots CH_2\text{—}CH]_{\overline{n}}CH_2\text{—}\overset{+}{CH} \longrightarrow CH_3\text{—}CH[CH_2\text{—}CH]_{n-1}CH{=}CH + SnCl_4$$

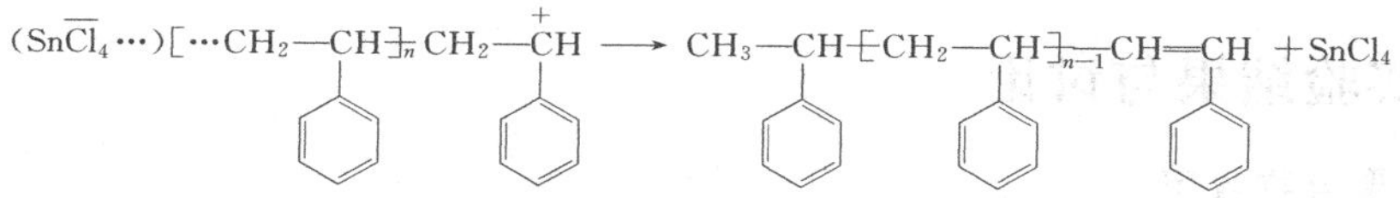

在这反应中，聚合的初速度与苯乙烯浓度的平方及生成的 $SnCl_4$ 浓度成正比，聚合物的分子量与苯乙烯的浓度成正比，而与催化剂的浓度无关。反应进行很剧烈，必须使用溶剂，催化剂应逐渐加入，苯乙烯的浓度不应超过 25％。

三、试剂与仪器

1. 试剂

苯乙烯（干燥的，新蒸馏过的）	35g
$SnCl_4$（干燥的，真空蒸馏过的）	0.8g
CCl_4（干燥的）	100mL
甲醇或乙醇（工业）	500mL

2. 仪器

如图 4-1 所示。

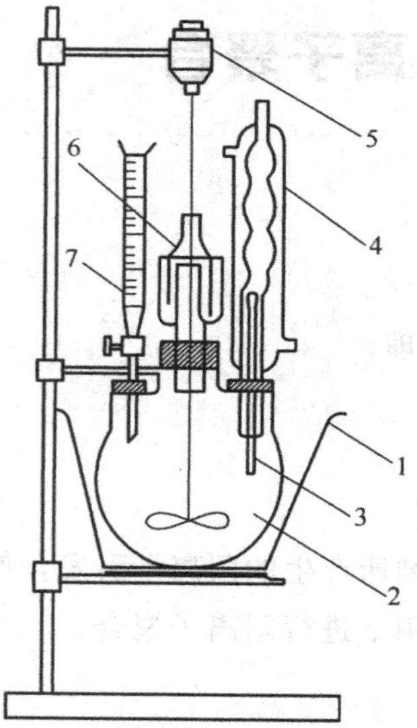

图 4-1 实验装置

1—水浴锅；2—三口瓶；3—温度计；4—冷凝管；5—电动马达；6—液封管；7—滴管

四、实验步骤

在三口烧瓶中加入 100mL 四氯化碳和 35g 新蒸馏的苯乙烯，烧瓶放入水浴中，开动搅拌器。用滴管逐步加 $SnCl_4$ 0.8g。催化剂加入后，经过一定时间的诱导期以后开始聚合。调节水浴温度，使反应温度稳定在 25℃下进行聚合，聚合反应进行 3h 后，将聚合物溶液在大量醇溶液中进行沉析，然后在布氏漏斗上进行分离，聚合物用醇洗涤多次，在空气中进行初步干燥后，在真空烘箱内 60～70℃干燥至恒重。

五、实验结果与讨论

① 计算聚合物收率。

② 测定聚合物的分子量。

实验五 膨胀计法测定苯乙烯自由基聚合反应速率

化学反应速率可以通过测定体系中任何随反应物浓度呈比例变化的性质来测量。常用的方法有化学分析、光谱、量热、折射率、旋光、沉淀分析等。膨胀计法是测定聚合速度的一种方法，它的依据是单体密度小、聚合物密度大、体积的变化与转化率成正比关系进行测定的。如果将这种体积的变化放在一根直径很细的毛细管中观察，灵敏度将大为提高，这种方法就是膨胀计法。本实验是利用膨胀计法测定苯乙烯自由基本体聚合的反应速率常数。

一、实验目的

① 掌握膨胀计法测定聚合反应速率的原理和方法。

② 验证聚合速率与单体浓度间的动力学关系式，并求得平均聚合速率。

二、实验原理

苯乙烯在一定聚合条件下随聚合时间的增加而密度加大，体积收缩。利用膨胀计可测出聚合反应时体积变化，从而得到反应速率常数，当转化率较低时，有：

$$R=R_{\mathrm{P}}=\frac{-\mathrm{d}[\mathrm{M}]}{\mathrm{d}t}=K_{\mathrm{P}}\left[\frac{fK_{\mathrm{d}}}{K_{\mathrm{t}}}\right]^{\frac{1}{2}}[\mathrm{I}]^{\frac{1}{2}}[\mathrm{M}]$$

反应开始时引发剂浓度［I］不太，可视为常数，并入速率常数中。

令

$$K=K_{\mathrm{P}}\left[\frac{fK_{\mathrm{d}}}{K_{\mathrm{t}}}\right]^{\frac{1}{2}}[\mathrm{I}]^{\frac{1}{2}}$$

那么

$$-\frac{\mathrm{d}[\mathrm{M}]}{\mathrm{d}t}=K[\mathrm{M}]$$

则有

$$\int_{[\mathrm{M}]_0}^{[\mathrm{M}]}-\frac{\mathrm{d}[\mathrm{M}]}{[\mathrm{M}]}=\int_0^t K\,\mathrm{d}t$$

积分得

$$\ln\frac{[\mathrm{M}]_0}{[\mathrm{M}]}=Kt\text{（为一级反应）}$$

设 n 为单体浓度 $[\mathrm{M}]_0=n$，$n_{聚合}$ 为反应掉的单体浓度，则 $[\mathrm{M}]=n-n_{聚合}$，t 时的反应速率常数 K 为：

$$K=\frac{1}{t}\ln\frac{[\mathrm{M}]_0}{[\mathrm{M}]}=\frac{1}{t}\ln\frac{n}{n-x}$$

苯乙烯聚合时，体积随聚合百分率增大而减小，体积收缩率与聚合百分率呈直线关系，则：

$$K=\frac{1}{t}\ln\frac{c}{c-x}$$

式中，c 为全部聚合后的收缩率，%；x 为 t 时间内的收缩率，%。

通过膨胀计可测得不同时间 t 内收缩率，由 t_x 可计算出：

$$聚合百分率=\frac{x}{c}\times100\%$$

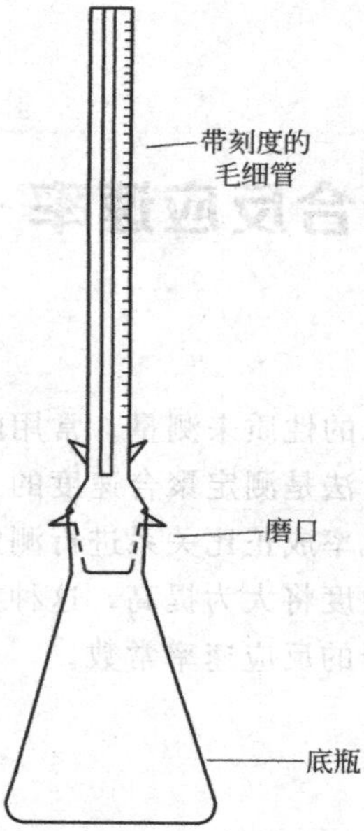

图 5-1 膨胀计装置

三、试剂与仪器

1. 试剂

苯乙烯（新蒸），过氧化苯甲酰（BPO）。

2. 仪器

恒温水浴，温度计（0～100℃），秒表，膨胀计（由安瓿瓶与毛细管组成，刻度线以下为安瓿瓶体积，刻度线以上为毛细管体积），装置如图 5-1。

四、实验步骤

① 接配方称好引发剂 200mg，用移液管取新蒸馏的苯乙烯单体 20mL 于烧杯中溶解之。

② 将溶有引发剂的单体经过细径漏斗（或将膨胀计抽真空用注射器注入膨胀计内）倒入膨胀计中，盖上磨砂塞（装料时不能有气泡）装好后要求高度在刻度以上 1～2cm，多余的溶液可用滤纸吸出。

③ 将膨胀计垂直放入恒温水浴中，水浴温度准确至（60±0.1)℃，此时膨胀计内液体因受热膨胀而液面上升。当达到平衡时，液面停止上升，注意观察并记录此时膨胀计液面高度（m），同时开始记录时间 $t=0$。因加聚反应使体积收缩，每隔 3min 记录一次毛细管液面高度 n，直至转化率超过 10%为止（1.5～2h）。

④ 实验完毕后，立即将膨胀计内液体倒出，并马上用苯或四氯化碳清洗，以免聚合物阻塞膨胀计。将清洗后的膨胀计放入 50℃烘箱中烘干，以备下次使用。

五、注意事项

① 膨胀计的磨口接头处用久后会粘有聚合物，因此会引起溶液泄漏。此时可用滤纸浸渍少量苯将其擦去。

② 膨胀计的毛细管，用医用针头吸苯或四氯化碳冲洗 3 次，并用吸球吹去余液，放入烘箱中烘干。

③ 将毛细管装入安瓿瓶上时要两人小心地进行操作，用皮筋捆紧连接处。

④ 实验中如发现安瓿瓶中有气泡，应重新安装毛细管与安瓿瓶。

⑤ 计算 $K(s^{-1})$ 值时，K 值为 $10^{-4}\sim10^{-6}$ 数量级，列表中可用 $K\times(10^{-4}\sim10^{-6})$ 表示，表中数据为 10 以内的数，小数点后可保留两位数。

六、实验数据处理

1. 收缩率的计算

设刻度线以下安瓿瓶体积为 V_0，D 为毛细管直径，每 1cm 刻度体积为 V：

$$V=hA=l\pi\frac{D^2}{4}=\frac{\pi}{4}D^2(cm^3)$$

全部收缩率为 c_0，60℃时膨胀计最大值读数（苯乙烯达到热平衡时）为 $40-L$，t 时间时膨胀计读数为 $40-L_t$，因为膨胀计上毛细管的刻度读数自上而下为 0～40cm。苯乙烯聚合前后质量不变，$m_{单}=m_{聚}$，即 $V_{单}d_{单}=V_{聚}d_{聚}$，膨胀计最大体积＝安瓿瓶体积＋毛细管体积 $=V_0+(40-L)V$。而全部聚合后的最大收缩率为：

$$c=\frac{膨胀计的最大体积-纯聚合物体积}{膨胀计的最大体积}\times 100\%$$

$$=\frac{V_{单}-V_{聚}}{V_{单}}\times 100\%$$

$$=\frac{d_{聚}-d_{单}}{d_{聚}}\times 100\%$$

故 t 时收缩率为：

$$x=\frac{[V_0+(40-m)V]-[V_0+(40-n)V]}{V_0+(40-m)V}\times 100\%$$

$$=\frac{(n-m)V}{V_0+(40-m)V}\times 100\%$$

$$聚合百分率=\frac{x}{c}\times 100\%$$

聚合速率常数则为：

$$K=\frac{1}{t}\ln\frac{c}{c-x}$$

2. 计算数据

（1）有关数据记录：$d_{单}=$________ $d_{聚}=$________ $D=$________ $V_0=$________

（2）计算：最大收缩率。

1cm 刻度体积 V。

计算某时刻的 $x\%$，聚合百分率 $(x/c)\%$。

（3）列表、作图、计算聚合速率常数。

液面现象	观察时间 /min	膨胀计读数 /cm	与最大值之差 $L-L_t$	Δt(s) $t_{L_t}-t_L$	$c_t/\%$	聚合百分率 /%	K/s^{-1}
热平衡时	t_0	L					
液面开始下降	t_1	L_1					
液面下降	t_2	L_2					
	…	…					

以聚合百分率为纵坐标，以 Δt 为横坐标，即可作出聚合速率曲线，并求出曲线斜率 K，即为聚合速率常数值。

七、思考题

① 试解释聚合时体积收缩的原因。

② 怎样使用聚合速率曲线？

③ 膨胀计法能否测定缩聚反应速率？为什么？

实验六 甲基丙烯酸甲酯本体聚合制备有机玻璃板

一、实验目的

① 了解自由基本体聚合的特点和实验方法。

② 掌握和了解有机玻璃的制造和操作技术的特点，并测定制品的透光率。

二、实验原理

本体聚合是指单体在少量引发剂下或者直接在热、光和辐射作用下进行的聚合反应，因此本体聚合具有产品纯度高、无需后处理等特点。本体常常用于实验室研究，如聚合动力学的研究和竞聚率的测定等。工业上多用于制造板材和型材，所用设备也比较简单。本体聚合的优点是产品纯净，尤其是可以制得透明样品，其缺点是散热困难，易发生凝胶效应，工业上常采用分段聚合的方式。

有机玻璃板就是甲基丙烯酸甲酯通过本体聚合方法制成的。聚甲基丙烯酸甲酯（PMMA）具有优良的光学性能，密度小，力学性能、耐候性好，在航空、光学仪器，电器工业、日用品方面有着广泛用途。

MMA 含不饱和双键、结构不对称，易发生聚合反应，其聚合热为 56.5kJ/mol。MMA 在本体聚合中的突出特点是有“凝胶效应”，即在聚合过程中，当转化率达 10%～20%时，聚合速率突然加快。物料的黏度骤然上升，以致发生局部过热现象。其原因是随着聚合反应的进行，物料的黏度增大，活性增长链移动困难，致使其相互碰撞而产生的链终止反应速率常数下降；相反，单体分子扩散作用不受影响，因此活性链与单体分子结合进行链增长的速率不变，总的结果是聚合总速率增加，以致发生爆发性聚合。由于本体聚合没有稀释剂存在，聚合热的排散比较困难，“凝胶效应”放出大量反应热，使产品含有气泡影响其光学性能。因此在生产中要通过严格控制聚合温度来控制聚合反应速率，以保证有机玻璃产品的质量。

甲基丙烯酸甲酯本体聚合制备有机玻璃常常采用分段聚合方式，先在聚合釜内进行预聚合，后将聚合物浇注到制品型模内，再开始缓慢后聚合成型。预聚合有几个好处：一是缩短聚合反应的诱导期并使“凝胶效应”提前到来，以便在灌模前移出较多的聚合热，以利于保证产品质量；二是可以减少聚合时的体积收缩，因 MMA 由单体变成聚合体体积要缩小 20%～22%，通过预聚合可使收缩率小于 12%，另外浆液黏度大，可减少灌模的渗透损失。

三、试剂与仪器

1. 试剂

甲基丙烯酸甲酯（MMA）30g、过氧化二苯甲酰（BPO）0.03g。

2. 仪器

三角烧杯 1 个，三口烧瓶 1 个，搅拌装置 1 套，球形冷凝管 1 根，透射率雾度测定仪，游标卡尺，硅玻璃片 3 片，透明胶带 1 卷。

四、实验步骤

1. 有机玻璃板的制备

（1）制模：取 3 块 40mm×70mm 硅玻璃片洗净并干燥。把 3 块玻璃片重叠、并将中间一块纵向抽出约 30mm，其余三断面用透明胶带封牢。将中间玻璃抽出，作灌浆用。

（2）预聚合：在 100mL 三角烧杯中加入甲基丙烯酸甲酯 30g，再称量 BPO 0.03g，轻轻摇动至溶解，倒入三口烧瓶中。搅拌下于 80～90℃水浴中加热预聚合，观察反应的黏度变化至形成黏性薄浆（似甘油状或稍黏些，反应需 0.5～1h），迅速冷却至室温。

（3）灌浆：将冷却的黏液慢慢灌入模具中，垂直放置 10min 赶出气泡，然后将模口包装密封。

（4）聚合：将灌浆后的模具在 50℃的烘箱内进行低温聚合 6h，当模具内聚合物基本成为固体时升温到 100℃，保持 2h。

（5）脱模：将模具缓慢冷却到 50～60℃，撬开硅玻璃片，得到有机玻璃板。

2. 透光率雾度的测定

注意事项如下。

① 预聚合的黏度一定要适中，不能过稀，过稀说明预聚合不充分，聚合时容易出现暴聚；也不能过大，过大的话，灌注模具中时产生气泡很难被赶出。

② 为了产品脱模方便，可在硅玻璃片表面涂一层硅油，但量一定要少，否则影响产品的透光度。

五、实验记录

六、思考题

① 本体聚合的主要优缺点是什么？如何克服本体聚合中的“凝胶效应”？

② 本实验的关键是预聚合，如果预聚合反应进行的不够会出现什么问题？

③ 为什么制备有机玻璃板引发剂一般使用 BPO 而不用 AIBN？

实验七 环氧树脂的制备

环氧树脂是指含有环氧基的聚合物。环氧树脂的品种有很多，常用的如环氧氯丙烷与酚醛缩合物反应生成的酚醛环氧树脂；环氧氯丙烷与甘油反应生成的甘油环氧树脂；环氧氯丙烷与二酚基丙烷（双酚 A）反应生成的二丙烷环氧树脂等。环氧氯丙烷是主要单体，它可以与各种多元酚类、多元醇类、多元胺类反应，生成各类型环氧树脂。

环氧树脂根据它的分子结构大体可以分为五大类型：缩水甘油醚类；缩水甘油酯类；缩水甘油胺类；线型脂肪族类；脂环族类。

环氧树脂具有许多优点。

① 黏附力强：在环氧树脂结构中有极性的羟基、醚基和极为活泼的环氧基存在，使环氧分子与相邻界面产生了较强的分子间作用力，而且环氧基团则与介质表面，特别是金属表面上的游离键起反应，形成化学键，因而环氧树脂具有很高的黏合力，用途很广，商业上称作“万能胶”。

② 收缩率低、尺寸稳定性好：环氧树脂和所用的固化剂的反应是通过直接合成来进行的，没有水或其他挥发性副产物放出，因而其固化收缩率很低，小于 2%，比酚醛树脂、聚酯树脂还要小。

③ 固化方便，固化后的环氧树脂体系具有优良的力学性能。

④ 化学稳定性好，固化后的环氧树脂体系具有优良的耐碱性、耐酸性和耐溶剂性。

⑤ 电绝缘性能好，固化后的环氧树脂体系在宽广的频率和温度范围内具有良好的电绝缘性能。所以环氧树脂用途较为广泛，环氧树脂可以作为胶黏剂、涂料、层压材料、浇铸、浸渍及模具材料等使用。

一、实验目的

① 掌握双酚 A 型环氧树脂的实验室制法。

② 掌握环氧值的测定方法。

③ 了解环氧树脂的实用方法和性能。

二、实验原理

双酚 A 型环氧树脂产量最大，用途最广，有通用环氧树脂之称。它是环氧氯丙烷与二酚基丙烷在氢氧化钠作用下聚合而得。

其反应式为：

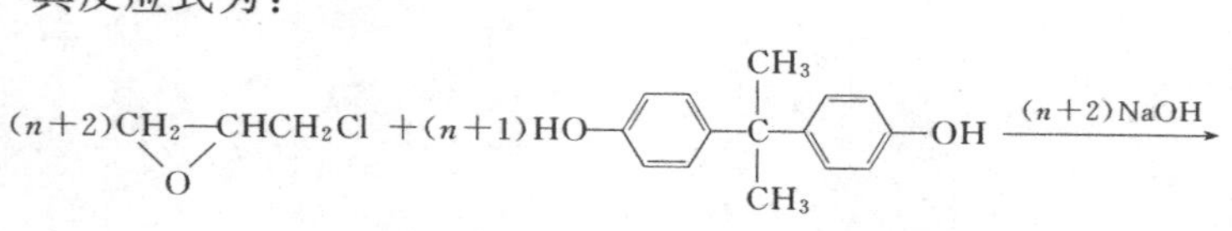

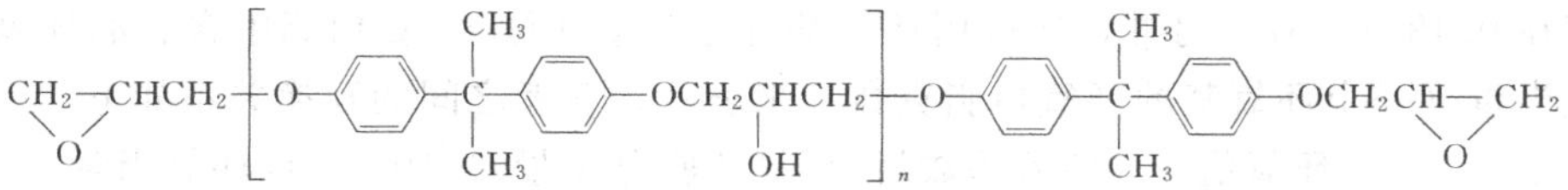

$+(n+2)NaCl+(n+2)H_2O$

根据不同的原料配比，不同操作条件（如反应介质、温度和加料顺序），可制得不同分子量的环氧树脂。现生产上将双酚 A 型环氧树脂分为高分子量、中分子量及低分子量三种。通常把软化点低于 50℃（平均聚合度 $\bar{n}<2$）的称为低分子量树脂或称软树脂；软化点在 50～90℃（$\bar{n}=2\sim5$）称为中等分子量树脂；软化点在 100℃以上（$\bar{n}>5$）称为高分子量树脂。环氧树脂的分子量与单体的配料比有密切关系，当反应条件相同，环氧氯丙烷与双酚 A 物质的量的比越接近于 1∶1 时，所得的树脂分子量就大；碱的用量越多，或浓度越高，所得树脂的分子量就越低。

由于环氧树脂在未固化前是热塑性的线型结构，使用时必须加入固化剂。固化剂与环氧树脂的环氧基反应，变成网状的热固性大分子成品。固化剂的种类很多，最常用的有多元胺、酸酐及羧酸等。以二元胺为交联剂进行反应，其交联过程可表示为：

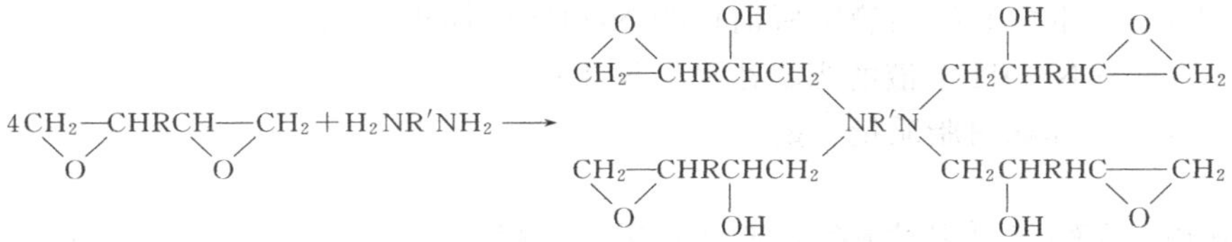

上述分子两端的环氧基还可继续固化，交联成网状结构大分子。

三、试剂及仪器

1. 试剂

双酚 A、环氧氯丙烷、甲苯、20%NaOH 溶液、25%盐酸溶液。

2. 仪器

三口瓶、冷凝管、滴液漏斗、分液漏斗、蒸馏瓶。

四、实验步骤

1. 树脂制备

将 22.5g 双酚 A（0.1mol）、28g 环氧氯丙烷（0.3mol）加入到 250mL 三口瓶中。在室温下搅拌，缓慢升温至 55℃，待双酚 A 全部溶解后，开始滴加 20% NaOH 溶液，在 40min 内滴加完 40mL 至三口瓶中，保持反应温度在 70℃以下，若反应温度过高，可减慢滴加速度，滴加完毕后在 90℃左右继续反应 2h 后停止，在搅拌下用 25%稀盐酸中和反应液至中性（注意充分搅拌，使中和完全）。向瓶内加去离子水 30mL，甲苯 60mL。充分搅拌并倒入 250mL 分液漏斗中，静置片刻，分去水层，再用去离子水洗涤数次至水相中无 Cl^-（$AgNO_3$ 溶液检验），分出有机层，减压蒸去甲苯及残余的水。蒸馏瓶留下浅黄色黏稠液体即为环氧树脂。

2. 环氧值测定

环氧值是指每 100g 环氧树脂中含环氧基的当量数。它是环氧树脂质量的重要指标，是计算固化剂用量的依据。树脂的分子量越高，环氧值相应降低，一般低分子量环氧树脂的环氧值在0.48～0.57。另外，还可用环氧基百分含量（每100g树脂中含有的环氧基克数）和环氧当量（一个环氧基的环氧树脂克数）来表示，三者之间的互换关系如下：

$$环氧值 =(环氧基数目/环氧树脂分子量)\times 100 =1/环氧当量$$

因为环氧树脂中的环氧基在盐酸的有机溶液中能被HCl开环，所以测定所消耗的HCl的量，即可算出环氧值。其反应式为：

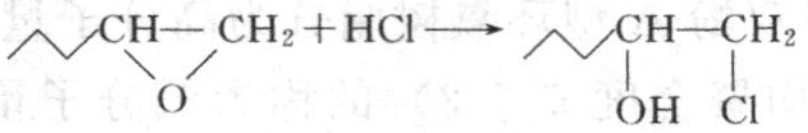

过量的HCl用标准NaOH-乙醇液回滴。

对于分子量小于1500的环氧树脂，其环氧值的测定用盐酸-丙酮法测定，分子量高的用盐酸-吡啶法。具体操作如下。

准确称取1g左右环氧树脂，放入150mL的磨口锥形瓶中，用移液管加入25mL盐酸-丙酮溶液[注1]，加塞摇晃至树脂完全溶解，放置1h，加入酚酞指示剂3滴，用NaOH-乙醇溶液[注2] 滴定至浅粉红色，同时按上述条件做空白试验两次。

$$环氧值=(V_0-V_1)N/m$$

式中 V_0，V_1——空白和样品滴定所消耗的NaOH的体积，L；

N——NaOH溶液的当量浓度，N/L；

m——称取树脂质量，g。

［注释］

［1］盐酸-丙酮溶液：2mL浓盐酸溶于80mL丙酮中，混合均匀。

［2］NaOH-乙醇标准溶液：将4g NaOH溶于100mL乙醇中，用标准邻苯二甲酸氢钾溶液标定，酚酞作指示剂。

3. 黏结试验

① 分别准备两小块木片和铝片，木片用砂纸打磨擦净，铝片用酸性处理液（10份$K_2Cr_2O_7$和50份浓H_2SO_4、340份H_2O配成）处理10～15min，取出用水冲洗后晾干。

② 用干净的表面皿称取4g环氧树脂，加入0.3g乙二胺，用玻璃棒调匀，分别取少量均匀涂于木片或铝片的端面约1cm的范围内，对准胶合面合拢，压紧，放置待固化后观察黏结效果。通过剪切实验，可定量地测定黏结效果。

五、结果与讨论

线型环氧树脂外观为黄色至青铜色的黏稠液体或脆性固体，易溶于有机溶剂中。未加固化剂的环氧树脂有热塑性，可长期储存而不变质。其主要参数是环氧值，固化剂的用量与环氧值成正比，固化剂的用量对成品的力学性能影响很大，必须控制适当。

六、思考题

① 合成环氧树脂的反应中，若NaOH的用量不足，将对产物有什么影响？

② 环氧树脂的分子结构有何特点？为什么环氧树脂具有良好的黏结性能？

③ 为什么环氧树脂使用时必须加入固化剂？固化剂的种类有哪些？

④ 通常环氧树脂有五大类，就学过的知识，请设计一种耐高温型的环氧树脂。

实验八 环氧胶黏剂的固化反应及胶接强度测定

一、实验目的

① 了解环氧树脂固化反应的基本原理。

② 掌握拉力试验机的结构和使用方法。

③ 测定环氧树脂——二乙烯三胺胶黏剂剪切强度。

二、实验内容和原理

环氧树脂是泛指分子中含有两个或两个以上环氧基团的有机高分子化合物，除个别外，它们的分子量都不高。环氧树脂的分子结构是以分子链中含有活泼的环氧基团为其特征，环氧基团可以位于分子链的末端、中间或成环状结构。由于分子结构中含有活泼的环氧基团，使它们可与多种类型的固化剂发生交联反应而形成不溶、不熔的三维网状结构的高聚物。

环氧树脂有“万能胶”之称，它对各种金属材料和非金属材料，如铝、钢、铜、木材、玻璃、混凝土，热固性材料如酚醛等，具有优良的黏结性能，但对聚烯烃类塑料如聚乙烯、聚丙烯等的黏结性能不好。

环氧树脂实际上是具有反应性基团的低聚物，而作为胶黏剂，必须使用固化剂，经过固化交联后形成大分子网络结构。因此能使线型树脂交联变成网状结构的物质称为固化剂。对于环氧树脂而言，固化剂的种类有很多，如脂肪族多元胺类、芳香族多元胺类及各种胺类改性物、各种有机酸及酸酐，一些合成树脂如聚酰胺、酚醛树脂等。固化剂是通过其官能团与环氧树脂分子发生反应而形成网状结构的，固化剂的种类不同，其固化反应的机理也不相同。本实验采用二乙烯三胺作固化剂，其固化反应方程式如下。

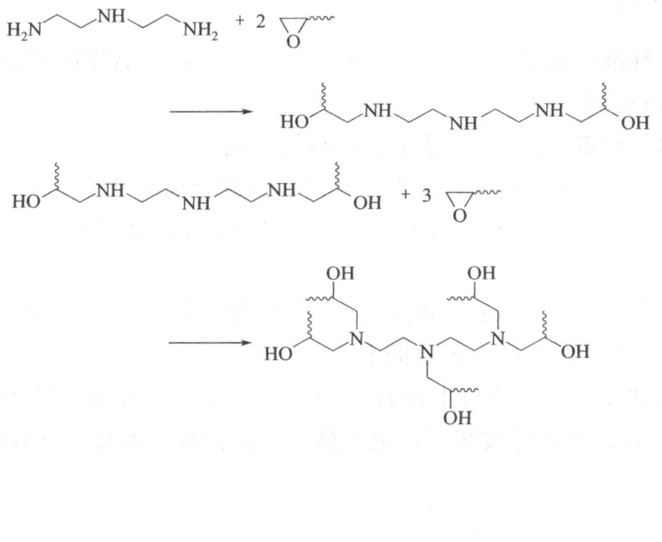

反应时，在第一阶段伯胺和环氧基反应，生成仲胺，在第二阶段生成的仲胺和环氧基反应生成叔胺，并且生成的羟基亦能和环氧基反应，具有加速反应进行的倾向，结果生成一个巨大的网络结构。

实验表明，在固化体系中加入含有给质子基团的化合物，如苯酚，就会促进胺类的固化，这可能是一个双分子的反应机理，有利于胺类化合物的 N 原子对环氧基 C+原子的亲核进攻，同时完成氢原子的加成。本实验采用的促进剂是 2,4,6-三（二甲基氨基甲基）苯酚（DMP30）。

本实验用的双酚 A 型环氧树脂 E44（其中 E44 代表其环氧值为 0.44），它是双酚 A 与环氧氯丙烷在碱催化的低分子量缩合产物。每 100g 环氧树脂的所需的二乙烯三胺用量计算方法如下：

$$固化剂活泼氢当量=\frac{固化剂分子量}{固化剂分子的活泼氢数}$$

$$100g\ 环氧树脂的固化剂用量=固化剂活泼氢当量\times 环氧值$$

二乙烯三胺的用量计算如下：

$$二乙烯三胺活泼氢当量=\frac{103}{5}=20.6(g/当量)$$

$$100g\ 环氧树脂二乙烯三胺的用量=20.6\times 0.44=9.064(g)$$

胶黏剂胶结强度的测试时十分重要的，常规的测试方法有剥离法和剪切法两种，本实验采用剪切法。剪切强度测试按照国家标准 GB/T 27595—2011 进行。剪切强度亦称抗剪强度，是指胶结头在单位面积上能承受平行胶面的最大负荷。

三、试剂及仪器

1. 试剂

双酚 A 型环氧树脂 E44，二乙烯三胺，2,4,6-三（二甲基氨基甲基）苯酚（DMP30）。

2. 仪器

拉力试验机，天平，游标卡尺，铝试片。

四、实验步骤

① 将已切割成标准状的 20 片铝试片用砂纸打磨干净，之后用丙酮擦净试片表面，用铅笔划出 1.5cm×2.0cm 的胶合面。

② 用一个表面皿称取 1g 环氧树脂 E44，滴加 3 滴二乙烯三胺（约 0.1g），用玻璃棒均匀搅拌，将胶均匀地涂在试片的胶合面上，每两片的胶合面中粘贴组成一个试件，用铁夹夹紧，共制备 5 个试件。将试件平放入 90℃烘箱中烘 0.5h，降温取出，冷却到室温，去掉夹子。

③ 另取一个表面皿，称取 1g 环氧树脂 E44，滴加 3 滴二乙烯三胺（约 0.1g），用玻璃棒均匀搅拌，制备 5 个试件，操作步骤同上。

④ 将制备好试件在拉力试验机上进行剪切试验，试件的纵轴与拉力方向相同，控制拉伸的速度为 2mm/min，当试件破坏后，记下最大载荷读数，测量并计算胶合面积。

五、计算方法

黏合强度（X）N/cm^2 按下式计算：

$$X=\frac{f}{s}$$

式中 f——胶合试件破坏负荷，N；

s——胶合面积，cm^2。

平均测试5个试件，取其中相近的3个测试结果的算术平均值，每个结果与平均值之差不大于平均值的5%。

比较两组试件的数据，观察促进剂DMP30对双酚A型环氧树脂E44和二乙烯三胺固化速度的影响。

六、实验数据记录与结果讨论

实验结果记录见表8-1，1～5号为未加入促进剂DMP30的试样，6～10号为加入促进剂DMP30的试样。

表8-1 实验结果记录

序号	1	2	3	4	5	6	7	8	9	10
最大载荷/N										
面积/cm^2										
黏合强度 $X/(N/cm^2)$										
X取3个相近结果平均值										

实验数据表明加入促进剂DMP30后，胶黏剂的固化速度及同等胶黏面积下的黏合强度都发生了变化。

实验九 乙酸乙烯酯的溶液聚合及聚乙酸乙烯酯的醇解

聚乙烯醇是制备维纶的原材料。由于乙烯醇很不稳定，极易异构化成乙醛。所以聚乙烯醇通常都是通过乙酸乙烯酯溶液聚合以及聚乙酸乙烯酯的醇解这两个步骤来制得的。

本实验是以偶氮二异丁腈为引发剂，甲醇为溶剂的乙酸乙烯酯的溶液聚合，这是个自由基聚合反应。

一、实验目的

① 通过实验掌握乙酸乙烯酯溶液聚合的方法。

② 掌握聚乙酸乙烯酯醇解法制备聚乙烯醇。

③ 掌握醇解度测定方法。

二、实验原理

本实验采用溶液聚合的自由基聚合原理。

选用甲醇作溶剂是由于聚乙酸乙烯酯（PVAc）能溶于甲醇，而且聚合反应中活性链对甲醇的链转移常数较小。且在醇解制取聚乙烯醇（PVA）时，加入催化剂后在甲醇中即可直接进行醇解。

乙酸乙烯（VAc）在聚合过程中，容易发生向聚合物链的链转移反应。聚合物浓度越大，支化越容易发生。聚合物活性自由基链除了向聚乙酸乙烯酯（PVAc）主链上的 α、β 氢处链转移，形成水解不掉的支链，还会向乙酰基上活泼氢原子转移，在乙酰基上形成支链。这部分支链容易水解脱掉，导致聚合度降低。

$$n\,CH_2{=}\underset{\displaystyle OCOCH_3}{\underset{|}{CH}} \xrightarrow{AIBN} \left[CH_2{-}\underset{\displaystyle OCOCH_3}{\underset{|}{CH}}\right]_n \qquad (1)$$

在聚合反应的同时，可能存在副反应：

$$CH_3OH + CH_2{=}\underset{\displaystyle OCOCH_3}{\underset{|}{CH}} \longrightarrow CH_3CHO + CH_3COOCH_3$$

$$H_2O + CH_2{=}\underset{\displaystyle OCOCH_3}{\underset{|}{CH}} \longrightarrow CH_3CHO + CH_3COOH \qquad (2)$$

在单体浓度为85％时聚合得聚乙酸乙烯酯（PVAc），醇解后聚合度下降38.15％。单体浓度为67％时醇解后只降低了6.89％。因此，要降低溶液中单体浓度。但单体浓度过低，会影响产物的最终聚合度（表9-1）。

表 9-1 60℃甲醇中不同单体浓度溶液聚合得到 PVAc 和 PVA 的聚合度

单体浓度/%	聚合时间/h	转化率/%	PVAc 聚合度	PVA 聚合度	聚合度降低/%
85	16	96.2	1903	1177	38.15
67	17	96.6	668	622	6.89

聚乙酸乙烯酯（PVAc）的醇解可以在酸性或碱性的催化下进行，用酸性醇解时，由于痕量级的酸很难从 PVA 中除去，而残留的酸可加速 PVA 的脱水作用，使产物变黄或不溶于水，所以一般均采用碱性醇解法。另外，甲醇中的水对醇解会产生阻碍作用。因为水的存在使反应体系内产生 CH_3COONa，消耗了 NaOH，而 NaOH 在此起的是催化作用。因此，一定要严格控制甲醇中水的含量。

聚乙酸乙烯酯（PVAc）的醇解过程是在碱的催化下，聚乙酸乙烯酯（PVAc）在甲醇溶液进行的醇解反应，其反应方程式为：

$$\left[CH_2\underset{\underset{O=CCH_3}{|}}{\underset{O}{\underset{|}{CH}}}\right]_n + nCH_3OH \xrightarrow{NaOH} \left[CH_2\underset{OH}{\underset{|}{CH}}\right]_n + nCH_3COOCH_3 \qquad (3)$$

本实验先制备聚乙酸乙烯酯（PVAc），然后再进行碱性醇解，由于产物 PVA 不溶于甲醇，所以，醇解到一定程度时会观察到明显的相转变，此时，大约有 60%的乙酰基已被羟基取代。

三、试剂及仪器

1. 试剂

乙酸乙烯酯（VAc）（重蒸），甲醇，偶氮二异丁腈（AIBN），NaOH。

2. 仪器

电动搅拌器，恒温水浴锅，水泵减压装置，电炉子，三口烧瓶，直形冷凝管，球形冷凝管，恒压滴液漏斗，布氏漏斗，烧杯（50mL），量筒（50mL、100mL），温度计（100℃），表面皿。

四、实验方法及步骤

1. 乙酸乙烯酯的聚合

① 称量三口烧瓶。

② 按图 9-1 组装好实验仪器。

③ 将 20g 乙酸乙烯酯（换算成体积；相对密度 0.93）加入到三口烧瓶中，将 0.1g 偶氮二异丁腈（AIBN）放入一个烧杯中；加入 20g 甲醇，充分溶解后加入到三口烧瓶中。

④ 开始升温，温度升到 60℃时，开始记录反应时间。

⑤ 控制水浴温度在 61～63℃，温度偏差不应超过 2℃，保持温度，注意观察反应物溶液的黏度，持续反应 3h。

⑥ 反应 3h 后停止加热，冷却至室温。将实验装置改装成减压蒸馏装置如图 9-2。将产物中的溶剂以及未聚合的单体蒸出（馏液回收）。留在烧瓶中的产物是无色的玻璃状聚合物，取下烧瓶，连瓶一块称重，并计算产率。

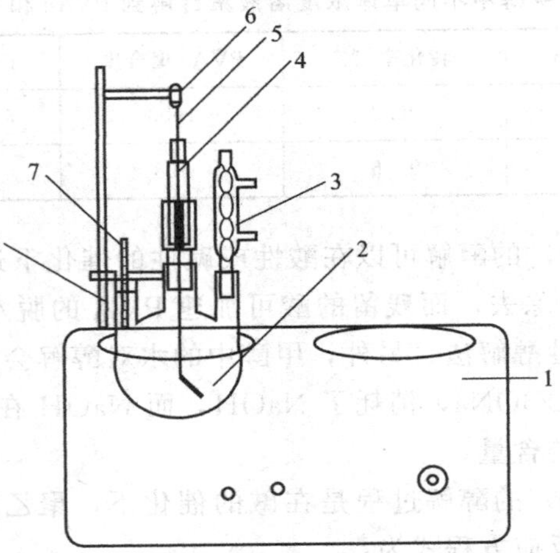

图 9-1 实验装置

1—水浴锅；2—三口瓶；3—冷凝管；4—液封；5—搅拌桨；6—电动搅拌机；7—温度计；8—支架

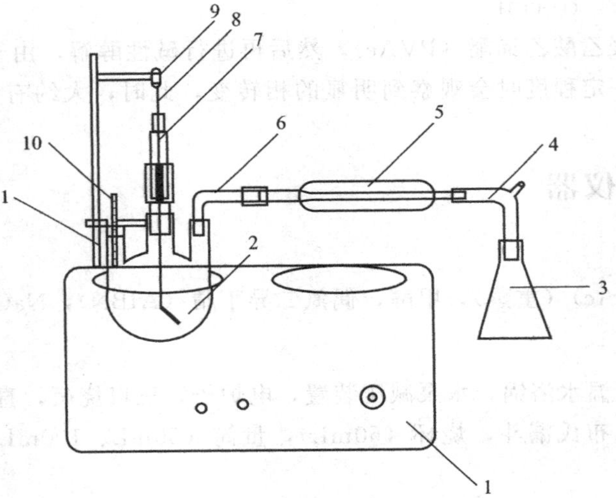

图 9-2 减压蒸馏装置

1—水浴锅；2—三口瓶；3—三角接收瓶；4—真空尾接管；5—冷凝管；6—75°弯管；7—液封；8—搅拌桨；9—电动搅拌机；10—温度计；11—支架

2. 聚乙酸乙烯酯的醇解

① 将所制得的聚乙酸乙烯酯留 8g 于三口烧瓶中。

② 向三口烧瓶中加入 50mL 甲醇，加热回流，使之完全溶解，冷却后倒入滴液漏斗中。

③ 向三口烧瓶中加入 0.5g NaOH，用甲醇溶液溶解至 100mL。

④ 按图 9-3 所示组装好实验仪器。将装有聚乙酸乙烯-甲醇溶液的滴液漏斗装于三口烧瓶的一个侧口上；另一侧口装冷凝器，上回流水。

⑤ 启动搅拌器快速搅拌，将水浴锅温度上升至 65～70℃。

⑥ 慢慢打开滴液漏斗阀门，缓慢滴加聚乙酸乙烯-甲醇溶液，滴加溶液完成时间大约为 30～40min。

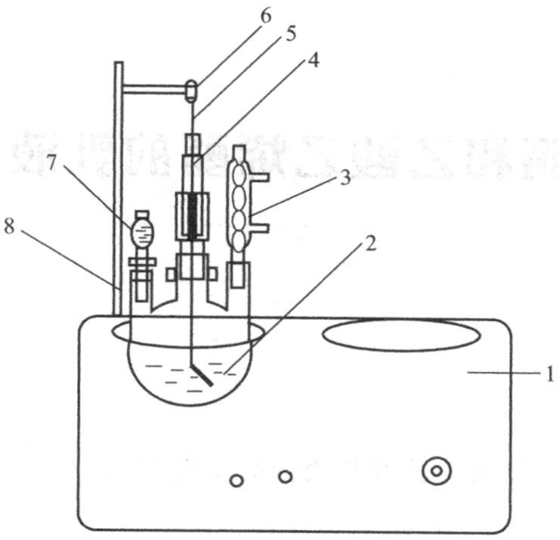

图 9-3 醇解装置

1—水浴锅；2—三口瓶；3—冷凝管；4—液封；5—搅拌桨；6—电动搅拌机；7—滴液漏斗；8—支架

注意：滴加溶液的速度不要太快，太快容易生成冻胶，不利于醇解及产物的洗涤。

⑦ 滴加溶液完毕后，应继续反应回流 40～60min。大约 1h 后停止加热，冷却。

⑧ 将三口烧瓶取下，将物料用布氏漏斗过滤，用 10mL 甲醇溶液洗涤，重复洗涤 3 次。滤液回收。

⑨ 将所得产物盛于表面皿上，放入烘箱中烘干，烘箱温度应保持在 50～60℃。干后称重，并计算转化率。

五、实验数据的整理

将实验记录的数据整理成表（表 9-2、表 9-3）。

表 9-2 制备聚乙酸乙烯酯和聚乙烯醇的原料加入量

试剂名称		VAc	CH_3OH	AIBN	NaOH	PVAc
聚合反应试剂用量	质量/g					
	体积/mL					
醇解反应试剂用量	质量/g					
	体积/mL					

表 9-3 产物的转化率

聚合反应	三口烧瓶质量/g	瓶+PVAc 质量/g	产物 PVAc 质量/g	转化率/%
醇解反应	PVAc 加入量/g	产物聚乙烯醇(PVA)质量/g		转化率/%

六、思考题

影响聚合速度、醇解反应以及产物的转化率的主要因素是什么？如何控制这些不利因素？

实验十　丙烯腈和乙酸乙烯酯的乳液共聚合

一、实验目的

① 了解乳液聚合原理。
② 掌握丙烯腈和乙酸乙烯酯的乳液共聚合的实施方法。

二、实验原理

丙烯腈与乙酸乙烯酯共聚物较丙烯腈聚合物有易于染色、易溶于廉价的溶剂等方面优点，因而引起人们注意。丙烯腈与乙酸乙烯酯的共聚反应可用下式表示：

$$m CH_2{=}CHCN + n CH_2{=}CH \underset{\underset{O-C-CH_3}{\underset{\parallel}{O}}}{\big|} \longrightarrow \underset{CN}{\underset{\big|}{}}\big[CH_2{-}CH\big]_m\big[CH_2{-}CH\big]_n\underset{O-C-CH_3}{\underset{\parallel}{O}}$$

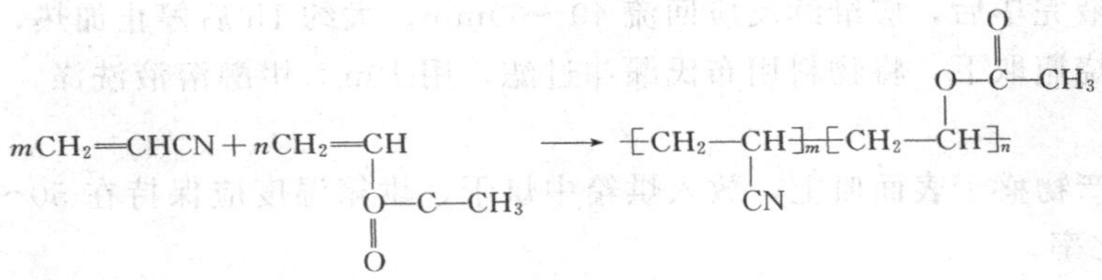

实验采用乳液聚合的方法，乳液聚合的基本特点是乳化剂的作用使不溶或稍溶于水的单体分子自行进入乳化剂所形成的胶束中进行聚合，并形成热力学稳定体系，丙烯腈与乙酸乙烯酯的乳液共聚合遵循自由基历程，即存在着链的引发、增长及终止三个阶段。本实验采用过硫酸钾为引发剂，十二烷基硫酸钠为乳化剂，氢氧化钠为 pH 调节剂。单体组成丙烯腈为 60%，乙酸乙烯酯为 40%（质量），反应温度 $70℃$ 反应经 $1.5h$ 左右结束，并以等体积的 1% 硫酸铝钾水溶液使聚合物凝聚出来。

三、试剂及仪器

1. 试剂

丙烯腈，乙酸乙烯酯，蒸馏水，过硫酸钾，氢氧化钠，硫酸铝钾，凝聚剂：1%硫酸铝钾水溶液。

2. 仪器

$250mL$ 三口烧瓶，$100mL$ 和 $200mL$ 烧杯，球形冷凝管，温度计，布氏漏斗，表面皿，水浴锅，电动搅拌器，水泵等。

四、实验步骤

① 安装实验玻璃仪器，使水浴锅恒温在 $70℃$。
② 按表 10-1 的要求，用天平称量药品。

表 10-1　药品称量

成分	用量/g	份数/份	成分	用量/g	份数/份
丙烯腈	3	60	十二烷基硫酸钠	0.3	6
乙酸乙烯酯	2	40	过硫酸钾	0.07	1.4
蒸馏水	60	1200	氢氧化钠	0.04	0.8

③ 向 100mL 小烧杯中加入 0.3g 十二烷基硫酸钠，并且用 30mL 蒸馏水溶解。溶解后全部倒入三口瓶中，同时再向三口瓶中加入 10mL 浓度 0.4%的氢氧化钠溶液，向球形冷凝管通入冷却水，开动搅拌器。搅拌 5～10min 后即可分别加入新蒸馏的丙烯腈及乙酸乙烯酯。搅拌 10min 后向三口瓶中加入 20mL 蒸馏水溶解的过硫酸钾（已在恒温水浴上预热），并以此时作为反应开始时间。注意观察实验现象，细心调节温度及搅拌速度，做好实验记录。反应经过 1.5h 即可结束。把乳状胶乳从三口瓶中倒入 200mL 烧杯中，再将预先计量好的 1%的硫酸铝钾水溶液加热后加入，静止 5min，将凝聚的共聚物经过布氏漏斗抽滤和蒸馏水洗涤三次，抽干后移于表面皿上（尽量散开），先在空气中初步干燥后，放入真空烘箱内 60℃干燥至恒重。

五、实验结果与分析

① 实验记录

实验中以下列格式每 15min 记录一次。

时间	反应温度	水浴温度	现象	备注

② 计算聚合物的产率。

③ 测定共聚物的组成。

实验十一 107胶及涂料的制备

一、实验目的

① 掌握 107 胶的合成。

② 掌握 107 涂料的配制。

二、实验原理

1. 合成 107 胶

聚乙烯醇缩甲醛（107 胶）是以聚乙烯醇为主要原料，和甲醛在浓盐酸催化作用下，经缩醛化反应而制成的。

反应式如下：

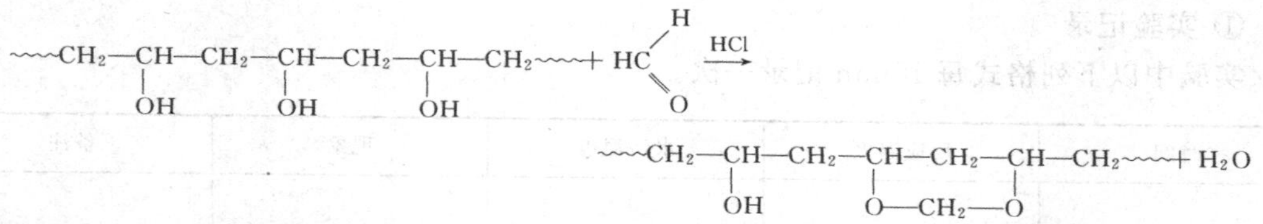

聚乙烯醇是水溶性高聚物，用甲醛进行部分缩醛化处理，随缩醛度的增加，其水溶性下降。

本实验是合成水溶性聚乙烯醇缩甲醛，即 107 胶水。反应过程必须控较低的缩醛度、使产物保持水溶性。若反应过于激烈，会造成局部高缩醛度，导致不溶物的生成，影响产品质量，因此在反应过程中，严格控制催化剂的用量、原料配比、反应温度、反应时间、搅拌速度等因素。

2. 合成涂料

合成涂料是以有机高分子为基料，加入填料、颜料、分散剂、固化剂等添加剂而形成的可用于材料表面涂覆的混合物质。有机高分子为主要成膜物质，填料主要起骨架、减小体积收缩、降低成本的作用，颜料起调色的作用，加入分散剂是为了使无机颜填料在有机高分子基料中分散均匀、防止沉淀，另外还可根据情况加入消泡剂、偶联剂、防霉剂、防锈剂、增稠剂等。

合成涂料种类繁多，常用的有醇酸类、硝酸类、聚乙烯醇缩醛类、聚乙酸乙酯类、聚丙烯酸酯类、聚酯树脂、环氧树脂、聚氨树脂等。

聚乙烯醇缩甲醛涂料（即 107 涂料）是以聚乙烯醇缩甲醛为基料，配以碳酸钙（填料）、滑石粉（填料）、膨润土（防沉剂）、钛白粉（颜料）、六偏磷酸钠（分散剂）、磷酸三丁酯（消泡剂）等而成的建筑用内墙涂料。聚乙烯醇缩甲醛是由聚乙烯醇水溶液在酸性条件下与甲醛发生缩合反应而制成的。

三、试剂及仪器

1. 试剂

聚乙烯醇，甲醛（37%），NaOH 溶液（2mol/L），膨润土（涂料级），碳酸钙（800目），滑石粉（800 目），钛白粉（金红石型），磷酸三丁酯。

2. 仪器

恒温水浴，涂 4 杯黏度计，恒温箱，烧杯。

四、实验内容

1. 107 胶的合成

称取聚乙烯醇 5g，倒入装有 40mL 水的烧杯中（100mL），水浴加热至 80～90℃，使聚乙烯醇完全溶解，加入 HCl 调节 pH 值＝2～3，搅拌，温度降至 80～ 85℃ ，逐滴加入 2g 甲醛（36%），搅拌反应 40min，降低温度至 50℃，加 NaOH 调 pH 值＝7～8，冷却，即得 107 胶。用密度计和涂 4 杯黏度计测定 107 胶的密度和黏度。

2. 107 涂料的配制

取 20g 上述合成的 107 胶，加水 10mL，搅匀，依次加入膨润土 3g（防沉剂），碳酸钙 6g ，滑石粉 3g ，立德粉 2g ，钛白粉 1g ，六偏磷酸钠 3 滴（分散剂），搅拌加入磷酸三丁酯 2 滴（消泡剂），搅拌均匀后用纱布过滤即得产品。

实验十二 苯丙乳液聚合及乳胶漆的制备与性能测试

乳胶漆主要包括乳液、填料、水等，乳胶漆大量用于建筑行业。在我国开发生产乳胶漆的乳液有：聚乙酸乙烯乳液、乙酸乙烯-顺丁烯二酸二丁酯共聚乳液、乙酸乙烯-丙烯酸酯共聚乳液、氯乙烯-偏氯乙烯共聚乳液、苯乙烯-丙烯酸酯共聚乳液、纯丙烯酸酯共聚乳液以及乙酸乙烯-叔碳酸乙烯酯共聚乳液等。苯丙乳液一般是由苯乙烯、丙烯酸及丙烯酸丁酯为主料合成的乳液。苯丙乳胶涂料是一种水溶性的乳胶漆，它克服了以往普通聚乙烯醇类涂料的缺点。苯丙乳胶漆耐水、耐碱、耐擦性好，而且涂膜的耐候性、附着力都有上好的表现，且价格适中，制备工艺稳定。本实验以苯丙乳液制备乳胶漆。

一、实验目的

① 掌握苯丙乳液聚合方法。
② 掌握乳胶漆的制备方法。
③ 掌握乳胶漆的性能测试。

二、实验原理

乳液聚合一般是在有乳化剂存在的水体系中进行的聚合反应，在涂料、胶黏剂工业中有重要用途。

乳液聚合大体分为三个阶段。

第一阶段——聚合物微粒生成期，反应体系中的水溶性引发剂分子受热分解生成自由基，自由基扩散入单体增溶胶束时，在胶束内引发单体分子进行聚合反应，而消耗的单体不断由单体液滴经过水相扩散进入胶体进行补充，使聚合链不断增长。

第二阶段——恒速期，聚合物微粒数目保持恒定，而单体继续由单体液滴进入微粒之中进行补充，聚合反应恒速进行。

第三阶段——降速期，此阶段中聚合物微粒不断增大的数目未增加，到单体转化率达到60%～70%时，单体液滴全部消失，剩余的单体存在于聚合物微粒之中，为聚合物所吸附或溶胀，聚合物反应速率开始逐渐下降。

三、试剂及仪器

1. 试剂

丙烯酸，丙烯酸丁酯，苯乙烯，过硫酸钾，CMC，OP-10，12-烷基磺酸钠，聚乙二醇，氨水，PVA 溶液（8%），钛白粉，双飞粉，硼砂，磷酸三丁酯，苯酚。

2. 仪器

烧杯，三口烧瓶，电热控温仪，冷凝管，恒压分液漏斗，温度计，水浴缸，天平，量筒，高速乳化机，筛子及一些测量辅佐仪器。

四、实验步骤

1. 苯丙乳液的原料配比（表 12-1）

表 12-1　苯丙乳液配比表（质量份）

苯乙烯	丙烯酸丁酯	丙烯酸	12 烷基-磺酸钠	OP-10	过硫酸钾	去离子水
20	15	5	1	1	0.2	60

2. 乳液聚合的工艺过程

① 引发剂溶液配制。用烧杯配制 1%的过硫酸钾水溶液。

② 单体预乳化。向 500mL 烧杯中，加入 1g 阴离子活性剂、1g 的 OP-10、40g 去离子水配成溶液。然后按顺序加入下列物质，用搅拌器搅拌进行预乳化，各种物量为：20g 的苯乙烯，15g 的丙烯酸丁酯，最后是 5g 的丙烯酸。搅拌 10min 使其充分乳化，如有泡沫生成，加入适量的消泡剂。最后加入 2mL PVA 溶液。

③ 制备种子乳液。将预乳化单体的 1/4 及引发剂溶液的 1/4 加入三口烧瓶中，加热并且控温在 78℃反应大约 1h，制得种子乳液。

④ 连续滴加乳液聚合。把剩余约 3/4 的引发剂和 3/4 乳化液加入恒压漏斗中，当烧瓶内温度升到 78℃时，维持恒温，并连续加入乳液和引发剂，在 2h 内滴完。搅拌速度恒定。滴加速度 1.5mL/min，反应过程中，乳液有淡蓝光，呈现乳白色。

⑤ 加完乳化剂后，恒温 1h，待反应完全。

⑥ 当烧瓶内温度降至 40℃ 以下，加氨水调 pH 值为 8.0～9.0。

⑦ 过滤，出料。

3. 苯丙乳胶漆的配制（表 12-2）

表 12-2　乳胶漆配方表（质量份）

乳液	去离子水	钛白粉	双飞粉	聚乙二醇	CMC	硼砂	磷酸三丁酯	苯酚
45	55	10	10	4	5	0.05	适量	0.1

配漆工艺如下。

① 先将乳液 pH 值调至 8～9。

② 称取 10g 双飞粉、10g 钛白粉混合均匀，在研钵中研磨至规定细度，过筛（100 目）。

③ 在烧杯中加入水 45g、聚乙二醇 4g、苯酚 0.1g，充分溶解，然后加入 20%的苯丙乳液。

④ 在乳化机高速搅拌下，把钛白粉与双飞粉加入高速旋转的漩涡中，充分打碎至乳白色乳液。

⑤ 加入其余 80%乳液，乳化机搅拌 15min。

⑥ 加入硼砂溶液，交联，再搅拌 15min，静置待泡沫消失，必要时加入消泡剂。

⑦ 加入增稠剂 CMC，搅拌均匀即可出料。

乳胶漆的涂装实验如下。

乳胶漆的施工与油漆的施工不同，由于水性乳胶漆的黏度不是很大，一般用辊涂的工艺。本实验只需制备样板，采用刷涂法。用120cm×120cm玻璃板刷制，先刷一遍，等干了后再刷涂一次放在恒温箱中烘干。

4. 苯丙乳液的性能测试

① 外观。目测。

② 乳液固含量。乳液固体部分的含量用烘箱干燥法测定。取一个玻璃皿，称取质量 m_0，取乳液适量涂于玻璃皿上，再称取其质量 m_1，放烘箱中烘干到恒重，再称取质量 m_2。

$$固含量=\frac{m_2-m_0}{m_1-m_0}\times 100\%$$

③ pH值测量。由于乳液的固含量很大，pH值的测定要先用去离子水稀释才能用精密pH试纸测定，最后把pH值调为8～9。

5. 苯丙乳胶漆的性能测试

① 外观。目测。

② 涂料细度测定。刮板细度计在使用前必须用溶剂仔细洗净，用细软揩布擦干，然后在细度计的沟槽最深部分滴入试样数滴，以能充满沟槽而略有多余为宜，以双手持刮刀，横置在磨光平板上端，使刮刀与磨光平板表面垂直接触，在3s内将刮刀由沟槽深的部位向浅的部位拉过，使漆样充满沟槽而平板上不留有余漆。刮刀拉过后在5s内使视线与平板成15°～30°角，对光观察沟槽中颗粒均匀显露处，记下读数，如有个别颗粒显露于其他分度线时，则读数与相邻分度线范围内不得超过3个颗粒，平行试验3次，取2次相近的算术平均值。

③ 漆膜硬度用摆式漆膜测定仪。漆膜硬度（X）按下式计算：

$$X=t/t_0$$

式中 t——摆杆在涂膜上从5°～2°的摆动时间，s；

t_0——摆杆在玻璃片上从5°～2°的摆动时间，s。

④ 干燥时间测定。表面干燥时间测定：在漆膜表面上轻轻放上一个脱脂棉球，用嘴距棉球10～15cm，沿水平方向轻吹棉球，如能吹走，膜面不留有棉丝，即认为表面干燥；或者以手指轻触漆膜表面，如感到有些发黏，但无漆粘在手指上，即认为表面干燥。实际干燥时间测定：本实验采用压滤纸法，在漆膜上放一片定性滤纸（光滑面接触漆膜），滤纸上再轻轻放置干燥试验器，经30s后，移去干燥试验器，将样板翻转（漆膜向下），滤纸能自由落下，或在背面用握板之手的食指轻敲几下，滤纸能自由落下而滤纸纤维不被粘在漆膜上，即认为漆膜实际干燥。

⑤ 用栅格法测定粘接力。在玻璃板上划100个均匀的小格，用胶布粘接，根据被粘起的小格数，决定粘接力的好坏。

五、实验结果与讨论

① 苯丙乳液和苯丙乳胶漆性能测试结果。

② 乳液聚合工艺对乳液性能有何影响？

③ 用栅格法测定粘接力时应注意什么？

实验十三 酸法酚醛树脂的制备

一、实验目的

① 了解反应物的配比和反应条件对酚醛树脂结构的影响。
② 掌握合成线型酚醛树脂的方法。
③ 掌握线型酚醛树脂的固化原理及方法。

二、实验原理

酚醛树脂是由苯酚和甲醛聚合得到的。强碱催化的聚合产物为甲阶酚醛树脂，甲醛与苯酚摩尔比为（1.2～3.0）∶1，甲醛用36%～50%的水溶液，催化剂为1%～5%的NaOH或$Ca(OH)_2$。在80～95℃加热反应3h，就得到了预聚物。为了防止反应过头和凝胶化，要真空快速脱水。预聚物为固体或液体，分子量一般为500～5000，呈微酸性，其水溶性与分子量和组成有关。交联反应常在180℃下进行，并且交联和预聚物合成的化学反应是相同的。

线型酚醛树脂是甲醛和苯酚以（0.75～0.85）∶1物质的量的比聚合得到的，常以草酸或硫酸作催化剂，加热回流2～4h，聚合反应就可完成。催化剂的用量为每100份苯酚加1～2份草酸或不足1份的硫酸。由于加入甲醛的量少，只能生成低分子量线型聚合物。反应混合物在高温脱水、冷却后粉碎得到产品。反应方程式如下：

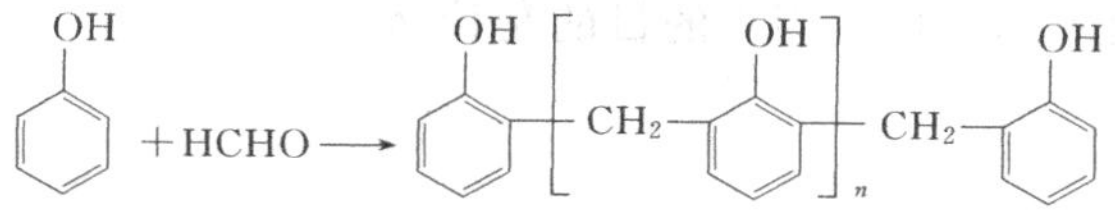

混入5%～15%的六亚甲基四胺作为固化剂，加入2%左右的氧化镁或氧化钙作为促进剂，加热即迅速发生交联形成网状体型结构，最终转变为不溶不熔热固性塑料。

酚醛树脂塑料是第一个商品化的人工合成聚合物，具有高强度和尺寸稳定性好、抗冲击、抗蠕变、抗溶剂和耐湿气性能良好等优点。大多数酚醛树脂都需要加填料增强，通用级酚醛树脂常用黏土、矿物质粉、木粉和短纤维来增强，工程级酚醛则要用玻璃纤维、石墨及聚四氟乙烯来增强，使用温度可达150～170℃。酚醛聚合物可作为黏合剂，应用于胶合板、纤维板和砂轮，还可作为涂料，例如酚醛清漆。含有酚醛树脂的复合材料可以用于航空飞行器，它还可以做成开关、插座及机壳等。

本实验在草酸存在下进行苯酚和甲醛的聚合，甲醛量相对不足，得到线型酚醛树脂。线型酚醛树脂可作为合成环氧树脂原料，与环氧氯丙烷反应获得酚醛多环氧树脂，也可以作为环氧树脂的交联剂，也可与六次甲基四胺、氧化镁、对氮蒽黑染料、木粉等混合制备压塑粉。

三、试剂及仪器

1. 试剂

苯酚，甲醛水溶液，草酸，六亚甲基四胺。

2. 仪器

三颈瓶，冷凝管，机械搅拌器，减压蒸馏装置。

四、实验步骤

1. 线型酚醛树脂的制备

向装有机械搅拌器、回流冷凝管和温度计的三口瓶中加入 39g 苯酚（0.414mol），27.6g 37%甲醛水溶液（0.339mol），5mL 蒸馏水（如果使用的甲醛溶液浓度偏低，可按比例减少水的加入量）和 0.6g 草酸。水浴加热并开动搅拌，反应混合物回流 1.5h。加入 90mL 蒸馏水，搅拌均匀后，冷却至室温，分离出水层。

实验装置改为减压蒸馏装置，剩余部分逐步升温至 150℃，同时减压至真空度为 66.7～133.3kPa，保持 1h 左右，除去残留的水分，此时样品一经冷却即成固体。在产物保持可流动状态下，将其从烧瓶中倾出，得到无色脆性固体。

2. 线型酚醛树脂的固化

取 10g 酚醛树脂，加入六亚甲基四胺 0.5g，在研钵中研磨混合均匀。将粉末放入小烧杯中，小心加热使其熔融，观察混合物的流动性变化。

五、思考题

① 环氧树脂能否作为线型酚醛树脂的交联剂，为什么？

② 线型酚醛树脂和甲阶酚醛树脂在结构上有什么差异？

③ 反应结束后，加入 90mL 蒸馏水的目的是什么？

实验十四 碱法酚醛树脂的制备

一、实验目的

① 了解热塑性酚醛树脂与热固性酚醛树脂的区别。

② 掌握热固性酚醛树脂的碱法合成原理和方法。

二、实验原理

酚类和醛类的缩聚产物通称为酚醛树脂。它的合成过程完全遵循体型缩聚反应的规律，它的树脂合成化学非常复杂，目前仍不能准确测定酚醛树脂的结构，即使是缩聚过程中的若干反应历程目前也并不十分清楚。

苯酚和甲醛缩聚所得的酚醛树脂可从热塑性的线型树脂转为不溶不熔的体型树脂。

固化的历程可分为三个阶段。A 阶段——线型树脂，可溶于乙醇、丙酮及碱液中，加热后能转变成 B、C 阶段。B 阶段——不溶于碱液中，可部分或全部溶于丙酮、乙醇中。加热后转成 C 阶段。C 阶段——为不溶不熔的体型树脂，不含有或很少含有能被丙酮抽提出来的低分子物。就制造短纤维预混料而言，首先缩聚得到溶于乙醇的酚醛树脂溶液为 A 阶段，然后将短纤维与 A 阶段的乙醇的酚醛树脂溶液混合，经烘干得到短纤维预混料。就制造层压板而言，首先缩聚得到溶于乙醇的酚醛树脂溶液为 A 阶段，然后将 A 阶段的树脂加到浸胶机中，将增强布浸入 A 阶段树脂溶液，并烘干得 B 阶段的含胶布，最后在压机中加热加压而固化成 C 阶的热固性层压板。

本实验主要是合成 A 阶段的酚醛树脂，A 阶段的酚醛树脂一般在碱性条件下缩聚而成，苯酚和甲醛的物质的量比为 1：(1.25～2.5)，可以用 NaOH、氨水、$Ba(OH)_2$ 等为催化剂。甲醛与苯酚间的加成反应如下：

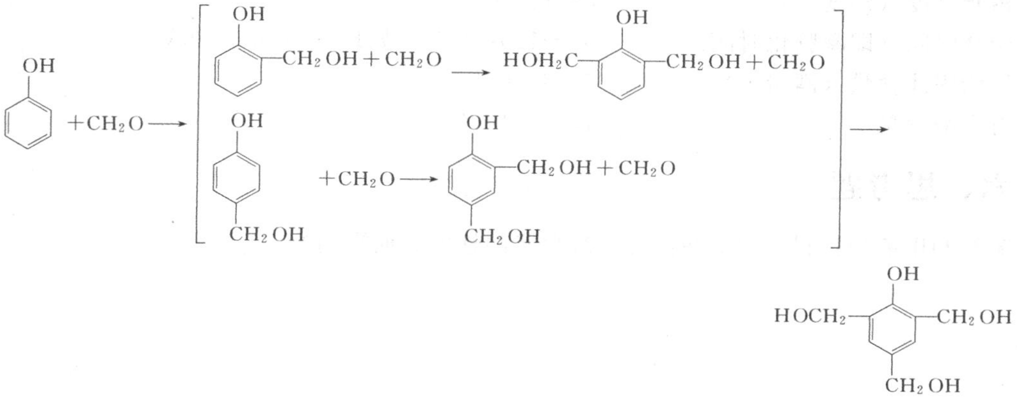

羟甲基酚间的缩聚反应如下：

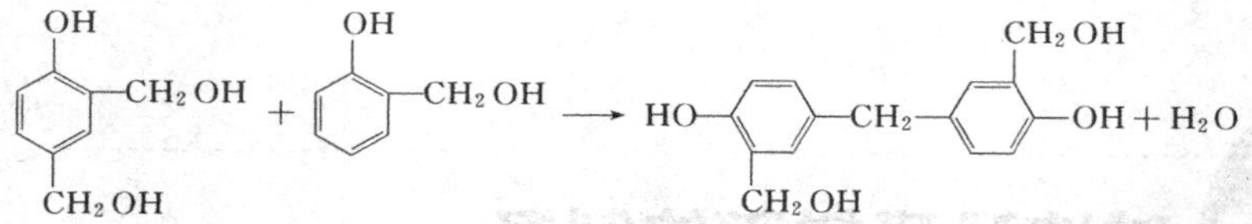

三、试剂及仪器

1. 试剂

苯酚（化学纯），37%甲醛水溶液（化学纯），25%的氨水（化学纯），无水乙醇（化学纯）。

2. 仪器

1000mL 三口烧瓶，冷凝器流管，温度计，搅拌器，电热锅，真空泵等各一只。

四、实验步骤

① 在三口烧瓶中投入 288g 苯酚，323.5g（37%）的甲醛水溶液及 15.5g（25%）的氨水。

② 开动搅拌，加热升温到 70℃，此时由于反应放热，温度自动上升。

③ 当温度升到 78℃ 时，注意使反应温度缓缓上升到 85～95℃之间（要求不超过 95℃）。

④ 保温 1h 后，每隔 10min 取样测定凝胶化时间，当其值达到 90s/160℃左右时，终止反应，准备下一步脱水。

⑤ 将反应装置接真空系统，在 66.5kPa（500mmHg）和较低温度 70℃下进行脱水。脱水过程容易出现凝胶现象，必须谨慎控制。

⑥ 脱水至透明后，测定凝胶化时间达 7s/160℃左右时，立即加入 150g 乙醇稀释溶解，然后出料。

五、实验讨论

热固性酚醛树脂一般情况下应符合下列主要技术指标：

树脂黏度（黏度杯）	5～10s（25℃）
聚合时间（即凝胶化时间）	90～120s/160℃或 14～24min/130℃
树脂固体含量（酒精中）	57%～62%
游离酚含量	16%～18%

六、思考题

苯酚和甲醛的投料配比对热固性酚醛树脂的性能有何影响？

实验十五　不饱和聚酯树脂及玻璃钢的制备

一、实验目的

① 了解控制线型聚酯聚合反应程度的原理及方法。

② 掌握制备不饱和聚酯和玻璃纤维增强塑料的实验技能。

二、实验原理

不饱和聚酯是由不饱和二元酸及饱和二元酸与二元醇缩聚反应的产物。这类聚酯分子中除了含有酯基外，还含有双键，在引发剂存在下，能与烯类单体进行共加聚反应，形成有交联结构的热固性树脂。不饱和聚酯树脂黏度低，浸润性好，透明度高，并且有一定的黏附力。主要用于制作玻璃纤维增强塑料，也可以用作胶泥、涂料及浇铸塑料等。

不饱和聚酯的品种很多，主要是所用的原料及其配比不同，可以制得从刚性到韧性的树脂，以及具有阻燃性、电绝缘性等系列产品，广泛适应各种性能制品的要求。常用的不饱和酸是顺丁烯二酸酐，这是工业上易得的原料，常用的二元醇有乙二醇、丙二醇和一缩乙二醇等。常用的饱和酸有壬二酸、己二酸和苯酐等。这些饱和酸可以调节线型聚酯链中的双键密度，还能增加聚酯和交联剂苯乙烯的相容性。交联剂还可用甲基丙烯酸甲酯及邻苯二甲酸二烯丙酯等。交联点之间交联剂的聚合度大小，决定于不饱和聚酯中的双键与烯类单体的竞聚率及投料比。若聚酯中的双键密度大，交联点之间聚合度小，则交联密度大，使聚酯树脂的弹性低、耐热性好。

玻璃纤维增强塑料品种很多，是近代塑料工业发展方向之一。一般不饱和聚酯用玻璃纤维作填料，因此又称“玻璃钢”。聚酯玻璃钢是不饱和聚酯在过氧化物存在下，与烯类单体交联之前，涂覆在经过预处理过的玻璃布上，在适当温度下低压接触成型固化得到的。它可以用来制造飞机上的大型部件、船体、火车车厢、建筑上的透明瓦棱板、化工设备和管道等。它具有抗伸强度高、密度小、电和热的绝缘性优良等特点。

玻璃纤维增强塑料的实验分两步进行。第一步是由顺丁烯二酸酐、邻苯二甲酸酐和微过量的乙二醇通过加热熔融缩聚，制得线型不饱和聚酯，其反应方程式如下：

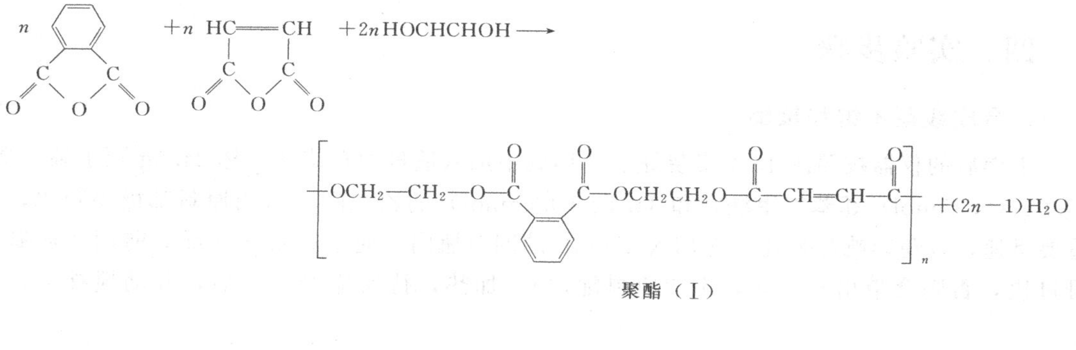

聚酯（Ⅰ）

反应过程中，经常测定体系的酸值，或以脱水量来控制聚合度。当酸值降到 50 左右时，可以得到低黏度的液体聚酯（Ⅰ）。将聚酯（Ⅰ）和含有阻聚剂的苯乙烯混合制成不饱和聚酯树脂（Ⅱ），储备待用。苯乙烯既是稀释剂又是交联剂。

第二步由线型不饱和树脂交联固化成型制成玻璃纤维增强塑料，其交联固化反应式如下：

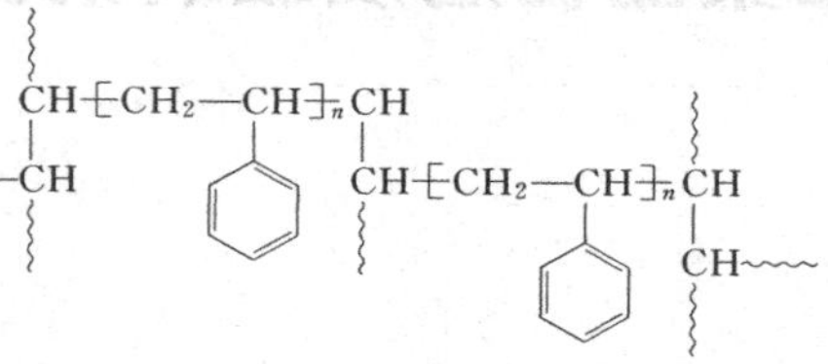

在聚合过程中，用酸值的大小来衡量聚合反应程度 P。酸值是指中和 1g 树脂所含的游离酸所需 KOH 的量（mg）。若 KOH 浓度为 M（mol/L），用它滴定 m（g）样品，消耗了 VmL，空白滴定消耗 V_0mL，则酸值按下式计算：

$$A=\frac{M(V-V_0)\times 56.1}{m}\times 1000$$

若体系起始时，N_0 个羧基测得酸值为 A_0，聚合进行到时间 t 时，体系中残留 N 个羧基，此时酸值为 A，那么反应程度为：

$$P=\frac{N_0-N}{N_0}=1-\frac{N}{N_0}=1-\frac{A}{A_0}$$

根据反应程度 P，可求得产物平均聚合度 $\overline{X_n}$：

$$\overline{X_n}=\frac{1+r}{1+r-2rP}$$

式中，r 是起始时羧基与羟基摩尔比。

三、试剂与仪器

1. 试剂

氮气源，顺丁烯二酸酐，邻苯二甲酸酐，乙二醇，苯乙烯，对苯二酚，过氧化苯甲酰，邻苯二甲酸二丁酯，丙酮，酚酞-乙醇溶液，KOH-乙醇溶液 0.2mol/L，HCl 溶液 0.2mol/L，玻璃布。

2. 仪器

滴管（5 支），电动搅拌器，硅油浴（或电热套），四口瓶，分馏柱（长 10cm），温度计，直形冷凝管，接应管，接收瓶，计泡器（或 U 形管），碱式滴定管，锥形瓶，平板玻璃（14cm×12cm）2 块。

四、实验步骤

1. 合成线型不饱和聚酯

干燥后的仪器按照图 15-1 安装好，U 形瓶中加入适量的石蜡油。称 24.5g 顺丁烯二酸，37.0g（0.25mol）邻苯二甲酸酐和 34.1g（0.55mol）的乙二醇（所用原料都极易吸水，称重要迅速，以免影响配料比）先加入 250mL 的四口瓶内。通干燥氮气（反应前期，通氮不可过快，否则会带出乙二醇，影响原料配比），加热，待反应物熔融后，开动搅拌器，待

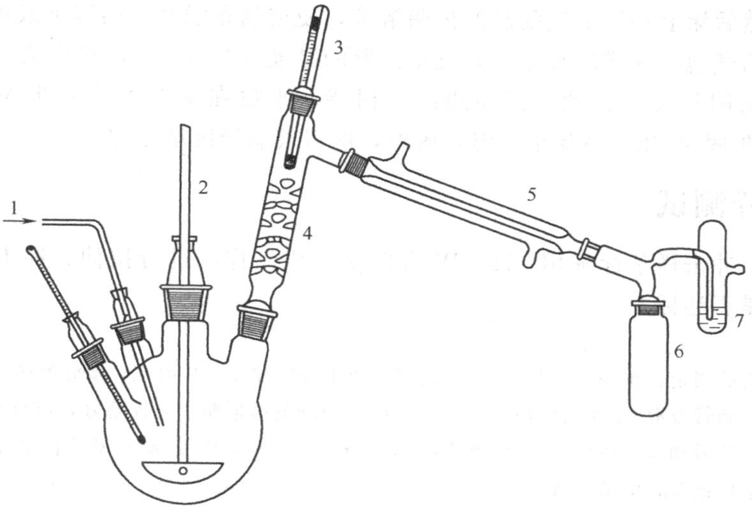

图 15-1 制备不饱和聚酯装置

1—氮气导管；2—搅拌棒；3—温度计；4—分流柱；5—冷凝管；6—接收瓶；7—计泡器

溶液温度升至 130℃后，减慢升温速度（反应初期在 140℃前后，由于放热反应，液温会自动上升，所以要减速升温，以免引起冲料。待单体逐步转变成低聚物之后，才能升温至 190℃左右，乙二醇的沸点 197.2℃。反应中期和后期也要控制好温度，高温有利于酯化反应，但过高的温度会产生副反应，影响树脂质量），约 1h 内逐步升至 160℃。当玻璃壁上出现水珠时，酯化开始，保持在 160℃反应 1.5h，再升温至 190～200℃，通氮气速度稍加快，保持在 200℃反应 1.5h 后，取样测定酸值[注1]。以后每隔 30min 取样一次，直至酸值降到 50 左右时，停止加热。聚合反应共 6h 左右，得到透明略带黄色的黏稠液。

2. 不饱和聚酯-苯乙烯溶液的配备

先称 20g 苯乙烯放入 100mL 的烧杯中，并加入 0.01g 对苯二酚（顺丁烯二酸不易自聚，但是当制成不饱和聚酯后与苯乙烯很容易共聚交联，所以配制不饱和聚酯-苯乙烯溶液时应加阻聚剂），连同烧杯称重（m_1），然后将自行冷却至 90℃的聚酯倾倒入盛有苯乙烯的烧杯中，立即搅拌均匀，并连同烧杯称重（m_2），则得到聚酯净重 $m=m_2-m_1$（g），再按苯乙烯：聚酯＝30：70 质量比算出苯乙烯用量，除已加的 20g 之外，按计量补加入剩余的苯乙烯，搅拌均匀，冷却至室温，即得黏稠的、透明带淡黄色的黏稠液，可以贮藏和运输。

3. 玻璃纤维增强塑料的低压成型

将过氧化苯甲酰 2 份（引发剂不要直接与促进剂混合。先让引发剂与树脂混合，后加促进剂。若制造大型器件，只能室温固化，一般加入环烷酸钴等促进剂，如用 0.25% 的过氧化丁酮及 0.02% 的环烷酸钴，在 25℃ 固化 6h 即可），邻苯二甲酸二丁酯 2 份混合均匀之后，加到不饱和聚酯-苯乙烯溶液 100 份中，搅拌均匀，再用滴管加一小滴（约 0.01g）的 N，N-二甲基苯胺（促进剂），混合均匀即得树脂溶液，立即使用。在两块清洁的平板玻璃（12cm ×14cm）上涂极少量硅油（或铺一层玻璃纸），将处理过的玻璃布❶铺在玻璃板上

❶ 玻璃布的处理：玻璃纤维增强塑料的优劣，取决于树脂的性质、玻璃纤维的强度以及树脂与玻璃纤维之间的粘接力等方面。玻璃布的处理方法有热处理和水洗法，除去其表面保护剂，有时需要表面处理剂改善玻璃纤维表面性能，增强玻纤与树脂之间的粘接能力。本实验用水洗法，即将玻璃布浸入 20% 肥皂液中煮洗 20min，然后用水冲洗干净，烘干备用。

或玻璃纸上，然后涂上一层上述配制的树脂溶液，使玻璃布浸润，用刷子或粗玻璃棒赶出树脂和玻璃之间的气泡。这样反复涂铺，直至需要的厚度（6～8 层），然后盖上玻璃纸，最后压上玻璃板，用四只夹子夹紧，擦净边缘的树脂，平放在室温下待初步固化后，再移入 80℃ 烘箱进一步固化 2h。冷却至室温，脱模，即得玻璃纤维增强塑料。

五、制样测试

按照拉伸、冲击样条标准用 ZHY-W 万能制样机制样，进行拉伸、冲击等力学性能测试，判断材料是否达标。

[注释]

[1] 树脂酸值的测定：预先在 5 只 250mL 的锥形瓶中分别加 20mL 丙酮，塞好塞子后准确称重，贴上标签，待用。用长滴管吸取 1g 左右的树脂滴入一只盛有丙酮的锥形瓶中立即塞好，准确称重，摇动锥形瓶使树脂全部溶解，然后加入三滴酚酞-乙醇溶液，用 0.2mol/L 的 KOH-乙醇标准溶液滴定至淡红色不退为终点。并做一个空白试验，酸值的计算按下式：

$$酸值=\frac{(V-V_0)M\times 56.11}{m}$$

六、思考题

① 若要制备韧性好、柔性大的玻璃钢，应如何设计配料？

② 按原料的投料比计算摩尔系数（$r\leqslant 1$），按最后酸值计算聚合反应程度 P 及平均聚合度 $\overline{X}_n$ [提示：首先计算起始酸值 A，其值为 $A_{(KOH)}=\frac{(0.25+0.25)\times 2\times 56.1}{24.5+37.0+34.1}\times 1000=586.8(mg)$]。

实验十六 热塑性聚氨酯弹性体的制备

自发明聚氨酯树脂以来，由于其性能优异，产量逐年递增，同时也促进了聚氨酯弹性体的发展。热塑性聚氨酯弹性体的杨氏模量介于橡胶与塑料之间，具有耐磨、耐油、耐撕裂、耐化学腐蚀、高弹性和吸震能力强等优异性能。它可通过像塑料一样的加工方法，制成各种弹性制品。可以制作 PU 人造革，配溶剂可制作涂料。由于热塑性聚氨酯弹性体的诸多优异性能，使它在许多领域获得了广泛的应用。

一、实验目的

① 通过聚氨酯弹性体的制备，了解逐步加聚反应的特点。

② 掌握本体法和溶液法制备热塑性聚氨酯弹性体的方法。

③ 初步掌握 $(AB)_n$ 型多嵌段聚合物的结构特点，用调节 A、B 嵌段比例的方法来制备不同性能的弹性体。

④ 掌握羟值的测定方法。

二、实验原理

凡主链上交替出现—NHCOO—基团的高分子化合物，通称为聚氨酯。它的合成是以异氰酸酯和含活泼氢化合物的反应为基础的，例如二异氰酸酯和二元醇反应，通过异氰酸酯和羟基之间进行反复加成，即生成聚氨酯。反应式如下：

$$n\mathrm{OCN{-}R{-}NCO} + n\mathrm{HO{-}R{-}OH} \longrightarrow \mathrm{HOR}\left[\mathrm{OCONH{-}R'{-}NHOCOR}\right]_n\mathrm{O{-}CONHRNCO}$$

如果含活泼氢的化合物采用低分子量（$M=1000\sim2000$）的两端以羟基结尾的聚醚、聚酯等，它们能赋予聚合物链一定的柔性，当它们与过量的二异氰酸酯，如甲苯二异氨酸酯（TDI），二苯基甲烷二异氰酸酯（MDI）等反应，生成含游离异氰酸根的预聚体，然后加入与游离异氰酸根等化学计量的扩链剂，如二元醇、二元胺等进行扩链反应，则生成基本上呈线型结构的聚氨酯弹性体。在室温，由于分子间存在大量氢键，起着相当于硫化橡胶中交联点的作用，呈现出弹性体性能，升高温度，氢链减弱，具有与热塑性塑料类似的加工性能，因而有热塑性弹性体之称。

不难想象，随着反应物化学结构、分子量和相对比例的改变，可以制得各种不同的聚氨酯弹性体。尽管如此，我们总可以把它们的分子结构看成是由柔性链段和刚性链段构成的 $(AB)_n$ 型嵌段共聚物，“A”代表柔性的长链，如聚酯、聚醚等；“B”代表刚性的短链，由异氰酸酯和扩链剂组成。柔性链段使大分子易于旋转，聚合物的软化点和二级转变点下降，硬度和机械强度降低。而刚性链段则会束缚大分子链的旋转，聚合物软化点和二级转变点上升，硬度和机械强度提高，而热塑性聚氨酯弹性体的性能就是由这两种性能不同的链段形成多嵌段共聚物的结果，因此，通过调节“软”“硬”链段的比例可以制得不同性能的弹性体。

热塑性聚氨酯弹性体的制备一般有两种方法：一步法和预聚体法。一步法就是把两端以羟基结尾的聚酯或聚醚先和扩链剂充分混合，然后在一定反应条件下加入计算量的二异氰酸酯即可。预聚体法是先把聚酯或聚醚与二异氰酸酯反应生成以异氰酸根结尾的预聚物，然后根据异氰酸酯的量与等化学计量的扩链剂进行扩链反应。聚氨酯弹性体的制备工艺又可分为本体法和溶液法两种。本实验分别采用本体一步法和溶液预聚体法[注1]来制备聚酯型聚氨酯弹性体和聚醚型聚氨酯弹性体。

三、试剂与仪器

1. 试剂

己二酸，1,4-丁二醇，聚酯（两端为羟基，分子量1000左右），聚环氧丙烷聚醚（两端为羟基，分子量1000左右），4,4-二苯基甲烷二异氰酸酯（MDI），甲基异丁基酮，二甲亚砜，二丁基月桂酸锡。

2. 仪器

四颈瓶，搅拌器，油浴，氮气钢瓶，平板电炉。

四、实验步骤

1. 溶液法

（1）预聚体的制备

250mL磨口四颈瓶装上搅拌器、回流冷凝管、滴液漏斗和氮气入口管。用天平称取10.0g（0.04 mol）MDI放入四颈瓶中，加入15mL二甲亚砜和甲基异丁基酮的混合溶剂（两者体积比为1∶1），开动搅拌器，通入氮气，升温至60℃，使MDI全部溶解。然后称取0.02mol聚酯（根据聚酯的实际分子量计算），溶于15mL混合溶液中，待溶解后从滴液漏斗慢慢加入到反应瓶中。滴加完毕后，继续在60℃反应2h，得无色透明预聚体溶液。

（2）扩链反应

将1.8g（0.02mol）1,4-丁二醇溶解在5mL混合溶剂中，从滴液漏斗慢慢加入上述预聚物溶液中。当黏度增加时，适当加快搅拌速度，待滴加完后在60℃反应1.5h。若黏度过大，可适当补加混合溶剂，搅拌均匀，然后将聚合物溶液倒入盛有蒸馏水的瓷盘中，产品呈白色固体析出。

（3）后处理

产物在水中浸泡过夜，用水洗涤2～3次，再用乙醇浸泡1天后用水洗净，在红外灯下基本晾干后再放入50℃的真空烘箱充分干燥，即得聚酯型聚氨酯弹性体，计算产率。

2. 本体法

在装有温度计和搅拌器的200mL反应容器中（反应容器可用干燥而清洁的烧杯）称取50g（0.05mol）聚醚，9.0g（0.10mol）1,4-丁二醇和按反应物总量1%的抗氧剂1010，置于平板电炉上，开动搅拌器，加热至120℃，用滴管滴加2滴二丁基月桂酸锡，然后在搅拌下将预热到100℃的37.5g（0.15 mol）MDI迅速加入反应器中，随聚合物黏度增加，不断加剧搅拌[注2]，待反应温度不再上升（约2～3min）除去搅拌器，将反应产物倒入涂有脱模剂的铝盘中（铝盘预热至80℃）放入80℃烘箱24h以完成反应（弹性体Ⅰ）。

调节软、硬链段比例，用改变反应物摩尔配比的方法，按照聚醚∶MDI∶1,4-丁二醇

（摩尔比）为：①1∶2∶1（弹性体Ⅱ）；②1∶4∶3（弹性体Ⅲ），用上述同样方法制备弹性体。

弹性体Ⅰ、Ⅱ、Ⅲ分别在不同温度用小型二辊机炼胶出片，然后在平板硫化压模机压成1.5mm厚的薄片，在干燥器内放置一周后切成哑铃形试条。

五、实验数据处理

① 计算溶液法制得的聚氨酯弹性体产率。

② 在本体法中，将切成哑铃形的试条，用电子拉力机分别测定其应力-应变曲线，用橡胶硬度计测其硬度，所得数据填入表16-1。

表16-1　数据记录

编号	物质的量比 聚醚∶MDI∶BDO	硬段含量	硬度	断裂硬度 /MPa	断裂伸长率 /%
弹性体Ⅰ	1∶3∶2				
弹性体Ⅱ	1∶2∶1				
弹性体Ⅲ	1∶4∶3				

③ 聚酯或聚醚羟值的测定（醋酐酰化法）

250mL三颈瓶中称取二羟基聚醚约200g，于120℃真空脱水1.5h[注3]，然后按下法测定羟值：准确称取1.5～2g聚醚两份，分别置于250mL的酰化瓶内，用移液管分别移入10mL新配制的酰化试剂（8mL醋酐加33mL吡啶），放几粒沸石，接上磨口空气冷凝管，在平板电炉上加热回流20min[注4]，冷却至室温，依次用10mL吡啶，25mL蒸馏水冲洗冷凝管内壁和磨口，然后加入0.5mol/L NaOH溶液50mL，酚酞指示剂3滴，用0.8mol/L NaOH溶液滴定至终点，用同样操作做空白试验，计算羟值：

$$\text{羟值}=\frac{(V_1-V_2)N\times 40}{m}$$

式中，V_1为空白溶液消耗的NaOH溶液的体积，mL；V_2为试样溶液消耗的NaOH溶液的体积，mL；N为NaOH的摩尔浓度；m为样品质量，g；40为NaOH的分子量。

$$\text{聚酯或聚醚的分子量}=\frac{40\times 2}{\text{羟值}}\times 1000$$

［注释］

［注1］预聚体法就是先把聚醚和二异氰酸酯在一定反应条件下生成含游离异氰酸酸根的预聚体，测定异氰酸根含量，再与等化学计量的扩链剂进行扩链反应。

［注2］搅拌器最好用不锈钢制成，形状和反应器相匹配，务必使物料能充分搅匀。

［注3］样品含水量必须小于0.1%，否则会破坏酯化试剂。

［注4］回流高度一般不超过冷凝管的1/3，以避免醋酐逸出引起误差。

六、思考题

① 为什么热塑性聚氨酯弹性体具有优异的性能？

② 聚酯型聚氨酯弹性体与聚醚型聚氨酯弹性体的产品其外观和特性有何区别？

实验十七 聚氨酯泡沫塑料的制备

聚氨酯是由异氰酸酯和羟基化合物通过逐步加聚反应得到的聚合物。它具有各方面的优良性能，因此得到广泛应用。目前的聚氨酯产品有：聚氨酯橡胶、聚氨酯泡沫塑料、聚氨酯人造革、聚氨酯涂料及黏结剂。其中以聚氨酯泡沫塑料的产量最大，由于它具有消声、隔热、防震的特点，主要用于各种车辆的坐垫、消声防震材料以及各种包装用途。

一、实验目的

熟悉多种不同密度软质和硬质聚氨酯泡沫塑料的制备方法，了解聚氨酯泡沫塑料发泡的原理。对比软硬泡沫使用原料的不同，合理设计配方，掌握分析影响泡沫材料性能的工艺因素。

二、实验原理

聚氨酯泡沫的形成是一种比任何其他聚氨酯的形成都远为复杂的过程，除在聚合物系统中的化学和物理状态变化之外，泡沫的形成又增加了胶体系统的特点。要了解聚氨酯泡沫的形成，还须涉及气体发生和分子增长的高分子化学、核晶过程和稳定泡沫的胶体化学以及聚合体系熟化时的流变学。聚氨酯泡沫的制造分为 3 种：预聚体法、半预聚体法和一步法。本实验主要采用一步法。一步法发泡即是将聚醚或聚酯多元醇、多异氰酸酯、水以及其他助剂如催化剂、泡沫稳定剂等一次加入，使链增长、气体发生及交联等反应在短时间内几乎同时进行，在物料混合均匀后，1～10s 即行发泡，0.5～3min 发泡完毕并得到具有较高分子量和一定交联密度的泡沫制品。要制得泡沫孔径均匀和性能优异的泡沫，必须采用复合催化剂、外加发泡剂和控制合适的条件，使三种反应得到较好的协调。在聚氨酯泡沫制备过程中主要发生如下反应。

1. 预聚体的合成

由二异氰酸酯与聚醚或聚酯多元醇反应生成含异氰酸酯端基的聚氨酯预聚体。

$$\mathrm{OCN{-}R{-}NCO + HO{\sim\sim}OH \longrightarrow OCN{-}R{-}NH{-}\overset{\overset{\displaystyle O}{\|}}{C}{-}O{\sim\sim}O{-}\overset{\overset{\displaystyle O}{\|}}{C}{-}NH{-}R{-}NCO}$$

2. 气泡的形成与扩链

异氰酸根与水反应生成的氨基甲酸不稳定，分解生成胺与二氧化碳，放出的二氧化碳气体在聚合物中形成气泡，并且生成的端氨基聚合物可与异氰酸根进一步发生扩链反应得到含脲基的聚合物。

$$\mathrm{{\sim\sim}NCO + H_2O \longrightarrow [\,{\sim\sim}NH{-}C{-}OH\,] \longrightarrow {\sim\sim}NH_2 + CO_2\uparrow}$$

$$\mathrm{{\sim\sim}NH_2 + {\sim\sim}NCO \xrightarrow{扩链} {\sim\sim}NH{-}\overset{\overset{\displaystyle O}{\|}}{C}{-}NH{\sim\sim}}$$

3. 交联固化

异氰酸根与脲基上的活泼氢反应，使分子链发生交联，形成网状结构。

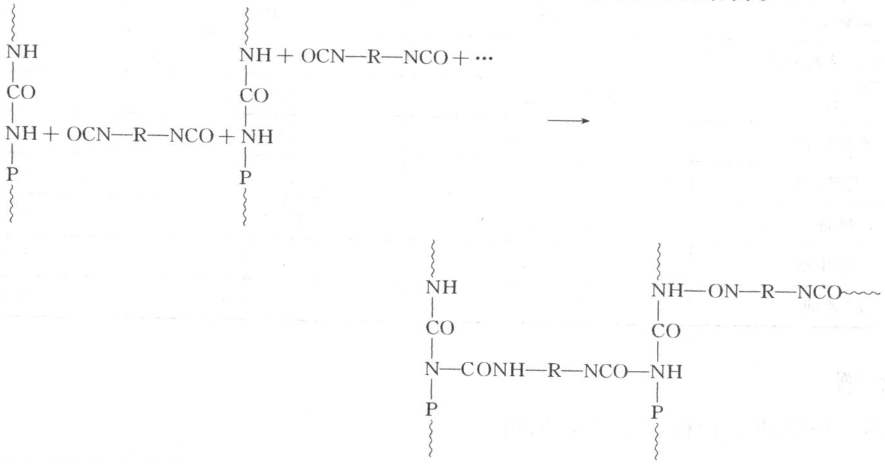

聚氨酯泡沫塑料按其柔韧性可分为软泡沫和硬泡沫，主要取决于所用的聚醚或聚酯多元醇，使用较高分子量及相应较低羟值的线型聚醚或聚酯多元醇时，得到的产物交联度较低，为软质泡沫；若用短链或支链较多的聚醚或聚酯多元醇时，为硬质泡沫。根据气孔的形状聚氨酯泡沫可分为开孔型和闭孔型，可通过添加助剂来调节。乳化剂可使水在反应混合物中分散均匀，从而可保证发泡的均匀性；稳定剂可防止在反应初期泡孔结构的破坏。主要影响泡沫塑料产生瑕疵的因素见表 17-1。

表 17-1　制备泡沫塑料时产生的疵病原因及解决办法

疵病	可能原因	解决办法
开裂	发泡后期凝胶速度大于气体发生速度	减少有机锡催化剂用量，或提高胺类催化剂用量
	物料温度过高	调整物料温度
	异氰酸酯用量不足	调整异氰酸酯用量
泡沫崩塌	气体发生速度过快	减少胺类催化剂用量
	凝胶速度过慢	增加有机锡类催化剂
	硅油稳定剂不足或失败	增加硅油用量
	物料配比不准	调节至一定范围
	搅拌速度不当	调节至一定范围
泡沫收缩	凝胶速度大于发泡速度	使发泡速度平衡
	搅拌速度太慢	增加搅拌速度
	异氰酸酯用量过多	减少用量
结构模糊	搅拌速度过快	适当减慢速度
气泡严重	物料计量不准	检查各组分，计量准确

三、试剂与仪器

1. 试剂

见表 17-2。

表 17-2 试剂

原料	高密度泡沫	中密度泡沫	低密度泡
聚醚 330	100	100	100
甲苯二异氰酸酯	30～35	35～40	37～42
水	1.5～2.5	2.5～3	3～3.5
辛酸亚锡	0.1～0.2	0.2～0.3	0.2～0.3
三乙基二胺	0.2～0.3	0.1～0.2	0.1～0.2
硅油	1.0～2.0	1.0～2.0	1.5～2.5
二氯甲烷	0.5～1.5	0.5～1.5	1.5～2.5
防老剂	0.1～0.4	0.1～0.4	0.1～0.4

2. 仪器

烧杯，玻璃棒，台秤，纸杯，烘箱。

四、实验步骤

① 将除甲苯二异氰酸酯外的组分按质量称取于一个纸杯中，然后加入一定质量的甲苯二异氰酸酯，迅速搅拌约 30s，观察发泡过程。

② 室温静置 20min 后，将泡沫在 90～120℃烘箱中熟化 1h 左右，移出烘箱冷至室温。

③ 按照高、中、低密度的三种配方各制备一次，若有失败，找出原因重做。

④ 将三种密度泡沫取样测试密度、拉伸强度、撕裂强度、压缩强度和回弹性，测试所得各项性能列表对比。

⑤ 参考有关资料设计一个硬质聚氨酯泡沫的配方，根据设计的配方参照上面的实验步骤制备硬质聚氨酯泡沫。

五、思考题

① 对比三种配方制备的软质聚氨酯泡沫的性能，分析影响密度的因素有哪些？

② 聚氨酯泡沫塑料的软硬由哪些因素决定？

③ 如何保证均匀的泡孔结构？

实验十八 己内酰胺开环聚合尼龙-6

一、实验目的

① 熟悉己内酰胺的水解聚合机理。

② 掌握己内酰胺的水解聚合制备尼龙-6 的方法。

二、实验原理

已知己内酰胺分子的酰胺键为顺式构型，二分子之间形成氢键，因而在无水存在下不能发生聚合反应。当有 0.1%～10%的水或可放出水的物质（如醇酸）存在下可进行开环聚合，这种聚合过程叫水解聚合。

水解聚合是在 250～270℃下，采用间歇或连续操作，经 12～24h，可制得聚合物。其聚合反应简式可表示为：

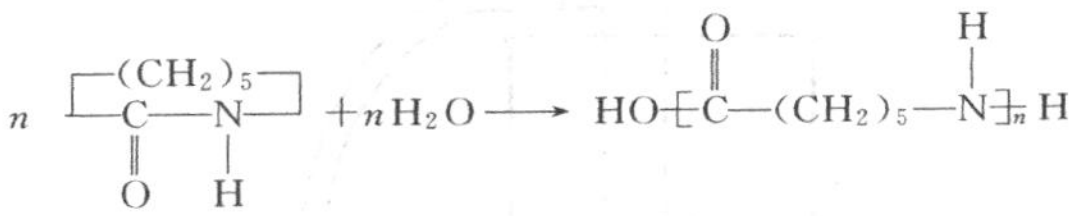

实际上此过程非常复杂，它包括开环、缩聚、加聚、交换、裂解等不同反应和互相作用，最后达到水、单体、环状低聚物及线型链式分子各级分与聚合体之间一个总的平衡体系。

水解聚合平衡：环酰胺开环聚合尽管较复杂，但主要由三种平衡反应所组成，即开环、缩合和加成。

（1）开环

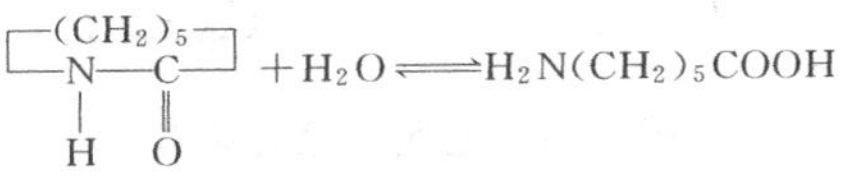

此水解速度与水的浓度和水解条件有关。

（2）缩合

继之 ω-氨基酸自身缩合：

$$nH_2N(CH_2)_5COOH \rightleftharpoons H{+}\!\!\!\!\!\!\left[\overset{H}{\underset{}{N}}-(CH_2)_5-\overset{O}{\overset{\|}{C}}\right]_n OH+(n-1)H_2O$$

$$mH_2N(CH_2)_5COOH \rightleftharpoons H{+}\!\!\!\!\!\!\left[\overset{H}{\underset{}{N}}-(CH_2)_5-\overset{O}{\overset{\|}{C}}\right]_m OH+(m-1)H_2O$$

（3）加成

主要是加成反应，即己内酰胺加成到线型分子链的末端：

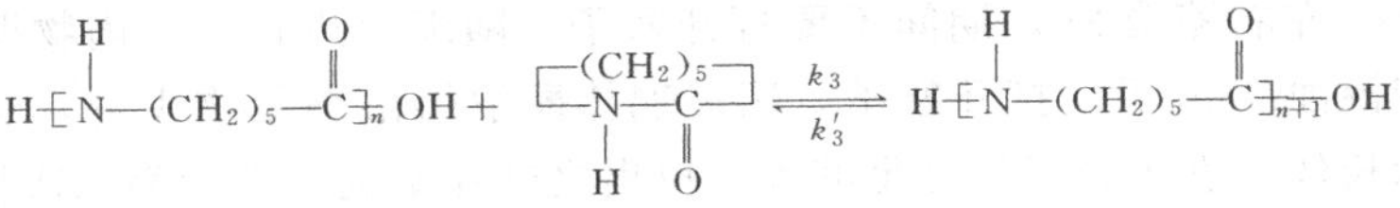

进而是线型分子之间的缩合反应，此反应消耗端基且放出水：

$$\mathrm{H{-}\!\!\left[N(H){-}(CH_2)_5{-}\overset{\overset{\displaystyle O}{\|}}{C}\right]_m OH + H{-}\!\!\left[N(H){-}(CH_2)_5{-}\overset{\overset{\displaystyle O}{\|}}{C}\right]_n OH +} \underset{k_2'}{\overset{k_2}{\rightleftharpoons}} \mathrm{H{-}\!\!\left[N(H){-}(CH_2)_5{-}\overset{\overset{\displaystyle O}{\|}}{C}\right]_{m+n} OH + H_2O}$$

在线型分子达到一定聚合度时，主要是酰胺基间的交换反应而改变聚合物的分子量分布。由于聚合过程和最后产物的性质均受此三个平衡反应的影响，调节一定的聚合度是保证产品性能的重要方法。一般采用保持聚合体系中一定的水的浓度或加入带有羧基或氨基的化合物，以改变聚合体系的官能团比例来达到调节分子量的目的。

三、试剂与仪器

1. 试剂

己内酰胺，氨基己酸，高纯氮，硝酸钾，亚硝酸钠。

2. 仪器

带侧管的试管，600 W 电炉，石棉，300℃ 温度计，烧杯。

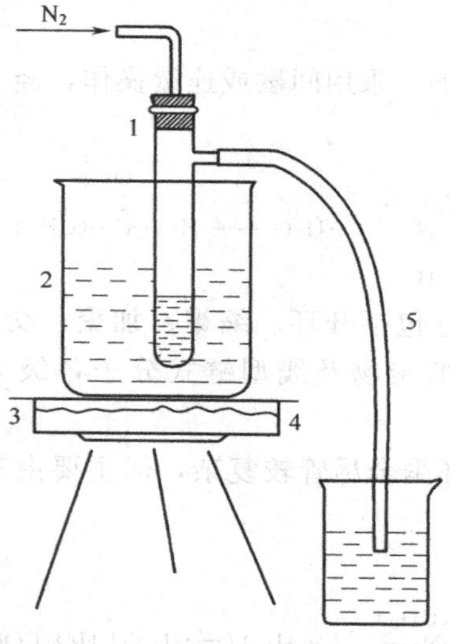

图 18-1 尼龙-6 聚合装置

1—缩聚管；2—熔融盐浴；3—石棉网；4—电炉；5—橡皮管

四、实验步骤

取 3g 己内酰胺、150mg 氨基己酸，研磨均匀后放入缩聚管，用玻璃棒尽量压紧，通高纯氮气 5min 后架入熔融盐浴（装置如图 18-1 所示）。熔盐由硝酸钾-亚硝酸钠（质量比 1∶1）配置，高温下有很强的氧化性，与有机化合物反应激烈，所以不可弄破缩聚管。缩聚温度维持约 270℃。

缩聚管放入融盐浴后，管内己内酰胺即熔化，且有气泡上升。调小氮气流至约 1s 1～2 个气泡，在 270℃ 左右缩聚 2h，期间不要打开塞子。随缩聚进行，管内物明显变稠，无色透明，后逐渐带混浊。2h 后，打开塞子，用玻璃棒蘸取熔融缩聚物少许，迅速拉出，可拉数米乃至十余米长丝，表明分子量已足够大。拉出之丝在室温下进行第二次拉伸，可伸长至其原长度数倍而不断，且明显观察到拉伸时所呈现的“颈部”现象。

五、注意事项

① 融盐浴温度很高，但由于不冒气，表现似乎不热，使用时务必小心，温度计一定要固定在铁架上，不可直接斜放在融盐中。实验结束后，停止加热，戴上手套，趁热将融盐倒入回收铁盘或旧的搪瓷盘。待冷后，洗净烧杯。融盐遇冷，结成白色硬块，性脆，碎后保存在干器中，下次实验时再用。

② 氮气的纯度在本实验中至关重要，不能用普通的纯氮气，必须用高纯氮气（氧含量<5PPm），以己内酰胺开环聚合为例，若用普通氮气，体系变褐色并得不到高黏度产物，而用高纯氮气，体系始终无色，且能拉出长丝。

六、思考题

为什么制备聚酰胺时通高纯 N_2？其他气体是否可以？

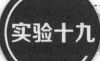

实验十九 熔融缩聚法制备尼龙-66

一、实验目的

① 了解缩聚反应。

② 用己二酸己二胺盐的熔融缩聚法制备尼龙-66。

③ 学习端基滴定法测定聚酰胺分子量的方法。

二、实验原理

双功能基单体 a—A—a，b—B—b 缩聚生成的高聚物的分子量主要受三方面因素的影响。

① a—A—a，b—B—b 的物质的量比，其定量关系式可表示为：

$$\overline{DP}=\frac{100}{q}$$

式中，$\overline{DP}$ 为缩聚物的平均聚合度；q 为 a—A—a（或 b—B—b）过量的摩尔百分数。

② a—A—a、b—B—b 反应的程度。若两单体等摩尔，此时反应程度 p 与缩聚物分子量的关系为：

$$\overline{X}_n=\frac{1}{1-p}$$

式中，$\overline{X}_n$ 为以结构单元为基准的数均聚合度；p 为反应程度即功能基反应的百分数。

③ 缩聚反应本身的平衡常数。若 a—A—a、b—B—b 等摩尔，生成的高聚物分子量与 a—A—a、b—B—b 反应的平衡常数 K 的关系为：

$$\overline{X}_n=\sqrt{K/[ab]}$$

式中，[ab] 为缩聚体系中残留的小分子（如 H_2O）的浓度，K 越大，体系中小分子 [ab] 越小，越有利于生成高分子量缩聚物。己二酸与己二胺在 260℃时的平衡常数为 305，是比较大的，所以即使产生的 H_2O 不排除，甚至外加一部分水存在时，亦可生成具有相当分子量的缩聚物，如体系中 H_2O 的浓度假定为 3 mol/L，代入上式，缩聚物的 $\overline{X}_n$ 约为 10，这是制备高分子量尼龙-66 有利的一面。但另一方面，从己二酸、己二胺制备尼龙-66，由于二胺在缩聚温 260℃时易升华损失，以致很难控制配料比。所以，先将己二酸与己二胺制得 66 盐，它是白色晶体，熔点 196℃，易于纯化。这样就能保证二者的等摩尔比。尽管如此，66 盐中的己二胺在 260℃高温下仍能升华（与单体己二胺相比，当然要小得多），故缩聚过程中的配料比还会改变，从而影响分子量，甚至得不到高分子量产物。为了解决这一问题，利用己二酸与己二胺反应平衡常数 K 值大的优点，可以先不除水，在无 O_2 的封闭体系（二胺不会损失）中预缩聚，或者在 200℃进行预缩聚，生成聚合度较低的缩聚物，然后再在高温、高真空条件下进行后聚合。以上相关的反应式如下：

$$HOOC(CH_2)_4COOH + H_2(CH_2)_6NH_2 \longrightarrow [H_3N^+(CH_2)_6NH_3^+][^-OOC(CH_2)_4COO^-]$$

$$[H_3N^+(CH_2)_6NH_3^+][^-OOC(CH_2)_4COO^-] \longrightarrow H{+}HN(CH_2)_6NH{-}CO(CH_2)_4CO{+}_nOH + H_2O$$

根据单体的配比和反应程度，尼龙-66的端基可以是羧基或者胺基，采用化学滴定法测定胺基和羧基的总和就可以获得聚合物的数均分子量。

三、试剂与仪器

1. 试剂

反应试剂：己二酸，己二胺，95%乙醇。

滴定试剂：0.005mo/L HCl标准溶液，0.01mol/L KOH/甲醇标准溶液，麝香草酚蓝指示剂，碱蓝指示剂，苯甲醇。

2. 仪器

支管式聚合管（体积约10mL），电炉（1500W），变压器，真空系统，通氮系统，盐浴（大烧杯、硝酸钾、亚硝酸钠），温度计（300℃）。

四、实验步骤

1. 66盐的制备和精制

己二酸己二胺盐（66盐）的制备。250mL锥形瓶中加7.3g（0.05mol）己二酸及50mL无水乙醇，在水浴上温热溶解。另取一锥形瓶，加5.9g己二胺（0.051mol）及60mL无水乙醇，亦于水浴上温热溶解。稍冷后，将二胺溶液搅拌下慢慢倒入二酸溶液中，反应放热，并观察到有白色沉淀产生。冷水冷却后过滤，漏斗中的66盐结晶用少量无水乙醇洗2～3次，每次用乙醇4～6mL。将66盐转入培养皿中于60℃真空烘箱干燥，得白色66盐结晶约12～13g，熔点196～197℃。若结晶带色，可用乙醇和水（体积比3∶1）的混合溶剂重结晶或加活性炭脱色。

2. 熔融聚合

按图19-1装好缩聚反应装置，通氮置换反应容器中的空气，并在氮气流下向其中加入5g 66盐，缓缓升温至66盐开始熔化，此时温度在220℃左右。控制升温速率，在1h内升温至250℃。随着反应的进行，产物的分子量逐渐增加，继续升高温度维持体系为熔融状

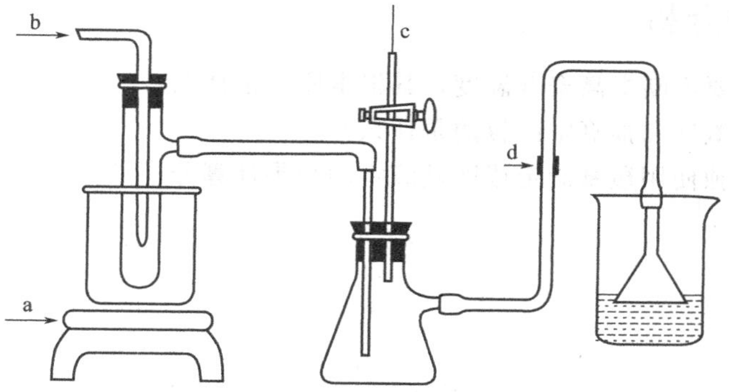

图19-1 66盐缩聚反应装置

a—电炉；b—进 N_2 口；c—抽真空；d—自由夹

态，最后温度保持在280℃，并在该温度下继续反应1.5h，关闭通氮系统，接通真空泵，在3～4kPa下抽真空0.5h，以提高反应程度。关闭真空系统，在通氮条件下恢复常压并逐步冷却，在聚合物保持熔融状态下，用玻璃棒蘸少许聚合物，观察样品拉丝情况，由此可粗略估计聚合物的分子量，然后立即倒出聚合物。

3. 分子量测定

(1) 胺基的滴定

准确称取0.4g聚合物（m_1），用15mL苯甲醇缓慢回流溶解，然后冷却至室温。加入两滴麝香草酚蓝指示剂，用0.005mol/L的HCl标准溶液（c_1）滴定，黄色转变成粉红色，表示到终点，记录消耗的HCl的体积为（V_{11}）。用15mL苯甲醇在相同条件下进行空白滴定，记录消耗的HCl的体积为（V_{10}）。

(2) 羧基的滴定

准确称取0.4g聚合物（m_2），用15mL苯甲醇缓慢回流溶解，然后冷却至室温。加入3～4滴碱蓝作为指示剂，用0.01 mol/L的KOH标准溶液（c_2）滴定，蓝紫色转变成粉红色，表示到终点，记录消耗的KOH的体积为（V_{21}）。用15mL苯甲醇在相同条件下进行空白滴定，记录消耗的HCl的体积为（V_{20}）。

聚合物的数均分子量$\overline{M}_n$为：

$$\overline{M}_n=\frac{2\times 1000}{\dfrac{c_1(V_{11}-V_{10})}{W_1}+\dfrac{c_2(V_{21}-V_{20})}{W_2}}$$

实验结束后，拆除实验装置，清洗玻璃仪器。

五、注意事项

① 用无水乙醇可提高66盐的得率，但在某些情况下用95%乙醇或用乙醇和水的混合液可以起到除去盐中水溶性杂质的作用。

② 盐浴加热过程中不会冒热气，但实际温度很高，因此，使用时务必小心，操作时，应戴上手套；冷却后，结成白色硬块，可重复使用。

③ 为了防止缩聚产物在高温下氧化变黄甚至发黑，这里用的N_2最好是高纯的，若用普通N_2则需进行脱O_2处理。

六、思考与分析

① 随反应进行要不断提高聚合温度，其根本原因是什么？

② 本实验中通氮气和抽真空的目的是什么？

③ 为什么不单独使用羧基滴定或胺基滴定的结果计算分子量？

实验二十 对苯二甲酰氯与己二胺的界面缩聚

一、实验目的

① 掌握缩聚反应基本原理及界面缩聚实施的方法。

② 进行对苯二甲酰氯与己二胺的界面缩聚。

二、实验原理

1. 界面缩聚反应

界面缩聚是将两种单体分别溶于两种互不相溶的溶剂中，再将这两种溶液倒在一起，在两液相的界面上进行缩聚反应，聚合产物不溶于溶剂，在界面析出。

界面缩聚具有以下特点：①界面缩聚是一种不平衡缩聚反应，小分子副产物可被溶剂中某一物质所消耗吸收；②界面缩聚反应速率受单体扩散速率控制；③单体为高反应性，聚合物在界面迅速生成，其分子量与总的反应程度无关；④对单体纯度与功能基等物质的量比要求不严；⑤反应温度低，可避免因高温而导致的副反应，有利于高熔点耐热聚合物的合成。

界面缩聚由于需采用高活性单体，且溶剂消耗量大，设备利用率低，因此虽然有许多优点，但工业上实际应用并不多。典型的例子是用光气与双酚 A 界面缩聚合成聚碳酸酯。

2. 对苯二甲酰氯与己二胺的界面缩聚

对苯二甲酰氯与己二胺反应生成聚对苯二甲酰氯己二胺，反应式为：

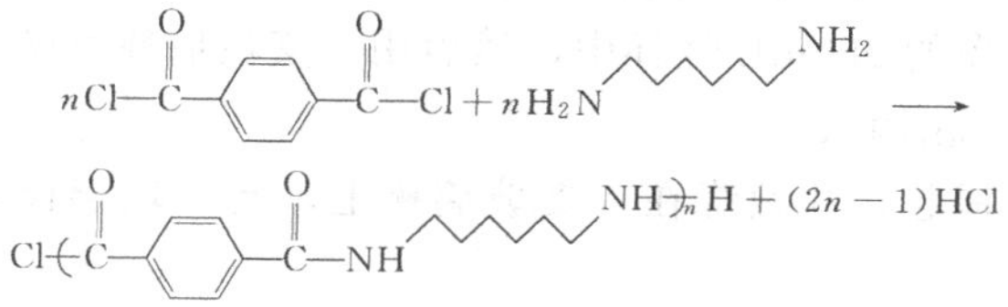

反应实施时，将对苯二甲酰氯溶于有机溶剂（如 CCl_4），己二胺溶于水，且在水相中加入 NaOH 来消除聚合反应生成的小分子副产物 HCl。将两相混合后，聚合反应迅速在界面进行，所生成的聚合物在界面析出成膜，把生成的聚合物膜不断拉出（图 20-1），单体不断向界面扩散，聚合反应在界面持续进行。

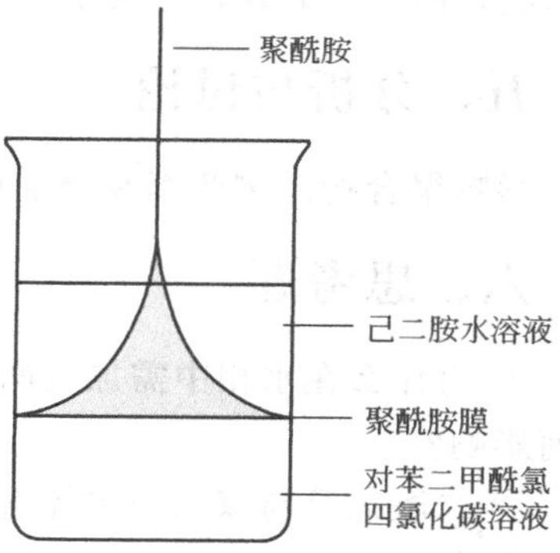

图 20-1 拉膜

三、试剂与仪器

1. 试剂

对苯二甲酰氯（1.35g），己二胺（0.77g），CCl_4（100mL），NaOH（0.53g）。

2. 仪器

带塞锥形瓶（250mL，1 个），烧杯（250mL，1 个），烧杯（100mL，1 个），玻璃棒（1 支），镊子（1 把）。

四、实验步骤及现象

1. 流程图（图 20-2）

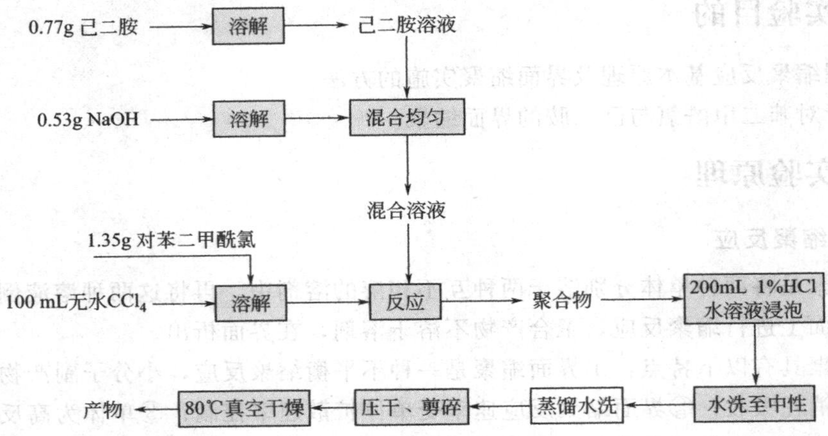

图 20-2 流程图

2. 实验步骤

① 于干燥的 250mL 烧杯中称取 1.35g 对苯二甲酰氯，加入 100mL 无水 CCl_4，摇荡使对苯二甲酰氯尽量溶解配成有机相。

② 另取一个 100mL 烧杯先后分别称取新蒸己二胺 0.77g 和 NaOH 0.53g，共用 100mL 水将其分别溶解后倒入 250mL 烧杯中混合均匀，配成水相。

③ 将有机相倒入干燥的 250mL 烧杯中，然后用一支玻璃棒紧贴烧杯壁并插到有机相底部，沿玻璃棒小心地将水相倒入。

④ 用镊子将膜小心提起，并缠绕在一支玻璃棒上，转动玻璃棒，将持续生成的聚合物膜卷绕在玻璃棒上。

⑤ 所得聚合物放入盛有 200mL 1%HCl 水溶液中浸泡后，用水充分洗涤至中性。用蒸馏水洗，压干，剪碎，置真空干燥箱中于 80℃真空干燥，计算产率。

五、分析与讨论

影响聚合物产物产率及分子量的主要因素。

六、思考题

① 为什么在水相中需加入两倍量的 NaOH？若不加，将会发生什么反应？对聚合反应有何影响？

② 二酰氯可与双酚类单体进行界面缩聚合成聚酯，但却不能与二醇类单体进行界面缩聚，为什么？

实验二十一 丙烯腈-丁二烯-苯乙烯树脂的制备

丙烯腈-丁二烯-苯乙烯树脂，就是通常所说的 ABS 树脂。显然，ABS 树脂系由丙烯腈（Acrylonitrile），丁二烯（Butadiene）和苯乙烯（Styrene）聚合制得。它是一个两相体系，连续相为丙烯腈和苯乙烯的共聚物 AS 树脂，分散相为接枝橡胶和少量未接枝的橡胶。由于 ABS 具有多元组成，因而它综合了多方面的优点，既保持橡胶增韧塑料的高冲击性能、优良的力学性能及聚苯乙烯的良好加工流动性，同时由于丙烯腈的引进，使 ABS 树脂具有较大的刚性，优异的耐药品性以及易于着色的好品质。它的用途极为广泛。如可用于航空、汽车、机械制造、电气、仪表以及作输油管等。调节不同组成，可以制得不同性能的 ABS。

一、实验目的

掌握乳液悬浮法制备 ABS 树脂的原理和方法。

二、实验原理

ABS 树脂有两种类型：共混型和接枝型。接枝型又可由本体法和乳液法制备。乳液悬浮法属于乳液法一类，但它克服了乳液法后处理困难的缺点，容易处理，容易干燥；与本体法相比，它反应条件稳定，散热容易，且橡胶含量可以任意控制。它是近年来发展起来的新的聚合方法。

乳液悬浮法制备 ABS 树脂分两个阶段进行：第一阶段是乳液聚合，它主要是解决橡胶的接枝和橡胶粒径的增大。ABS 树脂中分散相橡胶粒径的大小必须在一定范围内（一般认为 0.2～0.3μm）才有良好的增韧效果。以乳液法制备的乳胶（在此为丁苯乳胶）其粒径通常只有 0.04μm 左右，在 ABS 树脂中不能满足增韧的要求，故必须进行粒径扩大。粒径扩大的方法很多，在此采用最简单的溶剂扩大法，即靠反应单体本身作溶剂，使其渗透到橡胶粒子中去。此法亦有利于提高橡胶的接枝率。橡胶接枝的作用有两点：一是增加连续相与分散相的亲和力，二是给橡胶粒子接上一个保护层，以避免橡胶粒子间的合并，接枝橡胶制备的成功与否，是决定 ABS 树脂性能好坏的关键。此阶段的反应如下：

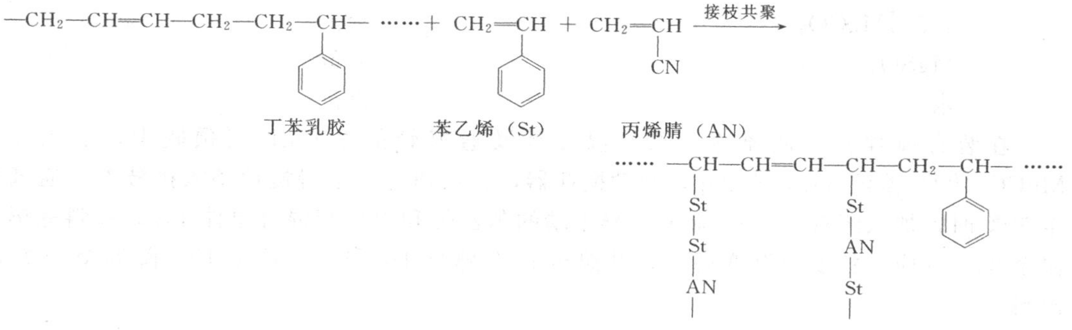

此外，还有游离的 St-AN 共聚物和少量未接枝的游离橡胶。

第二阶段是悬浮聚合，它的作用有两点：一是进一步完成连续相 St-AN 树脂的制备；二是在体系中加盐破乳，并在分散剂的存在下使其转为悬浮聚合。

三、试剂与仪器

1. 试剂

丁苯乳胶，苯乙烯，丙烯腈等。

2. 仪器

搅拌器，回流冷凝管，三颈瓶，氮气钢瓶等。

四、实验步骤

1. 乳液接枝聚合

配方：

丁苯-50 乳胶	45g（含干胶 16g）
苯乙烯和丙烯腈（30：70）混合单体	16g
叔十二硫醇	0.08g
蒸馏水	83g
过硫酸钾（KPS）	0.1g
十二烷基硫酸钠	0.32g

在装有搅拌器、回流冷凝管及温度计、通氮管的 250mL 三颈瓶里，加入丁苯乳胶 45g，苯乙烯和丙烯腈混合单体 16g，蒸馏水 39g。通氮，开动搅拌器，升温至 60℃，让其渗透 2h，然后降温至 40℃，向体系内加入十二烷基硫酸钠 0.32g，过硫酸钾 0.1g 和水 44g，升温至 60℃，保持 2h，65℃保持 2h，70℃保持 1h，降温至 40℃以下出料。用滤网过滤除去析出的橡胶，得接枝液。

2. 悬浮聚合

配方：

接枝液	50g
苯乙烯和丙烯腈（30：70）混合单体	14g
叔十二硫醇	0.056g
偶氮二异丁腈（AIBN）	0.056g
液体石蜡	0.15g
4.5%$MgCO_3$	38g
$MgSO_4$	4.5g
水	26g

在装有搅拌器、回流冷凝管、温度计及通氮管的 250mL 三颈瓶中，加入 4.5% $MgCO_3$[注1] 溶液 38g，水 26g，开动搅拌器，在快速搅拌下慢慢地滴入接枝液。通氮升温至 50℃时，加入溶有 0.056g 偶氮二异丁腈的苯乙烯和丙烯腈混合单体 14g，投料完毕，升温至 80℃反应。粒子下沉变硬后，升温至 90℃熟化 1h，100℃熟化 1h，降温至 50℃以下出料。

倾倒去上层液体，加入蒸馏水，用浓硫酸酸化到 pH 值为 2～3，然后用水洗至中性，将聚合物抽干，在 60～70℃烘箱中烘干，即得 ABS 树脂。

［注 1］ $MgCO_3$ 的制备：

① 在装有搅拌器、回流冷凝管的 5000mL 三颈瓶中，加入 212g 的 Na_2CO_3，2140mL 的 H_2O，升温至 60℃，恒温，在搅拌下使 Na_2CO_3，溶解。

② 将 492g $MgSO_4 \cdot 7H_2O$，1350mL 的 H_2O，放入 2000mL 的烧杯中，升温至 60℃，通过搅拌使之溶解。

③ 用虹吸管将 $MgSO_4$ 水溶液吸入 Na_2CO_3 溶液中，滴加速度要快，温度一定要保持在 58～60℃。

④ 升温至 90～100℃，恒温 2h（升温至 90℃，30min 后体系内可能黏稠，搅拌不动，应加快搅拌速度）。

⑤ 质量要求：粒子要细腻，沉降要慢，在 500mL 的量筒里，一夜沉降在 50mL 以内。

五、注意事项

① 丙烯腈有毒，不要接触皮肤，更不能误入口中。

② $MgCO_3$ 的制备一定要严格控制，保证质量，它的质量与用量是悬浮聚合是否成功的关键。

六、实验结果讨论

对产品性能进行分析。

七、思考题

① 写出 ABS 接枝共聚反应式。

② 乳液有几种组分，分别是什么？

实验二十二 离子交换树脂制备及交换当量测定

一、实验目的

① 理解悬浮聚合的反应原理和配方中各组分的作用。

② 了解悬浮聚合的工艺特点，掌握悬浮聚合的操作方法。

③ 掌握离子交换树脂交换当量的测定方法。

二、实验原理

悬浮聚合是制备高分子合成树脂的重要方法之一，它是在较强烈的机械搅拌力作用下，借分散剂的帮助，将溶有引发剂的单体分散在与单体不相溶的介质中（通常为水）所进行的聚合。

悬浮聚合体系一般由单体、引发剂、水、分散剂四个基本组分组成。由于油水两相间的表面张力可使液滴黏结，必须加入分散剂降低表面张力，保护液滴，使形成的小珠有一定的稳定性。一般控制油水比为1∶(1～3)，实验室中可更大一些。单体液层在搅拌的剪切力作用下分散成微小液滴，粒径的大小主要由搅拌的速度决定，悬浮聚合物一般粒径在0.01～5mm之间。

离子交换树脂是一类带有可离子化基团的三维网状交联聚合物，它的两个基本特性是：①其骨架或载体是交联聚合物，因而在任何溶剂中都不能使其溶解，也不能使其熔融；②聚合物上所带的功能基可以离子化。根据所带离子化基团的不同，可分为阳离子交换树脂、阴离子交换树脂和两性离子交换树脂。阳离子交换树脂或阴离子交换树脂又可分为强型和弱型两类。弱酸性阳离子交换树脂最常见的有苯乙烯系和丙烯酸系。制备苯乙烯系阳离子交换树脂常用苯乙烯单体，与二乙烯苯进行自由基悬浮共聚合而得。

离子交换树脂制备反应式如下：

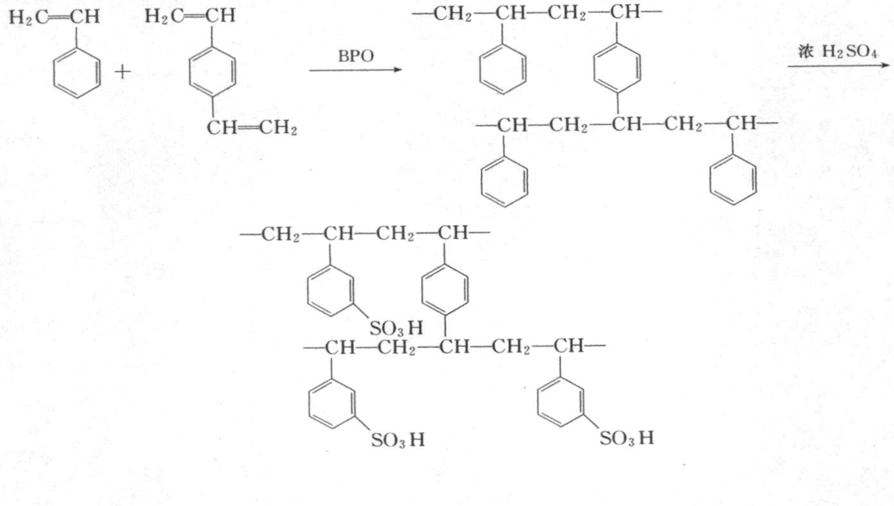

三、试剂与仪器

1. 试剂

苯乙烯（化学纯）；聚乙烯醇（工业级）；过氧化二苯甲酰（BPO）（化学纯）；二乙烯苯（化学纯）。

2. 仪器

标准磨口三颈瓶（250mL）一只；球形冷凝器一支；温度计（100℃）一支；布氏漏斗一只；烧杯两只；恒温水浴槽一台；电动搅拌器一套。

四、实验步骤

1. 苯乙烯-二乙烯苯微球的制备

① 加入 1g PVA 和 0.5g 明胶到四口瓶中，加入 100mL 蒸馏水于三口瓶中，开动搅拌，升温至 80～90℃，待 PVA 溶解，体系透明后，降温至 60℃，滴入 0.1%亚甲基蓝水溶液数滴。

② 准确称取 0.2g BPO 放于烧杯中，用移液管取 20mL 苯乙烯，4mL 二乙烯苯，3mL 二氯乙烷加入到烧杯中，轻轻摇动，待 BPO 完全溶解于苯乙烯后，将溶液倒入四口瓶。

③ 通冷凝水，并控制搅拌器转速恒定，使单体分散成一定大小的颗粒，在 20～30min 内将温度升至 80～90℃，开始聚合反应。

④ 反应 2～3h 后，如果这时珠子已下沉，可升温至 95℃反应 1h 使珠子进一步硬化，如颗粒已变硬发脆，表明大部分单体已聚合，可结束反应。停止加热，撤出加热器，在搅拌状态下用冷凝水将反应体系冷却至室温。停止搅拌，取下四口瓶，产品用水洗涤数次，洗去颗粒表面的分散剂和未反应物。

2. 苯乙烯-二乙烯苯微球的磺化

① 将称量好的苯乙烯-二乙烯苯共聚物树脂放入四口瓶中，加入 15mL 二氯乙烷，60℃溶胀 15min 后缓慢升温至 70℃，滴加浓硫酸 20mL，1h 内滴加完。

② 升温到 80～90℃，磺化 1h。

③ 反应结束后，将四口瓶降温，磺化产物倒入烧杯中，放置 30min 中使小球内部达到平衡。

④ 用水洗涤多次，用 10mL 丙酮洗涤二次，除去二氯乙烷，最后用大量水洗至中性。

3. 树脂交换当量的测定

① 精确称取 3 份 1g 的湿树脂，一份在烘箱中烘至恒重，计算湿树脂水分含量。

$$H_2O\% = (m_1 - m_2)/m_1$$

式中，m_1 为湿树脂质量；m_2 为干树脂质量。

② 另两份 1g 左右的湿树脂各放入三角瓶中，加入 1mol/L 的 NaCl 溶液 50mL，浸泡 30min（摇动三角瓶数次），使 H 型树脂转为 Na 型，交换下来的氢以 HCl 存在溶液中。

③ 各加酚酞指示剂 3 滴，用 0.1mol/L 的 NaOH 标准溶液滴至微红色，记下 NaOH 标准溶液的消耗量，并计算交换当量。

$$交换当量 = C_{NaOH标准溶液} V_{NaOH标准溶液} / m_{树脂} \times (1 - H_2O\%)$$

五、注意事项

① 开始时，搅拌速度不宜太快，避免颗粒分散得太细。整个过程中，既要控制好反应温度，又要控制好搅拌速度。

② 保温反应至1h后，体系中分散的颗粒由于聚合速度的增加而变得发黏，这时搅拌速度忽快忽慢或停止搅拌都会导致颗粒粘在一起，或粘在搅拌器上形成结块，致使反应失败。

六、思考题

根据实验体会，指出在悬浮聚合中应特别注意哪些问题，应采取什么措施？

第二部分 高聚物的表征与性能分析

实验二十三 端基分析法测定聚合物的分子量

端基分析法是测定聚合物分子量的一种化学方法。凡聚合物的化学结构明确、每个高分子链的末端具有可供化学分析的基团，原则上均可用此法测其分子量。一般的缩聚物（例如聚酰胺、聚酯等）是由具有可反应基团的单体缩合而成，每个高分子链的末端仍有反应性基团，而且缩聚物分子量通常不是很大，因此端基分析法应用很广。对于线型聚合物而言，样品分子量越大，单位质量中所含的可供分析的端基越少，分析误差也就越大，因此端基分析法适合于分子量较小的聚合物，可测定的分子量上限在 $1\times10^2\sim2\times10^4$。

端基分析的目的除了测定分子量以外，如果与其他的分子量测定方法相配合，还可用于判断高分子的化学结构，如支化等，由此也可对聚合机理进行分析。

一、实验目的

① 掌握用端基分析法测定聚合物分子量的原理和方法。

② 用端基分析法测定聚酯样品的分子量。

二、实验原理

设在质量为 m 的样品中含有分子链的物质的量为 N，被分析的基团的物质的量为 N_t，每根高分子链含有的基团数为 n，则样品的分子量为：

$$M_n=\frac{m}{N}=\frac{m}{N_t/n}=\frac{nm}{N_t} \tag{1}$$

以本实验测定的线型聚酯的样品为例，它是由二元酸和二元醇缩合而成的，每根大分子链的两端是由端羟基或端羧基构成。因此可以通过测定一定质量的聚酯样品中的羧基或羟基的数目来求得其分子量。羧基的测定可采用酸碱滴定法进行。而羟基的测定可采用乙酰化的方法，即加入过量的乙酸酐使大分子链末端的羟基转变为乙酰基：

$$\sim\sim CH_2OH + CH_3\underset{\substack{\| \\ O}}{C}O\underset{\substack{\| \\ O}}{C}CH_3 \longrightarrow \sim\sim CH_2O\underset{\substack{\| \\ O}}{C}CH_3 + CH_3COOH$$

然后使剩余的乙酸酐水解变为乙酸，用标准 NaOH 溶液滴定。等量空白的乙酸酐直接用标准 NaOH 溶液滴定。二者之差，经计算可知样品中所含羟基的数目。

在测定聚酯的分子量时，首先根据羧基和羟基的数目分别计算出聚合物的分子量，然后取其平均值。在某些特殊情况下，如果测得的两种基团的数量相差甚远，则应对其原因进行分析。

由于聚酯分子链中间部位不存在羧基或羟基，$n=1$，故式（1）可写为：

$$M_n=\frac{2m}{N_t} \tag{2}$$

用羧酸计算分子量时：

$$M_n=\frac{m\times 1000}{C_{NaOH}(V_0-V_f)} \tag{3}$$

式中，C_{NaOH} 为 NaOH 的摩尔浓度；V_0 为滴定时的起始读数；V_f 为滴定终点时的读数。

用羟基计算分子量时：

$$M_n=\frac{m\times 1000}{C_{NaOH}(V_{空}-V_f)} \tag{4}$$

式中，C_{NaOH} 为滴定过剩乙酸酐所用的氢氧化钠的摩尔浓度；$V_{空}$ 为滴定空白乙酸酐的读数；V_f 为乙酰化后滴定终点时的读数。

由以上原理可知，有些基团可以采用最简单的酸碱滴定进行分析，如聚酯的羧基，聚酰胺的羧基和氨基；而有些不能直接分析的基团也可以通过转化变为可分析基团，但转化过程必须明确和完全，对于容易分解的缩聚类聚合物应注意，转化时聚合物不能发生降解。对于大多数的烯类加聚物，分子量较大且无可供分析基团，一般不能采用端基分析法测定其分子量，但在特殊需要时也可以通过在聚合过程中采用带有特殊基团的引发剂、终止剂、链转移剂等而在聚合物中引入可分析基团甚至同位素等。

采用端基分析法测定分子量时，首先必须对样品进行纯化，除去杂质、单体及无可分析基团的环状物。由于聚合过程往往要加入各种助剂，有时会给提纯带来困难，这也是端基分析法的主要缺点。因此最好能了解杂质类型，以便选择提纯方法。对于端基数量与类型，除了根据聚合机理确定以外，还需注意在生产过程中是否为了某种目的（如提高抗老化性）而对端基封闭或转化处理。另外在进行滴定时采用的溶剂应既能溶解聚合物，又能溶解滴定试剂。端基分析的方法除了可以灵活应用各种传统化学分析方法之外，也可采用电导滴定、电位滴定及红外光谱、元素分析等仪器分析方法。

由式（5）可知：

$$M_n=\frac{m}{N}=\frac{\sum n_iM_i}{\sum n_i}=\overline{M}_n \tag{5}$$

即端基分析法测得的是数均分子量。

三、试剂与仪器

1. 试剂

待测样品聚酯，三氯甲烷，0.1mol/L NaOH 溶液，乙酸酐吡啶（体积比 1∶10），苯，去离子水，酚酞指示剂，0.5mol/L NaOH 乙醇溶液。

2. 仪器

分析天平，磨口锥形瓶，移液管，滴定装置，回流冷凝管，电热套。

四、实验步骤

1. 羧基的测定

用分析天平准确称取 0.5g 样品，置于 250mL 磨口锥形瓶内，加入 10mL 三氯甲烷，摇动，溶解后加入酚酞指示剂，用 0.1mol/L NaOH 乙醇溶液滴定至终点。由于大分子链端羧基的反应性低于低分子物，因此在滴定羧基时需要等 5min，如果红色不消失才算滴定到终点。但等待时间过长，空气中的 CO_2 也会与 NaOH 起作用而使酚酞褪色。

2. 羟基的测定

准确称取 1g 聚酯，置于 250mL 干燥的锥形瓶内，用移液管加入 10mL 预先配制好的乙酸酐吡啶溶液（又称乙酰化试剂）。在锥形瓶上装好回流冷凝管，然后进行加热并不断搅拌。反应时间约 1h 。然后由冷凝管上口加入 10mL 苯（为了便于观察终点）和 10mL 去离子水，待完全冷却后以酚酞做指示剂，用标准 0.5mol/L NaOH 醇溶液滴定至终点。同时作空白实验。

五、实验数据处理与讨论

根据羧基与羟基的量分别按式（3）和式（4）计算平均分子量，然后计算其平均值，如两者相差较大需分析其原因。

六、思考题

① 测定羧基时为什么采用 NaOH 的醇溶液而不使用水溶液？

② 在乙酰化试剂中，吡啶的作用是什么？

实验二十四 光散射法测定分子量

根据高分子溶液对入射光的散射能力以及散射光强的浓度依赖性和角度依赖性的测定，可以计算聚合物的分子量、均方旋转半径、均方末端距以及聚合物-溶剂体系的第二维利系数等结构参数与热力学参数。因此，光散射法是高分子结构分析中的一项重要技术。

一、实验目的

① 了解光散射法测定聚合物分子量、分子尺寸和聚合物-溶剂体系的热力学参数的基本原理。

② 用法国制 Sofica 光散射仪测定以聚苯乙烯-苯体系的光散射数据。

③ 用 Zimm 作图法处理数据，计算聚苯乙烯试样的重均分子量、均方旋转半径、均方末端距与第二维利系数。

二、实验原理

当一束光通过溶液时，一部分光沿着原来的方向继续传播，称为透射光。同时，在其他方向可观察到一种很弱的光，称为散射光。散射光是由于介质分子中的电子受到入射光电磁场的作用产生强迫振动而发射的光波。散射光方向与透射光方向间的夹角称为散射角，用 θ 表示。发出散射光的质点称为散射中心，散射中心至观测点的距离称为观测距离，用 r 表示，如图 24-1 所示。

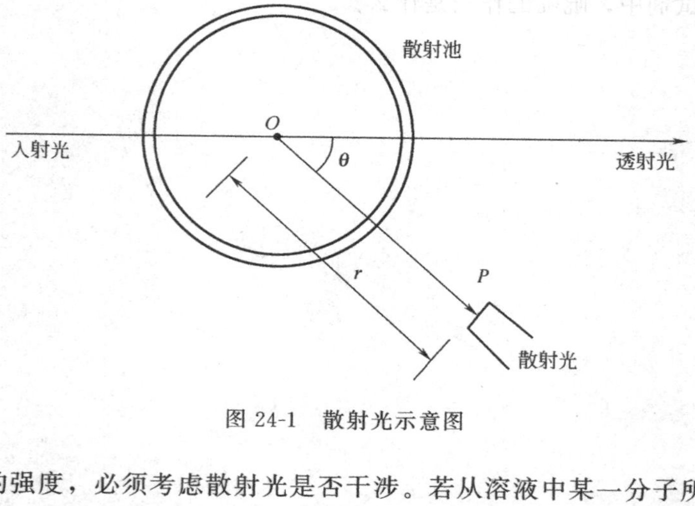

图 24-1 散射光示意图

研究散射光的强度，必须考虑散射光是否干涉。若从溶液中某一分子所发出的散射光与从另一分子所发出的散射光相互干涉，称为外干涉；若从分子中某一部分发出的散射光与从同一分子的另一部分发出的散射光相互干涉，称为内干涉。测定中采用稀溶液可防止外干涉。假若溶质分子尺寸小于波长的 1/20，不产生内干涉；假若溶质分子尺寸与波长同数量级，散射光即产生干涉，致使散射光强度减弱，而且减弱的程度随着散射角的增大而增大。

假定入射光是非偏振光，对于分子量较小的高分子溶液，并假定散射光无内干涉效果，由光的电磁波理论和涨落理论，可导出如下关系式：

$$I=\frac{1+\cos^2\theta}{2}\times\frac{4\pi^2n^2}{\widetilde{N}\lambda^4r^2}\left(\frac{\partial n}{\partial c}\right)^2\frac{cI_0}{\left(\frac{1}{M}+2A_2c\right)} \tag{1}$$

式中，I 为单位体积溶液中溶质的散射光强，其值等于溶液的散射光强与纯溶剂的散射光强之差；π 为圆周率；$\widetilde{N}$ 为阿佛伽德罗常数；λ 为入射光在真空中的波长；n 为溶液的折光指数；$\partial n/\partial c$ 为单位浓度溶液的折光指数增量；c 为溶液浓度，g/mL；I_0 为入射光强度；M 为溶质的分子量；A_2 为第二维利系数。

引进一参数 R_θ，称为瑞利比，其定义为：

$$R_\theta=r^2I/I_0 \tag{2}$$

当 r 和 I_0 确定后，瑞利比与散射光强 I 成正比。以式（1）代入式（2）得：

$$R_\theta=\frac{1+\cos^2\theta}{2}\times\frac{4\pi^2n^2}{\widetilde{N}\lambda^4}\left(\frac{\partial n}{\partial c}\right)^2\frac{c}{\left(\frac{1}{M}+2A_2c\right)} \tag{3}$$

令

$$K=\frac{4\pi^2n^2}{\widetilde{N}\lambda^4}\left(\frac{\partial n}{\partial c}\right)^2$$

当溶质、溶剂、入射光波长和温度选定后，K 是一个与溶液浓度、散射角以及溶质分子量无关的常数，可以预先测定，这样，式（3）可写成：

$$\frac{1+\cos^2\theta}{2}\times\frac{Kc}{R_\theta}=\frac{1}{M}+2A_2c \tag{4}$$

由式（4）可见，散射光强的角度依赖性对入射方向成轴对称，且对称于 90°散射角。当 $\theta=90°$时，测定受杂散光的干扰最小，因此常常测定 90°的瑞利比以计算尺寸较小的溶质的分子量，此时，式（4）变成：

$$\frac{Kc}{2R_{90}}=\frac{1}{M}+2A_2c \tag{5}$$

实验方法是，测定一系列浓度不同的溶液的 R_{90}，以 $Kc/2R_{90}$ 对 c 作图，得直线，直线的截距是 $1/M$，其斜率是 $2A_2$，即同时得到溶质的分子量和第二维利系数两个参数。

对于尺寸较大的溶质分子，必须考虑散射光的内干涉效应，这种效应导致前向（$\theta<90°$）和后向（$\theta>90°$）的散射光强不对称。对于两个对称的散射角，前向总是大于后向的散射光强。表征散射光的不对称性的参数称为散射因子 $P(\theta)$，它是溶质分子尺寸和散射角的函数，其表达式如下：

$$P(\theta)=1-\frac{16\pi^2}{3(\lambda')^2}\overline{S}^2\sin^2\frac{\theta}{2} \tag{6}$$

式中，$\overline{S}^2$ 是高分子链的均方旋转半径，其定义是分子质量中心至各个链段的距离平方的平均值；$\lambda'=\lambda/n$，是入射光在溶液中的波长。

$P(\theta)$ 对式（4）的修正为：

$$\frac{1+\cos^2\theta}{2}\times\frac{Kc}{R_\theta}=\frac{1}{MP(\theta)}+2A_2c \tag{7}$$

因为式（6）右边第二项小于 1，故式（7）可近似写成：

$$\frac{1+\cos^2\theta}{2}\times\frac{Kc}{R_\theta}=\frac{1}{M}\left[1+\frac{16\pi^2}{3(\lambda')^2}\overline{S}^2\sin^2\frac{\theta}{2}+\cdots\right]+2A_2c \tag{8}$$

对于无规线团形态的高分子链，$\overline{S}^2=\overline{h}^2/6$，$\overline{h}^2$ 是线团的均方末端距。这样式（8）又可写成：

$$\frac{1+\cos^2\theta}{2}\times\frac{Kc}{R_\theta}=\frac{1}{M}\left[1+\frac{8\pi^2}{9(\lambda')^2}\overline{h}^2\sin^2\frac{\theta}{2}+\cdots\right]+2A_2c \tag{9}$$

在散射光的测定中，由于散射角改变而引起散射体积的改变，这必须进行改正。因散射体积与 $\sin\theta$ 成反比，故应以($\sin\theta R_\theta$)代替式（9）中的 R_θ，那么式（9）变成：

$$\frac{1+\cos^2\theta}{2\sin\theta}\times\frac{Kc}{R_\theta}=\frac{1}{M}\left[1+\frac{8\pi^2}{9}\frac{\overline{h}^2}{(\lambda')^2}\sin^2\frac{\theta}{2}+\cdots\right]+2A_2c \tag{10}$$

此式即是光散射计算的基本公式。

关于光散射仪的设计原理，现以法国制 Sofica 光散射仪为例作一简单介绍，其构造示意如图 24-2，图 24-3 是 Sofica 光散射仪的外观。

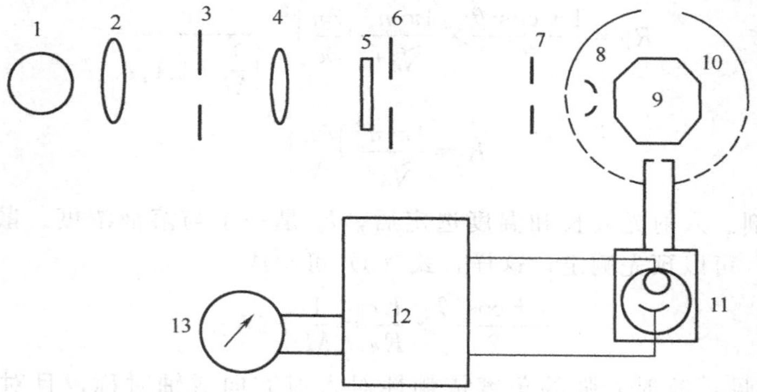

图 24-2 光散射仪的构造

1—汞弧灯；2—聚光镜；3—缝隙；4—准直镜；5—干涉滤色片；6～8—光栏；9—恒温浴；10—散射池；11—可绕散射池转动的光电倍增管；12—电流放大器；13—微安表

仪器主要由光源系统、恒温浴和测量系统组成。光源是蒸气高压汞灯，所发出的光经准直系统汇聚、切割成一束细而强的平行光，再经滤色片滤出所需要的波长，根据需要可加偏振片（本实验不用），光的强度由光通量调节器 15 控制。为了散发汞灯所发出大量热量，需要在汞灯外套中通以冷却水，并且，为了保护汞灯，在汞灯电源线路中装一安全阀，借助于冷却水的压力推动。只有先通冷却水，启动安全阀，才能接通汞灯电源，然后才能点亮汞灯。仪器的第二部分是恒温浴及机械系统。恒温浴是一圆柱形的槽，内放液体介质，外用电热丝加热，温度由温度控制器调节。恒温浴盖板中心有一圆形的散射池插孔 25，待测溶液盛入散射池中进行测定。入射光自左至右从散射池中心穿过，散射池旁有接收散射光的窗口和光电倍增管。恒温浴盖板周围有指示散射角的刻度环，并有齿边，齿边与由慢速马达带动的另一小齿轮啮合。这样，按下旋转钮 19，盖板即带着光电倍增管转动，放松旋转钮 19，盖板将自动停在预定的角度。换向钮 18 决定盖板是顺时针转还是逆时针转。

仪器的第三部分是测量系统，其核心部件是光电倍增管，电源由高压稳压系统供给。光电倍增管把很弱的光信号转换成电信号，经直流放大系统放大后输入到测量微安表 10，测量微安表的读数与散射光的强度成正比。微安表的灵敏度由灵敏度调节钮 11 选择，共分 6

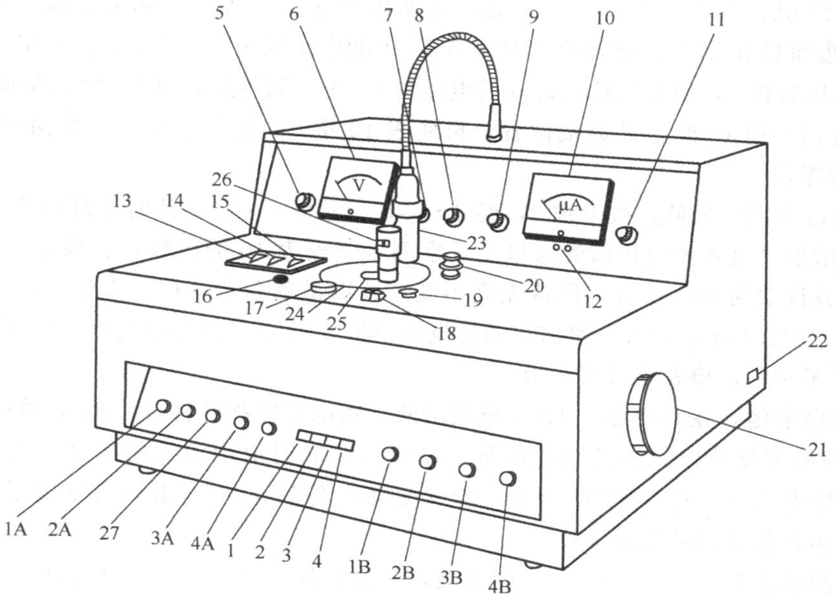

图 24-3 Sofica 光散射仪外观图

1—总电源键；2—汞灯键；3—加热炉键；4—高压电键；（1A、2A、3A 和 4A 是相对应的指示灯，1B、2B、3B 和 4B 是相对应的保险丝）；5—高压旋钮；6—高压伏特计；7—测量旋钮；8—零点旋钮；9—阻尼钮；10—测量微安表；11—灵敏度调节钮；12—记录输出接头；13—滤色片架；14—偏振片架；15—光通量调节器；16—温度控制器；17—观察窗口；18—换向钮；19—旋转钮；20—手动钮；21—加热功率调节器；22—电源插头；23—光电倍增管；24—恒温浴；25—散射池插孔；26—光闸；27—水动安全阀指示灯

挡，表头读数从 0 至 2000。

三、试剂与仪器

1. 试剂

聚苯乙烯；苯。

2. 仪器

光散射仪；压滤器。

四、实验步骤

① 在 10mL 容量瓶中用分析天平称取约 0.02g 聚苯乙烯试样，加苯溶解，在 25℃用苯稀释至刻度，称为原始溶液，其浓度记为 c_0，g/mL。用 5 号砂芯漏斗，用压缩空气或氮气加压过滤至滴瓶中，称其总质量。

② 取散射池一只，内放一颗铁芯搅拌珠，加盖置于 25mL 的烧杯中，称其质量。用 5 号砂芯漏斗过滤约 12mL 苯于散射池中，称其质量，求出苯的质量，记为 m_0。

③ 把高压旋钮 5 调至中间；测量旋钮 7 调至关闭位置“0”；零点旋钮 8 调至中间；阻尼钮 9 调至位置 2；灵敏度调至最低；滤色片放在 VE 位置，波长为 5461Å；偏振片放 NA 位置，无偏振片；光量调至最小；θ 取 90°，光闸 26 关向右边。

④ 把步骤②中所准备的盛有苯的散射池放入散射池插孔 25 中，按下总电源键 1，指示灯 1A 亮；开冷却水，当水压足够时，可听到安全阀启动的响声，汞灯电源线接通，水动安

全阀指示灯 27 亮；按高压电键 4，4A 亮；按加热炉键 3，3A 亮；调节温度控制器 16，使恒温浴的温度维持在 25℃；把加热功率调节器 21 的电压调至 100V 左右。稳定 20min。

⑤ 调高压旋钮 5，使高压伏特计 6 的电压为 800V；调零点旋钮 8，使测量微安表 10 指 0，把灵敏度调节钮 11 调至最灵敏位置，再使表 10 指 0；把测量旋钮 7 转向测量位置 M，再调表 10 的零点。

⑥ 把灵敏度调至最低，按下键 2，经 3～5s，指示灯 2A 亮，此时汞灯点亮。把光闸 26 拨向中间，散射光进入光电倍增管窗口。观察测量微安表 10 的读数，若很小，转动光通量调节器，使其读数为 100 左右。保持光亮不变，读取散射角为 30°、37.5°、45°、60°、75°、90°、105°、120°、135°、142.5°和 150°的光电流读数，读完立即关闭光闸。观察数据是否对 90°对称，若不对称，检查是否有灰尘。

⑦ 取出散射池，在其中加入 1mL 原始溶液，用电磁搅拌器搅拌 1min，放回恒温浴中，等待 3min 使温度复原。称溶液瓶的质量，以便计算散射池中溶液的浓度，此时浓度记为 c_0。检查伏特表的电压是否保持 800V，若有变动，调至 800V，重调微安表零点。打开光闸，读取上述各角度的微安表读数。

同法配制浓度为 c_2、c_3、…、c_6 的溶液，并测定各散射角的光电源读数。

待测量结束后，立即关掉所有的电源与水源。

五、数据记录与处理

数据处理以式（10）为根据，为书写方便，令：

$$y=\frac{1+\cos^2\theta}{2\sin\theta}\frac{Kc}{R_\theta}$$

则：

$$y=\frac{1}{M}+\frac{8\pi^2}{9M}\frac{\overline{h}^2}{(\lambda')^2}\sin^2\frac{\theta}{2}+\cdots+2A_2c \tag{11}$$

若 $\theta\to0$，则：

$$(y)_{\theta\to0}=\frac{1}{M}+2A_2c \tag{12}$$

若 $c\to0$，则：

$$(y)_{\theta\to0}=\frac{1}{M}+\frac{8\pi^2}{9M}\frac{\overline{h}^2}{(\lambda')^2}\sin^2\frac{\theta}{2}+\cdots \tag{13}$$

由式（11）可见，y 是 c 和 θ 两个变量的函数，若 c 和 θ 都等于零，则 $y=1/M$，因此可将在一定的浓度和一定角度测定的 y 值对 c 和 θ 作图，然后向 $c\to0$ 和 $\theta\to0$ 外推，以求 M 值。由式（12）可见，若以 $\theta\to0$ 时的各 y 值对 c 作图，可得一直线，直线的截距是 $1/M$，斜率是 $2A_2$，由斜率可求 A_2 的值。由式（13）可见，若以 $c\to0$ 时的各 y 值对 $\sin^2(\theta/2)$ 作图，也可得一直线，直线的截距是 $1/M$，斜率是 $8\pi^2\overline{h}^2/[9M(\lambda')^2]$，由斜率可求 $\overline{h}^2$ 的值。

Zimm 作图法是把这二元函数用一张平面图表示。图的纵坐标是 y，横坐标是 $\sin^2(\theta/2)+qc$，q 是任意取的常数，目的是使图形张开清晰的格子。q 取值的原则是使 q 与 c 之积等于 1 至 5，q 值对计算结果没有影响。如图 24-4，令 $q=100$，把各测量点在图上标明（圆点），把 θ 相同的点连成线，此线的斜率为 $2A_2$，把各直线向 $c\to0$ 处外推。当 $c=0$ 时，横坐标值应为 $\sin^2(\theta/2)$，各点的纵坐标值即是式（13）中的 $(y)_{c\to0}$。有多少个 θ 值，就有多少个外推点。把各外推点连成线，此线的斜率为 $8\pi^2\overline{h}^2/[9M(\lambda')^2]$，把此线向 $c\to 0$ 处外推，与纵轴的交点即为 $1/M$。另一条路线，把 c 相同的各点连成线，此线的斜率为 $8\pi^2\overline{h}^2/[9M(\lambda')^2]$，把直线向 $\theta\to 0$ 处外推，当 $\theta=0$，横坐标值应为 qc，各点的纵坐标值即是式（12）中的 $(y)_{\theta\to 0}$。有多少个 c 值，就有多少个外推点。把各外推点连成线，此线的斜率为 $2A_2$。把此线向 $c\to 0$ 处外推，与纵轴的交点也是 $1/M$。这样，从一张图上可求出试样的分子量、均方末端距（及均方旋转半径）以及聚合物-溶剂体系的第二维利系数。可以证明，此法求出的分子量为重均分子量，用 $\overline{M}_w$ 表示。

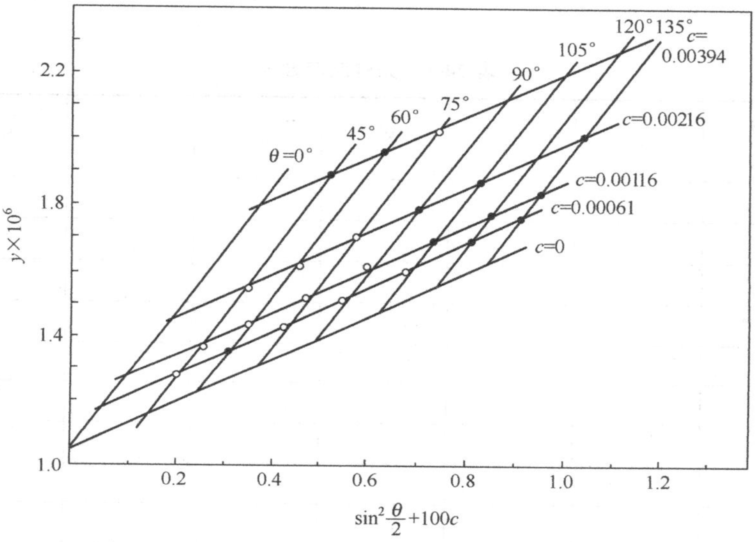

图 24-4 高分子溶液的 Zimm 图

在光散射实验中，主要需测定 ∂_n/∂_c 和 R_θ。因为 K 值与 ∂_n/∂_c 的平方成正比，故此值的准确测定十分重要。一般用示差折射仪测定，也可借用可靠的文献值。为求 R_θ，需测定单位体积介质的散射光强 I 与入射光强 I_0 之比，因散射光比入射光要弱许多数量级，要准确测定两者的比值需要特殊的仪器，而且观测距离 r 的测定也不太方便。因此一般都采用相对方法，利用瑞利比已被精确测定过的纯苯作为参比标准。对于波长为 546nm 的非偏振光，90°角，苯的瑞利比 R_{90}（苯）$=1.63\times10^{-5}\text{cm}^{-1}$。由式（2）知，当 r 和 I_0 确定后，R_θ 和 I_0 成正比：

$$\frac{r^2}{I_0}=\frac{R_\theta}{I_\theta}=\frac{R_{90}(\text{苯})}{I_{90}(\text{苯})}$$

所以：

$$R_\theta=R_{90}(\text{苯})I_\theta/I_{90}(\text{苯}) \tag{14}$$

这样，只要在相同的条件下测得溶液的 θ 角的散射光强 I_θ 和 90°时的苯的散射光强 I_{90}（苯），即可根据式（14）计算出溶液 θ 角的瑞利比 R_θ。I 的测定不需要绝对值，只需要相对标度。

此外，若所用溶剂不是苯，还须进行折射改正，本实验不需作折射改正。

本实验所用溶剂为苯，25℃时的折射率为 1.4979，因为溶液浓度很稀，此值可作为溶液的折射率 n。文献中查得聚苯乙烯-苯溶液 25℃时的 ∂_n/∂_c 为 0.106mL/g，$\lambda=5461\times10^{-8}$cm。由这些数据，可计算 K 值。

把实验数据记录在如下空格及表 24-1～表 24-3 内。

实验日期：____年____月____日，室温____℃，湿度________，试样名称________，溶剂________，工作温度________，入射光波长________，热介质________，光电倍增管电压____，试样重____g，容量瓶体积________mL，原始溶液浓度 $c_0=$____g/mL，原始溶剂 $m_0=$____g，$K=$________$cm^2 \cdot mol/g^2$。

在表 24-1 中 S_0 为纯苯的读数，S_1 至 S_6 为溶液 1 至 6 的读数，(S_1-S_0) 是溶液 1 中的溶质的散射光强的相对标度，即是式 (14) 中的 I_θ。余类推。90°的 S_0 即为式 (14) 中 I_{90} (苯)。

表 24-1　光电流读数 S

θ/(°) \ S	S_0	S_1	S_2	S_3	S_4	S_5	S_6
30							
37.5							
45							
60							
75							
90							
105							
120							
135							
142.5							
150							

表 24-2　溶液浓度 c

原始溶液瓶重	原始溶液重	溶液浓度	$Kc/2R_\theta$	qc
	$m_1=$	$c_1=$		
	$m_2=$	$c_2=$		
	$m_3=$	$c_3=$		
	$m_4=$	$c_4=$		
	$m_5=$	$c_5=$		
	$m_6=$	$c_6=$		

在表 24-2 中，第一栏是放原始溶液的滴瓶的质量，两质量差即是加入到散射池中的原始溶液的质量，记在第二栏。第三栏是散射池中的溶液浓度，按下式计算：

$$c_i=[m_i/(m_0+m_i)]c_0$$

第四栏中的 K_c 按上页方法计算；R_θ 为 90°角，苯的瑞利比 R_{90} (苯)$=1.63\times10^{-5}cm^{-1}$。

计算各个浓度和各个角度的 ($S-S_0$)，纵坐标 $\frac{1+\cos^2\theta}{\sin\theta}\times\frac{Kc}{2R_\theta}$ 和横坐标 $\sin^2\frac{\theta}{2}+qc$ 之值，填于表 24-3。

表 24-3　计算表

$c=$　　(g/mL)		$Kc/2R_\theta=$	
$\theta/(°)$	$S-S_0$	$\frac{1+\cos^2\theta}{\sin\theta}\times\frac{Kc}{2R_\theta}$	$\sin^2\frac{\theta}{2}+q_c$
30			
37.5			
45			
60			
75			
90			
105			
120			
135			
142.5			
150			

根据表 24-3 数据作 Zimm 图，求出试样的重均分子量 $\overline{M}_w$，均方末端距 $\overline{h}^2$，均方旋转半径 $\overline{S}^2$ 和聚苯乙烯-苯体系 25℃的第二维利系数 A_2。

六、注意事项

① 此仪器所测光电流的强度是溶液中各种粒子散光强的总和，由于灰尘粒子远远大于溶质分子，灰尘的散射光严重干扰溶液的散射光，故仪器的除尘十分重要。

② 光电流的测量表头微安表只能接收微弱的信号，故输入到表头的信号要从小到大，逐步增加。使用前，注意把光量调到最小，灵敏度调到最低，以防表头损坏。

③ 因高压稳压器的稳定性较差，而此电压值对光电倍增管的放大倍数影响很大，故测量过程中要经常调整，使它保持固定数值。同理，微安表的零点也要经常调整。

④ 因散射光强与溶液浓度和分子大小有关，故对于分子量不同的试样要配不同浓度的溶液，分子量越大，所需要的浓度越小。

⑤ 在作 Zimm 图时，由于 q 取值不同，图形也不同，$c\to0$ 的线和 $\theta\to0$ 的线会随着 q 值的改变而互换位置，这对计算结果没有影响。

七、思考题

① 光散射法测定的聚合分子量为什么是重均分子量？

② 为了防止灰尘对实验的干扰，测量前应该做哪些准备工作？

③ 瑞利比 R_θ 的测定一般采用相对法，为什么？本次实验是如何测定的？

④ 从光散射实验可获得聚合物试样的哪些信息？

实验二十五 黏度法测定聚合物的分子量

在所有的聚合物分子量的测定方法中，黏度法尽管是一种相对的方法，但因其仪器设备简单，操作便利，分子量适用范围大，又有相当好的实验精确度，所以成为人们最常用的实验技术，黏度法除了主要用来测定黏均分子量外，还可用于测定溶液中的大分子尺寸和聚合物的溶度参数等。

一、实验目的

① 掌握测定聚合物溶液黏度的实验技术。

② 掌握黏度法测定聚合物分子量的基本原理。

③ 学会测定聚甲基丙烯酸甲酯（PMMA）丙酮溶液的特性黏数，并计算所用的PMMA的平均分子量。

二、实验原理

线型高分子溶液的基本特性之一是黏度比较大，并且其黏度值与平均分子量有关，因此可利用这一特性测定其分子量。

黏度除与分子量有密切关系外，对溶液浓度也有很大的依赖性，故实验中首先要消除浓度对黏度的影响，常以如下两个经验公式表达黏度对浓度的依赖关系：

$$\frac{\eta_{sp}}{c}=[\eta]+\kappa[\eta]^2c \tag{1}$$

$$\frac{\ln\eta_r}{c}=[\eta]-\beta[\eta]^2c \tag{2}$$

式中，η_{sp} 为增比黏度；η_r 为相对黏度；c 为溶液浓度；κ 和 β 均为常数。

若以 η_0 表示溶剂的黏度，η 表示溶液的黏度，则：

$$\eta_r=\frac{\eta}{\eta_0} \tag{3}$$

$$\eta_{sp}=\frac{\eta-\eta_0}{\eta_0}=\eta_r-1 \tag{4}$$

显然有：

$$\lim_{c\to 0}\frac{\eta_{sp}}{c}=\lim_{c\to 0}\frac{\ln\eta_r}{c}=[\eta]$$

$[\eta]$ 即是聚合物溶液的特性黏数，和浓度无关，由此可知，若以 η_{sp}/c 和 $\ln\eta_r/c$ 分别对 c 作图（如图 25-1），则它们外推到 $c\to 0$ 的截距应重合于一点，其值等于 $[\eta]$。这也可用来检查实验的可靠性。

当聚合物的化学组成、溶剂、温度确定后，$[\eta]$ 值只和聚合物的分子量有关，常用式

（5）表达这一关系：

$$[\eta]=KM^{\alpha} \tag{5}$$

式中，K 和 α 为常数，其值和聚合物、溶剂、温度有关，和分子量的范围也有一定的关系。

测定液体黏度的方法，主要可分为三类：①液体在毛细管里的流出；②圆球在液体里的落下速度；③液体在同轴圆柱体间对转动的影响。在测定聚合物的 $[\eta]$ 时，以毛细管黏度计最为方便。液体在毛细管黏度计内因重力作用的流动，可用下式表示：

$$\eta=\frac{\pi hgR^4\rho t}{glV}-\frac{m\rho V}{8\pi lt} \tag{6}$$

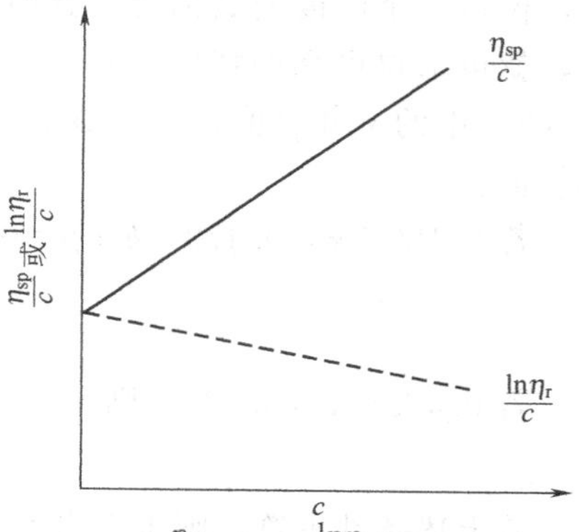

图 25-1　$\frac{\eta_{sp}}{c}$对 c 或$\frac{\ln\eta_r}{c}$对 c 关系图

式中，h 为等效平均液柱高；g 为重力加速度；R 为毛细管半径；l 为毛细管长度；V 为流出体积；t 为流出时间；m 为和毛细管两端液体流动有关的常数（近似等于 1）；ρ 为液体的密度。

式（6）右边的第一项是指重力消耗于克服液体的黏性流动，而第二项是指重力的一部分转化为流出液体的动能，此即毛细管测定液体黏度技术中的“动能改正项”。

令仪器常数　$A=\frac{\pi hgR^4}{8lV},B=\frac{mV}{8\pi l}$

则式（6）可简化为：

$$\frac{\eta}{\rho}=At-\frac{B}{t} \tag{7}$$

式（7）代入式（3）得：

$$\eta_r=\frac{\rho}{\rho_0}\times\frac{At-B/t}{At_0-B/t_0} \tag{8}$$

对于 $PMMA/CH_3COCH_3$ 体系，实验数据表明，下述情况必须考虑动能改正：毛细管半径太粗，溶剂流出时间小于 100s；溶剂的比密黏度（η/ρ）大小。

由于动能改正对实验操作和数据处理都带来麻烦，所以只要仪器设计得当和溶剂选择合适，往往可忽略动能改正之影响，式（8）简化为：

$$\eta=\frac{\rho}{\rho_0}\times\frac{At}{At_0}=\frac{\rho t}{\rho_0 t_0} \tag{9}$$

又因为聚合物溶液黏度的测定，通常是在极稀的浓度下（$c<0.01$g/mL）进行，所以溶液和溶剂的密度近似相等，$\rho\approx\rho_0$。由此式（3）、式（4）可改写为：

$$\eta_r=t/t_0 \tag{10}$$

$$\eta_{sp}=\eta_r-1=\frac{t-t_0}{t_0} \tag{11}$$

式中，t、t_0 分别为溶液和纯溶剂的流出时间。

把聚合物溶液加以稀释，测不同浓度的溶液的流出时间，通过式（1）、式（2）、式（10）、式（11），经浓度外推求得 $[\eta]$ 值，再利用式（5）计算黏均分子量，此即谓“外推法”（或稀释法）。

“外推法”至少要测定三个以上不同浓度下的溶液黏度，显得麻烦与费时，何况在某些情况下是不允许的，譬如：急需快速知道结果；样品很少，不便稀释；操作中发生意外，仅得一个浓度的数据等。这时就要采用“一点法”，即只需测定一个浓度下溶液的黏度，就可求得可靠的特性黏数 $[\eta]$。“一点法”中，首先要借助“外推法”得到式（1）、式（2）中的 κ 和 β 值，然后在相同实验条件下测一个浓度的黏度，选择下列公式计算 $[\eta]$ 值：

若 $0.180 \leqslant \kappa \leqslant 0.472$，$k+\beta=0.5$（一般指线型柔性高分子-良溶剂体系），则：

$$[\eta]=\frac{1}{c}\sqrt{2(\eta_{sp}-\ln\eta_r)} \tag{12}$$

若 $0.472 \leqslant \kappa \leqslant 0.825$，则

$$[\eta]=\eta_{sp}/c\sqrt{\eta_r} \tag{13}$$

若上述条件不符，则先求出 $\gamma=\kappa/\beta$ 再代入式（14）：

$$[\eta]=\frac{\eta_{sp}+\gamma\ln\eta_r}{(1+\gamma)c} \tag{14}$$

三、试剂与仪器

1. 试剂

聚甲基丙烯酸甲酯，正丁醇（分析纯），丙酮（分析纯）。

2. 仪器

三支管（乌氏）黏度计。

四、实验步骤

1. 玻璃仪器的洗涤

黏度计先用经砂芯漏斗滤过的水洗涤，把黏度计毛细管上端小球中存在的砂粒等杂质冲掉。抽气下，将黏度计吹干，再用新鲜温热的洗液滤入黏度计，满后用小烧杯盖好，防止尘粒落入。浸泡约 2h 后倒出，用自来水（滤过）洗净，经蒸馏水（滤过）冲洗几次，倒挂干燥后待用。其他如容量瓶等也须经无尘洗净干燥。

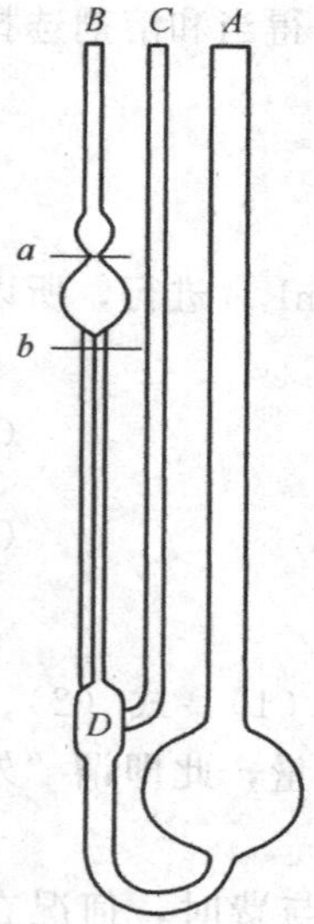

图 25-2　乌氏黏度计

一般放过聚合物溶液的仪器，应先以溶剂泡洗，洗去聚合物和吹干溶剂等有机物质后，才可用洗液去浸；否则有机物把洗液中的 $K_2Cr_2O_7$ 还原，洗液将失效。在用洗液以前，仪器中的水分也必须吹干，不然，水把洗液稀释，去污效果也将大大降低。

2. 测定溶剂流出时间

将恒温槽调节至［25（或 30）±0.1］℃。在黏度计（图 25-2）B、C 管上小心地接上医用橡皮管，用铁夹夹好黏度计，放入恒温水槽，使毛细管垂直于水面，使水面浸没 a 线上方的球。用移液管从 A 管注入 10mL 溶剂（滤过）恒温 10min 后，用夹子（或用手）夹住 C 管橡皮管使不通气，而将接在 B 管的橡皮管用注射器抽气，使溶剂吸至 a 线上方的球一半时停止抽气。先把注射器拔下，而后放开 C 管的夹子，空气进入 D 球，使毛细管内溶剂和 A 管下端的球分开。这时水平地注视液面的下降，用停表记下液面流经 a 和 b 线的时间，此即为 t_0。重复 3 次以上，误差不超过 0.2s。取其平均值作为

t_0。然后将溶剂倒出，黏度计烘干。

3. 仪器常数 *A*、*B* 的测定

测定的方法通常有 3 种：①用两种标准液体在同一温度下分别测其流出时间；②用一种标准液体在不同温度下测其流出时间；③用一种标准液体在不同外压下（同一温度）测其流出时间。

本实验选用第①种方法，标准液体选用正丁醇和丙酮，其密度、黏度值见表 25-1。

表 25-1 正丁醇和丙酮的密度和黏度

项目	ρ/(g/mL)		$\eta\times10^2$/(Pa·s)	
	25℃	30℃	25℃	30℃
丙　酮	0.7851	0.7793	0.3075	0.2954
正丁醇	0.8057	0.8021	2.6390	2.271

通过式（7）可得 *A*、*B* 值。

4. 溶液的配制

称取聚甲基丙烯酸甲酯 0.2～0.3g（准确至 0.1mg）小心倒入 25mL 容量瓶中，加入约 20mL 丙酮，使其全部溶解。溶解后稍稍摇动，置恒温水槽中恒温，用丙酮稀释到刻度，再经砂芯漏斗滤入另一只 25mL 无尘干净的容量瓶中，它和无尘的纯丙酮（100mL 容量瓶）同时放入恒温水槽，待用。

配制溶液也可用下法：把样品称于 25mL 容量瓶中，加 10mL 溶剂，溶解摇匀，用 2 号砂芯漏斗滤入另一只同样的容量瓶中，用少量溶剂把第一只容量瓶和漏斗中的聚合物洗至第二只容量瓶中，洗 3 次，务必洗净，但总体积切勿超过 25mL，然后把后一只容量瓶置恒温水槽中，稀释至刻度。

5. 溶液流出时间的测定

用移液管吸取 10mL 溶液注入黏度计，黏度测定如前。测得溶液流出时间 t_1。然后再移入 5mL 溶剂，这时黏度计内的溶液浓度是原来的 2/3，将它混合均匀，并把溶液吸至 *a* 线上方的球一半，洗两次，再用同法测定 t_2。同样操作，再加入 5mL、10mL、10mL 溶剂，分别测得 t_3、t_4、t_5 填入下表。

试样__________；溶剂__________；浓度__________；

黏度计号码__________；恒温__________。

项目	流出时间/s				η_r		$\ln\eta_r$		$\ln\eta_r/c'$		η_{sp}		η_{sp}/c'	
	一	二	三	平均	未校	校	未校	校	未校	校	未校	校	未校	校
t_0														
$t_1(c=c_0)$														
$t_2\left(c=\frac{2}{3}c_0\right)$														
$t_3\left(c=\frac{1}{2}c_0\right)$														

续表

项目	流出时间/s				η_r		$\ln\eta_r$		$\ln\eta_r/c'$		η_{sp}		η_{sp}/c'	
	一	二	三	平均	未校	校	未校	校	未校	校	未校	校	未校	校
$t_4\left(c=\frac{1}{3}c_0\right)$														
$t_5\left(c=\frac{1}{4}c_0\right)$														

注："未校"指由式（9）计算；"校"指由式（8）计算。

五、数据处理

1."外推法"

（1）作图外推

为作图方便，设溶液初始浓度为 c_0，真实浓度 $c=c'c_0$，依次加入 5mL、5mL、10mL、10mL 溶剂稀释后的相对浓度各为 2/3、1/2、1/3、1/4（以 c'表示）计算 η_r、$\ln\eta_r$、$\ln\eta_r/c'$、η_{sp}、η_{sp}/c'填入表内。如图 25-3，作 η_{sp}/c'对 c'（或 $\ln\eta_r/c'$ 对 c'）图时，可以坐标纸 12 格为相对浓度横坐标（即 $c'=1$），则其他各点就相应于 8、6、4、3 格处。外推得到截距 A，那么：

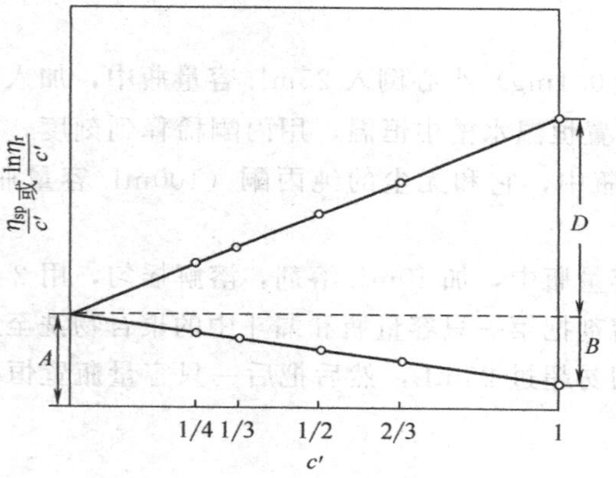

图 25-3 [η]，k，β 值的图解

特性黏数 [η] = 截距 A/初始浓度 c_0

已知 [η] $=K\overline{M}_\eta^a$ 式中 K 和 a 值查高聚物的特性黏数-分子量关系参数表可得；那么 $\overline{M}_\eta$ 可求出。

（2）计算器作直线拟合

应用"可编程序计算器"（programmable calculator）T158、T158C 或 T159 型，输入 K、a、c、t、t_0 等已知数据（t、t_0 误差范围取 0.05）以 η_{sp}/c 对 c $\left(\text{或}\frac{\ln\eta_r}{c}\text{对 } c\right)$ 作直线拟合，就能快速得 [η]、κ（或 β）、相关系数、$\overline{M}_\eta$ 以及估算截距 [η] 之误差（设浓度误差不计）。

（3）数据处理也可采用电子计算机运算和绘图，数据处理程序简略。

2."G 一点法"

由图 25-3 可知，

$$\eta_{sp}/c' = A + Dc' \tag{15}$$

$$\ln\eta_r/c' = A - Bc' \tag{16}$$

代入 $c=c'c_0$，则式（15）、式（16）写成：

$$\frac{\eta_{sp}}{c}=\frac{A}{c_0}+\frac{D}{c_0^2}c \tag{17}$$

$$\frac{\ln\eta_r}{c}=\frac{A}{c_0}+\frac{B}{c_0^2}c \tag{18}$$

将式（17）、式（18）分别和式（1）、式（2）比较，并已知$A=[\eta]c_0$，则得：

$$k=\frac{D}{A^2},\ \beta=\frac{B}{A^2}$$

依据κ和β值情况，选用式（12）、式（13）计算$[\eta]$值，并和“外推法”进行比较。

六、注意事项

① 黏度计在恒温水槽中一定要前后左右垂直，a线上方的球要浸没在恒温水槽的水面以下，实验所用的溶液和溶剂也应浸泡在恒温水槽中。

② 在从B管吸取液体时，一定注意不要将液体抽到橡皮管中，以便造成浓度的不准确。

③ 在资料中查K、a值时一定要注意其单位和使用条件。

④ 在用溶剂稀释黏度计中溶液时，一定要用混合液反复冲洗毛细管及上次溶液沾污的地方。

七、思考题

① 通过 Mark-Houwink 方程计算的聚合物分子量为什么是黏均分子量？

② 如果η_{sp}/c-c和$\ln\eta_r/c$-c的外推值不重合，应该以哪一个为准，为什么？

③ 什么情况下必须考虑动能改正？怎样改正？

［附］ 溶液黏度名称的对照

习惯名称	ISO 推荐名称	符号	习惯名称	ISO 推荐名称	符号
相对黏度	相对黏度	η_r	比浓对数黏度	比浓对数黏度	$\ln\eta_r/c$
增比黏度	相对黏度增量	η_{sp}	特性黏数	特性黏度	$[\eta]$
比浓黏度	黏数	η_{sp}/c			

实验二十六 蒸气压渗透法测定分子量

高分子材料的力学强度与其数均分子量密切相关。譬如，数均分子量大于12000的聚乙烯才能成为塑料；又如，数均分子量大于10000的聚酯、聚酰胺才能纺成有用的纤维。数均分子量的测定方法有端基滴定、冻点下降、沸点升高、蒸气压下降、膜渗透法等。本实验所用的“蒸气压渗透法”（vapor-pressure osmometry 简称 VPO）具有以下优点：样品用量少，速度快，可连续测试，温度选择范围大，实验数据可靠性大。

一、实验目的

掌握用蒸气压渗透计（即“气相渗透仪”vapor phase osmometer）测定聚合物数均分子量的方法。

二、实验原理

依据拉乌尔（Raoult）定律，在一定的温度下，溶液中溶剂的蒸气压（如果溶质不挥发，那么就是溶液的蒸气压）低于纯溶剂的蒸气压。这种蒸气压的降低可通过“直接法”、“等温蒸馏法”或“热效应法”加以测定，本实验是采用热效应法。蒸气压渗透计的汽化室（图 26-1）为溶剂的蒸气所饱和，在室内放置两只匹配得很好的热敏电阻。如果在一只热敏电阻上加一滴溶剂，而在另一只热敏电阻上加一滴溶液，那么：①在“溶剂滴”的表面，溶剂分子从饱和蒸气相向其表面凝聚同时又不断挥发，呈现动态平衡，这只热敏电阻的温度不变；②在“溶液滴”的表面，因其蒸气压的降低，溶剂分子从饱和蒸气相不断向其表面凝聚，放出凝聚热，使这只热敏电阻的温度升高。经过一段时间，虽然“凝聚”仍在进行，但因传导、对流、辐射等散热又使这只热敏电阻的温度下降，一旦放热与散热抵消，于是出现了“稳态”（“热流”等于零，“物质流”不为零）。此时，由溶剂的蒸气压差造成的这两只热敏电阻的温差 ΔT 和溶液中溶质的摩尔分数 m_2 成正比：

$$\Delta T = A\chi \tag{1}$$

式中，A 为常数；$\chi = n_2/(n_1+n_2)$，n_1、n_2 分别为溶剂、溶质的摩尔数。

对于稀溶液，因为 $n_1 \gg n_2$，所以 $\chi \approx \dfrac{n_2}{n_1} = \dfrac{m_2 M_1}{m_1 M_2} = c\,\dfrac{M_1}{M_2}$

式中，M_1、M_2 分别为溶剂、溶质的分子量；m_1、m_2 分别为溶剂、溶质的质量；$c = m_2/m_1$ 为溶液的质量浓度，g/kg。

因此，式（1）可改写为：

$$\Delta T = A\,\frac{M_1}{M_2}c \tag{2}$$

今将这两只热敏电阻 R_1、R_2 组成惠斯顿电桥的两个桥臂（图 26-2），那么因温差引起的热敏电阻阻值的变化，使电桥失去平衡，输出的信号表示为检测器-检流计的偏转格数

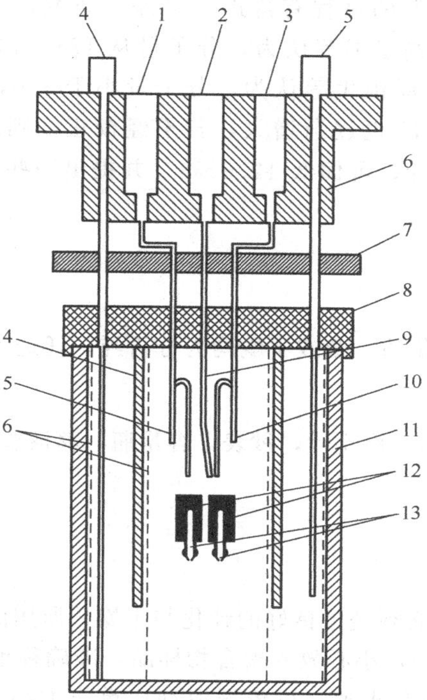

图 26-1　汽化室结构

1，2—溶剂预热孔；3—溶液预热孔；4—吸液管；5—注液管；6—保温盖；7—支撑板；8—密封盖；9—溶液滴管；10—溶液滴管；11—密封缸；12—金属网；13—热敏电阻；14—汽化缸；15—溶剂滴管；16—滤纸筒

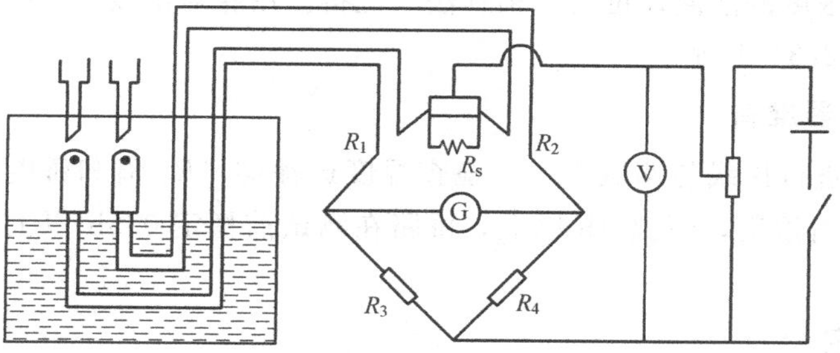

图 26-2　气相渗透仪工作原理示意图

ΔG_i。利用 G_i 和 ΔT 呈线性关系，由式（2）可得到：

$$\Delta G = K\,\frac{c_i}{M_2} \tag{3}$$

式中，K 称为仪器常数，它和桥电压、溶剂、温度等有关，可预先用"基准物"进行标定。c_i 为溶液浓度。由式（3）可知，如果已知 K 和 c_i，那么可通过测定 ΔG_i 求得 M_2［聚合物（溶质）的数均分子量］。

$$\overline{M} = \frac{K}{(\Delta G_i/c_i)_0} \tag{4}$$

式中，$(\Delta G_i/c_i)_0$ 是指将 $\Delta G_i/c_i$ 外推到 $c_i=0$ 的值，以校正溶质和溶剂之间的相互作用。

鉴于本方法达到“稳态”的过程有待进一步深入研究，所以有关仪器常数的分子量依赖性，正处于讨论之中。高玉书等认为，分子量从178～716，K 为常数；分子量大至 3.5×10^{4}，K 也基本不变。潘雨生等认为，分子量小于800，K 可视为常数（相对误差≤2%）；而分子量再增加，K 也逐渐增大，若不经校正，则所得的 $\overline{M}_{n}$ 偏低（例如，分子量为 2.10×10^{4} 的聚苯乙烯，可偏低12.6%）。并提出一些校正公式。

三、试剂与仪器

1. 试剂

聚苯乙烯样品，溶剂（氯仿、苯或丁酮均为分析纯，任选一种）。

2. 仪器

气相渗透仪（QX-08型），检流计，秒表，容量瓶，移液管，注射器及针头。

四、实验步骤

1. 溶液配制

样品以及配制用的溶剂必须经过良好的纯化与干燥，所用的玻璃仪器必须洗净烘干。在10mL容量瓶中（质量为 m_1），小心放入聚合物样品，准确称重得 m_2（有效数字3位），加入溶剂，称重得 m_3（为使称量迅速，可依据溶剂比重作大约估算），那么，溶液的原始浓度为：

$$c_0=\frac{m_2-m_1}{m_3-m_2}\times1000(\text{g/kg})$$

而一系列其他浓度的溶液，可用“稀释法”配得。用相对浓度 $c_i'=c_i/c_0$ 表示，可以配制 $c_i'=1/3$、$1/2$、$2/3$、1等。

2. 测试前的仪器准备

按仪器说明书进行接线与调试。一一检查温度选择键、R_t 值和桥电压是否正确。汽化室内注入30mL左右溶剂，恒温4h以上，桥路在测试前稳定0.5h以上。调好检流计的机械零点。

3. G_0 值的标定

检流计放在×0.01挡，在两只热敏电阻上各加3～5滴（每滴约0.01mL）的纯溶剂，开动秒表，3min后按下“工作键”，调整“电桥零点”旋钮，使检流计光点稳定在某位置上，此即为 G_0 值。读毕后，扳回工作键。实验过程中，G_0 值可能会变，为了提高数据可靠性，一般要求每测两个浓度的溶液后，须用纯溶剂校正一次 G_0 值。注意，调试完毕后的仪器，在工作过程中必须保持条件不变，因此除了“工作键”与“衰减键”以外，其他旋钮开关一律不能乱动！

4. 样品 G_i 值的测定

在一只热敏电阻上滴溶剂，在另一只热敏电阻上滴溶液，各0.03～0.05mL左右。3min后按下“工作键”，待光点基本稳定后，每分钟读一个数，10min左右读数已接近稳定。如此再滴液再读数，重复3次。取3个数平均即为 G_i（注意，由于体系不是平衡态，而是处于“稳态”，所以 G_i 值和时间有关。一般，以丁酮、苯作溶剂，时间可短些，而氯仿则长些。本仪器以 10min 左右读数为宜），则 $\Delta G_i = G_i - G_0$；读毕后，扳回工作键。同上法，再测其他浓度溶液的 G_i 值，依此类推。

5. 关闭电源

抽出汽化室内液体。

五、结果处理

① 仪器编号________，温度________，桥电压________，R_S 值________，样品________，溶液________，溶液原始浓度 C_0________，K 值________。

将实验所测数据填入表 26-1。

表 26-1　实验数据记录

c_i'	0	1/3	1/2	0	2/3	1	0
G_0		—	—		—	—	
G_i	—	1. 2. 3.	1. 2. 3.	—	1. 2. 3.	1. 2. 3.	—
ΔG_i	—			—			—
$\Delta G_i / c_i'$	—			—			—

② 为简便起见，以 $\Delta G_i / c_i'$ 对 c_i' 作图（图 26-3），进行外推到 $c_i' = 0$（$c_i = c_i' c_0$，即 $c_i = 0$），得 $(\Delta G_i / c_i')_0$ 值。

③ 根据式（4），代入 $c_i = c_i' c_0$，得：

$$\overline{M}_n = \frac{K}{(\Delta G_i / c_i')_0} c_0$$

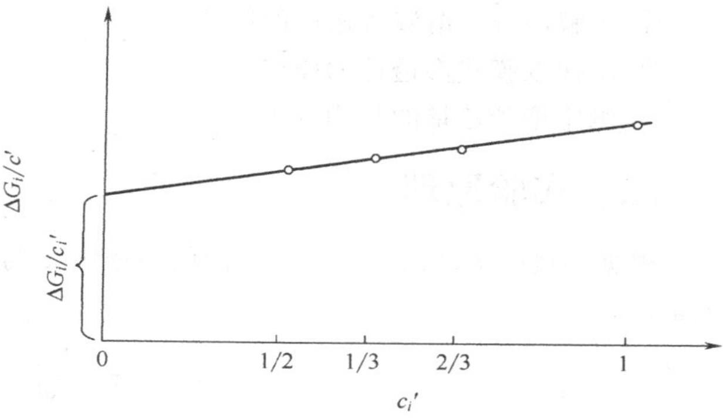

图 26-3　$\Delta G_i / c_i'$-c_i' 图

六、注意事项

① 标定 K 值用的“基准物”的条件是：易于纯化，溶于一般溶剂，常温下本身蒸气压很小。常用的有机物有苯甲酸（分子量 122.1）、萘（128）、联苯甲酰（210）、卅二烷（450）、三硬脂酸甘油酯（892）。

② 为充分利用检流计的满标尺，而不用渗透仪的“衰减补偿”，以减少实验误差，必须根据被测物的分子量大小（事先估计一下），选择合适的配制浓度范围。

七、思考题

① 在 VPO 测定中，温度对测定的精度有何影响？

② VPO 测定的灵敏度与所用溶剂类型有何关系？

实验二十七 渗透压法测定分子量

由于溶液中溶剂的化学位低于纯溶剂的化学位，当用只能让溶剂分子通过而溶质分子不能通过的半透膜把溶液和溶剂隔开时，溶剂分子将穿过半透膜，进入溶液中去，直到溶液液面升高，产生液柱压强，使溶液中溶剂的化学位因压强增加而升高到与纯溶剂的化学位相等时，达到渗透平衡。这时，溶剂与溶液之间的压力差即为该溶液在实验温度时的渗透压。

渗透压在溶液的经典理论中，占有重要的地位。但是对低分子溶液，很难找到理想的半透膜。这一实验上的困难使得渗透法未能应用于实际。对于高分子溶液，由于溶质与溶剂分子大小悬殊，因此，选择接近理想的半透膜变得容易了，渗透压的测定已被广泛应用于测定聚合物的分子量，同时，还用来研究溶液中高分子与溶剂分子间的互相作用，成为验证溶液理论的有效工具。

一、实验目的

① 了解高分子溶液渗透压的原理。

② 掌握双膜式渗透计的操作方法。

③ 测定聚苯乙烯的数均分子量。

二、实验原理

根据经典的溶液理论，理想溶液的渗透压 π 与溶质的分子量 M 和溶液的浓度 c 有如下关系：

$$\pi=\frac{RT}{M}c \tag{1}$$

式中，R 是气体常数；T 是绝对温度。

在高分子溶液中，由于高分子链段间以及高分子和溶剂分子之间的互相作用不同，高分子与溶剂分子大小悬殊，使高分子溶液性质偏离理想溶液的规律。实验结果表明，高分子溶液的比浓渗透压 π/c 随浓度而变化，通常可用维利展开式来表示：

$$\frac{\pi}{c}=RT\left(\frac{1}{M}+A_2c+A_3c^2+\cdots\right) \tag{2}$$

式中，A_2 和 A_3 分别称为第二维利系数和第三维利系数。

对许多高分子-溶剂体系，当浓度很稀时，A_3 通常很小，可以忽略，则：

$$\frac{\pi}{c}=RT\left(\frac{1}{M}+A_2c\right) \tag{3}$$

即比浓渗透压与浓度存在线性关系。实验只要测量溶液的几个浓度的渗透压，作 π/c 对 c 的图，可以得到一根直线（图 27-1），外推到 $c\rightarrow0$，从截距和斜率便可计算出被测试样的分子量和体系的第二维利系数 A_2。但对于有些高分子-溶剂体系，在实验的浓度范围内，将实验结果作 π/c 对 c 图时发现曲线明显弯曲，给外推带来困难，影响测定分子量的可靠性。此时，常将比浓渗透压对浓度的维利展开式改写成：

$$\frac{\pi}{c}=\left(\frac{\pi}{c}\right)_0(1+\Gamma_2 c+\Gamma_3 c^2) \tag{4}$$

并取 $\Gamma_3=\Gamma_2^2/4$，式（4）变成：

$$\frac{\pi}{c}=\left(\frac{\pi}{c}\right)_0\left(1+\frac{\Gamma_2}{2}c\right)^2$$

或者

$$\left(\frac{\pi}{c}\right)^{\frac{1}{2}}=\left(\frac{\pi}{c}\right)^{\frac{1}{2}}_{c\to 0}\left(1+\frac{\Gamma_2}{2}c\right) \tag{5}$$

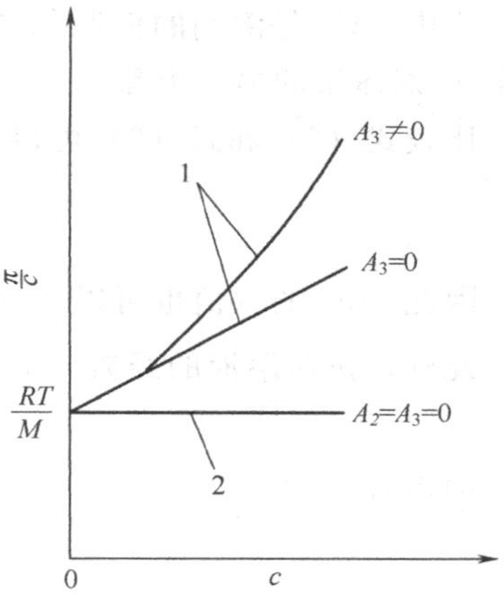

图 27-1 比浓渗透压与浓度的关系

1—高分子浓度；2—理想溶液

根据式（5），对 π/c-c 图呈弯曲曲线的实验数据，改作 $(\pi/c)^{1/2}$ 对 c 的图，一般可以进行良好的线性外推。比较式（2）和式（4）可得：

$$\left(\frac{\pi}{c}\right)^{\frac{1}{2}}_{c\to 0}=\left(\frac{RT}{M}\right)^{\frac{1}{2}} \tag{6}$$

$$\Gamma_2=A_2 M \tag{7}$$

这样，从 $(\pi/c)^{1/2}$ 对 c 图的截距和斜率也可以计算分子量和第二维利系数。

渗透压法测定分子量的范围一般在 3×10^4～1.5×10^6。分子量小于 3×10^4，半透膜的制备有困难；分子量大于 1.5×10^6，渗透压很小，测量精度不够。被测试样一般需用分级级分，未分级试样通常含有能透过半透膜的低分子量部分，测定这样的样品通常不易得到正确的结果。由于实验观察到的一个多分散的体系，它的渗透压应是各种不同分子量的高分子对溶液渗透压贡献的总和：

$$(\pi)_{c\to 0}=\sum_i(\pi_i)_{c\to 0}=RT\sum_i\frac{c_i}{M_i}=RTc\sum_i\frac{c_i}{M_i}/\sum_i c_i=RTc\,\frac{1}{\overline{M}_n} \tag{8}$$

所以渗透压法测得的是数均分子量。

第二维利系数的数值可以看作高分子链段间和高分子与溶剂分子间互相作用的一种量度，和溶剂化作用以及高分子在溶液中的形态有密切的关系。在良溶剂中，高分子链由于溶剂化作用易伸展，线团扩张，相当于链段间的互相作用主要是相斥，A_2 为正值。随着不良溶剂的加入或温度的降低，溶剂的溶剂化能力减弱，链段间的相互吸引力增加，使高分子线团收缩，A_2 的数值减小。$A_2=0$ 时，π/c 对 c 图是一根与横坐标平行的直线，式（2）与式（1）一致，即这时的高分子溶液符合理想溶液的性质。这时的溶剂被称为被测高分子在该温度下的 θ 溶剂，这时的温度称为该高分子-溶剂体系的 θ 温度。在 θ 条件下，高分子溶液的比浓渗透压与浓度无关，给渗透压测量带来了不少方便，更重要的是，它排除了影响高分子溶液性质和高分子形态的许多因素，因此，研究高分子溶液性质和高分子形态的理论工作常常在 θ 条件下进行。而 θ 条件的确定，渗透压测量是主要的方法之一。

根据高分子溶液似晶格模型理论对溶液混合自由能的统计计算。Flory 和 Huggins 提出渗透压的浓度依赖关系为：

$$\frac{\pi}{c}=RT\left[\frac{1}{\overline{M}_n}+\left(\frac{1}{2}-x_1\right)\frac{1}{\overline{V}_1\rho_2^2}c+\frac{1}{3}\frac{1}{\overline{V}_1\rho_2^3}c^2+\cdots\right] \tag{9}$$

式中，$\overline{V}_1$ 是溶剂的偏摩尔体积；ρ_2 高分子的密度；x_1 称为 Huggins 参数，是表征高分子-溶剂体系的另一个参数。

比较式（2）和式（9）可得 A_2 与 x_1 之间的关系：

$$A_2=\left(\frac{1}{2}-x_1\right)/\overline{V}_1\rho_2^2 \tag{10}$$

因此，x_1 的数值也可以通过渗透压测量得到。

此外，按照溶液的经典理论，渗透压、稀释热 $\Delta\overline{H}_1$、稀释熵 $\Delta\overline{S}_1$ 有如下关系：

$$-\overline{V}_1\pi=\Delta\mu_1=\Delta H_1-T\Delta\overline{S}_1 \tag{11}$$

因而有：

$$\frac{\partial\dfrac{\Delta\mu_1}{T}}{\partial\left(\dfrac{1}{T}\right)}=\Delta\overline{H}_1 \tag{12}$$

$$\frac{\partial\Delta\mu_1}{\partial T}=-\Delta\overline{S}_1 \tag{13}$$

可见，测定同一浓度溶液在不同温度下的渗透压，作 $\overline{V}_1\pi/T$ 对 $1/T$ 的图和 $\overline{V}_1\pi$ 对 T 的图，就可以从直线的斜率计算 $\Delta\overline{H}_1$ 和 $\Delta\overline{S}_1$。在各种浓度范围内得到这些基本的热力学数据，可以用来验证高分子溶液的统计理论。

用来测定溶液渗透压的渗透计种类很多，更可喜的是，近年来在国外出现了快速自动平衡渗透计，这类渗透计借助灵敏的检测装置检出仪器中对渗透平衡的偏差，并推动伺服机构，快速调整溶剂的液面，直至达到渗透平衡为止。因而不需等待很多溶剂通过半透膜，渗透计在 1～5min 内即能达到平衡，大大地缩短了渗透压的测量时间。本实验使用的国内广泛采用过的改良 Zimm-Meyerson 型渗透计（图 27-2）。

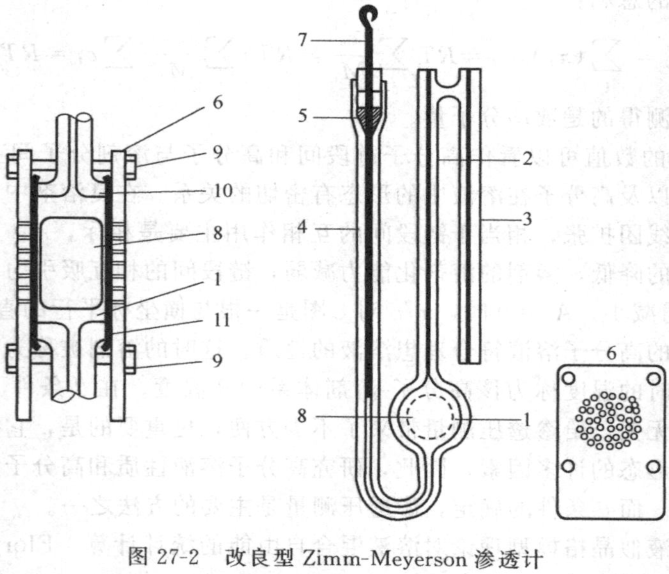

图 27-2 改良型 Zimm-Meyerson 渗透计

1—渗透池；2—渗透池毛细管；3—参比毛细管；4—粗毛细管；5—水银；6—黄铜片；7—镍铬丝；8—玻璃块；9—螺栓；10—厚壁玻璃管；11—半透膜

渗透池是用一段内径 2cm、高约 1cm 的厚壁玻管制成的，两个端面用细金刚砂磨平。两张半透膜由两块带小孔的黄铜片（也经磨平）靠螺栓夹紧在这两个端面上。池的上部熔接毛细管，参比毛细管平行地粘接在毛细管上，它们的内径相等，约为 0.5cm ，各长 10cm。池的下部接内径约 1～2cm 的 U 形毛细管，这根毛细管的上端与一小杯连通，用以注入溶液。粗毛细管配有一根直径相近、配合紧密的镍铬丝（端部磨圆），测量时，小杯中加水银封口，改变镍铬丝插入毛细管的深度，可以调节毛细管中溶液液面的高度。渗透池内壁接一玻璃块，以减少溶液池的容积，使测量溶液用量减少到 1～2mL，并降低由测量时槽微小波动引起的毛细管中液面的涨落不定。渗透计放在一只外套管中，外套管里装纯溶剂作溶剂池，溶剂的量以参比毛细管下端浸没为度，溶剂液面高度由参比毛细管中的液面指示。外套管上口有双层磨口塞和盖密封，以减少溶剂的挥发逸出。

半透膜的选择和制备是渗透压法测定分子量的一个关键问题。要求被测高分子不能透过，与被测高分子和所用溶剂不起化学反应，也不被溶解，还要求溶剂分子的透过速率足够大，以便能在较短的时间内达到渗透平衡。最常用的半透膜是纤维素及其衍生物，也有试用各种合成高聚物作半透膜的一些报道，如聚乙烯醇、聚亚胺酯、聚三氟氯乙烯和聚乙烯醇缩丁醛等。半透膜的制备直到目前为止还多半是凭经验。由于半透膜的选择和处理不当，使半透膜的孔内径过大，则往往引起测量时试样中分子量较低的部分发生漏过现象，而使实验得到的只是未透过半透膜的高分子量部分的数量平均，偏高于试样的真实数均分子量。本实验采用再生纤维素（玻璃纸）作为半透膜。试验证明，用玻璃纸制造过程中未经干燥的湿玻璃纸作半透膜对于测量分子量在 1×10^4 以上的试样是适宜的。如果只能得到干玻璃纸，则需进行溶胀处理，方能得到需要的半透性，方法是用 5%～40%（根据所需的膜孔径选定）的 NaOH 水溶液浸泡 10～60min，再移入水中漂去 NaOH，然后按顺序经水-乙醇（1∶1）、乙醇、乙醇-溶剂（1∶1），逐步过渡到溶剂中。

渗透压的测量，有静态法和动态法两类。静态法也称渗透平衡法，是让渗透计在恒温下静置，用测高计测量渗透池毛细管和参比毛细管两液柱高差直至达到一恒定不变的数值为止。静态法由于装置简单和操作容易，一般更常采用，但是等待达到渗透平衡十分费时，一般需要 0.5～3 天，而且，如果试样中有能透过半透膜的低分子量部分，则在达到渗透平衡的长时间内，低分子量部分会透过半透膜而使液柱高差不断下降，无法测得正确的渗透数据。动态法有升降中点法和速率终点法（或称动态平衡法）。升降中点法是调节渗透计的起始液柱高差，使尽可能接近平衡值，定时观察和记录高差随时间的变化，作高差对时间对数的图（图 27-3），估计此曲线的渐近线，再在渐近线的另一侧以等距的液柱重复进行测定，然后取此两曲线纵坐标的半数外推到时间为零作为平衡高差。速率终点法是在几个液柱高差下测溶剂透过速率 dh/dt，然后作 dh/dt 对 Δh 图（或以所加压力对流动速率作图）（图 27-4），外推到 $dh/dt=0$ 处，即得渗透平衡高差。动态法的优点是测定需时较少，并且因而可以截留或部分截留用静态法测定时透过半透膜的溶质，使测得的分子量更接近于试样的真实分子量，但是这类方法显然需要较多的照看，速率终点法还对仪器装置和测量的精度提出更高的要求。本实验采用静态的渗透平衡法进行测定。

三、试剂与仪器

1. 试剂

聚苯乙烯，苯（分析纯）。

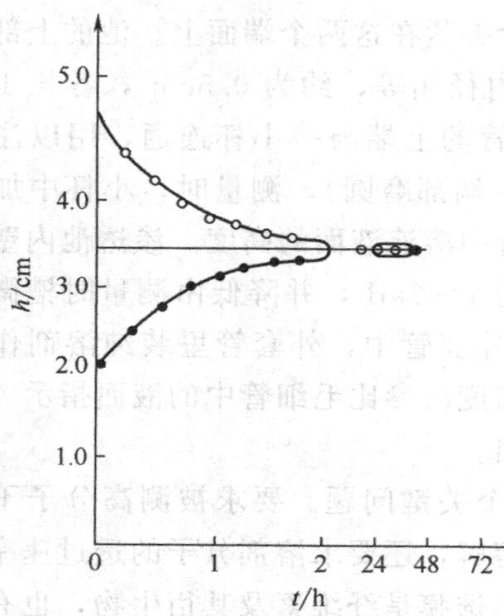

图 27-3 升降中点法测定渗透压

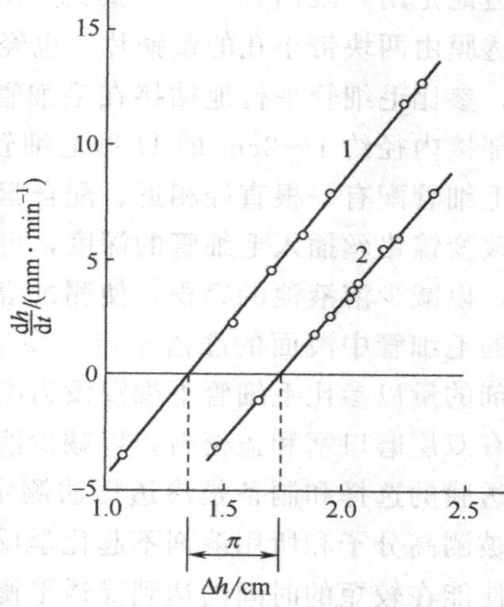

图 27-4 速率终点法测定渗透压

1—溶剂；2—溶液

2. 仪器

测高计，渗透计（自制）。

四、实验步骤

1. 渗透计洗涤

新装配好的渗透计，半透膜往往有不对称性，即当半透膜两边均是纯溶剂时，渗透池毛细管与参比毛细管液柱高常常有显著差异。测量过溶液的渗透计，则由于高分子在半透膜上的吸附和溶质中低分子量部分的透过，也有这种不对称性。在测定前须先用溶剂洗涤多次，并浸泡一段较长的时间，使半透膜不对称性消失或达到一个很小的稳定值为止。洗涤时用一不锈钢丝钩子将渗透计从外套管中吊出，用手指（要干净!）持小杯处将水银小心地倾入一小烧杯中（这一操作务必在搪瓷盘里进行，严格禁止把汞撒在盘外），然后迅速把渗透计吊入盛有苯的 150mL 的烧杯中，拔去镍铬丝，用带长针头的注射器由小烧杯处插入粗毛细管吸出渗透池里的溶剂（或溶液），用少量苯洗涤注射器后，再吸取苯注入渗透池，插入镍铬丝，封以汞。同时把外套管的溶剂也加以更换，然后把渗透计吊回外套管中，加盖放入恒温槽平衡，观察两毛细管液柱高差，必要时反复更换纯溶剂直到两毛细管高差（Δh_0）达到一个很小的稳定值为止。为了加快洗涤速度，必要时可把渗透计连外套管移入 50℃水浴，以加快溶剂的交换速度。全部操作过程中，每当渗透计吊离溶剂液面时，必须防止由于半透膜上溶剂挥发干枯而致使其半透性急剧下降。

2. 读取原始高度差 Δh_0

在洗涤好的渗透计的渗透池和外套管里都装好苯，装时注意防止渗透池里存留气泡（可以由侧面观察），放入（30±0.02)℃恒温水槽中平衡，每隔约 2h 用测高计读取两毛细管液柱高差一次（读到±0.005cm），直到连续二次读数在误差范围内（约需 1 天时间）为止，最后读得的两毛细管高差为 $\Delta h_0 = h_{渗透池} - h_{参比}$。

3. 溶液配制

在分析天平上称取聚苯乙烯样品约 1g（宁多勿少），放入 100mL 容量瓶中加苯溶解，在 30℃恒温下用苯稀释到刻度，然后用移液管移取 5mL、10mL、15mL、20mL 分别注入 4 只 25mL 容量瓶中，并在 30℃恒温下用苯稀释到刻度，即得到浓度分别为 0.2×10^{-2}g/mL、0.4×10^{-2}g/mL、0.6×10^{-2}g/mL、0.8×10^{-2}g/mL 和 1.0×10^{-2}g/mL 的 5 种溶液。

4. 更换溶液

把渗透计从恒温水槽中取出，用铁夹子夹稳在实验台上，把小杯中的水银倾于小烧杯中（操作同前），拔去镍铬丝后迅速放回原杯套管，用长针头注射器吸渗透池内的苯，把注射器吹干，然后取适量浓度约为 0.2×10^{-2}g/mL 的溶液，小心注入渗透池中洗涤几次，最后再吸溶液注入渗透池，赶去气泡，插入镍铬丝，封以水银。在全部操作过程中，必须严格防止溶液滴入外套管中（否则即须更换外套管中的苯，并用溶剂洗涤渗透计外部），特别是在插入镍铬丝时，尤应防止溶液由毛细管顶端喷出，此时可用一镊子夹一小片滤纸在毛细管顶端，以吸去被压出之溶液。

5. 渗透压测量

把渗透计放入恒温水槽平衡，读取 Δh_i 同前。由稀到浓更换溶液。依次测定 0.2×10^{-2}g/mL、0.4×10^{-2}g/mL、0.6×10^{-2}g/mL、0.8×10^{-2}g/mL 和 1.0×10^{-2}g/mL 各浓度溶液的 Δh_i。

五、数据处理

1. 计算公式

在溶液的渗透压测量中，渗透计两个毛细管液柱，一个是溶液液柱，另一个为溶剂液柱，它们所造成的压强差，确切地说应该考虑溶液与溶剂的密度差别，即所谓密度改正，但是一般情况下，由于溶液较稀，密度改正项不大，而且对不同浓度的测量来说，溶液的密度又有差别，各种浓度溶液的密度数据不全，因此常常简单地以溶剂密度 ρ_0 代之，这时各浓度的渗透压为 $\pi_i=\Delta h'_i\rho_0$。式中，$\Delta h'_i$是校正高差，$\Delta h_i=\Delta h_i-\Delta h_0$。

2. 测得数据列表

样品________；实验温度 $T=$________（K）；

苯于________℃时的密度 $\rho_0=$________（g/mL）；

原始高差 $\Delta h_0=$________（cm）。

表 27-1 实验数据记录

浓度 c_i/(g/mL)					
渗透高差 Δh_i/cm					
校正高差 $\Delta h'_i$/cm					
渗透压 π_i					
比浓渗透压 π_i/c_i					
$(\pi_i/c_i)^{1/2}$					

3. 作 π/c 对 c 图 ［或 $(\pi/c)^{1/2}$ 对 c 图］

由直线外推 $(\pi/c)_{c\to 0}$ ［或 $(\pi/c)^{1/2}_{c\to 0}$］计算试样的数均分子量 $\overline{M}_n=\dfrac{8.484\times 10^4 T}{(\pi/c)_{c\to 0}}$。

4. 由直线斜率求第二维利系数 A_2，并计算高分子-溶剂互相作用参数 x_1

六、注意事项

① 必须熟练掌握测高计的使用方法。

② 半透膜在安装以及实验过程中，溶液和溶液的更换一定要迅速，防止半透膜的干枯收缩，导致漏膜现象的发生。

③ 实验过程中，严防溶液注入时或调节毛细管液面时溢出，一旦有溶液进入外套管中要及时处理。

④ 实验所用的溶剂最好蒸馏，高分子试样必须是分级样，要防止灰尘进入渗透池中，特别是大颗粒灰尘。

七、思考题

① 如何用渗透压法研究溶液中高分子与溶剂的相互作用。

② 如何消除渗透计的不对称性，半透膜的不对称性对实验结果有何影响？

③ 渗透压法测定分子量在数据处理时作了哪些近似处理？

实验二十八 凝胶渗透色谱测聚合物分子量

高聚物与低分子化合物的重要区别一是分子量大，二是分子量具有分散性，因此对一个聚合物仅有平均分子量还不足以表征其结构特点，同为分子量相同的聚合物，其分子量分布却存在很大差别。这种差别对材料的力学性能和加工性能都有很大影响，因此实际生产和理论研究都需要知道聚合物的分子量分布，尽管可用沉淀、梯度淋洗、超速离心等方法来测定聚合物的分子量分布，但这些方法既费时又麻烦，得到的数据是离散的，因此凝胶渗透色谱法（gel permeation chromatograpyl，GPC）是目前测定聚合物分子量分布最有效的方法，它具有测定速度快、用量少、自动化程度高等优点，已获得广泛使用。

一、实验目的

① 掌握凝胶渗透色谱法测定聚合物分子量及分子量分布的原理。

② 了解 GPC 仪的工作原理和操作技术，学会测定聚合物分子量分布的方法。

二、实验原理

凝胶色谱的分离柱是用多孔性填料（聚苯乙烯凝胶、多液玻璃球、多孔硅胶等）填充的，其分离机理说法不一，其中平衡排除理论应用较普遍。一般认为高聚物在溶液中以无规线团的形式存在，具有一定的尺寸，在分离过程中只有小于凝胶孔尺寸的分子才能进入孔中，这样大分子进入孔洞的数目比小分子要小，即使大小分子都能进入的孔洞，它们渗透到凝胶孔洞内的概率和深度也是不同的，大分子进入的孔洞少，在孔洞内停留的时间也短，小分子进人的孔洞数多，在孔内停留的时间也长，中等分子介于两者之间，所以随着淋洗剂的淋洗，大分子先从柱中流出，小分子最后流出，这样聚合物按分子大小的次序被分离。实验证明，当实验条件确定后，溶质的淋出体积与其分子量有关，分子量越大，其淋出体积越小，如果试样是多分散的，则可按淋出的先后次序收集到一系列分子量从大到小的级分。

经色谱柱分离出的各个级分的高聚物溶液的浓度还需进行测定，测定的方法有多种，常用的有测定溶液的折射率、紫外吸收、红外吸收等，从而可得到淋出级分的浓度与淋体积（级分数）的 GPC 谱图（图 28-1）。如果把谱图中的横坐标 V_e 换算成分子量 M，就成为分子量分布曲线了。关于级分的分子量的测定，可选用一系列与被测样品同类型的不同分子量的单分散性（$d<1.1$）标样，其分子量已用其他方法测得，然后与被测样品相同的条件下进行测试，将 $\lg M_i$ 对淋洗体积 V_e 作图，得到校正曲线（图 28-2）。当 $\lg M>\lg M_a$ 时，曲线与纵轴平行，表面流出体积（V_0）和样品的分子量无关，V_0 即为柱中填料的粒间体积，也称为粒子的死体积。就是说 M_a 是这种填料的渗透极限。当 $\lg M<\lg M_b$ 时，V_e 对 M 的依赖变迟钝，没有实用价值。在 $\lg M_a$ 点和 $\lg M_b$ 点之间为一直线，即可用公式 $\lg M=A-BV_e$ 表达校正曲线，式中 V_e 为淋出体积，A、B 为常数，与仪器参数和实验条件有关。B 是曲线斜

率，是柱子性能的重要参数，B值越小，柱子的分辨率越高。这种校正曲线只能用于和“标样”化学结构相同的聚合物；如果要测量不同聚合物，就需要不同的标样，或者借助“普适校正”。

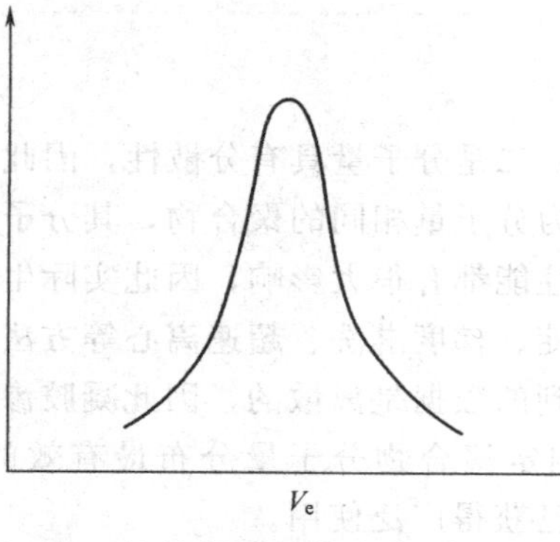

图 28-1 折射率-淋洗体积（级分）曲线

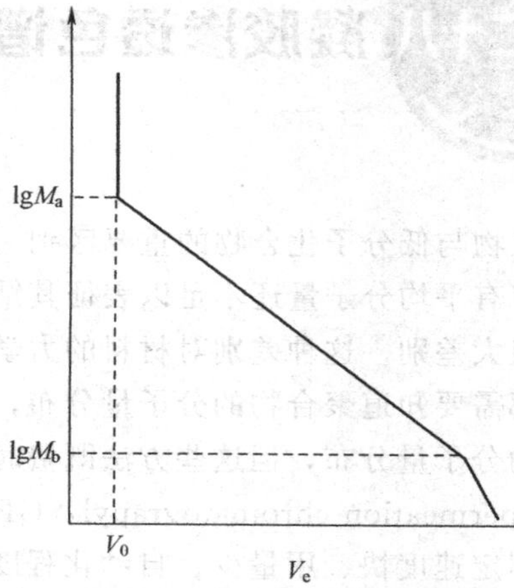

图 28-2 $\lg M$-V_e 为校正曲线

研究表明，高分子的流体力学体积（即［η］和 M 的乘积）随分子量有规律地变化，在相同的实验条件下，对一系列不同类型的聚合物采用 lg［η］M 对 V_e 作图，都落在同一曲线上，而与聚合物的类型和结构无关，这就是“普适校正曲线”。这样只要知道在 GPC 测试条件下标准样品（一般用窄分布的聚苯乙烯）和待测聚合物的 Mark-Houwink 方程中的参数 K、α 值，就可通过标准试样的分子量 M_1 计算得到被测试样的分子量 M_2。

因为有：

$$J=[\eta]_1 M_1=[\eta]_2 M_2,\ [\eta]_1=K_1 M_1^{\alpha_1},[\eta]_2=K_2 M_2^{\alpha_2}$$

所以被测样品的分子量 M_2 为：

$$\lg M_2=\frac{1+\alpha_1}{1+\alpha_2}\lg M_1+\frac{1}{1+\alpha_2}\lg\frac{K_1}{K_2}$$

一些聚合物在30℃甲苯溶剂中的［η］-M 关系式为：

苯乙烯［η］$=1.91\times10^{-2}M^{0.68}$；

聚丁二烯［η］$=3.05\times10^{-2}M^{0.725}$；

聚丁二烯-苯乙烯共聚物［η］$=5.4\times10^{-2}M^{0.66}$。

三、试剂与仪器

1. 试剂

聚苯乙烯，溶剂（四氢呋喃）。

2. 仪器

岛津 LC-4A，为全自动 GPC 仪，容量瓶，注射器。

四、实验步骤

① 用分析天平称取试样，配成0.2%浓度的溶液。

② 打开主机、处理机电源，如仪器处于正常工作状态，面板显示窗显示出储存器的数目和电源接通时间，按说明书选择合适的储存器和参数值。

③ 为防止测试中产生气泡，溶剂需进行脱气，将氦气单元前面的压力计调至约 $1kg/cm^2$，打开单元前面的 3 个停止阀，按 DEGAS 键，显示窗上“DEGASH”灯亮，脱气开始。“DEGASL”灯自动亮 15min，然后氦气在分析期间保持低流速。

④ 按逆时针打开溶剂输液装置上泵头左面的排出阀。选择储存器和流动参数值（流动上下限值和流速）。

⑤ 按 PUMP 键，显示窗上 PUMP 灯亮，泵开始运行并输送溶剂。让溶剂流动一段时间以排除管路中空气。

⑥ 打印出处理机中的参数（或在屏幕上显示），检查各参数值，并按要求调整。

⑦ 按 OVEN TEMP 键，输入合适的数值，以确定柱温。

⑧ 选择检测器（示差检测器或红外检测器）并确定波长范围（对示差检测）或 RANGE 值（对红外检测），利用检测器控制装置面板上的零点调节钮调整基线的零点。待基线稳定后分析准备结束。

⑨ 用专用注射器吸取待测溶液，在进样处注入，分析开始。

⑩ 打印机上记录试样淋洗过程，得淋洗曲线，输入待测样品的 K、α 值，处理机计算并打印出分子量 $\overline{M}_n$，分子量分布曲线。

⑪ 测试结束后，关闭主机、处理机电源，清洗注射器，容量瓶。

⑫ 分析所测试样的分子量大小和分子量分布情况。

五、思考题

① 测定的分子量是什么分子量？GPC 测定分子量方法属什么方法？

② 何为普适校正曲线？

③ 若有一单分散性样品，得到的 GPC 谱图是一直线还是一单峰，为什么会出现这种情况？

实验二十九 膨胀计法测定玻璃化转变温度

聚合物的玻璃化转变，是玻璃态和高弹态之间的转变。在发生转变时，聚合物的许多物理性质起了急剧的变化。如果固定其他条件而仅改变温度，那么在玻璃化转变温度范围内，聚合物的比容、比热容、热导率、折射率、形变、介电常数、弹性模量、内耗、介电损耗、热焓、核磁共振吸收等，都发生突变或不连续的改变。同样，如果固定温度而改变其他条件，例如压力、频率、分子量、增塑剂浓度、共聚物组成等，也可观察到玻璃化转变现象。图 29-1 为聚合物的比容随压力的变化，P_g称为玻璃化转变压力。图 29-2 为 375K 时聚甲基丙烯酸甲酯（PMMA）的比容随分子量的变化，M_g 称为玻璃化转变分子量。通常，由于改变温度来观察玻璃化转变最为方便，又具有实用意义，所以玻璃化转变温度是表示玻璃化转变的最重要的指标。

本实验是利用膨胀计来测定玻璃化转变温度 T_g 的。膨胀计法是属于静态测定方法的一种。

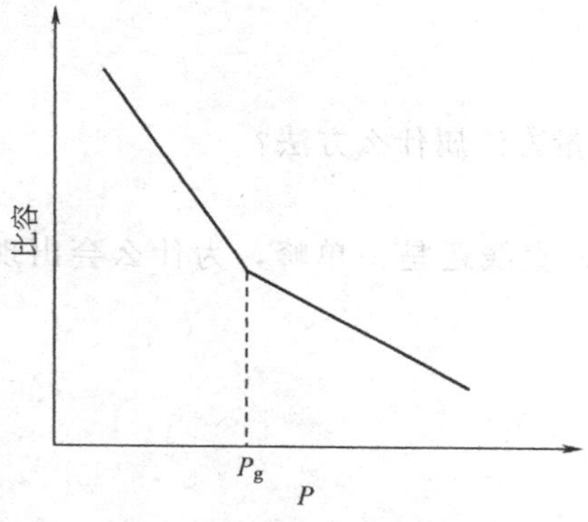

图 29-1 高聚物的比容-压力关系图

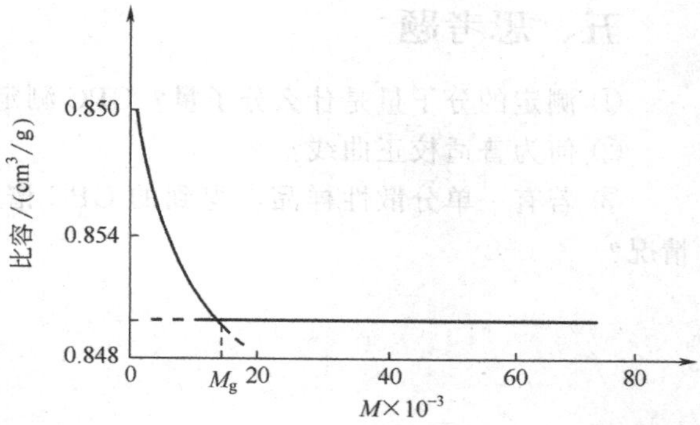

图 29-2 375K PMMA 的比容-分子量关系

一、实验目的

① 掌握膨胀计法测定聚合物玻璃化转变温度的方法。

② 了解升温速度对玻璃化转变温度的影响。

二、实验原理

聚合物的比容是一个和高分子链段运动有关的物理量，它在玻璃化转变温度范围内有不连续的变化，即利用膨胀计测定聚合物的体积随温度的变化时，在 T_g 处有一个转折，如图 29-3。

众所周知，玻璃化转变不是热力学平衡过程，而是一个松弛过程，因此 T 值的大小和测试条件有关。图 29-4 表明在降温测量中，降温速度加快，T_g 向高温方向移动。根据自由体积理论，在降温过程中，分子通过链段运动进行位置调整，多余的自由体积腾出并逐渐扩散出去。因此在聚合物冷却、体积收缩时，自由体积也在减少。但是由于黏度因降温而增大，这种位置调整不能及时进行，所以聚合物的实际体积总比该温度下的平衡体积大，表现为比容-温度曲线上在 T_g 处发生拐点。降温速度越快，拐点出现得越早，T_g 就偏高；反之，降温速度太慢，则所得 T_g 偏低，以至测不到 T_g。一般控制在 1～2℃/min 为宜。升温速度对 T_g 的影响也是如此。T_g 的大小还和外力有关：单向的外力能促使链段运动，外力越大，T_g 降低越多；外力的频率变化引起玻璃化转变点的移动，频率增加则 T_g 升高，所以膨胀计法比动态法所得的 T_g 要低一些。

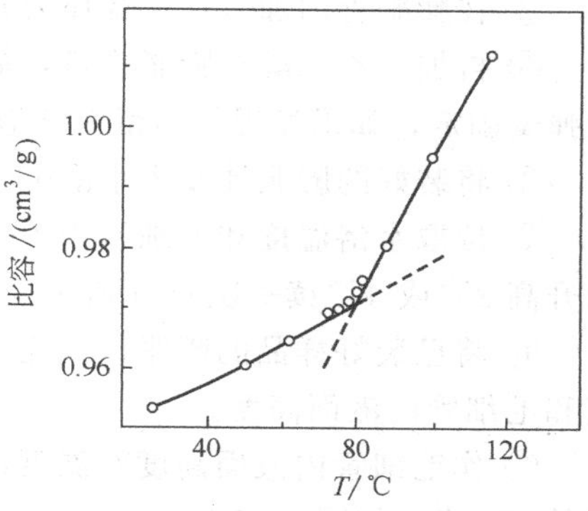

图 29-3　苯乙烯比容温度-曲线

除了外界条件以外，显然 T_g 值还受到了聚合物本身的化学结构之支配，同时也受到其他结构因素的影响，例如共聚、交联、增塑以及分子量等。图 29-5 表明 T_g 值随分子量的增大而升高，特别当分子量较低时，这种影响更为明显。自由体积理论可以解释这一现象。

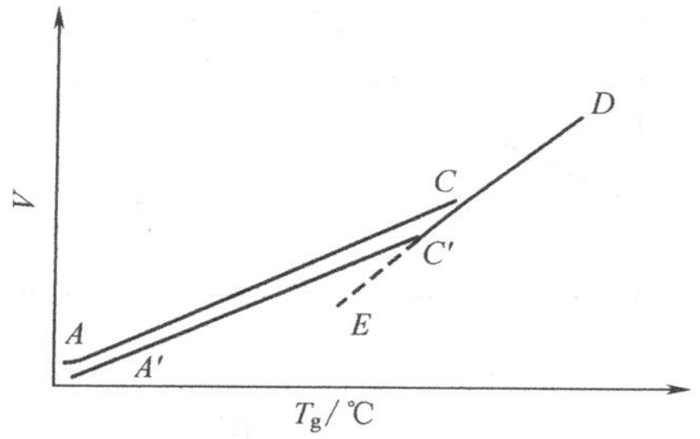

图 29-4　降温速度对 T_g 的影响

ACD—剧冷；$A'C'D$—慢冷；$EC'CD$—长时退火

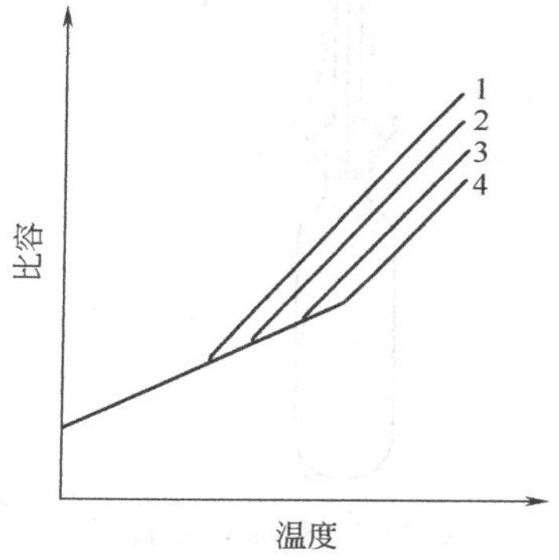

图 29-5　苯乙烯的比容-温度曲线

1—1/DP=0.03；2—1/DP=0.02；3—1/DP=0.01；4—1/DP=0.00（DP 表示聚合度）

三、试剂与仪器

1. 试剂

颗粒状聚苯乙烯，乙二醇。

2. 仪器

膨胀计（容量瓶约 10mL，毛细管直径约 1mm，长度 500mm）装置如图 29-6，水浴及加热器，温度计（0～250℃）。

四、实验步骤

① 洗净膨胀计、烘干。装入聚苯乙烯颗粒至膨胀管的 4/5 体积。

② 在膨胀管内加入乙二醇作为介质，用玻璃棒搅动（或抽气）使膨胀管内没有气泡。

③ 再加入乙二醇至膨胀管口，插入毛细管，使乙二醇的液面在毛细管下部，磨口接头用弹簧固定，如果发现管内留有气泡必须重装。

④ 将装好的膨胀计浸入水浴中，控制水浴升温速度为1℃/min。

⑤ 读取水浴温度和毛细管内乙二醇液面的高度（每升高5℃读一次，在55～80℃之间每升高2℃或1℃读一次）直到90℃为止。

⑥ 将已装好样品的膨胀计经充分冷却后，再在升温速度为2℃/min的热水浴中读取温度和毛细管内液面高度。

⑦ 作毛细管内液面高度对温度的图。从直线外延交点求得两种不同升温速度的聚苯乙烯的 T_g 值。如图29-7所示。

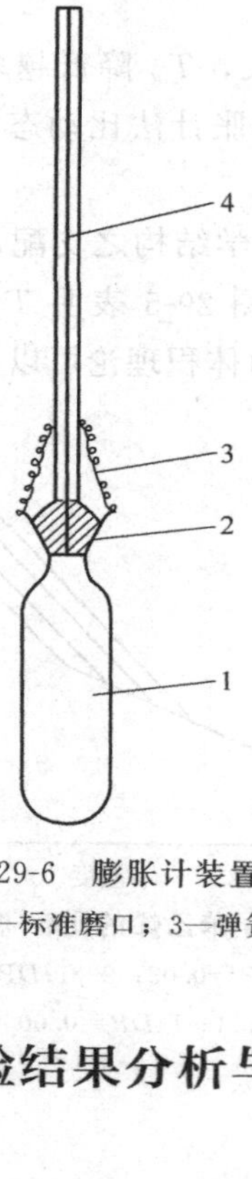

图29-6 膨胀计装置图

1—容量瓶；2—标准磨口；3—弹簧；4—毛细管

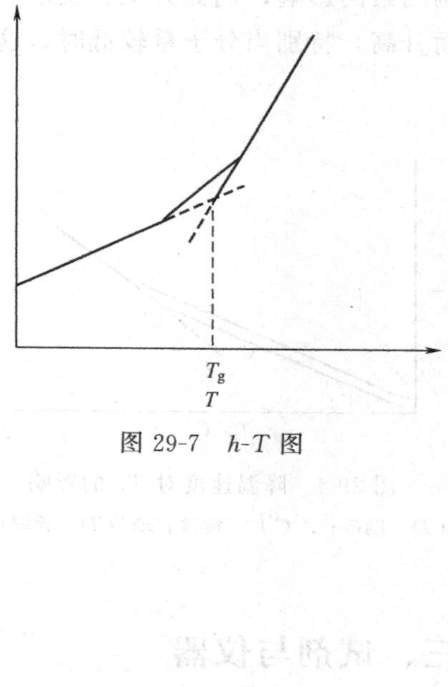

图29-7 h-T 图

五、实验结果分析与讨论

六、思考题

① 从自由体积理论出发，分析升降温速率对实验结果的影响。

② 非晶态、半晶态和晶态高聚物的温度-形变曲线有何不同？

③ 用膨胀计法测定高聚物玻璃化转变温度，对膨胀计内的介质有什么要求？

实验三十　高聚物熔融指数的测定

一、实验目的

① 了解熔融指数的结构和使用方法。

② 掌握高聚物熔融指数的测量原理。

二、实验原理

对高聚物的流动性的评价可采用不同的参数，在工业生产和科学研究中常采用熔融指数，它的定义为在一定温度、一定压力下，熔融高聚物在10min内从标准毛细管中流出的质量（g）。熔融指数以“g/10min”表示，符号MI。

对于同一种高聚物，在相同的条件下，熔融指数越大，则流动性越好，对不同的聚合物，由于测定条件不同，不能用熔融指数的大小来比较它们的流动性，条件相同时，也缺乏明确的意义，因此只把它作为一种流动性好坏的指标。由于熔融指数概念和测量方法简单，工业上已普遍采用，作为聚合物产品的一种质量指标。

三、试剂与仪器

1. 试剂

干燥好的PE、PP等树脂。

2. 仪器

XRZ-40型熔融指数仪是一种简易的毛细管式在低切变速率下工作的仪器，它由试样挤出系统和加热控制系统组成。试样挤出系统如图30-1。主要由料筒、活塞杆、毛细管组成。料筒与活塞头直径之差（间隙）要求为（0.075±0.015）mm。毛细管的外径稍小于圆筒内径。以便它能在料筒孔中自由落到料筒底部，毛细管高度为（8.00±0.025）mm，中心孔径为（2.095±0.005）mm。加热控制系统由控温热电偶、控温定值电桥、放大器、继电器及加热器组成。

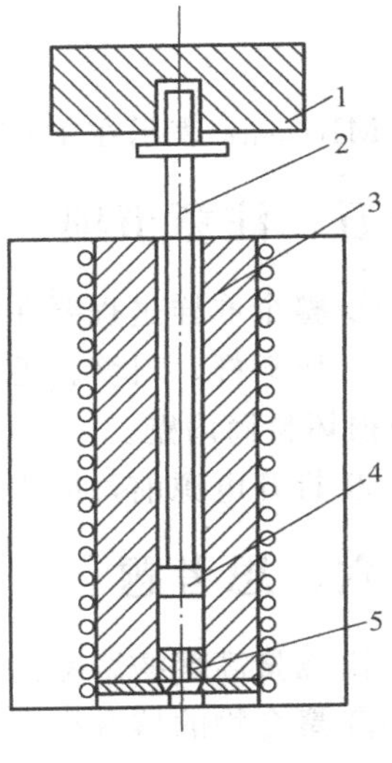

图30-1　熔融指数仪示意

1—砝码；2—活塞杆；3—料筒；4—活塞头；5—毛细管

四、实验步骤

1. 升温

按所需温度将“控温定值”旋钮拨到控温定值数；接通电源加热电炉的电流，为了快速升温，先将“自动控温-快速加热”开关置于“快速加热”位置，待红绿灯明灭交替时，表明炉温已接近选定温度，这时再把开关置于“自动控制”位置；约5min后，如果实测温度和预选温度有差异，需再次调节“控温定值”旋钮，使炉温达指定的选温度。

2. 称样

根据试样熔融指数的大小称取2.5～10g干燥的高聚物试样（表30-1）。

表30-1 熔融指数与料量、切取试条间隔时间的关系

熔融指数 MI/(g/10min)	试样重/g	毛细管孔径/mm	切取试条的间隔时间/min
0.15～1.0	2.5～3.0	2.095	6.00
1.0～3.5	3.0～5.0	2.095	3.00
3.5～10	5.0～8.0	2.095	1.00
10～25	4.0～8.0	2.095	0.50

3. 料筒预热

温度达到规定温度后，将料筒，毛细管压料杆放入炉体中恒温6～8min。

4. 装料

将压料杆取出，往料筒中装入称好的试样。装料时应随加随用加料棒压实，以防止产生气泡，然后将压料杆插入料筒并固定好导套，加上砝码开始用秒表计时。

5. 取样

秒表计时6～8min，压料杆顶部装上选定的负荷砝码，试样即从毛细管挤出。切去料头后开始计时间，切取5个切割段，待冷却后分别称量。含有气泡的切割段应弃去。

6. 计算

从5个切割段的平均质量 m（g）及切割一段所需时间 t（s），按下式计算熔融指数MI：

$$MI_{190/2160}=\frac{m\times 600}{t}(\text{g/10min})$$

$MI_{190/2160}$ 表示在190℃，2160g条件下测得的熔融指数。

五、注意事项

① 整个取样过程要在压料杆刻线以下进行。测定完毕后，余料应趁热挤出，以防凝结。

② 压料杆、料筒、毛细管要趁热用尼龙布或玻璃布清理干净，切忌用粗砂纸等摩擦，以防损坏料筒内壁。

③ 打开电源前，应先将XCZ-101高温表机械零点调到室温，可免去温度校正。

六、思考题

① 测量高聚物熔融指数有何意义？

② 聚合物的熔融指数与分子量有何关系？

实验三十一　毛细管法测定高聚物熔体流变曲线

高分子材料的加工在多数情况下是以熔融状态加工的，例如热塑性塑料的挤出，吹塑、注塑成型等。了解高分子聚合物的熔体流动特性，对于合理地选择和控制成型工艺是十分重要的。

一、实验目的

① 了解流变仪的基本结构，掌握测定高聚物熔体流动特性的方法。

② 测定高聚物熔体在一定温度下的流变曲线和 $\lg\eta_a$-$\lg\dot{\gamma}'_w$ 曲线。

二、实验原理

毛细管流变仪是一种常用的测定高聚物熔体流变曲线（$\lg\eta_a$-$\lg\dot{\gamma}'_w$）的实验设备。测定过程和挤出、注射等加工过程相似，是一个熔体被挤出的过程。而且测定条件（剪切速率为 $10 \sim 10^4 s^{-1}$，剪切应力为 $10^4 \sim 10^6 Pa$）和加工条件相近。该仪器还可以观察高聚物熔体的不稳定流动和熔体破裂现象，也能够测定熔体密度等参数。

测定过程是将细粒或粉末状试样从口模装入恒温控制的挤出料筒内，加热至要求的温度，用一活塞将试样从口模挤出，活塞用砝码经杠杆施加挤压，活塞上的压力是计算剪切应力的基本量。在一定压力下，单位时间从口模挤出的试样量是用来计算剪切速率的基本量。剪切应力和剪切速率之比即为表观黏度。

在已知挤出压力、圆形口模半径、口模长度时，即可根据式（1）计算得到表观剪切应力：

$$\tau' = \frac{RP}{2L} \tag{1}$$

式中　τ'——表观剪切应力，Pa（$1Pa = 1N/m^2$，$1kgf/cm^2 = 9.81 \times 10^4 N/m^2$）；

P——挤出压力（kg/cm^2），可以施加 10kg 砝码-110kg/cm²，15kg 砝码-160kg/cm²，20kg 砝码-210kg/cm²，25kg 砝码-260kg/cm² 挤出压力；

R——口模半径，cm；

L——口模长度，cm。

流变仪可以测量和记录挤出试样时活塞的下降速度，当已知活塞头的截面积时，即可算出流经口模的熔体体积流速：

$$Q = AV \tag{2}$$

式中　Q——熔体体积流速，cm^3/s；

A——活塞头截面积，本仪器为 $1cm^2$；

V——活塞下降速度，cm/s。

表观剪切速率可根据式（3）计算：

$$\dot{\gamma}'_{w}=\frac{4Q}{\pi R^{3}} \tag{3}$$

式中 $\dot{\gamma}'_{w}$——表观剪切速率，s^{-1}。

其他同前。

式（1）是假定熔体通过无限长的口模而推导出来的，没有考虑入口的压力损失，实际上，熔体由截面积比口模截面积大几百倍的料筒进入口模的，在入口处由于熔体线速度和流线变化所产生的摩擦阻力和弹性拉伸形变，都损失一部分能量，这就导致作用在口模上的压力 P，有一部分消耗在入口能量损失上，使作用在口模中毛细管壁上的实际剪切应力有所减小。在利用式（1）计算剪切应力时，需进行入口“压力校正”。最简单的压力校正方法是将口模长度 L 加上半径的 6 倍得到，计算剪切应力为：

$$\tau=\frac{RP}{2(L+6R)} \tag{4}$$

式中 τ 为修正的剪切应力，Pa；其他同前。

实验表明，当口模的长径比 $L/R>60$ 时，入口的压力损失占所加的总压力（P）的比例很小，可以忽略不计，因而此时可以不进行入口“压力校正”。

在推导式（3）时，假定熔体在口模中的流动服从牛顿黏性定律，但高聚物熔体并非牛顿流体，因而在应用式（3）时，还需考虑流动的非牛顿校正：

$$\dot{\gamma}_{w}=\frac{3n+1}{4n}\dot{\gamma}'_{w}=\frac{3n+1}{4n}\times\frac{4Q}{\pi R^{3}} \tag{5}$$

式中，$\dot{\gamma}_{w}$ 为修正的剪切速率，s^{-1}；n 为非牛顿指数；ˆ符号意义为剪切应力。

在高聚物熔体流变性研究中，人们习惯于用表观剪切速率和进行了“压力校正”的剪切应力绘制流动曲线。

幂率方程：

$$\tau= K\dot{\gamma}'^{n}_{w} \tag{6}$$

式中，K 为稠度系数。

对式（6）取对数得：

$$\lg\tau=\lg K+n\lg\dot{\gamma}'_{w} \tag{7}$$

根据式（6）以 $\lg\dot{\gamma}'_{w}$ 为横坐标，以 $\lg\tau$ 为纵坐标作图，即是流动曲线，因为 n 是随 $\dot{\gamma}'_{w}$ 增大而减小的，所以流动曲线不是直线，但在 $\dot{\gamma}'_{w}$ 变化不大的范围内，可以看作是直线，其斜率是非牛顿指数 n，纵轴上的截距是 $\lg K$。

表观剪切黏度的定义为：

$$\eta_{a}=\frac{\tau}{\dot{\gamma}_{w}} \tag{8}$$

$$\eta_{a}=\frac{K\dot{\gamma}'^{n}_{w}}{\dot{\gamma}_{w}}=k\dot{\gamma}'^{n-1}_{w} \tag{9}$$

对式（9）取对数得：

$$\lg\eta_{a}=\lg k+(n-1)\lg\dot{\gamma}'_{w} \tag{10}$$

根据式（10）以 $\lg\dot{\gamma}'_{w}$ 为横坐标，以 $\lg\eta_{a}$ 为纵坐标作图，得到 $\lg\eta_{a}$-$\lg\dot{\gamma}'_{w}$ 曲线。

三、试剂与仪器

1. 试剂

PE、PP/PS、ABS 等树脂。

2. 仪器

日本岛津 CFT-500 型毛细管流变仪。

压力范围：10～500kg。

温度范围：室温+20～400℃。

口模尺寸：直径×长度为 0.5mm×5.0mm、0.5mm×10mm、0.5mm×20mm。

四、实验步骤

(1) 接通主机电源（必须经变压器输入 100～110V 交流电）开机。关闭空气放空阀，开动空压机，打开通往主机的空气阀门。

(2) 向控制器输入实验条件（按控制器操作程序操作），每输入一个条件，打回车键一次。

① 实验年、月、日；②编号方法；③实验温度；④预热时间；⑤流量计算起始点；⑥负荷量；⑦口模尺寸；⑧活塞头截面积；⑨各种条件的实验次数。

(3) 将选用的口模安装在料筒下部，将规定量的砝码装在砝码托盘上。

(4) 当温度达到实验温度时（PE 约为 180℃、PS 约为 220℃），在 1min 内快速加完试样 1.0～1.4g，装入活塞。

(5) 使加压头和活塞接触，锁紧。按动 START 键开始预热，一般情况下预热 4～6min，预热 2～3min 时，再按 START 键 3～4 次，即排气 3～4 次。

(6) 预热结束时，控制器自动切换电磁阀，汽缸排气，砝码通过加压头自动对活塞加压，开始挤出试样。挤完试样后，汽缸上升使加压头上升，除去负荷。控制器自动打印出体积流速和表观黏度数据。

(7) 每实验一次后，即从料筒上部取下活塞。将料筒和活塞上黏附的残存试样用医用纱布清理干净，再进行下次实验。每个条件测 3 次，共测定 5 个应力条件。

(8) 结束全部实验后，将口模从料筒下部卸下、并将其活塞、料筒一起彻底清理干净，然后切断主机电源和空压机电源。关闭主机和空压机之间的空气阀门，打开主机和空压机的空气放空阀。

五、实验数据处理

① 用式 (3) 计算实验中测得的各种体积流速及口模所对应的表观剪切速率 $\dot{\gamma}'_w$。

② 用式 (4) 计算每个剪切速率对应的剪切应力 τ。

③ 用式 (8) 计算各组 τ、$\dot{\gamma}_w$ 对应的表观黏度 η_a。

六、实验报告

① 将原始数据及测得的数据及计算结果填入表 31-1 中。

表 31-1 实验结果

试样名称：		牌号：		实验温度：	口模尺寸：
实验压力 $P/(\mathrm{kgf/cm^2})$					
测得体积流速值 $Q/(\mathrm{cm^3/s})$	第一次				
	第二次				
	第三次				
	第四次				
表观剪切速率 $\lg\dot{\gamma}'_w/\mathrm{s^{-1}}$					
剪切应力 $\lg\tau/(\mathrm{N/m^2})$					
表观黏度 $\lg\eta_a/(\mathrm{N\cdot s/m^2})$					

实验时间　　年　　月　　日

② 在坐标纸上做 $\lg\tau$-$\lg\dot{\gamma}'_w$图。

③ 在坐标纸上做 $\lg\eta_a$-$\lg\dot{\gamma}'_w$图。

④ 讨论表观黏度 η_a 随剪切速率变化的情况和原因。

实验三十二 差热分析

差热分析（differential thermal analysis，DTA）是在温度程序控制下测量试样与参比物之间的温度差随温度变化的一种技术。

在 DTA 基础上发展起来的另一种技术是差示扫描量热法（differential scanning calorimetry，DSC）。差示扫描量热法是在温度程序控制下测量试样相对于参比物的热流速度随温度变化的一种技术。

试样在受热或冷却过程中，由于发生物理变化或化学变化而产生热效应，这些热效应均可用 DTA、DSC 进行检测。

DTA、DSC 在高分子方面的应用特别广泛。它们的主要用途是：①研究聚合物的相转变，测定结晶温度 T_c、熔点 T_m、结晶度 X_D、等温结晶动力学参数；②测定玻璃化转变温度 T_g；③研究聚合、固化、交联、氧化、分解等反应，测定反应温度或反应温区、反应热、反应动力学参数。

一、实验目的

① 了解 DTA、DSC 的原理。

② 学会用 DTA、DSC 测定聚合物的 T_g、T_c、T_m、X_D。

二、实验原理

1. DTA

图 32-1 是 DTA 的示意图。通常由温度程序控制、变换放大、气氛控制、显示记录等部分所组成。比较先进的仪器还有数据处理部分。温度程序控制部分的作用是使试样在要求的温度范围内进行温度程序控制，如升温、降温、恒温等，它包括炉子（加热器、制冷器等）、控温热电偶和程序温度控制器。气氛控制部分的作用是为试样提供真空、保护气氛和反应气氛，它包括真空泵、充气钢瓶、稳压阀，稳流阀、流量计等。显示记录部分的作用是把变换

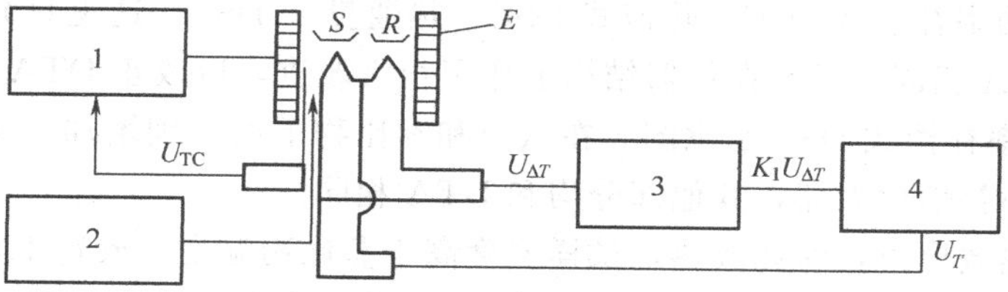

图 32-1　DTA 示意

S—试样；U_{TC}—由控温热电偶送出的毫伏信号；R—参比物；

U_T—由试样下的热电偶送出的毫伏信号；E—电炉；$U_{\Delta T}$—由差示热电偶送出的微伏信号；

1—温度程序控制；2—气氛控制器；3—差热放大器；4—记录仪

放大部分所测得的物理参数对温度作图，直观地显示出来。常用的显示装置有 X-Y 函数记录仪等。变换放大部分的作用是把试样的物理参数的变化转换成电量（电压、电流或功率），再加以放大后送到显示记录部分。它包括变换器、放大器等。这一部分是 DTA 装置的核心部分，它决定了仪器的灵敏度和精度。这里的变换器是由同种材料做成的一对热电偶，将它们反向串接，组成差示热电偶，并分别置于试样和参比物盛器的底部下面。

参比物应选择那些在实验温度范围内不发生热效应的物质，如 α-Al_2O_3、石英、硅油等。当把参比物和试样同置于加热炉中的托架上等速升温时，若试样不发生热效应，在理想情况下，试样温度和参比物温度相等，$\Delta T=0$，差示热电偶无信号输出，记录仪上记录温差的笔仅划一条直线，称为基线。另一支笔记录试样温度变化。而当试样温度上升到某一温度发生热效应时，试样温度与参比物温度不再相等，$\Delta T\neq 0$，差示热电偶有信号输出，这时就偏离基线而划出曲线，由记录仪记录的 ΔT 随温度变化的曲线称为差热曲线。温差 ΔT 作纵坐标，吸热峰向下，放热峰向上；温度 T（或时间 t）作横坐标，自左向右增加（图 32-2）。由于热电偶的不对称性，试样和参比物（包括它们的盛器）的热容、热导率不同，在等速升温情况下划出的基线并非 $\Delta T=0$ 的线，而是接近 $\Delta T=0$ 的线的 AB、DE 段，并且由于上述原因以及热容、热导系数随温度变化，在不同的升温速度下，基线会发生不同程度的漂移。在 DTA 曲线上，由峰的位置可确定发生热效应的温度，由峰的面积可确定热效应的大小，由峰的形状可了解有关过程的动力学特性。图 32-2 中峰 BCD 的面积 A 是和热效应 ΔQ 成正比的。比例系数 K 可由标准物质实验确定：

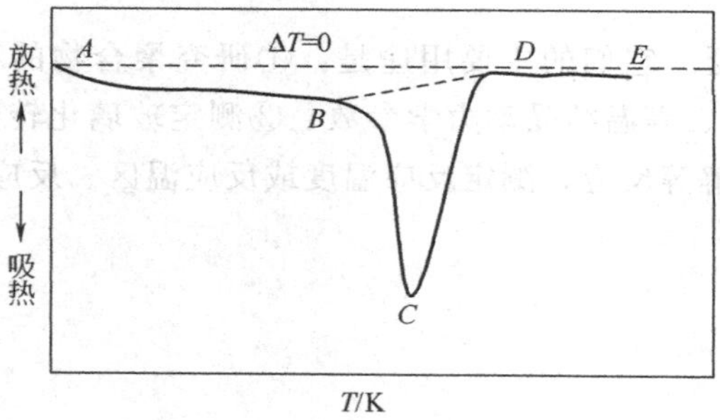

图 32-2 DTA 曲线

$$Q=K\int_{t_1}^{t_2}\Delta T\,\mathrm{d}t=KA \qquad (1)$$

K 随着温度、仪器、操作条件而变，因此 DTA 的定量性能不好；同时，在制作 DTA 时，为使 DTA 有足够的灵敏度，试样与周围环境的热阻不能太小，也就是说热导率不能太大，这样当试样发生热效应时才会形成足够大的 ΔT。但因此热电偶对试样热效应的响应也较慢，热滞后增大，峰的分辨率差，这是 DTA 设计原理上的一个矛盾。人们为了改正这些缺陷，后来发展了一种新技术——差示扫描量热法。

2. DSC

DSC 又分为功率补偿式 DSC、热流式 DSC、热通量式 DSC。这里只介绍第一种，后两种在原理上和 DTA 相同，只是在仪器结构上作了很大改进，以改正 DTA 的缺陷。

图 32-3 是功率补偿式 DSC 示意图。在试样和参比物下面分别增加一个补偿加热丝，此外还增加一个功率补偿放大器，其他部分均和 DTA 相同。

当试样发生热效应时，譬如放热，试样温度高于参比物温度，放置于它们下面的一组差示热电偶产生温差电势 $U_{\Delta T}$，经差热放大器放大后送入功率补偿放大器，功率补偿放大器（简称功补放大器）自动调节补偿加热丝的电流，使试样下面的电流 I_s 减小，参比物下面的电流 I_R 增大。降低试样的温度，增高参比物的温度，使试样与参比物之间的温差 ΔT 趋于零，使试样和参比物的温度始终维持相同。

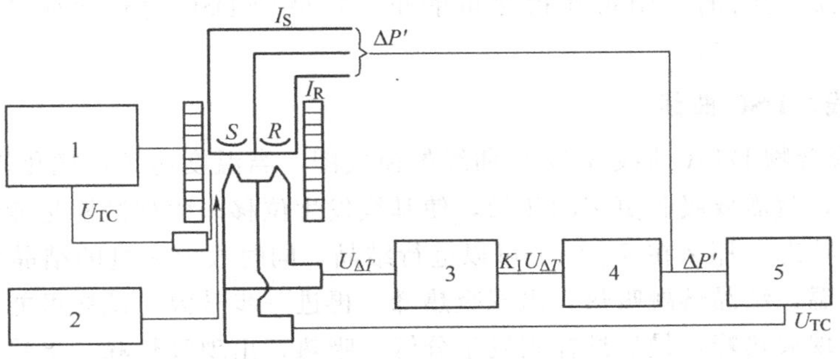

图 32-3　功率补偿式 DSC 示意

1—温度程序控制器；2—气氛控制；3—差效放大器；4—功率补偿放大器；5—记录仪

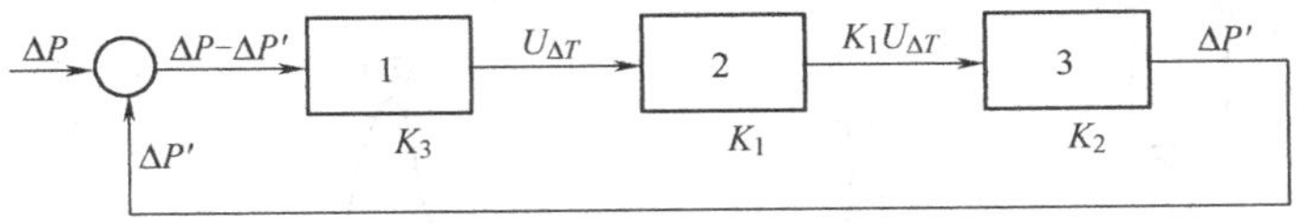

图 32-4　功率补偿式 DSC 的功率补偿

ΔP—试样放热速度；$\Delta P'$—补偿给试样和参比物的功率之差；K_1—差热放大器的放大倍数；K_2—电压转换为功率的变换系数；K_3—$\Delta P-\Delta P'$ 转换为热电势的变换系数；1—热锅变换器；2—差热放大器；3—功补放大器

试样放热的速度就是补偿给试样和参比物的功率之差。如图 32-4 所示，下列关系式成立：

$$(\Delta P-\Delta P')K_3K_2K_1=\Delta P' \tag{2}$$

式（2）整理后可得：

$$\Delta PK_1K_2K_3=\Delta P'(K_1K_2K_3+1) \tag{3}$$

若 $K_1K_2K_3 \gg 1$，得：

$$\Delta P=\Delta P' \tag{4}$$

$\Delta P'$是可以被测量的量：

$$\Delta P'=I_R^2R_R-I_S^2R_S \tag{5}$$

式中，R_S，R_R 分别为试样和参比物下面的补偿加热丝电阻。令 $R_S=R_R=R$，则：

$$\Delta P'=(I_S+I_R)(I_RR_R-I_SR_S)=I\Delta U \tag{6}$$

因此只要记录 $\Delta P'$（$I\Delta U$）随 T（或 t）的变化就是试样放热速度（或者吸热速度）随 T（或 t）的变化，这就是 DSC 曲线，DSC 曲线的纵坐标代表试样放热或吸热的速度，即热流速度，单位是 mcal/s（Ical＝4.1868J），横坐标是 T（或 t）同样规定吸热峰向下，放热峰向上。

试样放热或吸热的热量为：

$$\Delta Q=\int_{t_1}^{t_2}\Delta p'\,\mathrm{d}t \tag{7}$$

式（7）右边的积分就是峰的面积，可见峰面积 A 是热量直接度量，即 DSC 是直接测量热效应的热量。不过试样和参比物与补偿加热丝之间总存在热阻，补偿的热量有些漏失，因此热效应的热量应是 $\Delta Q=KA$。K 称为仪器常数，同样可由标准物质实验确定。这里的 K 不随温度、操作条件而变，这就是 DSC 比 DTA 定量性能好的原因。同时试样和参比物与热电偶之间的热阻可作得尽可能小，这就使 DSC 对热效应的响应快、灵敏、峰的分辨率好。

3. DTA 曲线、DSC 曲线

图 32-5 是聚合物 DTA 曲线或 DSC 曲线的模式图。当温度达到玻璃化转变温度 T_g 时，试样的热容增大，就需要吸收更多的热量，使基线发生位移。假如试样是能够结晶的，并且处于过冷的非晶状态，那么在 T_g 以上可以进行结晶，同时放出大量的结晶热而产生一个放热峰。进一步升温，结晶熔融吸热，出现吸热峰。再进一步升温，试样可能发生氧化、交联反应而放热，出现放热峰，最后试样则发生分解，吸热，出现吸热峰。当然并不是所有的聚合物试样都存在上述全部物理变化和化学变化。

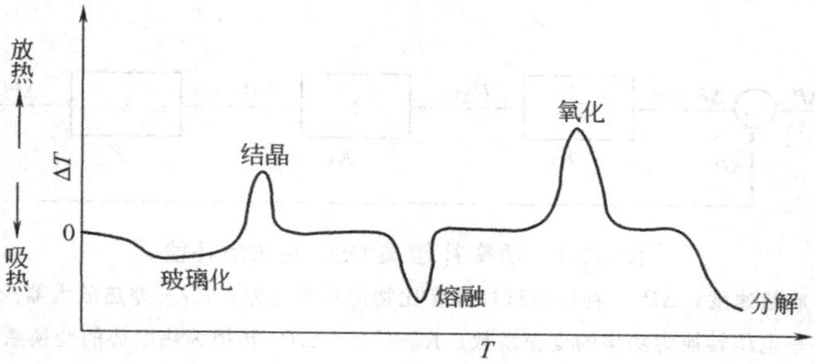

图 32-5 聚合物 DTA 或 DSC 曲线模式图

通常按图 32-6（a）的方法确定 T_g：由玻璃化转变前后的直线部分取切线，再在实验曲线上取一点，使其平分两切线间的距离 Δ，这一点所对应的温度即为 T_g。T_m 的确定，对低分子纯物质来说，像苯甲酸，如图 32-6（b）所示，由峰的前部斜率最大处作切线与基线延长线相交，交点所对应的温度取作为 T_m。对聚合物来说，如图 32-6（c）所示，由峰的两边斜率最大处引切线，相交点所对应的温度取作为 T_m，或取峰顶温度作为 T_m。T_c 通常也是取峰顶温度。峰面积的取法如图 32-6（d）、(e) 所示。可用求积仪或剪纸称重法量出面积。由标准物质测出单位面积所对应的热量（$mcal/cm^2$）再由测试试样的峰面积可求得试样的熔融热 ΔH_f（mcal/mg），若百分之百结晶的试样的熔融热 ΔH_f^* 是已知的，则可按式（8）计算试样的结晶度：

$$结晶度\ X_D=\frac{\Delta H_f}{\Delta H_f^*}\times 100\% \tag{8}$$

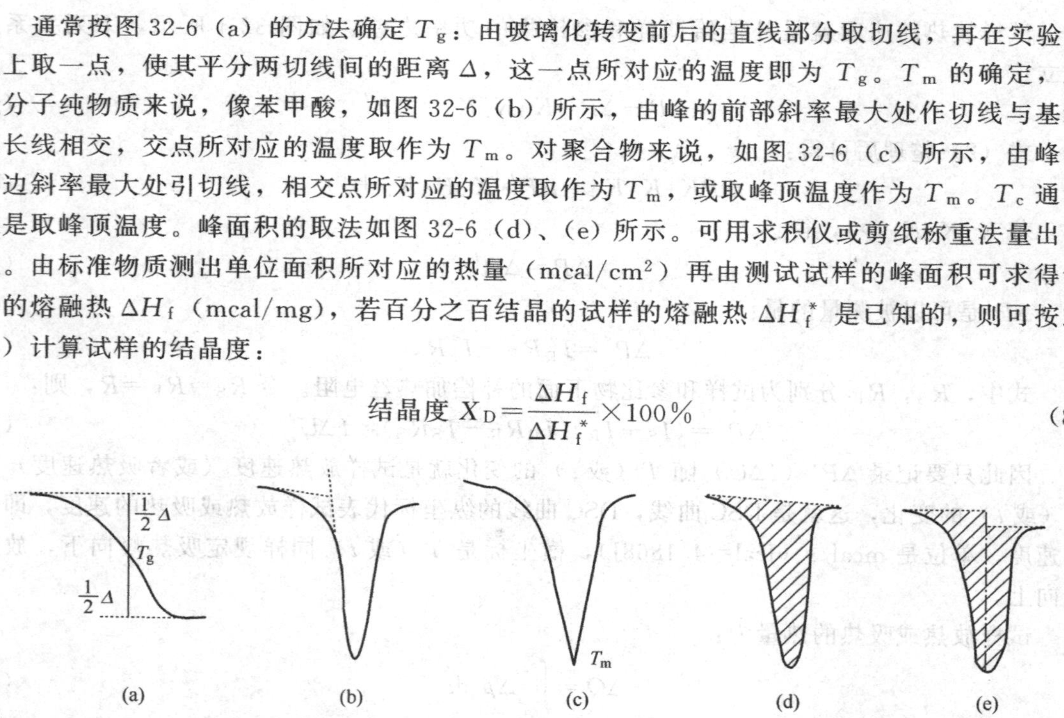

图 32-6 T_g、T_m 和峰面积的确定

4. 影响实验结果的因素

DTA、DSC 的原理和操作都比较简单，但要取得精确的结果却很不容易，因为影响的

因素太多了，这些因素有仪器因素、试样因素、气氛、加热速度等。这些因素都可能影响峰的形状、位置，甚至出峰的数目。一般说，上述因素对受扩散控制的氧化、分解反应的影响较大，而对相转变的影响较小。在进行实验时，一旦仪器一经选定，仪器因素也就基本固定了，所以下面仅对试样等因素略加叙述。

试样因素：试样量少，峰少而尖锐，峰的分辨率好。试样量多，峰大而宽，相邻峰会发生重叠，峰的位置移向高温方向。在仪器灵敏度许可的情况下，试样应尽可能地少。在测 T_g 时，热容变化小，试样的量要适当多一些。试样的量和参比物的量要匹配，以免两者热容相差太大引起基线漂移。试样的粒度对那些表面反应或受扩散控制的反应影响较大，粒度小，使峰移向低温方向。试样的装填方式也很重要，因为这影响到试样的传热情况，装填得是否紧密又和粒度有关。在测试聚合物的玻璃化转变和相转变时，最好采用薄膜或细粉状试样，并使试样铺满盛器底部，加盖压紧，试样盛器底部应尽可能地平整，保证和试样托架之间的良好接触。

气氛影响：气氛可以是静态的，也可以是动态的，就气体的性质而言，可以是惰性的，也可以是参加反应的，视实验要求而定。对于聚合物的玻璃化转变和相转变测定，气氛影响不大，但一般都采用氮气，流量 30mL/min 左右。

升温速度：升温速度对 T_g 测定影响较大，因为玻璃化转变是松弛过程，升温速度太慢，转变不明显，甚至观察不到；升温快，转变明显，但 T_g 移向高温。升温速度对 T_m 影响不大，但有些聚合物在升温过程中会发生重组、晶体完善化，使 T_m 和结晶度都提高。升温速度对峰的形状也有影响，升温速度慢，峰尖锐，因而分辨率也好；而升温速度快，基线漂移大；一般采用 10℃/min。

在进行实验时，应尽可能做到实验条件的一致，才能得到较重复的结果。

三、试剂与仪器

1. 试剂

聚乙烯，聚对苯二甲酸乙二酯等样品。

2. 仪器

差动热分析仪（上海天平仪器厂）。

四、实验步骤和结果

① 先开启总电源、各部件分电源，预热 10min，接通电炉的冷却水。

② 转动手柄，将电炉的炉体升到顶部，然后将炉体向前方转出。

③ 取一个空的铝坩埚，放入适量的样品，放在样品杆左侧托盘上，并另取一个空的铝坩埚作为参比物，放在右侧托盘上，将炉体转回原位，轻轻向下摇到底。

④ 开启记录仪的记录笔开关，转动差热放大单元上的移位旋钮，使蓝笔处在记录纸的中线附近。

⑤ 将温度程序控制单元的“程序方式”放在“升温”。将速度选择开关推进，转到两挡速度之间，转动“手动”旋钮，将偏差指示调到零。速度选择开关放在 10℃/min 或 20℃/min，并使开关向外弹出。

⑥ 按下温度程序控制单元的“工作”键，接通电炉电源。让炉温按预定要求升温。

⑦ 选择好适当的走纸速度，开启记录仪走纸开关。

⑧ 观察记录的 DTA 曲线，红笔记录试样的温度，蓝笔记录试样与参比物的温度差。

⑨ 待 DTA 曲线完全记录完毕，按下温度程序控制单元的“停止”键，切断电炉电源，并关闭记录仪走纸。

⑩ 将电炉升到顶部，用电吹风吹冷炉体，待炉体冷到足够低的温度，可以进行另一次 DTA 实验。

⑪ 温度校正：称取苯甲酸 3～5mg，α-Al_2O_3 5mg，分别装入铝坩埚中，加盖压紧，将它们平放在各自的托架上，测出 T_m，并与苯甲酸实际 T_m 相比，得到温度的校正值。

⑫ 聚乙烯的 T_m 测定：称取高密度聚乙烯 5～10mg，测出 T_m。

⑬ 聚对苯二甲酸乙二酯的 T_g、T_c、T_m 测定：称取试样 5～10mg，测出 T_g、T_m、T_c。

五、注意事项

① 实验前，仪器的温度准确性应该用标准物质来校正（通常为金属铟）。

② 若试样含水量太大，实验前需干燥处理。

③ 若要进行横向比较，需消除热历史对测定值的影响。另外加热速度要适中，试样量及颗粒大小要适中。

六、思考题

① TA 与 DSC 有什么不同？

② DTA 曲线可知，基线并非 $\Delta T=0$ 线，试分析其原因。

③ 试样发生玻璃化转变时，ΔT 为负值，表明此时试样吸热，但以后基线并未回到 $\Delta T=0$ 线（或基线），为什么？

实验三十三 热重分析法

热重分析法（thermogravimetric analysis，TGA），是测定试样在温度等速上升时质量的变化，或者测定试样在恒定的高温下质量随时间的变化的一种分析技术。实验仪器可以利用分析天平或弹簧秤直接称出正在炉中受热的试样的质量变化，并同时记录炉中的温度。

TGA 应用于聚合物，主要是研究在空气中或惰性气体中聚合物的热稳定性和热分解作用。除此之外，还可以研究固相反应，测定水分、挥发物和残渣，吸附、吸收和解吸，汽化速度和汽化热，升华速度和升华热，氧化降解，增塑剂的挥发性，水解和吸湿性，缩聚聚合物的固化程度，有填料的聚合物或掺和物的组成，以及利用特征热谱图作鉴定用。

TGA 曲线的形状与试样分解反应的动力学有关，因此反应级数 n、活化能 E，Arrhenius 公式中的频率因子 A 等动力学参数，都可以从 TGA 曲线中求得，而这些参数在说明聚合物的降解机理，评价聚合物的热稳定性都是很有用的。从 TGA 曲线计算动力学参数的方法很多，现在仅介绍几种。

一种方法是采用单一加热速度。假定聚合物的分解反应可用下式表示：

$$\mathrm{A(固体)} \longrightarrow \mathrm{B(固体)} + \mathrm{C(气体)}$$

反应过程中留下来的活性物质的质量为 m。根据动力学方程，反应速度为：

$$-\frac{\mathrm{d}m}{\mathrm{d}t} = Km^n \tag{1}$$

式中，$K = A\mathrm{e}^{-E/RT}$。炉子的升温速度是一常数，用 β 来表示，则式 $\frac{\mathrm{d}T}{\mathrm{d}t} = \beta$ 代入式（1）得：

$$-\frac{\mathrm{d}m}{\mathrm{d}T} = \frac{A}{\beta}\mathrm{e}^{-E/RT}m^n \tag{2}$$

式（2）表示用升温法测得试样的质量随温度的变化与分解动力学参数之间的定量关系。

将式（2）两边取对数，并且使在两个不同的温度时得到的两个对数式相减（其中 β 是一常数），则得：

$$\Delta \lg\left(\frac{-\mathrm{d}m}{\mathrm{d}T}\right) = n\Delta \lg m - \frac{E}{2.303R}\Delta\left(\frac{1}{T}\right) \tag{3}$$

从式（3）可看出，当 $\Delta(1/T)$ 是一常数时，$\Delta\lg(\mathrm{d}m/\mathrm{d}T)$ 与 $\Delta\lg m$ 呈线性关系，直线的斜率就是 n，从截距中可求出 E。这样只要一次实验就可求出 E 和 n 的数值了。

用这种方法求动力学参数的优点是只需要一条 TGA 曲线，而且可以在一个完整的温度范围内连续研究动力学，这对于研究聚合物裂解时动力学参数随转化率而改变的场合特别重要。但是最大的缺点是必须对 TGA 曲线的很陡的部位求出它的斜率，其结果会使作图时点分散，对精确计算动力学参数带来困难。

另一种方法是采用多种加热速度，从几条 TGA 曲线中求出动力学参数。每条曲线都可用下式表示：

$$\ln \frac{\mathrm{d}m}{\mathrm{d}t} = \ln A - \frac{E}{RT} + n\ln m \tag{4}$$

根据式（4），当 m 维持常数时，应用不同的 TGA 曲线中的 $\frac{\mathrm{d}m}{\mathrm{d}t}$ 和 T 的数值作 $\ln(\mathrm{d}m/\mathrm{d}t)$ 对 $1/T$ 的图，从直线的斜率中可求出 E，截距中可求 A，各种不同的 m 值就可作出一系列的直线。在一定的转化范围内我们可以得到 E 和 A 的平均值。

这种方法虽然需要多做几条 TGA 曲线，然而计算结果比较可靠，即使动力学机理有点改变，此法也能鉴别出来。

除了用升温的 TGA 曲线计算动力学参数外，还可用恒温的 TGA 曲线求出动力学参数，计算方法与前者类似。利用式（4），对每一种恒定的温度可以作出 $\ln(\mathrm{d}m/\mathrm{d}t)$ 对 $\ln m$ 的线，直线的斜率为 n，再从几条线的截距中可求出 E 和 A。

一、实验目的

① 掌握热重分析的实验技术。

② 从热谱图求出聚合物的热分解温度 T_d。

二、实验原理

TGA 的谱图是以试样的质量 m 对温度 T 的曲线或者是试样的质量变化速度（$\mathrm{d}m/\mathrm{d}t$）对温度 T 的曲线来表示，后者称为微分曲线，如图 33-1 所示。开始阶段试样有少量的质量损失（m_0-m_1），这是聚合物中溶剂的解吸所致，如果发生在100℃附近，则可能是失水所致。试样大量地分解是从 T_1 开始的，质量的减少是 m_1-m_2，在 T_2 到 T_3 阶段存在着其他的稳定相，然后再进一步分解。图中 T_1 称为分解温度，有时取 C 点的切线与 AB 延长线相交处的温度 T'_1 作为分解温度，后者数值偏高。

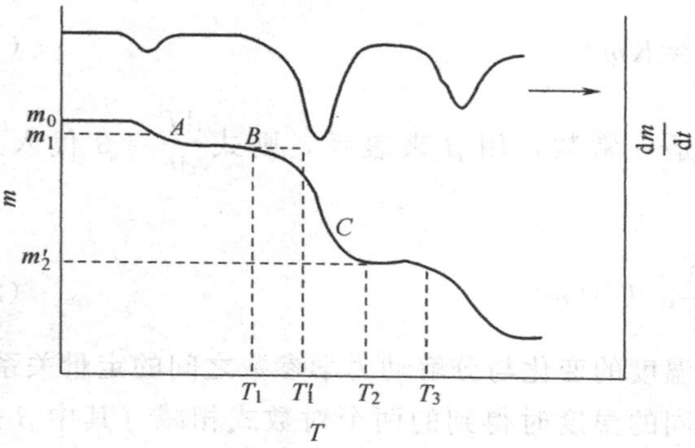

图 33-1 TGA 热谱图

在 TGA 的测定中，升温速度的增快会使分解温度明显地升高，如果升温速度太快，试样来不及达到平衡，会使两个阶段的变化并成一个阶段，所以要有合适的升温速度，一般为 5～10℃/min。试样颗粒不能太大，不然会影响热量的传递，而颗粒太小则开始分解的温度和分解完毕的温度都会降低。放试样的容器不能很深，要使试样铺成薄层，以免放出大量气体时将试样冲走。如果分解出来的气体或其他气体在试样中有一定的溶解性，会使测定不准确。图 33-2 是常用聚合物的 TGA 热谱图，纵坐标为剩余物的质量分数。

当然，使用单一的 TGA 法，有时只能从一个侧面说明问题；若能和其他方法联用（例如 TGA-DTA、TGA-GC、TGA-MS）就可相互引证，迅速简便地阐明反应或转变的本质。

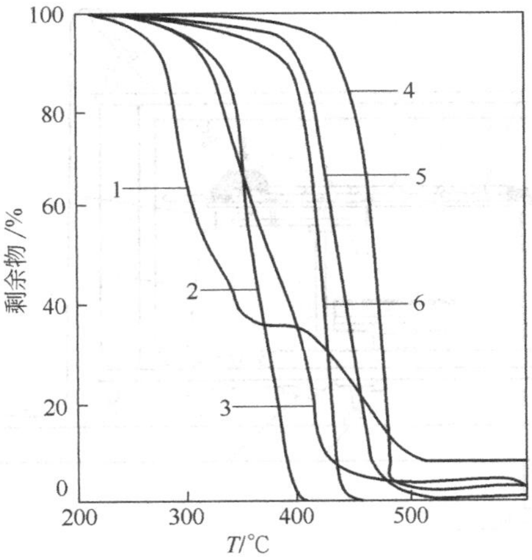

图 33-2　常用聚合物的 TGA 谱图（加热速度 10℃/min，氮气中测定）

1—聚氯乙烯；2—聚甲醛；3—聚氨酯；4—聚乙烯；5—尼龙-66；6—聚苯乙烯

三、试剂与仪器

1. 试剂

聚乙烯，聚苯乙烯等。

2. 仪器

本实验所用的天平是一种不等臂天平，如图 33-3，感量为 1mg，可以直接从光屏中读出 50mg 内试样质量的变化，在安放天平的桌子下面装有加热炉。盛有试样的白金小盘，用一细的链条从天平的一臂通过桌子上的小孔悬挂在炉子的中央。炉子加热时的温度是用热电偶（镍铬-镍铝）通过动图式自动定温控制器来控制的，可以维持恒温，也可以等速升温。另外还可以用记录仪连续记录温度随时间的变化。如果在天平的另一臂装有差动变压器，可以直接用记录仪连续记录试样质量随时间的变化，更为方便。

四、实验步骤和结果

TGA 可以有升温法和等温法两种，本实验为升温法。精确称取 50～60mg 的试样，盛放在白金小盘内，使小盘悬挂在炉膛内（不要碰炉壁），加砝码使天平达到平衡，炉子的升温速度调节到 5℃/min，在程序升温的同时每隔数分钟记录一次质量 m 和温度 T（快要分解时需要 30s 或 10s 记录一次）直至分解完毕关好天平。每一试样必须重复分析两次，然后作出 m 对 T 的图。从图中确定试样的分解温度 T_d。

五、注意事项

① 注意试样的颗粒大小适中，样品量不能太大，如果挥发分（特别是低挥发分）不是检测对象，试样在实验前最好真空干燥。

② 注意升温速度要适中，否则将影响测定结果。

③ 有关天平使用的一些注意事项在这同样适用。

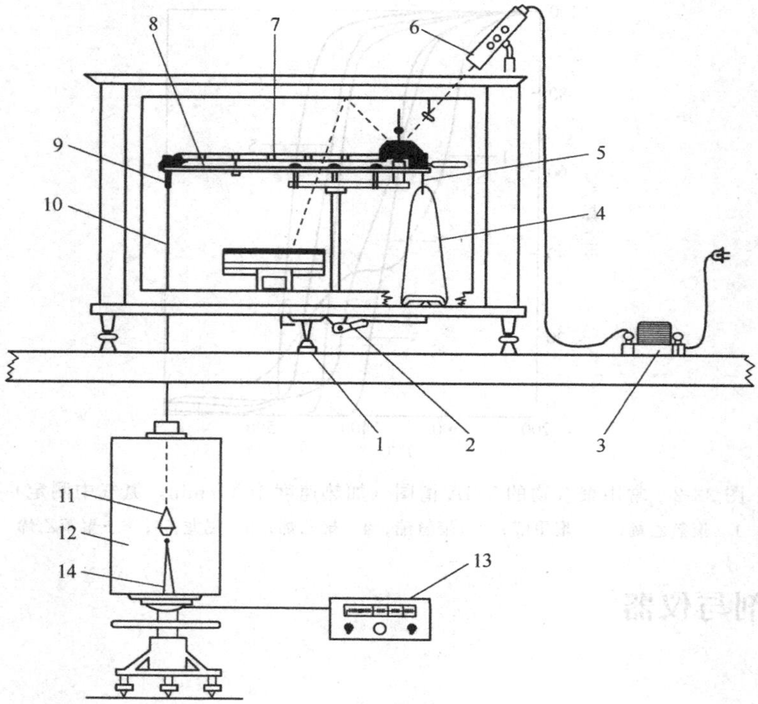

图 33-3 不等臂热天平结构

1—震垫脚；2—开关执手；3—光源变压器；4—大挂环；5—右挂钩；6—光源；7—横梁；8—托叶；9—左挂钩；10—白金条；11—白金小盘；12—加热电炉；13—温度控制器；14—热电偶

六、思考题

① 从 TGA 曲线上可得到哪些信息？

② 如何利用 TGA 曲线求出热分解动力学参数？

③ 如何从 TGA 曲线上求热分解温度 T_d？

实验三十四　密度梯度管法测定高聚物的密度和结晶度

高聚物的密度是高聚物的重要物理参数之一，在指导高聚物的合成和成型工艺及探索结构与性能之间的关系等方面都是不可缺少的。尤其对许多结晶的高聚物，密度与表征内部结构规整程度的结晶度有密切的关系。结晶度是高聚物性质上很重要的指标，对高聚物的许多物理和化学性能及其应用都有很大影响。因此，通过高聚物密度和结晶度的测定，研究结构状态进而控制材料的性质。

密度梯度管法是利用悬浮原理测定高聚物密度的常用方法，具有设备简单、操作容易、应用灵活、准确快速，能同时测定在一个相当范围内的不同密度试样的优点。对于密度相差极小的试样，更是一种有效的高灵敏度的测定方法。

高聚物结晶度的测定方法虽有 X 射线衍生法、红外吸收光谱法、核磁共振法、差热分析、反相色谱等，但都要使用复杂的仪器设备。而用密度梯度管法从测得高聚物的密度换算到结晶度，既简单易行又较为准确。

此外，密度梯度管法还广泛用于高聚物的共聚速率、结晶速率、超分子结构、热历史对高聚物结构和性能的影响等其他凡与密度有关方面的研究。

一、实验目的

① 掌握密度梯度管法测定高聚物密度和结晶度的基本原理。

② 学会以连续注入法制备密度梯度管的技术及密度梯度的标定。

③ 用密度梯度管法测定高聚物的密度，并计算高聚物的结晶度。

二、实验原理

用不同密度的可互相混合的两种液体配成一系列等差密度的混合液，按低密度液体（轻液）居于高密度液体（重液）之上的层次，以等体积加入管状玻璃容器中，由液体分子自行扩散；也可由两种液体经适当地混合和自流，使连续注入管中的液体不断改变密度。最终，管内液柱的密度由上而下地递增，并呈连续性分布的梯度，俗称密度梯度管或密度梯度柱。将已知准确密度的数个玻璃小球投入管中，标定液柱的密度梯度，应合乎线性分布，以小球密度对其在液柱中的高度作图即得标定曲线（图 34-1）。然后向管中投入被测试样，根据悬浮原理，试样沉入液柱中静止时，此位置的液层密度恰等于试样密度。因此，只要测量管中试样的体积中心高度，从液柱

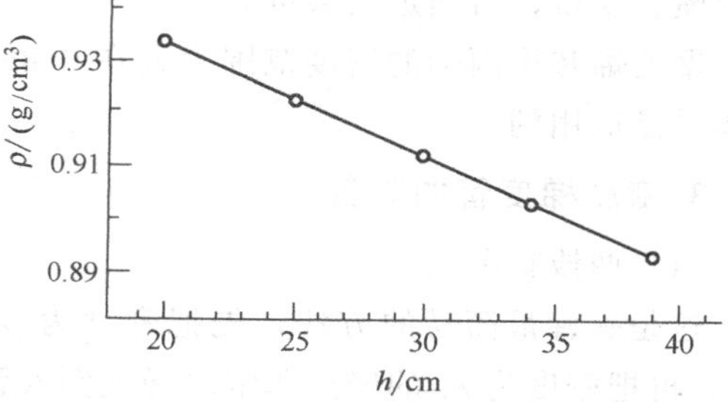

图 34-1　密度梯度管的标定曲线

（乙醇-水混合液体系）

的密度对高度的标定曲线，就可知试样的密度。

由于结晶高聚物具有晶相和非晶相共存的结构状态，因而假定高聚物的比体积（密度的倒数）是晶相的比体积与非晶相的比体积的线性加和：

$$\frac{1}{\rho}=\frac{1}{\rho_c}f_c+\frac{1}{\rho_a}(1-f_c) \tag{1}$$

若能得知被测高聚物试样完全结晶（即100%结晶）时的密度 ρ_c 和无定形时的密度 ρ_a，则从测得的高聚物试样密度 ρ 可算出结晶度 f_c（即高聚物中结晶部分的质量分数）：

$$f_c=\frac{\rho_c(\rho-\rho_a)}{\rho(\rho_c-\rho_a)}\times 100\% \tag{2}$$

三、试剂与仪器

1. 试剂

工业乙醇，蒸馏水，聚乙烯，聚丙烯。

2. 仪器

恒温槽，测高仪，密度计，标准玻璃小球，磨口塞玻璃管（梯度管），密度梯度管装置，注射器，搅拌器等。

四、实验步骤

1. 拟定密度梯度管的可测极限

一支密度梯度管可测范围在上限（液柱底部的密度 ρ_b）和下限（液柱顶部的密度 ρ_t）之间，试样的密度超出极限范围，则这支密度梯度管不再适用。在实验前，先应根据被测试样的密度大小来确定梯度管的上限和下限。通常，上限拟比试样的最大密度略高，下限拟比试样的最小密度略低。例如，用连续注入法制备密度梯度管时，ρ_b 和 ρ_t 由玻璃小球中的最大密度和最小密度而确定。

2. 选择密度梯度管的液体

在原则上，许多液体都可用来制成密度梯度管。但在实际应用时，选择的液体必须符合下列要求。

①满足所需的密度范围；②不被试样吸收，不与试样起任何物理、化学反应；③两种液体能以任何比例相互混合；④两种液体混合时不发生化学作用；⑤具有低的黏度和挥发性；⑥价廉、易得，对测定结果可靠。

聚乙烯和聚丙烯的密度范围大致在0.85～1.00g/cm³，又属于非极性高聚物，故乙醇-水体系是适用的。

3. 密度梯度管的制备

(1) 两段扩散法

这是一种最简易的方法，先把密度为 ρ_b 的重液倒入管内的下半端（为总液体量的一半），再把密度为 ρ_t 的轻液非常缓慢地倒入管内的上半端，两段液体间应有清晰的界面。切勿使液体冲流造成过度的混合，导致非自行扩散而影响线性梯度的形成。然后用一根长的搅棒轻轻插至近管底处，作旋转搅动约10s，至界面消失。梯度管盖上磨口塞后，平稳移入恒温槽中，梯度管内液面应低于槽内液面。恒温放置 24～48h，待梯度稳定后，才可应用。这种方法形成梯度的扩散过程较长，而且密度梯度的分布呈反“S”形曲线（图 34-2）两端略弯曲，只有中间的一段直线才是有效的密度梯度范围。

（2）分段添加法

先由两种液体按不同比例配成密度为一定差数的 4 种或更多种混合液，然后由重而轻依次量取等体积的各种混合液，小心缓慢地加入管中，按上述的搅动方式使层层液体间的界面消失，亦可不加搅拌。恒温放置数小时后，梯度即可稳定。显然，管中液体层次越多，液体分子的扩散过程就越短，得到的密度梯度也就越接近线性分布。但是，要配成一系列等差密度的混合液较为繁琐。

（3）连续注入法

本实验采用此法，此法无须液体分子自行扩散使梯度展开的缓慢过程，而可得到非常接近于线性密度梯度的液柱。此法配制密度梯度管的装置如图 34-3，由液体的转移过程可导出如下关系：

$$\rho_B=\rho_B^0-\left(\frac{\rho_B^0-\rho_A^0}{2V_B^0}\right)V \tag{3}$$

式中，ρ_B 为容器 B 中混合液的密度，也就是流入梯度管内液体的密度；ρ_B^0 为容器 B 中起始液体的密度；ρ_A^0 为容器 A 中起始液体的密度；V_B^0 为容器 B 中起始液面的体积；V 为梯度管内液体的累积体积。

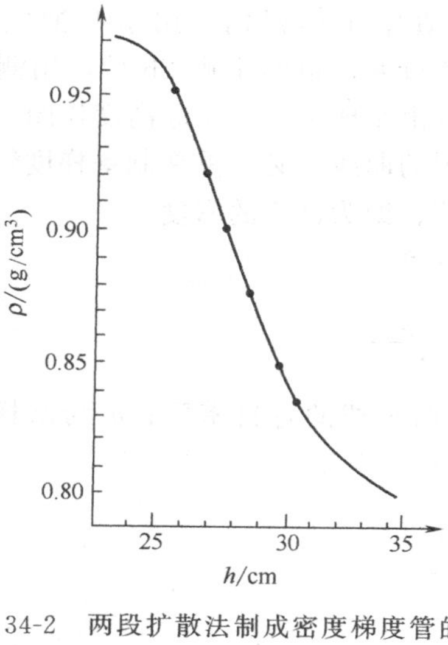

图 34-2　两段扩散法制成密度梯度管的标定曲线（乙醇-水体系）

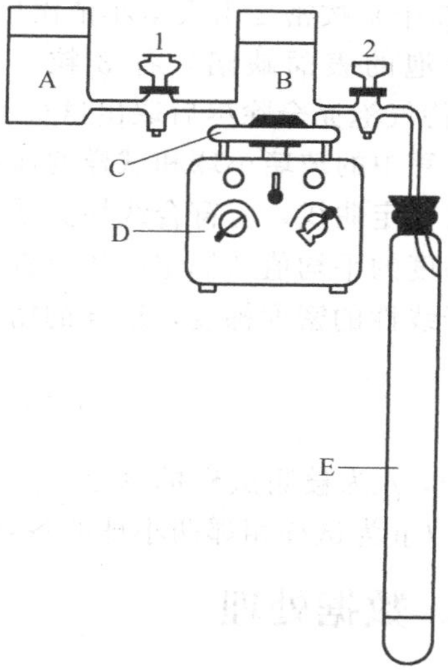

图 34-3　连续注入法制备密度梯度管的装置示意

A—轻液容器；B—重液容器；C—搅拌珠；D—磁力搅拌器；E—梯度管；1,2—活塞

式（3）表明，梯度管内液体的密度 ρ_B 与体积 V 成线性关系。因为梯度管内径是恒定的，所以 ρ_B 与液柱子高度 h 成线性关系。

已知 V、V_B^0、ρ_B^0（$\rho_B^0=\rho_b$）和 ρ_t，则 ρ_A^0 为：

$$\rho_A^0=\rho_B^0-\frac{2V_B^0(\rho_B^0-\rho_t)}{V}$$

而
$$V_A^0 \geqslant \frac{\rho_B^0 V_B^0}{\rho_A^0}$$

满足 ρ_A^0 和 ρ_B^0 的液体，可以直接用纯溶剂，但在更多的情况下，需把两种纯溶剂配成混合液才能满足要求。若在混合时体积有加和性，配成指定密度的混合液所需的两种溶剂量可由下式估算：

$$\rho_M = \frac{\rho_1 V_1 + \rho_2 (V_M - V_1)}{V_M} \tag{4}$$

则：
$$V_1 = \left(\frac{\rho_M - \rho_2}{\rho_1 - \rho_2}\right) V_M \tag{5}$$

$$V_2 = V_M - V_1 \tag{6}$$

式中，ρ 表示密度；V 表示体积；下标 1、2、M 分别表示溶剂 1、溶剂 2 和混合液。按需量取两种溶剂于量筒中，经混合搅拌均匀后，用密度计测量混合液的密度。倘若混合液的密度偏低，则滴加重液；反之偏高，则加轻液，反复调整至指定的密度为止。

ρ_A^0 和 ρ_B^0 的两种液体配成后，量取 V_A^0mL 的轻液倒入容器 A，量取 V_B^0mL 的重液倒入容器 B，用套有塑料长细管的注射器捕尽器内死角处的气泡。然后开动磁力搅拌器，搅动容器 B 内的液体，将活塞 1 全部拧开，同时拧开活塞 2，以使沿梯度管壁而下的液体流速调节 5～10mL/min 为宜。

4. 密度梯度的标定和试样密度的测定

将制成的密度梯度管平稳地移至恒温槽（25±0.1)℃内，把已知准确密度的玻璃小球（不少于 5 个）按密度由大至小依次用轻液沾湿后轻轻地投入管内。同时取试样（应无空穴和造成气泡的表面缺陷）各 3 粒，浸入轻液中置于真空干燥器内，用水泵抽气脱泡约 20min，待气泡完全除尽后取出试样投入管内。盖紧磨口塞，恒温平衡 2h 后，用测高仪测量悬浮在管中的玻璃小球和试样的体积中心高度。然后由小球密度对小球高度作图，即得密度梯度的标定曲线，应符合线性关系。若呈一条不规则的曲线，必须重新制备梯度管。由测得试样高度的平均值从标定曲线上查获其对应的密度值，即为试样的密度。

对于线性的密度梯度，试样的密度还可用内插法计算：

$$\rho = \rho_{\text{I}} + \frac{(\overline{h} - h_{\text{I}})(\rho_{\text{II}} - \rho_{\text{I}})}{(h_{\text{II}} - h_{\text{I}})} \tag{7}$$

式中，ρ 为被测试样的密度；ρ_{I}、ρ_{II} 为试样相邻两小球的各自密度；$\overline{h}$ 为试样平均高度；h_{I}、h_{II} 为试样相邻两小球的各自高度。

五、数据处理

1. 密度梯度的标定

将测得数据填入表 34-1，并绘制密度梯度管的 ρ 对 h 的标定曲线。

表 34-1 密度梯度的测量

项目 \ 序号	1	2	3	4	5
小球密度/(g/cm³)					
小球高度/cm					

2. 试样的测定结果

将试样测定结果填入下表

表 34-2　试样测定结果

项目＼试样名称		
测高读数/cm	① ② ③	① ② ③
平均高度/cm		
查得密度/(g/cm^3)		

3. 试样结晶度的计算

许多高聚物的 ρ_c 和 ρ_a 可从手册上查获，也可由实验测定。根据本实验［附 3］中给出的高聚物 ρ_c、ρ_a 数据，由测得的试样密度 ρ，按式（2）计算结晶度 f_c。

六、注意事项

① 在注入轻液的时候，特别是开始一定要缓慢，否则影响密度剃度管的线性。
② 玻璃小球的密度分布一定要均匀，而试样的密度应在其范围之内。
③ 在查找使用 ρ_a、ρ_c 数据时，一定要注意其测定温度和自身结构。

七、思考题

① 密度梯度有几种制备方法，本实验采用的是哪一种？
② 无论玻璃管小球还是试样，投入密度梯度管前均需用轻液沾湿，为什么？
③ 用密度梯度管法测高聚物的结晶度需要数据 ρ_c 和 ρ_a，那么 ρ_c 和 ρ_a 从何而得？

［附 1］常用的密度梯度管溶液体系

体　系	密度范围/(g/cm^3)	体　系	密度范围/(g/cm^3)
甲醇-苯甲醇	0.8～0.92	水-溴化钠	1.00～1.41
乙醇-水	0.79～1.00	水-硝酸钙	1.00～1.60
异丙醇-水	0.79～1.00	四氯化碳-二溴丙烷	1.60～1.99
异丙醇-缩乙二醇	0.79～1.11	二溴丙烷-二溴乙烷	1.99～2.18
乙醇-四氯化碳	0.79～1.59	1,2-二溴乙烷-溴仿	2.18～2.29
甲苯-四氯化碳	0.87～1.59		

［附 2］标定玻璃小球的密度

由于制成的一批玻璃小球的体积和壁厚有所差异，因此其密度各不相同，先把它们投入不同密度的液体中，视沉浮而异，可分成不同密度范围的几组小球，然后选取所需的一组小球逐个标定。接着，在带有磨口塞的量筒或试管中，用密度能在规定范围内改变的两种液体配成混合液，放入恒温槽（25±0.1）℃内，把玻璃小球投入筒中。达到平衡温度后，若小球沉下，逐滴加入重液并搅匀液体，若小球浮起，逐滴加入轻液并搅匀液体，直到使小球停在液柱的1/2处不动，此时应保证液体内无气泡存在，小球尚未吸附气泡和贴于筒壁。盖紧磨口塞，小球停止不动保持15min后，用密度计或用比重瓶法测定液体的密度，即是小球的密度。

［附3］某些高聚物的晶态与非晶态的密度

高聚物	密度/(g/cm³)		高聚物	密度/(g/cm³)	
	ρ_c	ρ_a		ρ_c	ρ_a
高密度聚乙烯	1.014	0.854	天然橡胶	1.00	0.91
全同聚丙烯	0.936	0.854	尼龙-6	1.230	1.084
等规聚苯乙烯	1.120	1.052	尼龙-66	1.220	1.069
聚甲醛	1.506	1.215	聚对苯二甲酸乙二酯	1.455	1.336
全同聚丁烯-1	0.95	0.868			

实验三十五 反相气体色谱法测定聚乙烯的结晶度

反相气体色谱（inverse gas chromatography）是近年来发展的利用气-液色谱技术研究聚合物聚集状态的转变及其性质的一种新方法。

在常用的气相色谱法中，被测样品存在于流动相中，样品是用注射器或定量管注入汽化室后，被载气带入色谱柱中进行分离后测定的。反相气体色谱技术与上述情况相反，被测样品存在于固定相中。例如当被测样品是聚合物时，可将待测的聚合物均匀地分布在惰性担体表面，也可直接将薄膜状、纤维状或粉状的聚合物与担体混合装填在色谱柱中。然后运用某一种挥发性低分子化合物（常称为探针分子，probe molecule）注入汽化室汽化后，被载气带入色谱柱中，在气相-聚合物相中进行分配，在一定试验条件下，分配系数反映出所研究的聚合物的各种性质以及聚合物与探针分子之间的相互作用。

反相气体色谱法实验可以在普通气相色谱仪中进行。惰性气体以恒定的流速通过色谱柱，探针分子经汽化后进入色谱柱，用合适的检测器检测探针分子流过色谱柱的保留时间 t_R，换算成比保留体积 V_g，根据 V_g 可推算出聚合物与探针分子的相互作用，或根据 V_g 随温度的变化、随流速的变化等研究聚合物的各种性质。例如反相气体色谱法已用来研究聚合物的热转变、聚合物的结晶度及结晶动力学、高分子溶液的热力学性质、测定齐聚物的分子量、探针分子在聚合物中的扩散系数等。

在测定聚合物的结晶度时，反相气体色谱法不像密度法、差热法或 X 射线法等需要事先知道样品在完全无定形态或完全结晶态时的相应性质，只需保持测定过程中的平衡条件和避免聚合物以外的吸附效应，所以该方法对于测定新的聚合物的结晶度时，比较方便。

一、实验目的

① 通过对聚乙烯结晶度及熔化曲线的测定，了解反相气体色谱法实验原理及其应用。

② 掌握反相色谱的操作和数据处理方法。

二、实验原理

① 反相色谱以聚合物为固定相，在不同温度下测得探针分子的比保留体积 V_g，用 $\lg V_g$ 对 $1/T$ 作图呈“Z”形曲线，如图 35-1，称为保留图。图中曲线上的转折点与聚合物的某种热转变有关。例如固定相为半结晶型聚合物，则当它在熔点温度之前时，由于体内有晶区及非晶区存在，而探针分子在晶区中的溶解度又远比非晶区中的为小，因此在熔点之前，可认为探针分子能扩散进入非晶区体内和吸附在结晶表面，保留体积皆随温度升高而减小。当温度达到曲线 BC 拐点温度，聚合物结晶开始熔融，探针分子扩散范围增大，保留体积也随之增大，保留图中的曲线开始上升。到达 C 点温度时，晶区已完全熔化，相当于 T_m，此时探针分子在聚合物体内的扩散建立起平衡。温度再继续上升，保留体积又随之减小，得到 CD 段的线性保留图，与探针分子在完全晶态聚合物中的溶解随温度的变化情况一样。可见熔融

前后保留体积的改变完全由结晶程度的大小决定，如果将 CD 线外推到较低温度，则直线 DCE 基本上反映了在该温度范围内，探针分子在 100%无定形聚合物中的保留体积与温度的关系。因此，从 T_m 以下温度实验测得的 V_g 与同一温度下外推值 V'_g 相比，可计算在某一温度下的结晶度 X_C：

$$X_C = 1 - V_g / V'_g \tag{1}$$

若在 T_m 以下测定各温度的结晶度，便可得到该聚合物结晶的熔化曲线，如图 35-2。

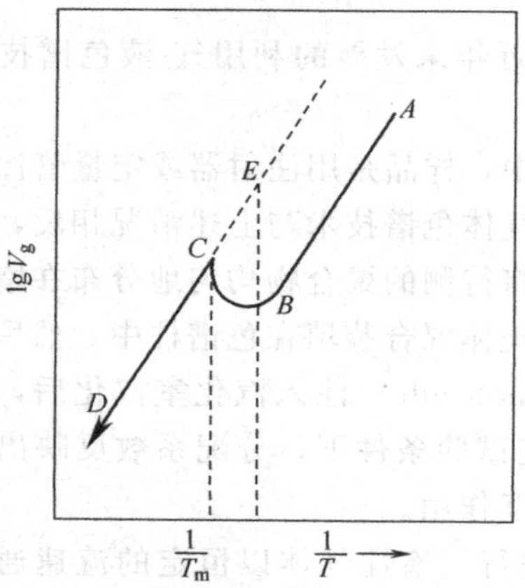

图 35-1 结晶聚合物的色谱保留图

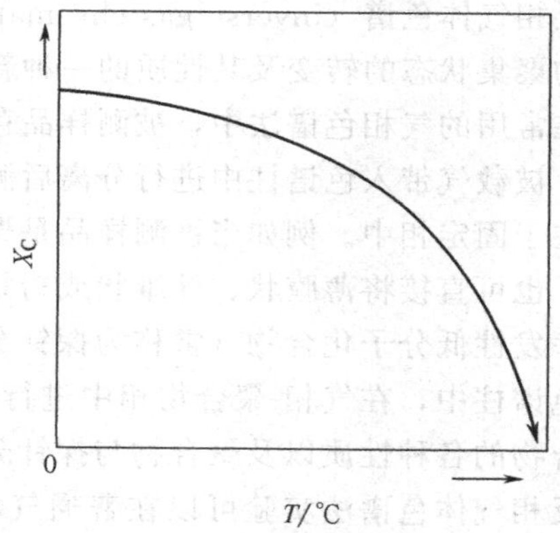

图 35-2 聚合物结晶熔化曲线

② 比保留体积与温度的关系在气相色谱中当挥发性物质在固定相中的吸附或溶解达到平衡时，按分配常数与柱温之间的关系式为：

$$\frac{d\ln k}{dT} = \frac{\Delta H'}{RT^2} \tag{2}$$

分配常数 k 与保留体积 V_g 的关系为：

$$k = V_g \rho_L \tag{3}$$

式中，ρ_L 为固体相对密度。

对上式两边取对数，则：

$$\ln k = \ln V_g + \ln \rho_L$$

若忽略温度对固定相密度的影响，则：

$$\frac{d\ln k}{dT} = \frac{d\ln V_g}{dT} = \frac{\Delta H}{RT^2} \tag{4}$$

则有：

$$\ln V_g = \frac{-\Delta H}{RT} + C;\ \lg V_g = \frac{-\Delta H}{2.3RT} + C_1 \tag{5}$$

式中，V_g 为测得的柱温下的比保留体积（即每克聚合物的净保留体积），我们常常把它换算成 0℃时的体积，记录 V_g^0：

$$V_g^0 = \frac{273.2}{T_c} \times \frac{V_R - V_R^0}{m} = \frac{273.2}{T_c} \times \frac{u(t_r - t_r^0)}{m} \tag{6}$$

式中，V_R 为保留体积；V_R^0 为死体积；t_r 为保留时间；t_r^0 为死时间；u 为色谱柱内平均流速；T_c 为色谱柱的温度；m 为色谱柱内装入聚合物样品的质量；ΔH 为吸附热或溶解热；R 为气体常数。

三、试剂与仪器

1. 试剂

高密度聚乙烯、101 白色担体（60～80 目）、正辛烷。

2. 仪器

100 型气相层析仪 1 套、微量注射器 2 支、秒表、皂膜流量计。

100 型气相层析仪（上海分析仪器厂）具有热导池检测器、氢焰离子化检测器：温度控制器，热导池控制器，氢焰离子化放大器，记录仪。

本实验使用该仪器的以下部分：热导池检测器、热导池控制器、温度控制器、层析室和 ϕ4mm×400mm 铜柱、载气气路。

四、实验步骤

1. 色谱柱制备

将聚乙烯粉末经 40 目过筛与 101 白色担体按 10%（质量）比例混合，装入直径为 4mm，长 400mm 的铜柱中，装填方法：在铜柱一端塞上玻璃棉，接上真空泵，抽气吸入担体和样品的混合物，并不断轻轻敲击铜柱，直至不再吸入为止，取下铜柱并在另一端也塞上玻璃棉，装在层析室内，（如柱长是≤400mm 的 U 形管柱，可直接用敲击法装柱）经检查不漏气后，通入载气，将层析室温度调节在 60℃恒温 1h。

2. 气相色谱仪工作条件

载气：N_2 气体流速为 10mL/min；桥电流：110mA；检测室温度：120℃；汽化室温度：150℃；柱温：60～160℃；探针分子：正辛烷，进样量 0.1μL；无相互作用气体：H_2，进样量 5μL，用秒表记录探针分子出峰时间，记录仪记录探针分子出峰信号。

3. 色谱仪的开机步骤及色谱数据的获得

① 通载气，调节钢瓶二次表压为 2.5kg/cm^2，通过稳压阀调节流量，并由皂膜流量计读数。

② 调节温度控制器上各有关旋钮，使色谱柱温度、汽化室温度、检测室温度达到规定值。

③ 开记录仪调节纸速为 300mm/h，待基线稳定后即可测定。

4. 保留时间 t_r 和死时间 t_r^0 的测量

死时间 t_r^0，是指不被固定相吸附或溶解的气体（本实验采用氢气）从注入色谱柱到记录仪上出现浓度极大点的时间。调节好载气流速和柱温，用微量注射器抽取氢气 5μL，注入汽化室，同时按动秒表开始计时，至记录仪出现极大点时为止，这段时间即为死时间 t_r^0。同样将 0.1μL 探针分子（正辛烷）注入汽化室，计算从注入到峰最高点出现的时间，即保留时间 t_r。$t_r-t_r^0$ 称为净保留时间 t_r'。每一温度下的 t_r^0 和 t_r 都测量 3 次，取平均值。

5. 流速测定

用皂膜流量计测量柱出口流速，同时记下皂膜流量计的环境温度（室温）。

6. 测量 t_r^0 及载气流速

按上述方法测量柱温从 70～160℃之间一系列温度下的 t_r 的 t_r^0 及载气流速。每测得一个温度的数据后，将柱温升高 5℃恒温 5min 再行测量。

五、实验数据处理

按表 35-1 要求记录数据。

表 35-1 实验数据记录

试样					
柱温/℃					
柱前压/mmHg					
柱后流速/(mL/min)					
t_r^0/s					
t_r/s					
$t_r-t_r^0$/s					
V_g^0					
$\lg V_g$					
$(1/T)\times10^3$					

由式（6）可知，要求得 V_g^0 值，必须知道载气在色谱柱内的平均流速 u，由于色谱柱内压力不是一个常数，沿柱长有一压力梯度。皂膜流量计测量的柱出口流速 u_0 和 u 之间存在下面的关系：

$$u=u_0 j$$

$$j=\frac{3}{2}\times\frac{\left(\frac{P_j}{P_0}\right)^2-1}{\left(\frac{P_i}{P_0}\right)^2-1} \tag{7}$$

式中 j——校正因子；

P_i——色谱柱的进口压力；

P_0——色谱柱的出口压力。

因为 u_0 是从皂膜流量计测量的，故对 u_0 还需要进行出口温度下饱和水蒸气压的校正：

$$u=u_0\frac{P_0-P_{H_2O}}{P_0}\times\frac{T_C}{T_{室}} \tag{8}$$

式中，P_{H_2O} 为皂膜流量计所处温度下的饱和水蒸气压。将式（8）代入式（6）得：

$$V_g^0=\frac{273.2}{T_{室}}\times\frac{u_0}{W}\times\frac{P_0-P_{H_2O}}{P_0}\cdot(t_r-t_r^0)\cdot j \tag{9}$$

按式（9）计算出 V_g^0 值，并用 $\lg V_g^0$ 值对 $1/T$ 作图。算出聚乙烯的 T_m，算出 T_m 以下几点温度的结晶度，并作出聚乙烯结晶的熔融曲线。

实验三十六 透射电镜观察聚合物球晶初态

显微镜是人们用以观察研究物质微观结构的重要工具。采用不同照明光源的显微镜具有不同的放大倍数和分辨率，Abee证明，形成一个图像的最高分辨率为$K\lambda/n\sin\theta$，K为0.6～0.8的常数，λ是光源的波长，n是样品与物镜之间介质的折射率，θ是光线与透镜轴的夹角。对于光学显微镜，其所能使用的最短的光源波长为400nm，最大的$n\sin\theta$约为1.4，所以它的极限分辨率约为200nm左右，因此光学显微镜仅可用以观察聚合物内部较大尺寸的结构。根据光的波粒二象性，当电子的加速电压V很高时，电子所具有的波长非常短，如V为100kV，则波长仅为0.0037nm。同时，高速的电子流在通过一圆柱形的磁场时，由于受到洛伦兹力的作用，电子最后将可会聚于磁场轴上的一个点，这样的磁场均可称为电磁透镜。依据电子的上述两个特性，人们采用高速的电子流为照明光源，制成了放大倍数和分辨率远高于光学显微镜的透射型电子显微镜（简称透射电镜）。目前，一些透射电镜的点分辨率已优于0.3nm，晶格条纹分辨率达到0.144nm。因此透射电镜可用来研究聚合物很小尺度上的结构，甚至已实现了对一些结晶聚合物晶格点阵的观察。

透射电镜广泛地用于研究高分子共聚物或共混物的两相结构；研究结晶聚合物的形态；研究非晶态聚合物的分子聚集形态等。透射电镜还有电子衍射的功能，故可用来研究聚合物晶体结构。

一、实验目的

① 了解透射电镜的基本结构与原理。

② 掌握透射电镜观察样品的基本操作。

③ 观察聚合物的球晶初态。

二、实验原理

1. 透射电镜的基本结构与原理

透射电镜是以电子束作为照明光源，利用电磁透射成像，结合特定的机械装置和高真空技术而构成的一种精密的电子光学仪器。其结构可分为三个主要部分：①成像系统；②真空系统；③电子系统。其中真空系统和电子系统是保证电子显微镜正常工作的重要部件。真空系统为镜体提供1.33×10^{-3}Pa以上的真空度；电子系统又可分为两部分，一部分是使电子加速的高压电源，另一部分是供电子束聚焦和电磁透镜成像的低压电源，这两个电源都要求有很高的稳定性。

电子显微镜对样品的照明、成像、记录等工作由成像系统完成。镜体中的光路与光学显微镜非常相似，如图36-1，透射电镜镜筒剖面如图36-2。

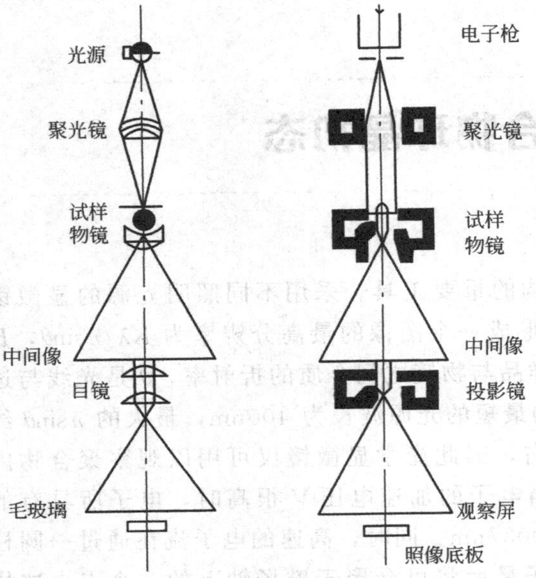

图 36-1　电子显微镜（右）与光学显微镜（左）构造和成像原理比较

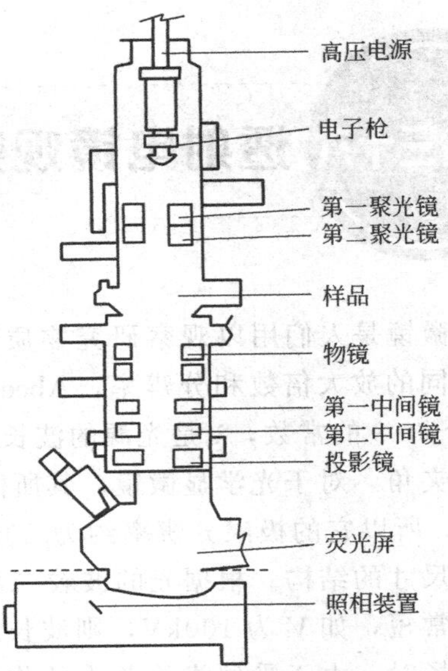

图 36-2　透射电镜剖面

在高真空的镜体中，电子枪的金属丝由电流加热到高温而发射出电子束。电子束受到阳极很高的正电压的吸引而被加速，经电磁透镜的聚焦后，平行地照射在样品台上的待测样品上，再通过由电磁透镜构成的物镜，将样品第一次放大成电子像，然后再经过中间镜和投影镜将电子像再次放大成像。由于人眼不能直接看到电子射线，所以电子像必须通过电子束轰击荧光屏，激发出可见的荧光，供人眼观察样品的像；或者由电子束直接轰击在感光胶片上成像。

使用电子显微镜时，电子束的波长可以通过调节电子枪阳极的正电压的大小来选择，电子像的放大倍数可以通过调节中间镜电流的大小来选择，对电子像的聚焦也是通过调节电磁透镜的电流大小来实现的。

2. 透射电镜用的聚合物样品制备

透射电镜是利用高速电子流作为电子光源，照射在样品上，通过电子和样品发生各种相互作用之后而使样品成像的，因此对样品有特殊要求，样品的制备是比较麻烦的。

电子束的穿透能力比较弱，因此使用透射电镜要求能制备相当薄的样品，一般样品的厚度须在 0.1μm 以下，再者，形成电子像反差的主要原因是样品的不同组成对电子的散射能力有差异。由于聚合物的成分一般为碳、氢等轻元素，这些元素对电子的散射能力相差无几，故为了得到聚合物样品清晰的电子像，就必须设法提高样品的反差。

（1）制备薄的样品的方法

在稀溶液中直接培养聚合物的单晶、溶液浇铸薄膜、超薄切片和复型等。这里主要介绍后两种方法。

“超薄切片”须用专门的超薄切片机，适用于硬度合适的聚合物。聚合物样品被固定在超薄切片机的样品架上。一般选用玻璃刀来进行切片。在切片过程中，调节切片机的进刀量、样品块面与刀的位置、刀的间角与切速等，所得的样品切片将漂浮在玻璃刀背面的水槽里，然后转移至电镜观察用的铜网上。

“复型”技术是用来观察聚合物表面的一种制样方法。用真空喷镀仪，在样品的表面上蒸发一层很薄的碳膜，然后将原样品的聚合物溶解掉，则可以得到一张保留了聚合物表面结构的复型膜。若聚合物样品很难溶解，则可先在聚合物表面形成一层塑料膜，把这层薄膜从样品表面上剥离下来，并对保留原样品表面结构的膜面喷一层碳，再设法将塑料膜溶解，这成为两步复型法。复型技术常常和聚合物的蚀刻技术结合在一起用。蚀刻通常是用氯磺酸、高锰酸钾等氧化能力强的试剂，将聚合物晶体表面的非晶体部分或结晶不完善的部分蚀刻掉，仅留下结晶完善的部分，然后再进行复型，这样就有可能观察到聚合物晶体的内部结构。

（2）增加样品反差的方法

通常有染色和重金属投影。染色的试剂一般是重金属的盐类或氧化物，如四氧化锇（OsO_4）等。这些重金属化合物与聚合物样品的一些组分发生选择性吸附，从而固定在样品的一些特定区域。由于重金属对电子散射能力很强，所以有重金属的区域表现为暗区，而其他区域表现为亮区，这就构成了高反差。

投影技术的原理是让重金属（如金、铂等）在真空中熔化，金属粒子便会蒸发，以较小角度投影到样品上。使凹凸不平的表面上落下数量不等的重金属沉积，从而形成反差。对于有一定高度的样品，在投影后总有一部分没有重金属沉积，因此存在一个特别的亮面，从这一亮面的长度和投影的角度可以计算出样品的高度。

值得注意的是，一般聚合物样品在高速电子束下都存在较大的辐照损伤，其结果是使样品被破坏而消失。因此在透射电镜观察时要选择适当的加速电压、束流强度，尽量缩短观察时间。

三、试剂与仪器

1. 试剂

等规聚苯乙烯（i-PS）样品，苯（分析纯），去离子水。

2. 仪器

XDT-10 透射型电子显微镜，电镜观察用铜网（经火棉胶浸渍、喷碳增强）。

四、实验步骤和结果

1. 样品的制备

① 将 i-PS 样品 1mg 在 250℃熔融 5min 后（熔融过程中须用氮气保护），放入蒸馏过的苯 100mL 中淬冷、溶解，得到 i-PS 苯溶液 10^{-5}g/mL。

② 在一洁净的培养皿中，注入去离子水，如图 36-3（a），与水面约成 45°，插入一个细针，用微量注射器沿细针滴加 i-PS 的苯溶液，等苯挥发后，左右移动细针位置，再滴加苯溶液，如此逐滴加入苯溶液，直至水面上有白色的薄片析出。

③ 如图 36-3（b），用游丝镊子夹住一片铜网，铜网上的膜面向下，在水面上蘸取白色薄片，当薄片转移到铜网后，用滤纸吸去多余的水分。将铜网晾干。

④ 将吸附有 i-PS 薄片的铜网放入等温结晶炉，175℃等温结晶 3h（氮气保护），备用。

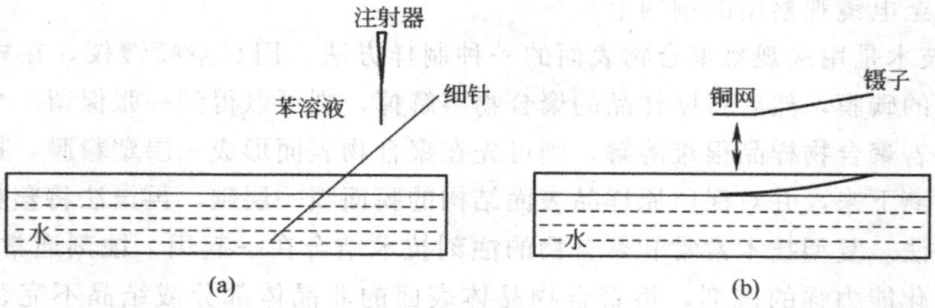

图 36-3 样品制备

2. 电镜的操作

① 开启电子显微镜高压电源的冷却水；
② 接通真空系统电源开关，按中间室、镜筒的顺序抽真空；
③ 达到真空度后，加灯丝电流，加高压；
④ 通过调节电流，进行电子束的预聚集操作；
⑤ 旋转取出样品机械手，将待观察的铜网夹在铜网座中；
⑥ 聚集，使样品在荧光板上呈现出衬度较好的图像，并用光学显微镜观察；
⑦ 选择合适的区域；
⑧ 打开照相室仓盖，在感光底片上成像。

五、思考题

① 透射电镜用的聚合物样品制备方法有哪几种？
② 透射电子显微镜的成像机理与普通光学显微镜有什么不同？
③ i-PS 等温结晶为什么要在 175℃气保护下进行？

实验三十七 用扫描电子显微镜观察聚合物形态

扫描电子显微镜是 20 世纪 30 年代中期发展起来的一种新型电镜，是一种多功能的电子显微分析仪器。配置相应的检测器，扫描电镜能接收和分析电子与样品相互作用后产生的大部分信息，如背散射电子、二次电子、透射电子、衍射电子、特征 X 射线、俄歇电子、阴极发光等。因此，它不但可以用于物体形貌的观察，而且可以进行微区成分分析。扫描电镜还具有分辨率高（3nm 左右）、制样方便、成像立体感强和视场大等优点，因而在科研和工业各个领域得到了广泛的应用。

与透射电镜相比，扫描电镜样品制备方便是突出的优点。扫描电镜对样品的厚度无苛刻要求。导体样品一般不需要任何处理就可以进行观察，聚合物非导体样品也只需在表面真空镀金后即可进行观察。聚合物样品在电子束作用下，特别是进行高倍数观察时，也可能出现熔融或分解现象，在这种情况下，也可用样品复型进行观察，但由于对复型膜厚度无要求，其制作过程也就简便多了。

扫描电镜的上述优点，使其在聚合物形态研究中的应用越来越广泛。目前主要用于研究聚合物的自由表面和断面结构。例如观察聚合物的粒度，表面和断面的形貌与结构，增强高分子材料中填料在聚合物中的分布、形状及黏结情况等。

一、实验目的

① 了解扫描电镜的工作原理和结构。

② 掌握扫描电镜的基本操作。

③ 掌握扫描电镜样品的制备方法。

二、实验原理

本实验采用 JSM-6460LV 型扫描电子显微镜，该电镜具有接收二次电子和背散射电子成像的功能。

“二次电子”是入射到样品内的电子在透射和散射过程中，与原子的外层电子进行能量交换后，被轰击射出的次级电子，它是从试样表面很薄的一层，约 5nm 的区域内激发出来的。二次电子的发射与样品表面的物化性状有关，被用来研究样品的表面形貌。二次电子的分辨率较高，一般可达 5～10nm，是扫描电镜应用的主要电子信息。

“背散射电子”是入射电子与试样原子的外层电子或原子核连续碰撞，发生弹性散射后重新从试样表面逸出的电子。由于背散射电子主要从试样表面 100nm～1μm 深度范围发出，其分辨率较低，约 50～100nm。

扫描电镜的工作原理如图 37-1。带有一定能量的电子，经过第一、第二两个电磁透镜会聚，再经末级透镜（物镜）聚焦，成为一束很细的电子束（称为电子探针或一次电子）。在第二聚光镜和物镜之间有一组扫描线圈，控制电子探针在试样表面进行扫描，引起一系列

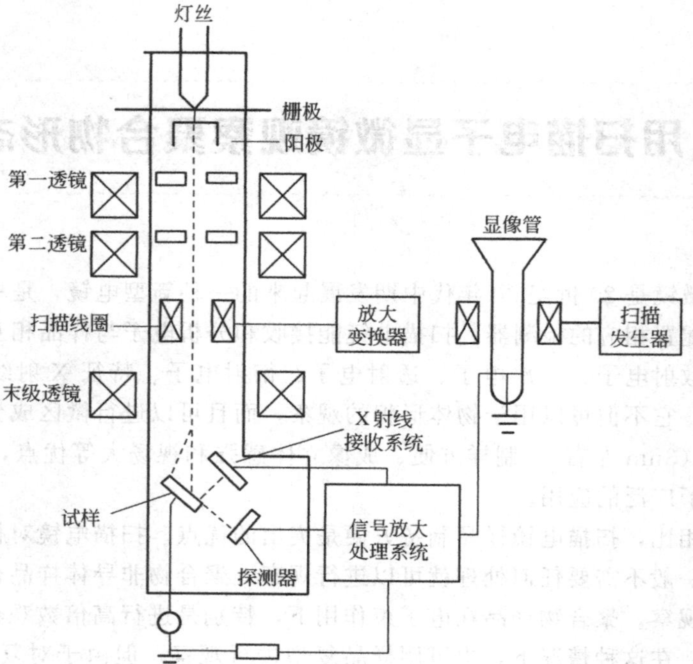

图 37-1 扫描电镜工作原理

的二次电子发射。这些二次电子信号被探测器依次接收，经信号放大处理系统（视频放大器）输入显像管的控制栅极上调制显像管的亮度。由于显像管的偏转线圈和镜筒中的扫描线圈的扫描电流由同一扫描发生器严格控制同步，所以在显像管的屏幕上就可以得到与样品表面形貌相应的图像。

扫描电镜的上述主要部件均安装在金属的镜筒内。镜筒内的真空度为 5×10^{-5} Torr（1Torr＝133.322Pa），电子枪加速电压可高达 30kV，电镜的分辨率可达 3nm。

三、试样与仪器

1. 试样

0.05 mm 标准筛网样品，NGX-05 样品（GPC 担体）。

2. 仪器

JSM-6460LV 扫描电子显微镜，JFC-1600 型离子溅射仪。

四、实验步骤

1. 样品的制备

基本要求：试样在真空中能保持稳定，含有水分的试样应先烘干除去水分。表面受到污染的试样，要在不破坏试样表面结构的前提下进行适当清洗，然后烘干。有些试样的表面、断口需要进行适当的侵蚀，才能暴露某些结构细节，则在侵蚀后应将表面或断口清洗干净，然后烘干。

块状或片状的聚合物样品可直接用导电胶固定在样品座上。粉状样品可用下法固定：取一块 5mm 见方的胶水纸，胶面朝上，再剪两条细的胶水纸把它固定在样品座上。取 NGX-05 粉末样品少许均匀地撒在胶水纸上。在胶水纸周围涂以少许导电胶。待导电胶干燥后，将样品座放在离子溅射仪中进行表面镀金，表面镀金的样品即可置于电镜内进行观察。

2. 样品的观察

① 打开水源，接通电源。

② 开启扫描电镜控制开关。

③ 放气，将待测样品放入样品室。

④ 抽真空，真空度达到要求后，加高压，即可进行观察。

⑤ 对感兴趣的区域，采取适当的放大倍数，通过焦距的调节，获取清晰的图像。

五、结果处理

① 观察并拍摄 0.05mm 标准筛网样品放大 1000 倍的图像。对放大倍数进行校正。

$$\text{实际放大倍数}=\frac{\text{显示图像上筛网间距实测数值(mm)}}{0.05(\text{mm})}$$

② 观察并拍摄 NGX-05 样品放大 1500 倍的图像。描述该样品的形态，并计算其粒径。

$$\text{粒径(mm)}=\frac{\text{显示图像上实测粒径(mm)}}{\text{校正后实际放大倍数}}$$

六、思考题

① 扫描电镜与透射电镜在仪器构造、成像机理及用途上有什么不同？

② 用于扫描电镜观察的样品为什么其表面要进行镀金处理？

实验三十八 红外光谱法鉴定聚合物

红外线按其波长的长短，可分为近红外区（0.78～2.5μm）、中红外区（0.5～50μm）、远红外区（50～300μm）。红外分光光度计的波长一般在中红外区。由于红外发射光谱很弱，所以通常测量的是红外吸收光谱（infrared absorption spectroscopy，IR）。

红外光谱法分析具有速度快、取样微、高灵敏等优点，而且不受样品的相态（气、液、固）的限制，也不受材质（无机、有机材料、高分子材料、复合材料）的限制，因此应用极为广泛。在高分子应用方面，它是研究聚合物的近程链结构的重要手段，比如：①鉴定主链结构、取代基的位置、顺反异构、双键的位置；②测定聚合物的结晶度、支化度、取向度；③研究聚合物的相转变；④探讨老化与降解历程；⑤分析共聚物的组分和序列分布等。总之，凡微观结构上起变化，而在谱图上能得到反映的，原则上都可用此法研究。当然，红外光谱法也有其局限性：对于含量少于1%的成分不易检出；因聚合物具有很大的吸收能力，所以须制备很薄的试样，何况有的聚合物不溶不熔，这是困难的；谱图上谱带很多，并非每一谱带都能得到满意的解释。对复杂分子的振动，也缺乏理论计算。

除了通常的红外光谱外，还有偏振红外光谱法、内反射光谱法以及最新的傅里叶变换红外光谱法。

一、实验目的

① 了解红外光谱法分析的原理。

② 初步掌握简易红外谱仪的使用。

③ 初步学会查阅红外谱图，定性分析聚合物。

二、实验原理

因为红外光量子的能量较小，所以物质吸收其后，只能引起原子的振动、分子的转动、键的振动。按照振动时键长与键角的改变，相应的振动形式有伸缩振动和弯曲振动，而对于具体的基团与分子振动，其形式名称则多种多样。每种振动形式通常相应于一种振动模式，即一种振动频率，其大小用波长或“波数”来表示（注意“波数”是波长的倒数，单位为cm^{-1}，它不等于频率）。对于复杂分子，则有很多“振动频率组”，而每种基团和化学键，都有其特征的吸收频率组，犹如人的指纹一样。以某些聚合物试样为例（图 38-1），当波数在 4000～500cm^{-1} 之间：全同结晶的聚苯乙烯的特征谱带在 1365cm^{-1}、1297cm^{-1}、1180cm^{-1}、1080cm^{-1}、1055cm^{-1}、585cm^{-1}、558cm^{-1} 处，而无规聚苯乙烯的特征谱带在 1065cm^{-1}、940cm^{-1}、538cm^{-1}；聚氯乙烯的碳氯键 C—Cl 吸收带在 800～600cm^{-1}；尼龙-66 的—CONH—吸收带在 3300cm^{-1}、3090cm^{-1}、1640cm^{-1}、1550cm^{-1}、700cm^{-1}；聚四氟乙烯的—CF_2 极强吸收带在 1250～1100cm^{-1}；涤纶（PET）的晶带吸收在

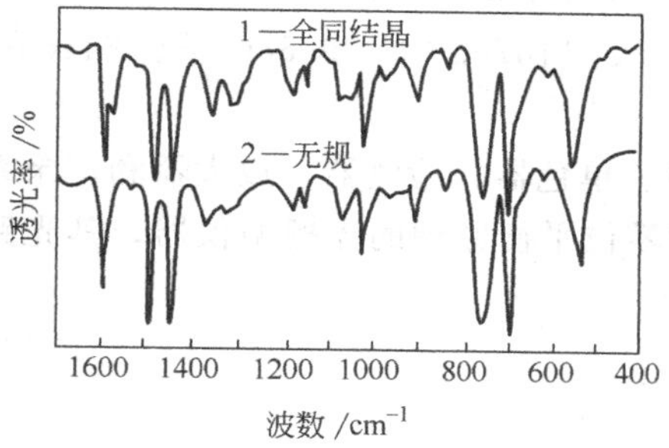

(a) 聚苯乙烯

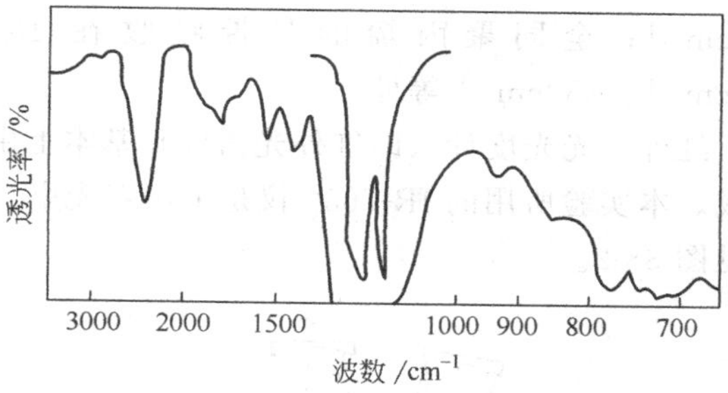

(b) 聚四氟乙烯

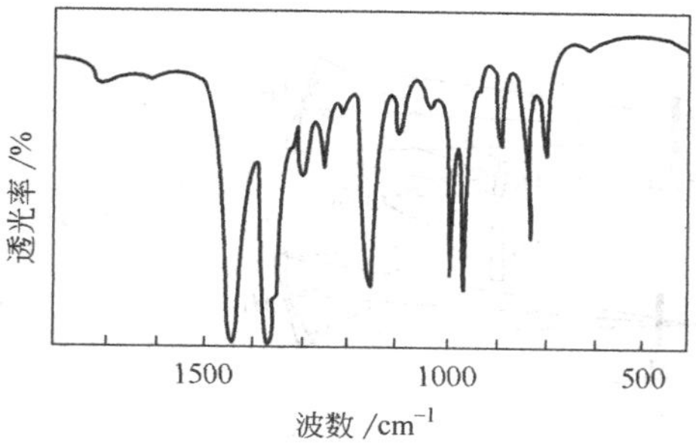

(c) 全同聚丙烯

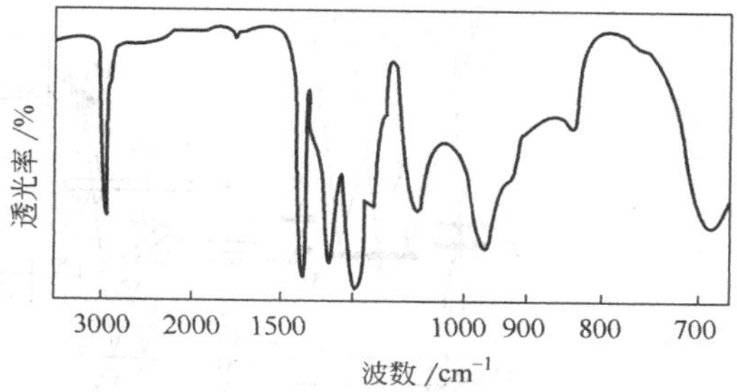

(d) 聚氯乙烯

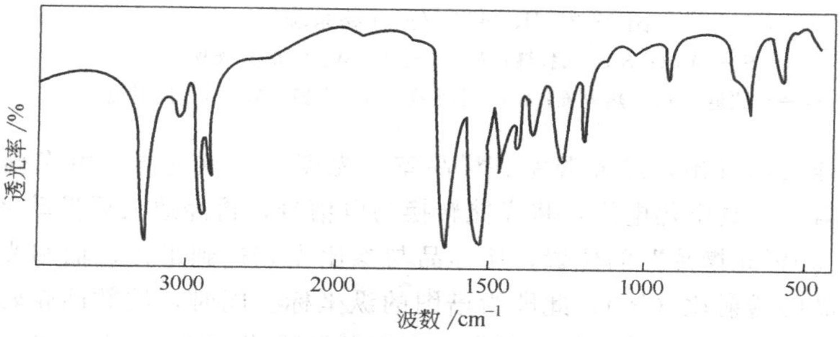

(e) 尼龙-66

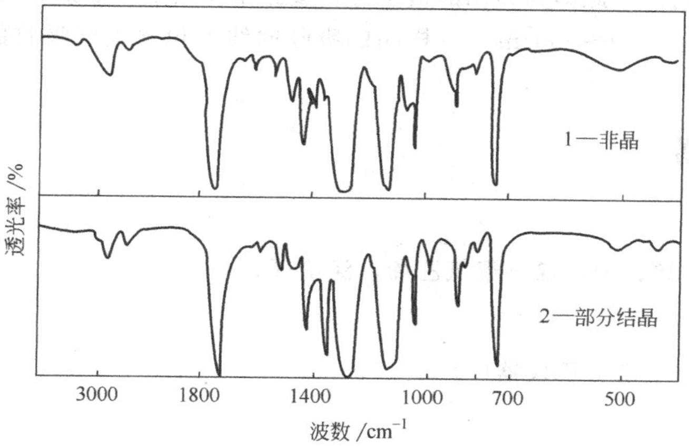

(f) PET

图 38-1 若干聚合物的红外光谱

1340cm^{-1}、972cm^{-1}、848cm^{-1}，非晶带吸收在1445cm^{-1}、1370cm^{-1}、1045cm^{-1}、898cm^{-1}；全同聚丙烯的晶带吸收在1304cm^{-1}、1167cm^{-1}、998cm^{-1}、841cm^{-1}、322cm^{-1}、250cm^{-1}等处。

红外分光光度计（即红外光谱仪）基本上由光源、单色器、检测器、放大器和记录系统组成。本实验所用的IR-7650仪是采用双光束、光学零位平衡原理的光栅型仪器，其光路系统见图38-2。

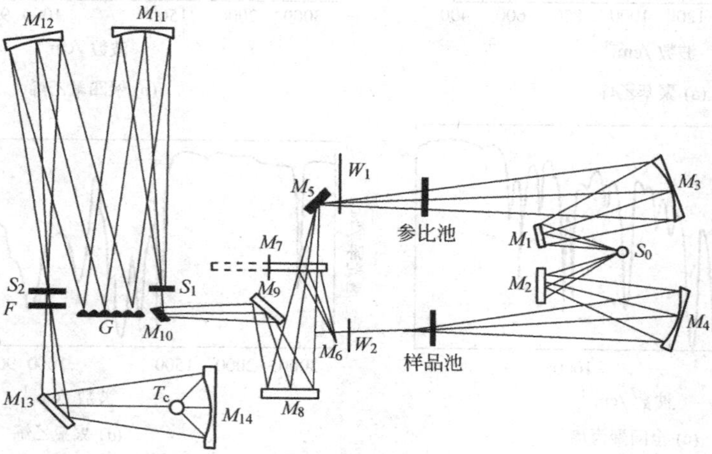

图38-2 IR-7650仪的光路系统

S_0—光源；S_1—入狭缝；F—滤光片；W_1—100%光楔；

S_2—出狭缝；T_c—热电堆；W_2—小光楔；G—光栅；$M_{1\sim14}$—反射镜

红外光自光源硅碳棒发出，经光源室、样品室、光度计、单色器（由光栅和滤光片组成）进入红外接收器——真空热电堆，将光能转换为电信号，再经放大后推动笔楔系统，以移动参比光束中“100%光楔片”的位置，使样品与参比光束达到平衡，而和光楔同步的记录笔就连续记录样品的透射比（%），此即为谱图的纵坐标。同时，波数凸轮转动，单色光按不同波数顺次通过“出狭缝”进入接收器中，而记录纸滚筒和波数凸轮同步，因此记录纸的位置反映了波数（或波长），此即为谱图的横坐标。整张谱图就是样品的红外吸曲线。IR-7650仪器的波数，范围为4000～650cm^{-1}。样品的吸收曲线不包含大气吸收的干扰，以保证测试的重复性。

三、试样与仪器

1. 试样

高分子薄膜：聚苯乙烯，聚乙烯，聚氯乙烯，涤纶等。

2. 仪器

7650型红外光谱仪（上海分析仪器厂）。

四、实验步骤

IR-7650仪的面板示意图（图38-3）。

① 开启电源10，光源点亮，预热20min。

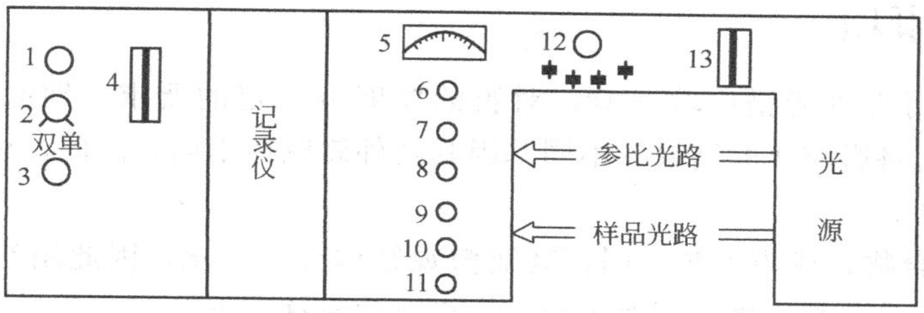

图 38-3 IR-7650 仪的面板示意

1—增益；2—光束；3—电平衡旋钮；4—记录纸拨轮；
5—波数盘；6—指示灯；7—扩展旋钮；8—停止；9—扫描旋钮；
10—电源；11—100%调节钮；12—扫描速度；13—波数拨轮

② 转达动记录纸拨轮 4，对准起始点。

③ 能量调节：用不透明纸片遮住样品光束，再立即抽出纸片，记录笔从 0 回到原点应 1s 左右，否则适当调节增益 1 旋钮。

④ 100%调节：打开双光束 2，旋动 100%调节钮 11（即光路系统图上的“小光楔”），将记录笔调到 95%左右。

⑤ 电平衡调节：用不透明纸片同时遮掉两光束，调节电平衡旋钮 3，直到记录笔不再左右移动，然后抽出纸片。

⑥ 放上样品，准备扫描。先选择合适的扫描速度 12（“①”“②”“③”挡分别为 60min、15min、4min），按下扫描旋钮 9，即开始扫描，红色指示灯 6 亮。扫描结束后，波数盘 5 回到 $4000cm^{-1}$ 的起始位置，指示灯暗。

⑦ 定波数扫描：速度旋钮放在“0”挡。转动波数拨轮 13，对准所需的波数，随后按下扩展旋钮 7。

⑧ 波数扩展：先选择合适的扫描速度，然后按下扩展旋钮 7。

五、结果处理

红外光谱图上的吸收峰位置（波数或波长）取决于分子振动的频率，吸收峰的高低（同一特征频率相比)，取决于样品中所含基团的多少，而吸收峰的个数则和振动形式的种类多少有关。

对高分子材料的分析鉴定，通常是把它的谱图和萨得勒标准谱图（the sadtler standard spectra）对照（注意：因单色器的不同，标准谱图也有所差异）。查阅工作是细致繁琐的。本实验结果要查阅红外光栅的光谱图，将试样的特征吸收峰同标准谱图一一对照。Hummel 等著的《聚合物、树脂和添加剂的红外分析图谱集》的第一卷，汇集了约 1500 张聚合物和树脂的谱图，在正文里详细地介绍了它们的特征。另外，还有近 300 张相关的小分子化合物谱图。

注：随着计算机科学的发展，红外光谱的计算机检索已成为现实。把每张红外谱图和相应的分子式、基因、沸点、熔点等编在一起，组成“光谱数据”。将未知物的光谱数据和计算机中贮存的已知物光谱数据一一对比，从而鉴定未知物的结果。近年来，还进一步发展为计算机带人工智能的解析光谱程序，即计算机模仿人来解释红外谱图和辅助结构解析。

六、注意事项

① 用薄膜进行红外光谱吸收实验，对膜的厚度有一定的要求，即必须保证透光率在15%～70%。否则将影响实验结果。不同基因其红外敏感性不同，因此，试样不同，其薄膜的厚薄也应有区别。

② 同一种聚合物，成膜工艺不同，其亚微观结构会有变化，因此用红外吸收光谱研究聚合物结构，特别是要与标准谱图对比时，一定要注意这一点。

七、思考题

① 产生红外吸收的动因是什么？

② 波数和波长有什么不同？

③ 简述 IR-7650 型红外光谱仪的工作原理？

④ 红外光谱对聚合物能够进行哪些测试及鉴定？

第三部分 高分子材料的成型与加工

实验三十九 热塑性塑料注射成型

一、实验目的

① 了解螺杆式注塑机的基本结构，熟悉注射成型的基本原理。

② 掌握热塑性塑料注射成型的操作过程。

③ 掌握注射成型工艺条件对注塑制品质量的影响，注塑工艺条件设定的基本方法。

二、实验原理

注射成型（injection molding）是聚合物的一种重要的成型方法。注射成型适用于热塑性和热固性塑料，注射成型的设备是注射机和注射模具。固体树脂在注射机的料筒内通过外部加热、螺杆、料筒与树脂之间的剪切和摩擦作用生热，使树脂塑化成黏流态，后经移动，螺杆以很高的压力和较快的速度，将塑化好的树脂从料筒中挤出，通过喷嘴注入闭合的模具中，经过一定的时间保压、冷却固化后，脱模取出制品。

热塑性塑料注射时，模具温度比注射料温低，制品是通过冷却而定型的；热固性塑料注射时，其模具温度要比注射料温高，制品是要在一定的温度下发生交联固化而定型的。热塑性塑料的注射成型工艺过程如下。

1. 合模与开模

合模是动模前移，快速闭合。当与定模将要接触时，合模系统的液压系统自动切换成低压，提供低的合模速度，低的合模压力，最后切换成高压将模具合紧。

开模是注射完毕后，动模在液压油缸的作用下首先开始低速后撤，而后快速后撤到最大开模位置的动作过程。

2. 注塑阶段

模具闭合后，注射机机身前移使喷嘴与模具贴合。油压推动与油缸活塞杆相连接的螺杆前进，将螺杆头部前面已均匀塑化的物料以规定的压力和速度注射入模腔，直到熔体充满模腔为止。

3. 保压阶段

当熔体充模完全后，螺杆施加一定的压力，保持一定的时间，是为了解决模腔内熔体因冷却收缩，造成制品缺料的现象，并能够及时进行补塑，使制品饱满。保压过程包括控制保压压力和保压时间，两者均影响制品的质量。

4. 冷却阶段

保压时间到达后，模腔内塑料熔体通过冷却系统调节冷却到玻璃化转变温度或热变形温度以下，使塑料制品定型的过程叫冷却。这期间需要控制冷却的温度和时间。

模具冷却温度的高低和塑料的结晶性、热性能、玻璃化转变温度、制品形状复杂程度及制品的使用要求等有关。模温高，利于大分子热运动，利于大分子的松弛，可以减少厚壁和形状复杂制品可能因为补塑不足、收缩不均和内应力大的缺陷。但模温高，生产周期长，脱模困难，是不适宜的。对于结晶型塑料，模温直接影响结晶度和晶体的构型。

5. 原料预塑化

制品冷却时，螺杆转动并后退，同时螺杆将树脂向前输送、塑化，并且将塑化好的树脂输送到螺杆的前部并计量、储存，为下一次注射作准备，此为塑料的预塑化。

预塑化是要求得到定量的、均匀塑化的塑料熔体。塑化是靠料筒的外加热、摩擦热和剪切力等而实现的，剪切作用与螺杆的背压和转速有关。

料筒温度高低与树脂的种类、配合剂等有关。料筒温度总是定在材料的熔点或黏流温度与分解温度之间，而且通常是分段控制。

喷嘴加热在于维持充模的料流有良好的流动性，喷嘴温度等于或略低于料筒的温度。过高的喷嘴温度，会出现流延现象；过低也不适宜，会造成喷嘴的堵塞。

螺杆的背压影响预塑化效果。提高背压，物料受到剪切作用增加，熔体温度升高，塑化均匀性好，但塑化量降低。螺杆转速低则延长预塑化时间。

螺杆在较低背压和转速下塑化时，螺杆输送计量的精确度提高。对于热稳定性差或熔融黏度高的塑料应选择转速低些；对于热稳定性差或熔体黏度低的则选择较低的背压。螺杆的背压一般为注射压力的5%～20%。

三、原料与设备

1. 原料

聚乙烯，聚丙烯，聚苯乙烯，聚酰胺，聚甲醛，聚碳酸酯，聚苯醚，ABS等。

2. 设备

(1) 注塑机

包括HTF120X1型，173cm^3，锁模力1200kN。

它包括注射系统、锁模装置、液压传动系统和电路控制系统等。

注射系统是使塑料均匀塑化并以足够的压力和速度将一定量的塑料注射到模腔中。

注射系统位于机器的右上部，由料筒、螺杆和喷嘴、加料斗、计量装置、驱动螺杆的液压马达、螺杆和注射座的移动油缸及电热线圈等组件构成。

锁模装置是实现模具的开启与闭合以及脱出制品的装置。它位于机器的左上部，是液压-机械式。它由定模板、动模板、锁模油缸、大活塞、曲肘、拉杆和顶出杆等部件组成。

液压和电器控制系统能保证注射机按照工艺过程设定的要求和动作程序准确而有效地工作。

液压系统由各种液压元件和回路及其附属设备组成。

电器控制系统由各种电器仪表组成。

(2) 注射模具（力学性能试样模具）

四、实验步骤

① 详细观察、了解注射机的结构，工作原理，安全操作等。

② 接通水电，打开控制屏，设定料筒各段温度，压力速度，终止位置。

温度设定见表 39-1。其他工艺条件见表 39-2。

系统压力 5.5MPa，射出位置 101.6mm。

表 39-1 料筒各段温度设计

一	二	三	四	五
190℃	200℃	220℃	220℃	210℃

表 39-2 工艺条件

项目	射出 1 段	射出 2 段	射出 3 段	保压 1 段	保压 2 段	保压 3 段
压力/MPa	75	60	40	40	30	
速度	40	40	30	35	25	

③ 待温度达到设定值后，方可注塑。

④ 手动：选择开关在“手动”位置，调整注射和保压时间继电器，关上安全门。每按一个钮，就相当于完成一个动作，必须一个动作做完才按另一个动作按钮。一般是在试车、试模、校模时选用手动操作。

⑤ 半自动：将选择开关转至“半自动”位置，关好安全门，则各种动作会按工艺程序自动进行。即依次完成合模、座台前进、注射、保压、预塑（螺杆转动并后退）、冷却、开模和顶出制品，制品自动脱落（完成一个周期）。手动打开安全门、关闭安全门后进入下一个生产周期。

⑥ 全自动：将选择开关至“全自动”位置，关上安全门则机器会按照工艺程序自动合模、注射、保压、冷却、开模和顶出制品，机械手自动取出制品。由于光电管的作用，各个动作周而复始，无须打开安全门。

⑦ 不论采用哪一种操作方式，主电动机的启动、停止及电子温度控制通电的按钮主令开关均须手动操作才能进行。

五、实验现象及数据（详细记录）

六、实验结果分析

① 分析所得的试样制品的外观质量，从记录的每次实验工艺条件分析对比试样质量的关系。制品的外观质量包括颜色、透明度、有无缺料、凹痕、气泡和银纹等。

② 将取得的试样制品，进行力学性能等方面的测试分析。

七、思考题

① 注射成型时模具的运动速度有何特点？

② 试分析注射壁薄、壁厚制品各容易出现那些缺陷？工艺上如何进行调整？

③ 试分析 PE、PP、PS、PC、PA、ABS 等，哪些树脂注射时需要干燥？为什么？

实验四十 热塑性塑料挤出造粒实验

一、实验目的

① 通过本实验，应熟悉挤出成型的原理，了解挤出工艺参数对塑料制品性能的影响。

② 了解挤出机的基本结构及各部分的作用，掌握挤出成型基本操作。

二、实验原理

1. 塑料造粒

合成出来的树脂大多数呈粉末状，粒径小成型加工不方便，而且合成树脂中又经常需要加入各种助剂才能满足制品的要求，为此就要将树脂与助剂混合，制成颗粒，这步工序称作“造粒”。树脂中加入功能性助剂可以造功能性母粒。造出的颗粒是塑料成型加工的原料。

使用颗粒料成型加工的主要优点有：①颗粒料比粉料加料方便，无需强制加料器；②颗粒料比粉料密度大，制品质量好；③挥发物及空气含量较少，制品不容易产生气泡；④使用功能性母粒比直接添加功能性助剂更容易分散。

塑料造粒可以使用辊压法混炼，塑炼出片后切粒，也可以使用挤出机塑炼，塑化挤出条后切粒。本实验采用挤出机挤出、水槽冷却拉条切粒工艺。

2. 挤出成型原理

热塑性塑料的挤出成型是主要的成型方法之一，塑料的挤出成型就是塑料在挤出机中，在一定的温度和一定压力下熔融塑化，并连续通过有固定截面的型模，得到具有特定断面形状连续型材的加工方法。不论挤出造粒还是挤出制品，都分为两个阶段，第一阶段，固体状树脂原料在机筒中，借助于料筒外部的加热和螺杆转动的剪切摩擦热而熔塑化融，同时熔体在压力的推动下被连续挤出口模；第二阶段是被挤出口模的型材冷却、失去塑性变为固体即制品，可为条状、片状、棒状、筒状等。因此应用挤出的方法既可以造粒也可以生产型材或异型材。

三、原料与设备

1. 原料

聚乙烯、聚丙烯、ABS、碳酸酯、加工助剂及功能性助剂。

2. 设备

SHJ-35 双螺杆挤出机造粒机组。

挤出机的结构如图 40-1。

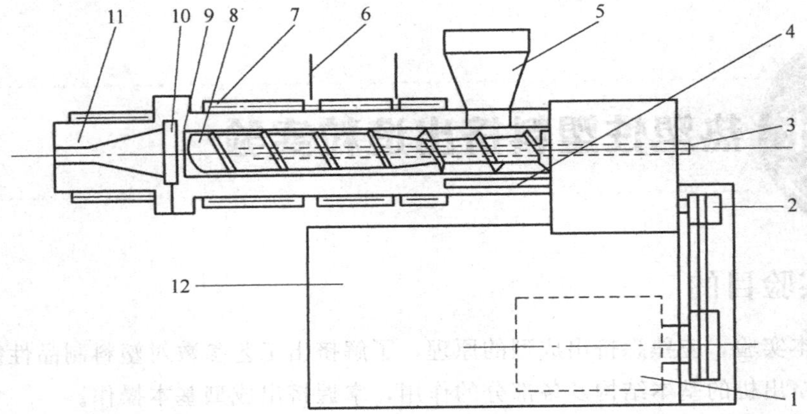

图 40-1 挤出机结构示意

1—电动机；2—减速装置；3—冷却水入口；4—冷却水夹套；5—料斗；6—温度计；7—加热器；8—螺杆；9—滤网；10—多孔板；11—机头和口模；12—机座

(1) 挤出机技术参数

螺杆直径 D　　35mm

长径比 L/D　　40mm

螺杆转速　　0～100r/min

挤出机各部分结构的作用如下。

① 传动装置：由电动机、减速机构和轴承等组成。具有保证挤出过程中螺杆转速恒定、制品质量的稳定以及保证能够变速作用。

② 加料装置：无论原料是粒状、粉状和片状，加料装置都采用加料斗。加料斗内应有切断料流、标定料量和卸除余料等装置。

③ 料筒：料筒是挤出机的主要部件之一，塑料的混合、塑化和加压过程都在其中进行。工作温度一般为 180～250℃，料筒外部设有分区加热和冷却的装置，而且各自附有热电偶和自动仪表等。

④ 螺杆：螺杆是挤出机的关键部件。一般螺杆的结构如图 40-2 所示。

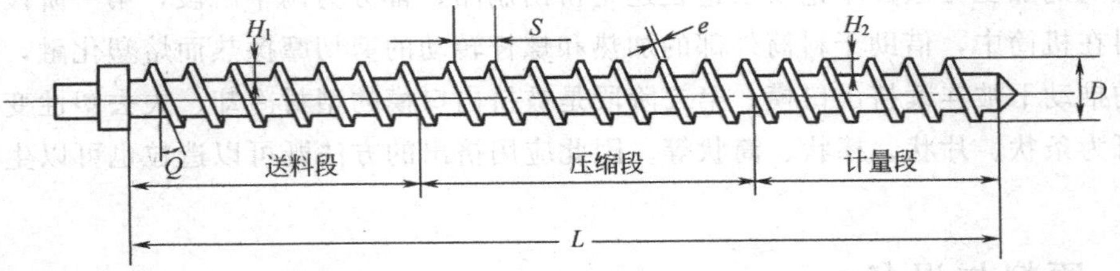

图 40-2 螺杆示意

H_1—送料段螺槽深度；H_2—计量段螺槽深度；D—螺杆直径；Q—螺旋角；L—螺杆长度；e—螺棱宽度；S—螺距

通过螺杆的转动，料筒内的塑料才能发生移动，得到增压和部分热量（剪切、摩擦热）。螺杆的几何参数，诸如直径、长径比、各段长度比例以及螺槽深度等，对螺杆的工作特性均有重大影响，以下对螺杆的几何参数和作用，作简单介绍。

螺杆直径（D）和长径比（L/D）是螺杆基本参数之一，螺杆直径常用以表示挤出机大小的规格，根据所制制品的形状大小和生产率决定。长径比是螺杆特性的重要参数，增大长径比可使塑料化更均匀。

⑤ 口模和机头。

（2）四米冷却水槽

（3）鼓风干燥装置

（4）牵引切粒装置

四、实验步骤

① 接通水、电，用钥匙打开控制柜。

② 设定料筒各段温度预热、打开水泵。料筒各段温度设定见表 40-1（原料为聚丙烯）。

表 40-1 料筒各段温度设定

单位：℃

一区	二区	三区	四区	五区	六区	七区	八区
180	190	190	200	220	230	240	240

③ 料斗加料。

④ 冷却水槽充满水。

⑤ 待温度恒定打开油泵，启动主机、启动喂料机进行挤出。

⑥ 启动风干机、切粒机。

⑦ 协调主机、喂料机、牵引机速度（填写记录数值）。

⑧ 验完毕，关闭主机，趁热清除机头中残留塑料，整理各部分。

五、实验现象记录

六、实验结果分析

七、注意事项

① 熔体被挤出之前，任何人不得在机头口模的正前方。挤出过程中，严防金属杂质、小工具等物落入进料口中。

② 清理设备时，只能使用钢棒、铜制刀等工具，切忌损坏螺杆和口模等处的光洁表面。

③ 挤出过程中，要密切注意工艺条件的稳定，不得任意改动。如果发现不正常现象，应立即停车，进行检查处理再恢复实验。

八、思考题

① 挤出机的主要结构有哪些？

② 造粒工艺有几种切粒方式？各有何特点？

实验四十一 挤出成型聚氯乙烯塑料管材

塑料管材是采用挤出成型方法生产的重要产品之一，它的主要生产设备是挤出机。常用的塑料原料有硬质聚氯乙烯、软质聚氯乙烯、聚乙烯、聚丙烯、PP-R 等。

挤出成型方法生产的塑料管材具有质轻、综合性能好、耐腐蚀、产品尺寸变化范围宽等优点，管材的直径可以小到几毫米，大到近千毫米。生产工艺成熟可靠、成型加工设备简单易操作，可替代金属管材、水泥管材等。目前，挤出管材的直径和壁厚已形成系列化和标准化，正广泛应用于工农业生产和日常生活。如广泛地应用于居民的上下水、农用排灌水、化工产品及石油气、煤气等各种液体、气体的输送等。

一、实验目的

① 掌握挤出 PVC 管材基本工艺流程和操作方法。

② 了解挤出 PVC 管材主机和辅机的基本结构。

二、实验原理

挤出管材的生产线由主机和辅机两部分组成，主机是挤出机，辅机包括机头、定型设备、冷却装置、牵引设备和切断设备等，如图 41-1 所示。

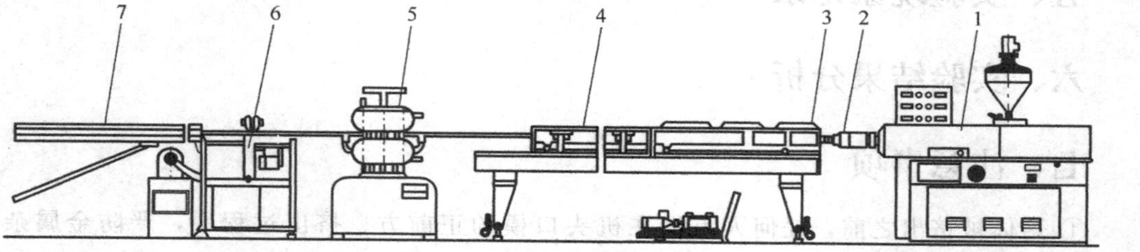

图 41-1 挤出管材生产设备

1—挤出机；2—挤出机头；3—定径装置；4—冷却装置；5—牵引装置；6—切割装置；7—卸料架

1. 主机

挤出机：生产管材的挤出机可以采用单螺杆挤出机，也可采用锥形双螺杆挤出机。挤出机大小的选择：一般情况下，挤出生产圆柱形聚乙烯管材时，口模通道的截面积应不超过挤出机料筒截面积的 40%；挤出其他塑料时，则应采用比它更小的值。挤出机的作用是将固体物料熔融塑化，并定温、定压、定量地输送给机头。

2. 辅机

(1) 机头（图 41-2）

它是管材制品获得形状和尺寸的部件。熔融塑料进入机头，即芯棒和口模所构成的环隙通道，流出后即成为管状物。芯棒和口模的尺寸与管材的尺寸大小相对应。管材的壁厚均匀

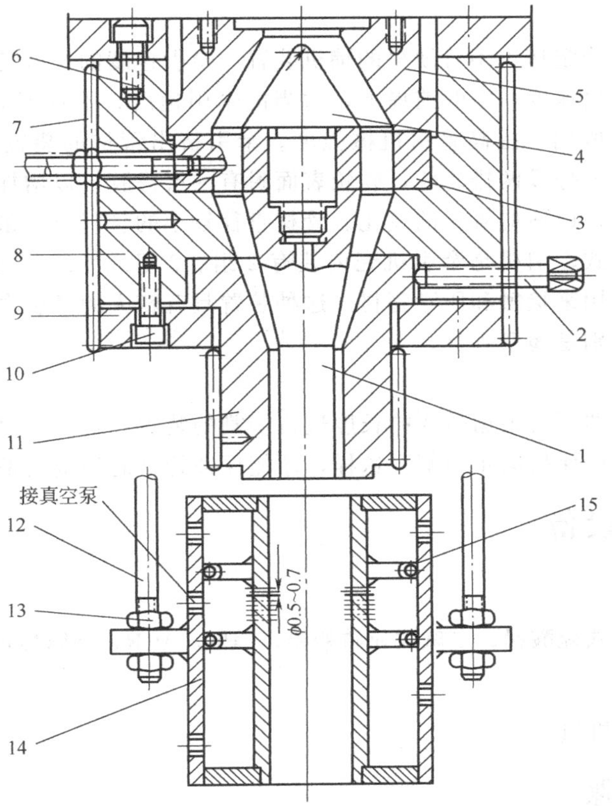

图 41-2 直通式机头结构

1—芯棒；2—调节螺栓；3—分流锥支架；4—分流锥；5—套；6—螺栓；7—加热装置；8—机头体；9—压环；10—螺栓；11—口模；12—拉杆；13—螺母；14—真空定径套；15—密封环

度可通过调节螺栓在一定范围内作径向移动得以调整，并配合适当的牵引速度。挤管机头类型有两种：直通式机头和角式机头。由于直通式机头结构简单、制造容易，是常用的机头类型，但熔体通过该类型机头的分流锥支架会产生熔接痕。适当提高料筒温度、加长口模平直段长度等措施可以减轻熔接痕。

(2) 定型装置

由于从机头挤出的管材温度较高，为了获得尺寸精确、几何形状准确并具有一定光洁度的管材，必须对刚刚挤出的管材进行冷却定型。冷却却方式分为外定径和内定径，目前管材生产以外定径为主。外径定型法的装置主要有内充气正压法和负压真空定型两种，一般说，内充气法比较适用于口径较大的管材，而抽真空法适合各种管径的定型，本实验使用的是负压真空定径。

(3) 冷却装置

能起到将管材完全冷却到热变形温度以下的作用。常用的有水槽冷却和喷淋冷却。管材外径是 160mm 以下的常采用浸泡式水槽冷却，冷却槽分 24 段，以调节冷却强度。值得注意的是，冷却水一般从最后一段通进入水槽，即水流方向与管材挤出的方向相反，这样能使管材冷却比较缓和，内应力小。200mm 以上的管材在冷却水槽中浮力较大，易发生弯曲变形，采用喷淋水槽冷却比较合适，即沿管材四周均匀布置喷水头，可以减少内应力，并获得圆度和直度更好的管材。

(4) 牵引装置

牵引装置是连续稳定挤出不可缺少的辅机装置，牵引速度的快慢是决定管材截面尺寸的主要因素之一。在挤出速度一定的前提下，适当的牵引速度，不仅能调整管材的厚度尺寸，而且可使分子沿纵向取向，提高管材机械强度。牵引挤出管材的装置有滚轮式和履带式两种。滚轮式牵引机上下分设两排轧轮，轧轮表面附有一层橡胶，以增加牵引作用。两排轧轮之间的距离可以调节，以适应管径的变化。管材直径较小的管材（一般<ϕ65mm），适于用滚轮式牵引机；履带式牵引机是牵引机壳内装有2组、3组或6组不等的均匀分布的履带，履带上镶有橡胶块，用来接触和压紧管材。这种装置具有较大的牵引力，而且不易打滑，比较适于大型管材，特别是薄壁管材。

(5) 切割装置

它是将连续挤出的管材根据需要的长度进行切割的装置。切割时刀具应保持与管材挤出方向同步向前移动，即保持同步切割。这样，才能保证管材的切割面是一个平面。

三、原料与设备

1. 原料

PVC树脂，三碱式硫酸铅，二碱式亚磷酸铅，CPE，ACR，硬脂酸钙，碳酸钙，钛白粉。

2. 设备

ϕ65一挤出管材机组。

四、实验步骤

① 了解原料工艺特性，如密度、黏流温度等。

② 设定挤出机各段温度，见表41-1。

表41-1 挤出机各段温度 单位：℃

机身				法兰	机头			
1	2	3	4		1	2	3	4
130～140	150～160	170	180	160～170	175～180	175～180	180～185	185～190

③ 螺杆转速：一般控制在20～35r/min。

④ 牵引速度：一般牵引速度比主机挤出速度快1%～3%。

⑤ 达到预定的条件后，保温10～15min，加入由PVC粒料（造粒机造好的粒料），慢速启动主机，注意挤出管坯的形状、表面状况等外观质量，并剪取一段坯料，测量其直径和壁厚，针对情况将加热温度、挤出速度、口模间隙等工艺和设备因素作相应调整，确定较适宜的工艺条件。

⑥ 管材引入辅机，调整定型装置，真空度控制在0.045～0.08MPa，开启冷却循环水，使管材平稳进入冷却水槽。

⑦ 开动其他辅机，设定牵引速度和切割速度，当挤出平稳后，截取3～5段试样作性能测试。

⑧ 变动挤出速度和牵引速度，截取3～5段试样，测量管材壁厚的变化和性能的改变。

⑨ 实验结束，先关闭气源和水源，再切断电源。

五、产品检验与性能测定

1. 检验与测定项目

根据国家标准，挤出管材的质量检验与性能测定内容有以下 3 个方面。

① 颜色及外观。查看管材表面颜色是否均匀有无变色点；内外壁是否平整，光滑；是否有气泡、裂口、熔料纹、波纹、凹陷等。

② 管材规格尺寸的测量检查。有直径、壁厚、直径是否在偏差范围内；管材同一截面的壁厚偏差 δ（%）是否少于 14%，壁厚偏差 δ（%）计算公式如下：

$$\delta=\frac{\delta_1-\delta_2}{\delta_1}\times 100$$

式中 δ_1——管材同一截面的最大壁厚，mm；

δ_2——管材同一截面的最小壁厚，mm。

③ 管材的性能测定。包括常规测定（拉伸强度、断裂伸长率、热性能）和专项测定。常规测定内容在此不做。管材的专项测定有耐压试验、扁平实验。

2. 检验方法

外观用肉眼直接观察。规格尺寸用精确至 0.02mm 的游标卡尺测量，性能测定用专用设备。

液压实验设备及方法：20℃液压实验（瞬时爆破环向应力）设备采用水压或油压泵，泵源须有足够的流量，保证能连续稳定地向试样提供压力，试样端压压力波动小于 5%，试样在 3 根管材上各取一段，每段试样长度应为 250mm＜$(L-10D)$＜500mm。

实验方法如下。

① 实验温度 (23±2)℃。

② 试样尺寸测量　用精度为 0.02mm 的卡尺测量试样平均直径和最小壁厚。

③ 试样密封安装　采用堵头将试样两端封闭，样品内充满水（或油）并排除掉空气。

④ 试样的预处理　试样安装完毕后，在实验温度下保持 2h 以上方可进行实验。

⑤ 爆破时间　接通压力源后，试样内压力值开始上升至试样破坏的时间不得大于 1min。

⑥ 对试样内施加压力应保持稳定上升直至试样破坏，取最大压力值（屈服点）。

⑦ 瞬时破坏性环向应力计算方法：

$$\sigma=P\,\frac{D-S}{2S}$$

式中 P——最大压力值，MPa；

D——试样外径，mm；

S——试样最小壁厚，mm；

σ——环向应力，MPa。

测试中样品爆破点应在距堵头 50mm 的中间有效段内，否则无效，需另行取样补测。

六、思考题

① 试分析管材壁厚不均的原因？

② 试分析管材壁无光泽的原因？

③ 试分析管材冲击强度不够的原因？

实验四十二 锥形双螺杆挤出成型硬质 PVC 异型材

异型材是指圆管、棒、片材以及板材以外的其他各种形状的实心或空心、封闭或敞开的挤出制品。异型材的种类很多，其中以空腔异型材用途最广。目前，它广泛用于建材、家具和车辆等。由于硬质 PVC 具有高强度、耐燃、耐腐蚀等特点，同时，它的熔体强度和黏性也较高，挤出形状保持性好，因此，它常被用作原料，来成型尺寸和形状要求精确的型材制品。

PVC 异型材可以用单螺杆挤出机成型，也可以用双螺杆挤出机成型。单螺杆挤出机成型工艺适于小批量、小规格的异型材制品；而双螺杆挤出机成型工艺条件易于控制，加工费用较低，生产能力大，可以满足大批量大规格异型材的生产要求。

一、实验目的

① 了解锥形双螺杆挤出机的基本结构。

② 掌握锥形双螺杆挤出机的工作原理。

③ 掌握用锥形双螺杆挤出机生产 PVC 异型材的生产流程及工艺条件。

二、实验原理

双螺杆挤出机生产异型材机组和生产管材机组类似，生产工艺流程与管材大体相同。均由主机和辅机两大部分组成。

1. 主机

挤出异型材的双螺杆挤出机，通常采用异向旋转锥形双螺杆类型的挤出机，顾名思义，该种类型挤出机的“心脏”部分是由两根轴线相交、旋转方向相反的螺杆组成。锥形双螺杆的基本结构如图 42-1。可以看出：从螺杆加料段到计量段，外径逐渐变小，螺槽深度渐浅，各段螺纹头数不同，段与段之间存在无螺纹区。

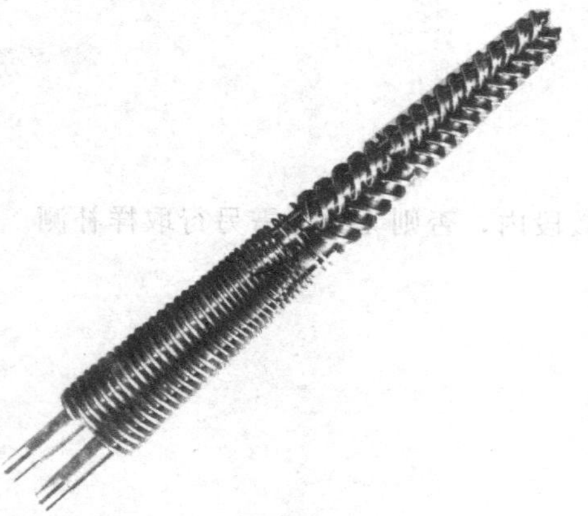
图 42-1 锥形双螺杆结构

锥形双螺杆挤出机的作用主要是将聚合物（及各种添加剂），熔融、混合、塑化，定量、定压、定温地由口模挤出.进而通过辅机得到异型材制品。它是由五大系统组成：传动部分（包括驱动电机、减速箱、扭矩分配器和轴承等），挤压部分（主要由螺杆、机筒和排气装置组成）、加热冷却系统、定量加料系统和控制系统组成。

在螺杆加料段，为了提高输送效率，其结构是纵向封闭的螺槽，螺槽较深，螺棱较窄，螺纹头数较多。这样可以尽可能多的攫取物料。螺杆向外转动时，螺槽内的物料在螺杆的拖曳下移向啮合区，并企图通过啮合面。由于另一根螺杆的螺棱堵住了通道，将原本连续的螺槽封堵成一个个彼此独立的C形小室。螺杆每旋转一圈，物料前进一个C形小室。输送效率极高。在转动螺槽的拖曳和推动下将物料输送到熔融区。但在此段，因为双螺杆的螺槽较单螺杆的螺槽要深，所以C形室内物料受到的剪切作用较小。同时，各个螺槽中的物料在输送过程中不能相互混合，物料的塑化主要依赖于外热，C形室内的环流有利于传热和室内物料的均化。

在熔融区，螺杆的形式多种多样。可以根据不同的物料要求对该段进行组合。纵向开放的螺杆段，物料会受到较强的混合剪切作用。在啮合区的螺棱侧间隙和螺棱顶部与螺槽底部的径向间隙中，物料受到剪切作用。剪切作用取决于螺杆半径、螺槽深度、间隙宽度以及螺杆转速等。径向间隙中的剪切速率的分布和压延机间隙相似。径向间隙增大时，可使物料中受到压延作用的比例增加，但却使剪切强度降低。并且，此时纵向开放的程度也大，物料通过间隙由一根螺杆进入另一根螺杆，会使螺杆的输送效率减低。为了加强螺杆混合作用，可以在熔融区设横向开放段，两根螺杆的螺槽是相通的，这有利于物料的均匀混合，如图42-2和图42-3。另外，在螺棱上开设沟槽，螺杆前部设混炼段，或在螺纹段之间开设无螺纹过渡区，能够更进一步促进螺杆的混合作用，保证获得极好均匀性的熔体。

双螺杆挤出机的两根螺杆的结构比较复杂，是属于部分啮合的。为了方便螺杆的加工，双螺杆通常是由许多部分组成的，采用积木式结构。

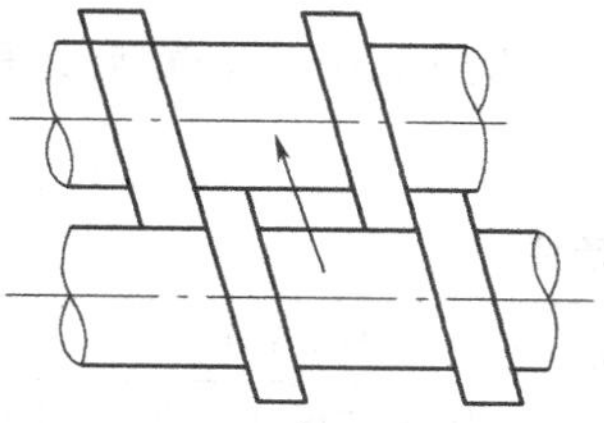
图42-2 螺槽的纵向开放

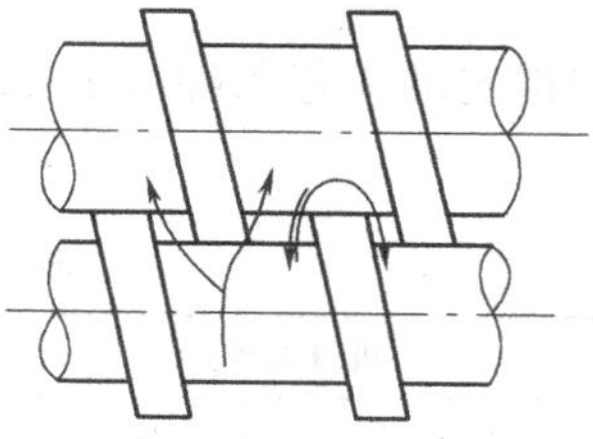
图42-3 螺槽的横向开放

2. 辅机

挤出异型材的辅机组成包括机头、冷却定型装置、牵引装置和切割装置等。

（1）机头

异型材的机头比较复杂，为了加工方便，机头一般为多层多部件组合式。由于PVC的热稳定性差，不允许机头模板前有积料，一般不能采用平板式口模，而应进行适当的结构改变。从整个机头的功能上可分为三个部分：入口段、压缩段、口模板。入口段的一端与机筒的口径和形状相同，用以和机筒连接，另一端的流道形状应取型材的外轮廓。两端流道的截面积可以不同。压缩段是机头的关键部位，物料通过这段时要处于连续被压缩状态。与压缩段出口流道平滑过渡的是口模板，它的流道大部分是平直的；用以消除部分取向内应力，并保证制品的几何形状。

（2）冷却定型装置

干法真空定型是异型材冷却定型的主要方法，特别适用于中空异型材的定型。干法真空定型系统常由几个箱式真空定型套组成，箱体内是外形与尺寸与型材很接近的定型模，定型模与箱体板之间有冷水通路构成的夹套和抽真空管道系统。箱体的上盖与箱体侧壁用折页相连，并可用胶条密封上盖板与箱体的空隙，以保证定型箱内的真空度。每个定型箱的长度为40～50cm，不可过长，以便开车时型材进入和穿过定型模。箱体可对型材的24个表面进行冷却和定型。

异型材的冷却多以水为冷却介质，因为水的热容量较大，导热性较好，冷却效率高。然而，由于水的冷却速度较快，对于形状复杂的外形不对称的异型材可能导致较大的内应力。为了减少内应力，可采取水冷定型，再于55～60℃温度下"回火"处理。

(3) 牵引装置

生产0.4kg/m以上异型材时，其牵引装置为履带式牵引机。牵引速度为0.23m/min。

(4) 切割装置

多用电动式。

三、原料与设备

1. 原料

PVC干混料。

2. 设备

CMT-80型异向锥型双螺杆挤出机，SJP-Y180异型材生产线辅机。

四、实验步骤

① 按照拟定的工艺条件（表42-1），给机头先行加热，达到120～140℃后，再对挤出机进行加热。

表42-1 挤出异型材的工艺条件

螺杆转速/(r/min)	机身温度/℃					适配器温度/℃	螺杆温度/℃	机头温度/℃				牵引速度/(m/min)
	一区	二区	三区	四区	五区			一区	二区	三区	四区	
16.0	175	180	180	178	175	175	140	200	200	200	200	3.00

② 整机各部都达到预定温度后，稳定30min后再投料试车。

③ 启动螺杆。螺杆转速由低逐渐调高，观察物料塑化情况和口模出料情况，调整工艺条件，直到正常状态。

④ 启动挤出机排气段的真空系统，排除挥发组分。

⑤ 将挤出的异型材引入定型模和牵引装置，调整定型模与机头同心。

⑥ 打开冷水、真空系，保证制品无弯曲和翘曲。

⑦ 挤出正常后，取3～5段样品，留作性能测试。

五、思考题

① 工艺条件对异型材的表观质量和内在质量有哪些影响？

② 异型材生产中如何防止制品变形？

实验四十三　塑料挤出吹膜实验

挤出吹膜法是塑料加工的主要加工方法之一，塑料薄膜也是一类较为重要的塑料制品。由于它具有质轻、强度高、平整、光洁和透明等优点，同时其加工容易、价格低廉，因而得到广泛的应用。例如用于建筑、包装、农业地膜、棚膜等方面。

塑料薄膜可以用多种方法成型，如压延、流延、拉幅和吹塑等方法，各种方法的特点不同，适应性也不一样。压延法主要用于非晶型塑料加工，所需设备复杂，投资大，但生产效率高，产量大，薄膜的均匀性好。流延法主要也是用于聚乙烯薄膜的加工，设备较为复杂，所得薄膜透明度好，具各向近似同性，质量均匀，但强度较低。拉幅法主要适用于结晶型塑料，工艺简单，薄膜质量均匀，物理力学性能最好，但设备投资大。吹塑法最为经济，工艺设备都比较简单，结晶和非晶型塑料都适用，既能生产窄幅，又能生产宽达十几米的膜，吹塑过程塑料薄片的纵横向都得到拉伸取向，制品质量较高，因此得到最广泛的应用。

吹塑成型也即挤出-吹胀成型，除了吹膜以外，还有中空容器成型。薄膜的吹塑是熔融的塑料从挤出机口模挤出成管坯状，由管坯内的芯棒中心孔引入压缩空气使管坯吹胀成膜管，后经空气冷却定型、牵引卷绕而成薄膜。吹塑薄膜通常分为平挤上吹、平挤平吹和平挤下吹等三种工艺，其原理都是相同的。薄膜的成型都包括挤出、初定型、冷却、定型、牵伸、收卷和切割等过程。本实验是低密度聚乙烯的平挤上吹法成型，是目前挤出吹膜中最常见的工艺。

一、实验目的

① 了解单螺杆挤出机、吹膜机头及辅机的结构和工作原理。

② 掌握塑料的挤出吹胀成型原理；掌握聚乙烯吹膜工艺操作过程。

③ 掌握各工艺参数的调节及其对成膜性的影响。

二、实验原理

塑料薄膜的吹塑成型是基于高聚物的分子量高、分子间力大而具有可塑性及成膜性能。当塑料熔体通过挤出机机头的环形间隙口模变成管坯后，通入压缩空气管坯膨胀为膜管，而膜管被夹持向前的拉伸也促进了减薄作用。与此同时，膜管的大分子作纵、横向的取向，从而使薄膜强化了其物理力学性能。

为了获得性能良好的薄膜，纵横向的拉伸作用最好是趋于平衡，也就是纵向的拉伸比（牵引膜管向上的速度与口模处熔体的挤出速度之比）与横向的空气膨胀比（膜管的直径与口模直径之比）应尽量相等。但是，实际操作时，吹胀比因受到冷却风环直径的限制，吹胀比可调节的范围是有限的，并且吹胀比又不宜过大，否则造成膜管不稳定。由此可见，拉伸比和吹胀比是很难一致的，也即薄膜的纵横向强度总有差异的。在吹塑过程中，塑料沿着螺杆向机头口模的挤出以致吹胀成膜，经历着黏度、相变等一系列的变化，与这些变化有密切关系的是螺杆各段的温度、螺杆的转速是否稳定，机头的压力、冷却风环的吹风量以及吹塑压缩空气的压力，膜管拉伸速度等相互协调程度都直接影响薄膜性能的优劣和生产效率的高低。

料筒、机头各段温度和机外冷却能力是最重要的因素。通常，沿机筒到机头口模方向，塑料的温度是逐步升高的，且要达到稳定的控制。各部位温差对不同的塑料各不相同。本实验对 LDPE 吹塑，原则上机身温度依次是 130～170℃，机头口模处稍低些。熔体温度升高，黏度降低，机头压力减少，挤出流量增大，有利于提高产量。但若温度过高和螺杆转速过快，剪切作用过大，易使塑料分解，并且还会出现膜管冷却不良，这样，膜管的直径就难以稳定，将形成不稳定的膜泡“长颈”现象，所得泡（膜）管直径和壁厚不均，甚至影响操作的顺利进行。因此，通常是设定稍低一些的熔体挤出温度和速度。

风环是冷却挤出膜管坯的装置，设置在膜管的四周。操作时可调节风量的大小，控制管坯的冷却速度，上、下移动风环的位置可以控制膜管的“冷冻线”位置。冷冻线对结晶型塑料即相转变线，是熔体挤出后从无定型态到结晶态的转变。冷冻线位置的高低对于稳定膜管、控制薄膜的质量有直接的关系。对聚乙烯来说，当冷冻线低，即离口模很近时，熔体因快速冷冻而定型，所得薄膜表面质量不均，有粗糙面；粗糙程度随冷冻线远离口模而下降，对膜的均匀性是有利的。但若使冷冻线过分远离口模，则会使薄膜的结晶度增大，透明度降低，且影响其横向的撕裂强度。冷却风环与口模距离一般是 30～100mm。

若对管膜的牵伸速度太快，单个风环是达不到冷却效果的，可以采用两个风环来冷却。风环和膜管内两方面的冷却都强化，可以提高生产效率。膜管内的压缩空气除冷却外还有膨胀作用，气量太大时，膜管难以平衡，容易被吹破。实际上，当操作稳定后，膜管内的空气压力是稳定的，不必经常调节压缩空气的通入量。膜管的膨胀程度即吹胀比，一般控制在 2～6。

牵引也是调节膜厚的重要环节。牵引辊与挤出口模的中心位置必须对准，这样能防止薄膜卷绕时出现的折皱现象。为了取得直径一致的膜管，膜管内的空气不能漏失。故要求牵引辊表面包覆橡胶，使膜管与牵引辊完全紧贴着向前进行卷绕。牵引比不宜太大，否则易拉断膜管，牵引比通常控制在 4～6。

三、原料与设备

1. 原料

LDPE、EVA、HDPE（吹膜型）。

2. 设备

SJ-35×28 塑料挤出吹膜机，其结构如图 43-1。

主要技术参数：

螺杆直径（D）	50mm
螺杆长径比（L/D）	28：1
螺杆转速（n）	10～100r/min
最大生产能力（Q）	25～35kg/h（LDPE）
电机功率	11kW
模头规格	ϕ60mm

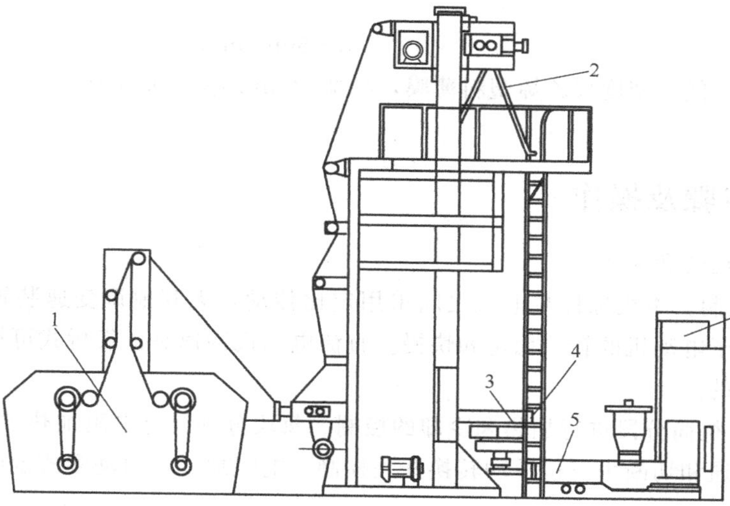

图 43-1 SJ-45 吹膜机组

1—牵引卷曲机构；2—人字板；3—机头口模；4—冷却风环；5—挤出机；6—控制柜

薄膜单面厚度	0.01～0.10mm
薄膜最大折径	600mm
卷取速度	8～50m/min
电器总容量	22kW

本机可吹制高、低密度聚乙烯塑料薄膜。

主要技术参数：

螺杆直径（D）	35mm
螺杆长径比（L/D）	28∶1
螺杆转速（n）	12～90r/min
生产能力（Q）	4～30kg/h(LDPE)

吹塑薄膜辅机主要技术规范如下。

(1) 装置

模口直径	ϕ220mm
加热总功率	9kW

(2) 风冷装置

风环直径	ϕ20mm
风机流量	147～288m/min
风机全压	1294～2372Pa
风机功率	1.5kW

(3) 牵引装置

牵引辊直径	80mm
工作长度	900mm
牵引速度	8～50m/min
电机功率	0.75kW

（4）卷取装置

卷取速度 8～50m/min

本机可吹制高（低）密度聚乙烯塑料薄膜，幅宽 50mm 厚度 0.008～0.05mm 的微型包装膜。

四、实验步骤及操作

（1）挤出机的运转和加热

① 螺杆转速控制。本机螺杆与电机之间采用定比传动，无其他调变速装置。螺杆的转速稳定和升降取决于电动机的转数稳定和快慢。直流电动机调速是依靠桥式可控硅整流电路和触发电路来实现的。

② 温度控制。机筒分段进行加热和冷却的控制。每段分别设有电阻加热器及冷却风机。加热器及风机的接通和切断由三位手动转换开关控制。电阻加热器由动圈式温度指示调节仪自动控制。

③ 按照挤出机的操作规程，接通电源，开机运转和加热。检查机器运转、加热和冷却是否正常。机头口模环形间隙中心要求严格调正。对机头各部分的衔接、螺栓等检查并趁热拧紧。

④ 根据实验原料 LDPE 的特性，初步拟定螺杆转速及各段加热温度，同时拟定其他操作工艺条件。

（2）LDPE 预热，90℃左右烘箱预热 1～2h。

（3）当机器加热到预定值时，开机在慢速下投入少量的 LDPE 粒料，同时注意电流表、压力表、温度计和扭矩值是否稳定。待熔体挤出成管坯后，观察壁厚是否均匀，调节口模间隙，使沿管坯圆周上的挤出速度相同，尽量使管膜厚度均匀。

（4）以手将挤出管坯慢慢向上使沿牵引辊前进，辅机开动。通入压缩空气并观察泡管的外观质量。根据实际情况调整各种影响因素，如挤出流量、风环位置和风量、牵引速度、膜管内的压缩空气量等。

（5）观察泡管形状变化，冷冻线位置变化及膜管尺寸的变化等，待膜管的形状稳定、薄膜折径已达实验要求时，不再通入压缩空气，薄膜的卷绕正常进行。

（6）以手工卷绕代替卷绕辊工作，卷绕速度尽量不影响吹塑过程的顺利进行。裁剪手工卷绕一分钟的薄膜成品，记录实验时的工艺条件；称量卷绕一分钟成品的质量，并测量其长度、折径及厚度公差。手工卷绕实验重复两次。

（7）实验完毕，逐步降低螺杆转速，挤出机筒内存料，趁热清理机头和衬套内的残留塑料。

（8）注意事项

① 熔体被挤出前，操作者不得位于口模的正前方，以防意外伤人。操作时严防金属杂质和小工具落入挤出机料斗内。操作时要戴手套。

② 清理挤出机和口模时，只能用铜刀、铜棒或压缩空气，切忌损伤螺杆和口模的光洁表面。

③ 吹胀管坯的压缩空气压力要适当，既不能使管坯破裂，又能保证膜管的对称稳定。

④ 吹塑过程要密切注意各项工艺条件的稳定，不应该有所波动。

五、实验结果计算与分析

① 分析实验现象和实验所得的膜管外观质量与实验工艺条件等的关系。

② 通过计算求出实验过程的吹胀比、牵引比和薄膜的平均厚度等，分别填写在表43-1中。

表 43-1 数据填表

实验试样编号	1	2	3	平均
口膜内径(D_1)/mm				
管芯外径(D)/mm				
膜管折径(d)/mm				
膜管直径(D_2)/mm				
牵引速度(V_2)/mm				
挤出速度(V_1)/mm				
牵引比(b)$b=V_2/V_1$				
吹胀比(α) $\alpha=D_2/D_1$				
薄膜厚度(δ)$\delta=(t/ab)$/mm				
吹膜产率(Q)/(kg/h)				

六、思考题

① 影响吹塑薄膜厚度均匀性的因素有哪些？

② 常用的薄膜加工方法有几种？各是什么特点？

③ 吹塑薄膜的纵向和横向的力学性能有没有差异？为什么？

实验四十四 挤出流延膜实验

一、实验目的

① 熟悉挤出成型的原理，了解挤出工艺参数对塑料制品性能的影响。
② 了解流延膜机的基本结构及各部分的作用，掌握流延膜挤出成型基本操作。

二、实验原理

热塑性塑料的挤出成型是主要的成型方法之一。塑料的挤出成型原理就是塑料在挤出机中，在一定的温度和一定压力下熔融塑化，并连续通过有固定截面的型模，经过冷却定型，得到具有特定断面形状连续型材。不论挤出造粒还是挤出制品，都分两个阶段：第一阶段，固体状树脂原料在机筒中，借助于料筒外部的加热和螺杆转动的剪切挤压作用而熔融，同时熔体在压力的推动下被连续挤出口模；第二阶段是被挤出的型材失去塑性变为固体即制品，可为条状、片状、棒状、筒状、膜状等。

流延法成型原理，是利用挤出机将塑料原料熔融塑化成低黏度容易流动的熔体，挤出机螺杆推动熔体通过流延膜 T 字形机头流布到旋转的辊筒上，经过辊筒时受到拉伸、冷却、牵引等作用，最后经切边、收卷得到薄膜状塑料制品。

本流延膜机适合生产低密度聚乙烯（LDPE）塑料流延薄膜，该机采用双螺杆挤出，两个进料斗的原料使用不用的配方。生产的薄膜可达到一边粘的效果，广泛用于建筑材料、五金配件等包装。

三、原料与设备

1. 原料

LLDPE，EVA。

2. 设备

SJ-50＊2 共挤流延膜机、透过率雾度测定仪、千分尺。

挤出机的结构组成如图 44-1。

挤出机技术参数：

螺杆直径 D	50mm
长径比 L/D	28∶1
螺杆转速	1～120r/min
产量	10～40kg/h
电机功率	7.5×2kW
加热功率	30kW
制品宽度	200～550mm
产品厚度	0.015～0.08mm

图 44-1 共挤流延膜机结构示意图

四、实验步骤

1. 挤出流延成型薄膜

① 开通水电，设定挤出机、三通、机头温度，见表 44-1～表 44-3。

表 44-1 挤出机螺杆温度 单位：℃

项目	Ⅳ区	Ⅲ区	Ⅱ区	Ⅰ区
螺杆 H 温度	210	190	180	165
螺杆 Z 温度	210	190	180	165

表 44-2 模头温度 单位：℃

模头	Ⅴ区	Ⅵ区	Ⅲ区	Ⅱ区	Ⅰ区
温度	235	235	230	235	235

表 44-3 分配器温度 单位：℃

分配器温度	230
三通温度	225

② 待到温度恒定开动主机，螺杆转数 3.6～3.85Hz。

③ 牵引 6.8Hz，收卷 6.85Hz。

④ 卷边机 7.0Hz。

⑤ 观察挤出流延形状和外观质量，记录挤出流延正常时的各段温度等工艺条件，记录一定时间内的挤出量，计算产率。

⑥ 实验完毕，关闭主机，趁热消除机头中残留塑料，整理各部分。

2. 薄膜厚度及透光率的测定

五、实验报告

① 列出实验用挤出流延膜机的技术参数。

② 报告使用的原料及操作工艺条件。

③ 列出膜的厚度及透射率。

④ 讨论：

a. 结合试样性能检验结果，分析产物性能与原料、工艺条件及实验设备操作的关系；

b. 影响挤出物均匀性的主要原因有哪些？怎样影响？如何控制？

c. 实验中，应控制哪些条件才能保证得到质量好的制品？

六、注意事项

① 挤出过程中，严防金属杂质、小工具等落入进料口中。熔体被挤出之前，任何人不得在机头口模的正前方。操作时注意旋转滚筒危险。

② 清理设备时，只能使用钢棒、铜制刀等工具，切忌损坏螺杆和口模等处的光洁表面。

③ 挤出过程中，要密切注意生产工艺条件的稳定性，适当调整工艺参数保证产品质量。如果发现不正常现象，应立即停车，进行检查处理后再恢复实验。

七、思考题

① 流延膜机的主要结构有哪些部分组成？

② 制造塑料薄膜的工艺有几种？各有何特点？

实验四十五 中空塑料制品吹塑成型实验

中空吹塑是制造空心塑料制品的成型主要方法之一，是借助气体压力吹胀闭合在模具型腔中的型坯，使之冷却成为中空制品的成型技术。

常用于中空成型的热塑性塑料有聚乙烯，聚丙烯，聚氯乙烯，高、低密度聚乙烯混料，热塑性聚酯等。吹塑制品主要用作各种液状货品的包装容器，如各种瓶、壶、桶、工具箱、货物托盘等。吹塑制品要求具有优良的耐环境应力开裂性、良好的阻透性和抗冲击性，有些还要求有耐化学药品性、抗静电性和耐挤压性等，其制品具有质量轻，比强度高，化学稳定性好于金属等优点。

注射-吹塑成型实验

一、实验目的

① 了解注射吹塑成型设备的基本结构和工作原理。

② 掌握注射吹塑成型生产工艺。

二、实验原理

吹塑工艺按型坯制造方法的不同，可分为注射型坯-吹塑和挤出型坯-吹塑两种，也可按照型坯的冷热状态分为热坯吹塑和冷坯吹塑。

注射吹塑和挤出吹塑虽然型坯的成型方法不同，但吹塑过程及成型过程的影响因素大致相同。型坯温度是影响产品质量比较重要的因素，严格控制温度，使型坯在吹胀之前有良好的形状稳定性，保证吹塑制品有光洁的表面、较高的接缝强度和适宜的冷却时间。一般型坯温度控制在材料的 $T_g-T_{f(m)}$ 之间，并偏向 $T_{f(m)}$ 一侧。

注射吹塑设备一般由注塑机和吹塑机两大部分组成，按二步法工艺吹瓶：第一步，注塑吹塑型坯；第二步，瓶坯安装在吹塑机的夹具上，送入烘箱内加热，使其软化成高弹态，然后送入模具中进行拉伸和吹胀成型，管坯在拉吹过程中得到了双向拉伸，纵横同时发生取向作用，来完成产品的成型过程。

三、原料与设备

1. 原料

PET 瓶坯（25g/支）。

2. 设备

LY-2H-6A 吹瓶机，远红外线管坯烘箱。

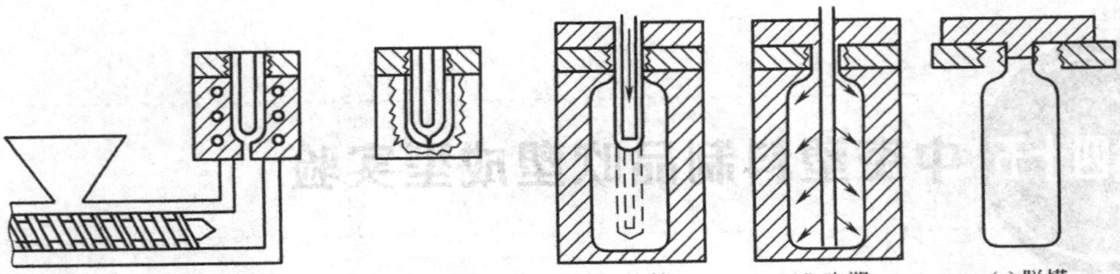

图 45-1 注射-吹塑成型工艺流程

四、实验步骤

注射-吹塑成型工艺流程见图 45-1。

1. 模具安装

接通电源，在活动模板一定开距的状态下，将模具的一半放入前动模板，调整好位置和高度，再放入另一半，然后按手动合模按钮，并协同调整调节螺母，使曲臂伸直，并断开气路，放掉残余空气再松开按钮，固定好模具，锁紧调整杆帽，再反复合模、开模几次，模具牢固、动作正常即可。

2. 调整气杆

本机装有两个放杆气缸（或一个放杆气缸），气杆采用无级调节，无需根据气杆实际拉伸长短而定。调整气杆时，先降低工作压力至 0.8MPa 左右，按下手动放杆按钮，使气杆碰到模具底，再断开气路，放掉残余气压，接着调整机头位置，先使气杆前后对准模具中心，再调整封口小汽缸位置，使气杆左右对准模具中心，并经反复调整后，按放杆按钮无问题方可。

3. 调整程控时间

合模、封口、放杆、吹气、排气等程序的时间长短，要根据操作水平、工艺条件及生产周期进行，调整的主要部件是 SJ1、SJ2、SJ3、SJ4、SJ5、SJ6、SJ7 七个时间继电器，调整的方法如下：

SJ1	≥1.8s
SJ2	0～0.5s
SJ3	0.15～0.35s
SJ4	0.15～0.35s
SJ5	≥5.0s
SJ6	≥5.0s
SJ7	≥2.0s

（注：如吹制一出一产品时，左右放杆及吹气时间应保持一致。）

4. 试模

（1）管坯加热（蜂窝式烘箱）

打开电源，先拟定好设置温度，一般上温 115℃左右，中温 108℃左右，下温 102℃左右。接着打开调压器，根据管坯的长短分段控制，一般需 30min 左右加热，到达设置温度后，根据管坯的厚薄调节转速，然后，将管坯放入加热箱的管筒内，每次放 2 个，间隔时间视工艺要求和操作水平而定。一般 10～15s，管筒加热 15min 左右，此时，管坯基本上达到软化程度。

（2）吹瓶

将加热好的管坯，按顺序取出第一对放入瓶模夹口夹稳，双手撤回，按起动按钮，吹瓶即按合膜→封口→拉杆→吹气→排气→启口→升杆→开模→停止程序自动进行。

开模停止，取出吹好的瓶子，将下一对加热好的管坯放入模具，按起动按钮进行第二个循环生产，当起动按钮按下以后，要往前一次取出瓶坯的管筒内，加入两只未热的管坯，以保持生产的连续性。

五、注意事项

① 打手动试模后，一定要将手动按键复位，如其中有任何一个按键没有复位，就打自动后启动，可造成机器动作紊乱或不正常现象。

② 设备要精心保养并做经常性检查，设备的维修与保养，故障及排除方法请详见仪器使用说明书。

挤出吹塑成型实验

一、实验目的

① 了解挤出吹塑成型设备的基本结构和工作原理。

② 掌握挤出吹塑成型生产工艺。

二、实验原理

挤出吹塑设备主要由挤出机、机头、模具和型坯壁厚度控制装置组成。挤出机一般选用普通的单螺杆挤出机，机头采用直角式机头，模具通常由两个半模组成，因承受的压力较低，多用钢或铝制作，先进的吹塑成型机多带有型坯壁厚控制装置，该装置按预先设计的程序，通过伺服阀驱动液压油缸，使倒锥式芯模上下移动，控制通过口模的物料量，从而使型坯相应部位达到所需的厚度。

原理是挤出机挤出高弹态型坯，经过模具夹持、电热切割、插入吹针、通压缩空气吹胀、冷却定型、脱模取出中空制品。

三、原料与设备

1. 原料

高密度聚乙烯（吹塑级）。

2. 设备

JD501 型中空吹塑成型机。

四、实验步骤

① 首先接电，通水、气，然后打开控制屏幕。

② 设定挤出温度、模具温度，见表45-1。

表 45-1 挤出温度设定 单位：℃

一	二	三	四	五	六
155	155	160	160	165	160

模具温度控制在40～50℃。

③ 设定吹塑压力（学生填写设定数值）

吹塑压力和吹胀速度以使瓶体表面花纹清晰，进气口处没有内陷为准。一般容积大、瓶壁薄和MI较低的树脂，吹塑压力要高些。所以，工艺参数应依据所用原料及制品调试。本实验压力0.2MPa。

④ 设定工艺时间。见表45-2。

表 45-2 工艺时间 单位：s

等料时间	0.1	架下预计	0.1	吹气预计	0.2	微抽计时	0.0
切刀预计	1.0	抬模预计	0.2	吹气计时	24.0	延时去边	0.0
切刀计时	0.2	吹针下预计	0.1	放气计时	4.0	架上预计	0.1

⑤ 待温度达到设定温度2h后方可启动挤出系统，并且设置在自动操作位置上。

⑥ 机器自动进行吹塑。

⑦ 冷却。型坯在模具内冷却，要保持在压力的状况下进行冷却定型，通常冷却时间占总成型时间的60%以上。

⑧ 待冷却时间满，自动开模、脱出制品。

⑨ 修边，得到制品。观察分析制品质量。

五、实验记录现象

六、分析现象

七、思考题

① 挤出-吹塑制品的质量与哪些工艺因素有关？

② 如何控制好中空吹塑制品转角处的厚度？

③ 中空塑料制品除了吹塑法还有什么方法可成型？

实验四十六 聚乙烯泡沫材料的制备

泡沫塑料是以树脂为基础，内部具有无数微孔的塑料制品。使塑料产生微孔结构的过程称为发泡，发泡前原材料密度与发泡后泡沫塑料密度的比值叫做发泡倍率。泡沫塑料具有质轻、绝热、隔声、缓冲等特性；树脂结构、发泡体的发泡倍数、气泡结构（气泡的连续性、直径、形状、泡壁厚度、泡内气体成分）等是影响泡沫塑料特性的因素。泡沫塑料的这类特性在土木建筑、绝热工程、车辆材料、包装防护、体育及生活器材方面有着良好的应用前景。

一、实验目的

① 掌握生产聚烯烃泡沫塑料的基本原理，了解聚烯烃泡沫塑料的主要生产法。

② 掌握生产聚乙烯泡沫塑料的基本配方，了解配方中各种组分的作用。

③ 掌握实验室制备聚乙烯泡沫塑料的操作过程，熟悉工厂中聚乙烯泡沫塑料的生产工艺条件。

二、实验原理

本实验是低密聚乙烯（LDPE）用化学交联、化学发泡，一步法模压制备泡沫材料。LDPE 是带有支链结构的乙烯聚合物，聚集态结构由结晶区和非结晶区组成，多数的 LDPE 树脂熔点在 105～125℃之间，发泡过程中，在物料温度未达到晶体结构熔融前，材料较硬、流动性差，发泡气体不能膨胀；物料温度使晶体结构熔融时，熔体黏度急剧下降（结晶度高的树脂下降尤为剧烈），随着温度升高，熔体黏弹性将进一步降低。熔体的这种性质使发泡过程中的气体容易逃逸，发泡条件只能限制在狭隘的温度范围内。其次，LDPE 从熔融态转变成结晶态时，要放出结晶热，而熔融的 LDPE 的比热容又较大，因此从熔融状态到固化状态经历的冷却时间较长，不利于保持气泡稳定。再有 LDPE 的气体透过率高，发泡剂分解放出的气体易于渗透外逸使泡沫崩塌。上述的发泡性能使工艺控制十分困难，为了改善 LDPE 发泡工艺性能的这些缺点，除控制树脂的熔体流动速率，往往采用分子链间进行交联的方法。研究工作表明，随着 LDPE 交联度（以不溶于热的苯类溶剂的凝胶百分率表示）增加，熔融时熔体黏度、弹性比没有交联 LDPE 有所增加，从而可以在比较宽广的温度范围内获得适宜于发泡的条件，提高了泡沫的稳定性，制得均匀、微细、高发泡倍率的泡沫制品。

LDPE 交联有化学交联及辐射交联两类技术。化学交联通常用有机过氧化物作交联剂。以过氧化二异丙苯（DCP）作交联剂为例，在不同温度下的半衰期列于表 46-1 中，表中所列温度和半衰期的时间可以作为拟定发泡工艺条件的参考数值，LDPE 的交联过程如下。

表 46-1　DCP 在不同温度下的半衰期

温度/℃	101	115	130	145	171	175
半衰期/min	6000	744	108	18	1	0.75

① 加热条件下，DCP 分解为游离基或游离基再分解为新游离基。

$$C_6H_5-C(CH_3)_2-O-O-(CH_3)_2C-C_6H_5 \longrightarrow C_6H_5-C(CH_3)_2-O \cdot$$

$$C_6H_5-C(CH_3)_2-O \cdot \longrightarrow C_6H_5-\underset{\underset{O}{\|}}{C}-CH_3 + CH_3 \cdot$$

② 游离基夺取 LDPE 大分链（多数是支链位置叔碳原子）的氢，生成大分子游离基。

$$-CH_2-CH_2-\underset{R}{\overset{|}{CH}}-CH_2- + C_6H_5-C(CH_3)_2-O \cdot \longrightarrow C_6H_5-C(CH_3)_2-OH + -CH_2-CH_2-\underset{R}{\overset{|}{\overset{\cdot}{C}}}-CH_2-$$

$$-CH_2-CH_2-\underset{R}{\overset{|}{CH}}-CH_2- + \cdot CH_3 \longrightarrow CH_4 + -CH_2-CH_2-\underset{R}{\overset{|}{\overset{\cdot}{C}}}-CH_2-$$

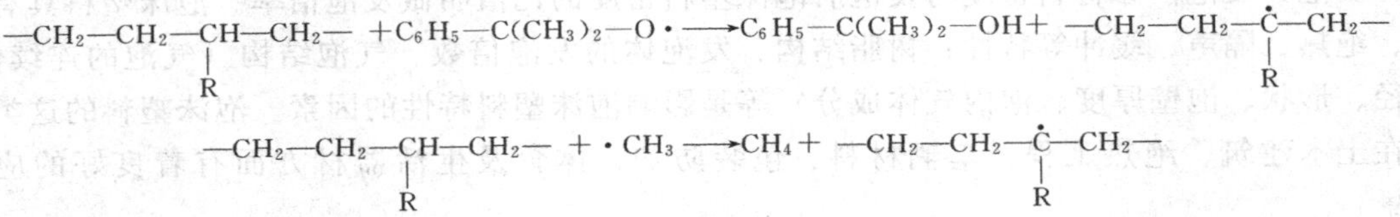

式中，R 为 H—，C_2H_5—，C_4H_9—。

③ 大分子游离基互相结合成共价键桥，得到交联聚乙烯。

$$\begin{array}{c} -CH_2-CH_2-\underset{R}{\overset{|}{\overset{\cdot}{C}}}-CH_2- \\ \\ -CH_2-CH_2-\underset{R}{\overset{|}{\overset{\cdot}{C}}}-CH_2- \end{array} \longrightarrow \begin{array}{c} \overset{\overset{\textstyle R}{|}}{} \\ -CH_2-CH_2-\underset{}{\overset{|}{C}}-CH_2- \\ -CH_2-CH_2-\underset{\underset{R}{|}}{\overset{|}{C}}-CH_2- \end{array}$$

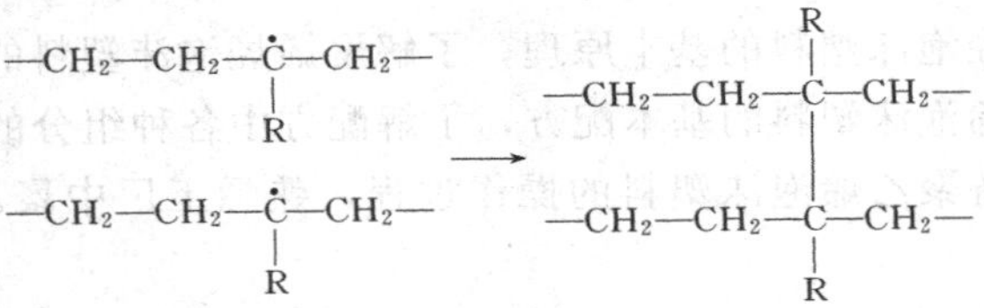

LDPE 交联后，熔体黏度对于温度的变化如图 46-1。从图 46-1 可见：在 $T_m \sim T_1$ 温度范围内，LDPE 可进行混炼、成型过程；在 $T_1 \sim T_2$ 温度区间，交联处理的 LDPE 在较宽温度范围内，其熔融黏度变化缓慢，从而可进行化学发泡。

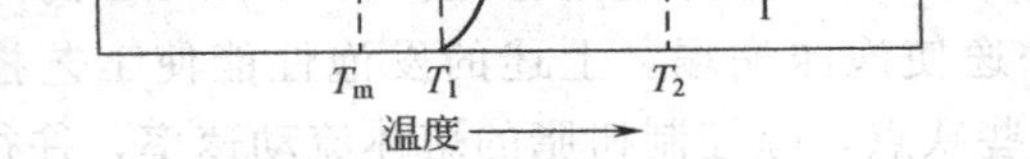

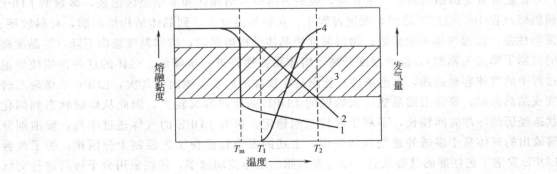

图 46-1　交联熔体黏度、发泡剂产气量与温度的关系

1—LDPE；2—交联 LDPE；3—适于发泡的黏度区；4—发泡剂分解曲线

化学发泡剂分为有机的和无机的两类，属于有机发泡剂的偶氮二甲酰胺（ADCA）是 LDPE 最常用的发泡剂，加热时主要分解反应为：

$$NH_2-CO-N-N-CO-NH_2 \longrightarrow N_2 + CO + NH_2CONH_2$$

ADCA 分解是一个复杂的反应过程，主要放出的是 N_2（占 65%）、CO（占 32%），此外尚有少量的 CO_2（约占 2%）、NH_3 等。ADCA 分解的发气量为 220mL/g（标准状态），分解放热 168kJ/mol，在塑料中的分解温度为 165～200℃。若在此分解温度下，交联的 LDPE 熔体黏度会明显降低，黏弹性变差，给发泡工艺过程造成新的困难。因此要在发泡的

原料配方中加入某些助剂降低发泡剂分解温度，加快发泡剂分解速度，这类助剂称为发泡促进剂。ADCA 的发泡促进剂有铅、锌、镉、钙的化合物，有机酸盐以及脲等。本实验所用的发泡促进剂氧化锌（ZnO），硬脂酸锌（ZnSt，兼作润滑剂）用量与发泡剂 ADCA 分解温度的关系如图 46-2、图 46-3，由图选择促进剂用量来控制发泡温度。

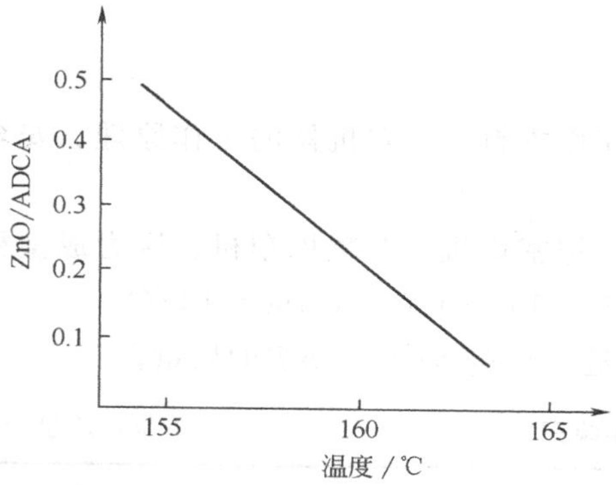

图 46-2 ZnO 与 ADCA 分解温度的关系

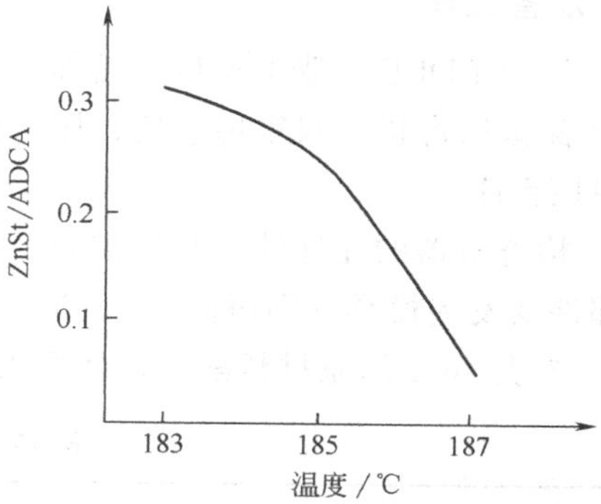

图 46-3 ZnSt 与 ADCA 分解温度的关系

化学发泡时把发泡剂均匀混入 LDPE 中，加热使发泡剂分解释放大量气体和热能，气体与熔融的 LDPE 混合，在成型设备的工作压力下溶解于熔体内，热能在发泡剂粒子的位置形成局部热点，这些局部的定点热点温度较周围 LDPE 熔体温度更高，致使黏度较周围熔体的低，表面张力适量减小，成为溶解的气体可以膨胀、发泡的位置，即泡核。而周围熔体内的气体，不断地向泡核渗透、扩散，直至气体的压力与泡核壁面的应力处于平衡状态时为止。当发泡剂分解完后，成型设备解除工作压力的瞬间，熔体温度、气体的压力、体积变化与泡核壁面取得新的应力平衡，发泡材料急剧胀大，成为细密、均匀、稳定泡孔结构的发泡制品。

三、原料与设备

1. 原料

LDPE：密度 0.920～0.924g/cm^3，熔体流动速率＜10g/10min。

DCP：工业一级品。

ADCA：工业一级品。

ZnO：化工一级品。

ZnSt：化工一级品。

2. 设备

乳钵（直径 15cm）1 套。

天平（感量 0.1g）1 台。

天平（感量 1g）1 台。

XSM-1/20-80 密炼机（密炼室工作容量 0.6～0.7L）1 台。

SK-160B 双辊炼塑机 1 台。

SLB350×350×2 平板硫化机 1 台。

发泡模具、型腔尺寸（长×宽×深）160mm×160mm×3mm 1 副。

整形钢板、板面尺寸（长×宽）350mm×300mm 1副。

泡沫材料测厚仪或游标尺（精度0.02mm）1把。

四、实验步骤

1. 准备工作

① 测定LDPE树脂的密度、熔体流动速率。

② 阅读密炼机、双辊炼塑机、压力成型机的使用资料，了解机器的工作原理、安全要求及使用程序。

③ 检查机器的完好性，利用加热、控温装置，把密炼机、双辊炼塑机、压力成型机的工艺部件及发泡模具分别恒温到130℃、100～120℃、160～180℃及160～180℃。

④ 按表46-2的原材料配方，计算出LDPE质量为600g时加入助剂的质量。

表46-2 原材料实验配方 单位：质量份

LPDE	DCP	ADCA	ZnO	ZnSt
100	0.2～1.0	4	0.8	1.2

用天平（感量1g）称量LDPE于容器中，按发泡促进剂、交联剂、发泡剂顺序，分别用天平（感量0.1g）称量助剂于乳钵内研磨均匀后移入容器。

2. 用密炼机混合原材料

① 启动密炼机的主机和液压电机，调节转子速度为20～30r/min，从加料室按LDPE（约300g）、助剂、LDPE（余下的300g）顺序加料，加料完毕、关闭加料门，放下上顶栓、使物料承受0.14MPa的压强，停止主机。

② 在120～130℃的温度下，预热物料3min。预热时间内接通测量仪器电源，并使转矩测量仪、转矩记录仪、物料温度记录仪处于工作状态。

③ 预热时间结束，启动主机，物料开始密炼。由转矩记录仪、物料温度记录仪描绘出物料转矩-时间、物料温度-时间曲线。

④ 从物料的转矩-温度-时间曲线判断物料熔融，并已均匀后或经密炼10～15min后，开启下顶栓放出团块状的物料，立即辊炼放片。

3. 用双辊炼塑机放片

① 启动双辊炼塑机，调节辊距为1～2mm，将在100～120℃的温度下将密炼好的团块状物料辊炼1～2次，取下成为发泡使用的片坯。

② 趁片坯未冷却变硬时，剪切为略小于160mm×160mm的正方块。

③ 按发泡模具型腔容积（在实验前）计算的质量数值，用天平（感量1g）称量片坯。

4. 用压力成型机模压发泡

① 将已恒温160～180℃的发泡模具清理干净，置于压力成型机下工作台中心部位，放入已称量的片坯。

② 合模加压至压力成型机液压表压强为9～32MPa，开始计算模压发泡成型时间。

③ 模具温度160～180℃下，模压发泡成型10～12min解除压力，迅速开模取出泡沫板材，置于整形模具的二块模板间定型2～6min。

5. 检测泡沫材料性能

① 用三角尺（自备）在泡沫板材表面画出 100mm×100mm 的正方形，剪切成块，用泡沫材料测厚仪或游标尺测量各边的厚度；用天平（感量 0.1g）称量泡沫块的质量。

② 在泡沫板材表面及切断面用肉眼或放大镜观察气泡结构及外观质量缺陷（如熔接痕、翘曲、僵块、凹陷等）状况。

③ 切样机切取试样，测试拉伸强度及断裂伸长率。

五、实验结果分析

① 按压力成型技术参数，计算模压成型的模压压强（MPa）。

② 根据测量数据，计算泡沫材料的发泡倍数及平均值。

③ 解释实验过程中的发泡剂、促进剂-温度之间的关系。

六、思考题

① 塑料密度、泡沫塑料密度、发泡剂的发气量推导计算发泡剂理论用量的公式。用此式校验本实验配方中发泡剂用量，说明理论用量与实验用量差别的原因。

② 塑料的模压成型与模压发泡成型有何异同？

实验四十七 离型纸法间接涂覆制作人造革试样

人造革通常是以布或纸为基材的塑料涂层制品，可以代替天然皮革应用。早在1920年就有所谓硝化纤维漆布的生产。1948年以后出现了聚氯乙烯人造革，几经改革，不仅质量有所改进，而且品种也日益繁多。

聚氯乙烯人造革的分类方法很不一致，常以基材、结构、表观特征和用途等分类。以基材来分，有用纸张的聚氯乙烯壁纸，用一般纺织布的普通人造革，用针织布的针织布基人造革等。此外还有不用基材的片材，通称为无衬人造革。以结构来分，则有单面人造革、双面人造革、泡沫人造革及透气人造革等。按表观特征分，有贴膜革、表面涂饰革、印花贴膜革、套色革等。按用途分，有家具人造革、衣着人造革、箱包人造革、鞋着人造革、地板人造革以及墙壁覆盖人造革等。

聚氯乙烯人造革的主要加工方法有压延法、涂覆法、层合法，其中涂覆法又包括直接涂覆法和间接涂覆法，现在我国工业生产上主要是间接涂覆法为主。将塑性溶胶用刮刀或逆辊涂覆的方法涂覆到一个循环运转的载体上，通过预热烘箱使其在半凝胶状态下与布基贴合，再使其进入主烘箱塑化或发泡。随后冷却并从载体上剥下，再经表面涂饰处理即可作为成品，这种方法称为间接涂覆或转移涂覆。

一、实验目的

① 了解间接涂覆生产人造革的生产工艺。

② 熟悉人造革不同层 PVC 塑胶的配方及配制方法。

③ 掌握制作 0.9mm PVC 针泡人造革的方法。

④ 掌握人造革小样的制作方法及其性能测试方法。

二、实验原理

采用离型纸法间接涂覆（通称干法）人造革工艺，将离型纸固定在纸架上。纸架前后有两个胶辊用来固定纸，压紧后绷紧纸使它平整，然后固定。将固定好纸的纸架放到刮刀台上，将刮刀放到刀架（可以调节刮刀上下）上，用塞尺量好刮刀和纸的间隙，确定需要的间隙，而后加配好的塑胶进行刮涂，涂好后贴基布，基布必须贴得平整牢固，而后送入烘箱进行烘熔塑化处理，处理完成后，出箱冷却剥离，得到人造革小样。

离型纸（relacepaper）就是可以与涂刮料剥离，能重复利用的涂刮载体。它是因为表面有一层硅胶可以与成型后的 PVC、PU 剥离，所以叫离型纸。我国20世纪60年代曾经有钢带法人造革生产线，用钢带做载体。20世纪80年代引进了离型纸法人造革工艺。其优点是该纸可以重复利用多次，纸上花纹直接反映到革面上，直接可以发泡。不需要再次压花发泡等二次加工，一次成型，方便快捷生产效率高。所需原料必须是乳液法 PVC（糊树脂）及干法 PU 树脂。这里是做 PVC 革，所以不再阐述 PU 方面的问题。

此实验是模仿工业生产线的生产工艺、生产方法来制作人造革小样的，虽然整个制作过程与工业生产线还是有不相同的地方，试制出来的产品也不完全和大生产出的产品一致，但是这个实验完全可作为工业化大生产的工艺技术参考，以及可为客户提供样品、样件。

三、原料与设备

1. 原料

PVC 树脂（糊树脂），DOP，DBP，液体稳定剂，碳酸钙，色浆，白色 32 支纱针织布。

2. 设备

工具：不锈钢茶缸 3 个，玻璃棒 3 支，塞尺 1 把，壁纸刀，剪刀，直尺，量角器，离型纸。

仪器：JD200-3 电子天平，电动搅拌器（90W、3000r/min），NDJ-7 型旋转式黏度计。

装置：P-500 拉力实验机，Jolly pilor 意大利进口小型人造革试制机（其结构如图 47-1）。

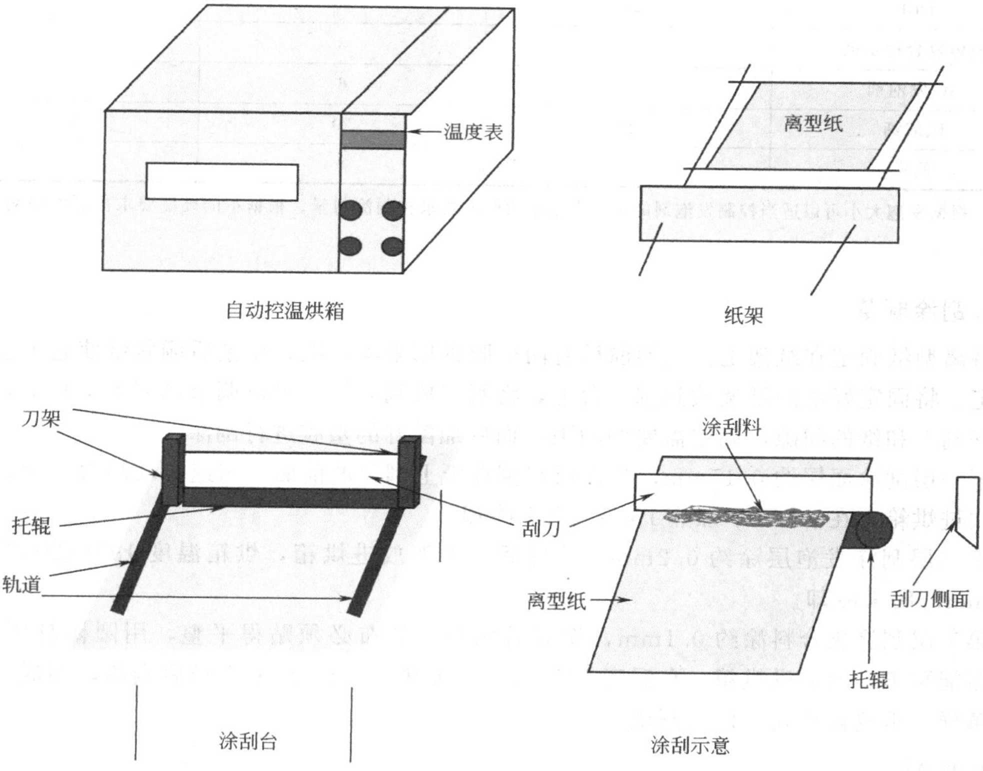

图 47-1 小型人造革试制机

四、实验步骤

1. 准备

备齐原料：PVC 树脂、DOP、DBP、液体稳定剂、碳酸钙、色浆、白色 32 支纱针织布。

备好工具：不锈钢茶缸 3 个、玻璃棒 3 支、塞尺 1 把、壁纸刀、剪刀、直尺、量角器。

裁剪：按照需要选择合适花纹的离型纸，并且剪成需要的尺寸备用。按照需要选择基布，并且剪成需要的尺寸备用。

调整设备：调整好人造革试制机的温度。

2. 配料

用 3 个不锈钢缸子分别按表 47-1 配方称量好各种原料，先用玻璃棒混合搅拌成糊状，然后用搅拌机高速搅拌 5min，搅拌均匀达到无颗粒物。用黏度计测量黏度在 3000～5000MPa·s 范围内即可。

表 47-1 人造革三层配方

原料	面层/份	发泡层/份	黏合层/份
PVC	100	100	100
DOP	50	30	30
DBP	20	40	40
液体复合稳定剂	3	3	3
AC 发泡剂		6	
碳酸钙	20	20	30
色浆	10	5	

注：根据发泡大小可以适当控制发泡剂的量。根据革的厚度要求控制涂料量。根据革的硬度要求控制增塑剂及填料量大小。

3. 刮涂制革

将离型纸固定在纸架上。纸架前后有两个胶辊用来固定纸，压紧后绷紧纸使它平整，然后固定。将固定好纸的纸架放到刮刀台上，将刮刀放到刀架（可以调节刮刀上下）上，用塞尺量好刮刀和纸的间隙，确定需要的间隙，而后加配好的塑胶进行刮涂。

第一层刮涂面层约 0.15mm，将面层料倒在纸上刮刀的前面。匀速拉动刮刀，涂好后将纸架放进烘箱，在 160℃下加热 1min，出来冷却。

第二层刮涂发泡层涂约 0.2mm，涂好后将纸架放进烘箱，烘箱温度 190～200℃加热 1～3min，出来冷却。

第三层刮涂黏合料涂约 0.1mm，涂好后贴布。基布必须贴得平整，用圆棒赶压一遍，保证布能贴牢，然后进烘箱。在温度 165～175℃加热 1min，出来冷却后剥离，即成一片人造革革样。重复做得几片以备测试。

4. 检测

首先根据外观判断是否合格。表面花纹清晰，平整。厚度表测量革厚基本均匀一致，在 0.85～0.95mm 之间。布粘得牢固平整就基本合格，否则重做。

五、性能测试

根据国家标准 GB/T 8948—2008 的检测标准检测物性指标。

1. 拉伸负荷及断裂伸长率

按 GB/T 8948—2008 中的规定，分别按经向、纬向裁宽 30mm，长 200mm（中间标线间距为 200mm）的革条试样各数条，标明经纬向。按实验速度 200mm/min 在拉力机上检测，结果按 3 块的平均值表示。拉伸负荷精确到 1N，断裂伸长率取两位有效数字。

2. 撕裂负荷

在试样短边的中央沿着平行于长边的方向将试样切开 75mm 口，切开的两端成反向夹在拉力机的夹具上以 200mm/min 速度实验，记录被撕裂的最大负荷，按经纬向各 3 块的算术平均值表示，精确到 1N。

3. 剥离负荷

按 GB/T 8948—2008 中的规定，按经纬向各 3 块，一端浸入氯仿溶液中 50mm，1～3min，使基布与 PVC 层分开，然后取出，用夹具分别夹住基布和 PVC 层，以 200mm/min 速度实验，记录剥离开的最大负荷，用 3 块的算术平均值表示，精确到 1N。

检测数据记录于表 47-2。

表 47-2　检测结果数据记录

检测项目	标　准	实测结果
拉伸负荷速度/(mm/min)	200	
经向强度/N	≥110	
纬向强度/N	≥80	
撕裂负荷速度/(mm/min)	200	
经向强度/N	≥12	
纬向强度/N	≥10	
剥离负荷速度/(mm/min)		
剥离负荷/N	≥12	
拉伸负荷速度/(mm/min)	200	
经向断裂伸长率/%	≥30	
纬向断裂伸长率/%	≥130	
厚度/mm	0.9±0.1	

六、结果分析

合格，此产品可以生产。不合格，分析所有可能导致不合格的因素。

七、思考题

① 导致人造革制品剥离强度低的原因可能有哪些？

② 导致人造革厚度不均的原因是什么？

③ 导致发泡层没发泡或泡孔不均、不细腻的原因是什么？

实验四十八 玻璃钢（FRP）制品手糊成型实验

一、实验目的

① 掌握玻璃钢手糊成型的基本方法，熟悉玻璃钢手糊制品的制备原理。
② 加深理解不饱和聚酯树脂的固化机理。

二、实验原理

不饱和聚酯是热固性的树脂，是由不饱和二元羧酸（或酸酐）、饱和二元羧酸或（酸酐）与多元醇缩聚而成的线型高分子化合物。在不饱和聚酯的分子主链中含有酯键（$-\overset{O}{\overset{\|}{C}}-O-$）和不饱和双键（—CH═CH—）。因此，它具有典型的酯键和不饱和双键的特性。不饱和聚酯具有线型结构，因此也称为线型不饱和聚酯。由于不饱和聚酯链中含有不饱和双键，因此可以在加热、光照、高能辐射以及引发剂作用下与交联单体进行共聚，交联固化成具有三向网络的体型结构。

FRP 手糊成型工艺是玻璃纤维增强不饱和聚酯制品生产中使用最早的一种成型工艺。尽管随着 FRP 业的迅速发展，新的成型技术不断涌现，但在整个 FRP 工业发展过程中，手糊成型工艺仍占有重要地位。手糊成型工艺操作简便，设备简单，投资少，不受制品形状尺寸限制，可以根据设计要求，铺设不同厚度的增强材料。手糊成型特别适合于制作形状复杂、尺寸较大、用途特殊的 FRP 制品。但手糊成型工艺制品质量不够稳定，不易控制，生产效率低，劳动条件差。

不饱和聚酯树脂在用于制备 FRP 时，通常应配以适当的有机过氧化物引发剂，浸渍玻璃纤维，经适当的温度和一定的时间作用，树脂和玻璃纤维紧密黏结在一起，成为一个坚硬的 FRP 整体制品。在这一过程中，玻璃纤维增强材料的物理状态前后没有发生变化，而树脂则从黏流的液态转变成坚硬的固态。这种过程称为不饱和聚酯树脂的固化。当不饱和聚酯树脂配以过氧化环己酮（或过氧化甲乙酮）作引发剂，以环烷酸钴作促进剂时，它可在室温、接触压力下固化成型。

手糊成型工艺过程可概括如下：

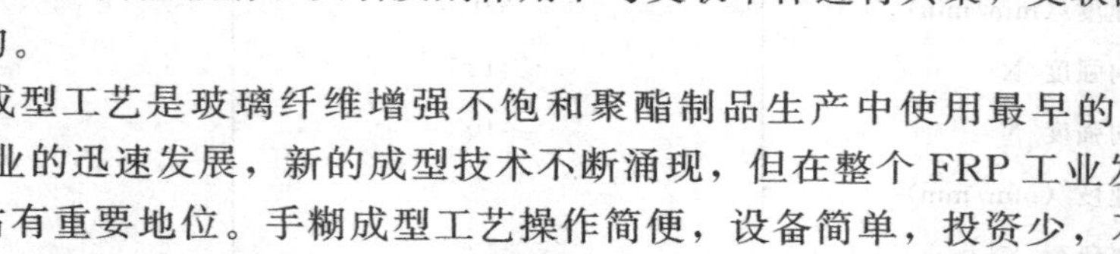

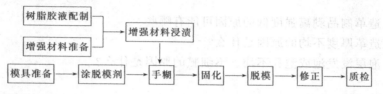

三、原料与设备

1. 原料

0.4mm 厚的无碱无捻玻璃纤维方格布若干。

不饱和聚酯树脂（含苯乙烯 30%，实验室合成）100 份。

50%过氧化环己酮糊（含 50%邻苯二甲酸二丁酯）4 份。

含 6%环烷酸钴的苯乙烯溶液（或 1 份萘酸钴 9 份苯乙烯）2～4 份。

2. 设备

波纹瓦金属模具 1 副。

剪刀 1 把。

毛刷 1 把。

钢尺 1 把。

电子台秤 1 台。

涤纶薄膜 2 块（50cm×50cm）。

玻璃烧杯 1 只。

玻璃棒 1 只。

手辊 1 只。

四、实验步骤

① 裁剪 0.4mm 厚玻璃布为 300mm×200mm 矩形 8 块，并称重。

② 按 FRP 手糊制品 50%的含胶量称取不饱和聚酯树脂。按每 100 份（质量）树脂加入 4 份过氧化环己酮糊，充分搅拌均匀，再加入 2～4 份环烷酸钴溶液，充分搅拌均匀待用。

③ 在波纹瓦金属模具上铺放好涤纶薄膜，在中央区域倒上少量树脂，铺上一层玻璃纤维布，用手辊仔细滚压，使树脂充分浸透玻璃布后，再刷涂第二层不饱和聚酯胶，铺上第二层玻璃纤维布，再用手辊仔细滚压，如此重复直至铺完所有的玻璃纤维布。最后在上面盖上另一张涤纶薄膜，用再用手辊仔细滚压在薄膜上推赶气泡。要求既要保留树脂，又要赶尽气泡。气泡赶尽后，在糊层的表面上再压上另一块波纹瓦金属模具。

④ 室温下固化 24h 后，检查制品波纹瓦的固化情况。

五、实验讨论

不饱和聚酯树脂的凝胶时间除与配方有关外，还与环境温度、湿度、制品厚度等有很大关系。因此在实验之前应作凝胶试验，以便根据具体情况确定引发剂、促进剂的准确用量，对于初学者，建议凝胶时间控制在 15～20min 内较为合适。

实验时应注意，涂刷要沿布的径向用力，顺着一个方向从中间向两边把气泡赶尽，使玻璃布贴合紧密，含胶量均匀。铺第一、第二层布时，树脂含量应高些，这样有利于浸透织物并排出气泡。

六、思考题

① 不饱和聚酯树脂固化有哪两种固化体系？试述引发剂、促进剂的作用原理。

② 分析本实验手糊制品产生缺陷的原因及解决办法。

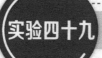

实验四十九 不饱和聚酯的增稠及 SMC 的制备

一、实验目的

① 了解不饱和聚酯的增稠机理及各种添加剂的作用。

② 掌握实验室制备 SMC 的方法。

二、实验原理

片状模塑料（sheet molding compound，SMC）是不饱和聚酯树脂加入增稠剂、引发剂、低收缩添加剂、填料、颜料、脱模剂等组分的树脂糊，浸渍短切纤维或毡片，上下两面覆盖聚乙烯薄膜的薄片状的模塑料。

不饱和聚酯树脂在碱土金属氧化物或氢氧化物［如 MgO、CaO、Mg（OH）$_2$、Ca（OH）$_2$ 等］作用下能很快稠化，形成“凝胶状物”，直至成为不能流动的、不粘手的状态，这一过程称为增黏过程或增稠过程。一般把增稠过程分为初期与后期两个阶段。从工艺使用要求看，起始的增稠过程应尽可能缓慢，以使不饱和聚酯树脂增稠体系能很好地浸润增强材料，而在浸润增强材料之后的后期增稠过程，又要求快速进行，并能达到稳定的增稠程度。一般认为，碱土金属氧化物或氢氧化物——增稠剂首先与带羧端基的不饱和聚酯起酸碱反应，使不饱和聚酯分子链扩展：

$$\sim\sim COOH + MgO \longrightarrow \sim\sim COOMgOH$$

$$\sim\sim COOH + \sim\sim COOMgOH \longrightarrow \sim\sim COOMgOOC\sim\sim + OH_2$$

这一阶段的反应，就是初期的增稠过程。后期的增稠过程，反应受扩散控制，有可能形成一种络合物：

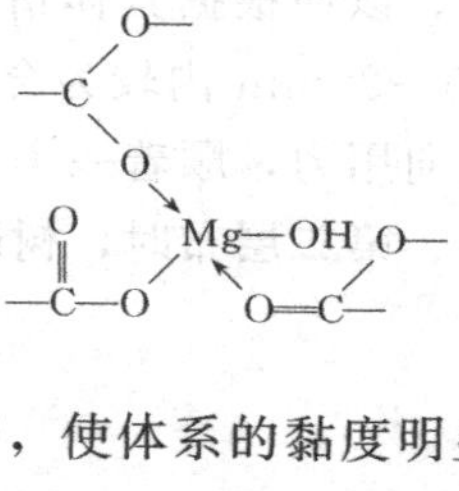

由于形成的络合物具有网络结构，使体系的黏度明显增加。

SMC 是一种热固性玻璃钢模压材料。用 SMC 生产聚酯玻璃钢制品，工艺操作简单方便，效率高，无粉尘飞扬，模压时对温度及压力的要求不高，可变范围较大，制备过程及成型过程易实现自动化，有助于改善劳动条件，制品性能优良，尺寸稳定性好，适合结构复杂的制品或大面积制品的成型。

制备 SMC 的工艺过程如下：

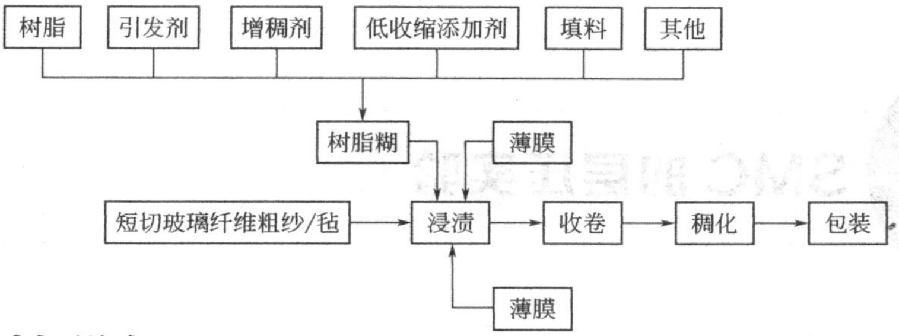

三、原料与设备

1. 原料

不饱和聚酯树脂（196 号或 198 号），苯乙烯（化学纯），过氧化二异丙苯（DCP）（化学纯，引发剂），粉末聚氯乙烯（PVC）（低收缩添加剂），硬脂酸锌（ZnST）（化学纯，内脱模剂），$CaCO_3$（化学纯，无机填料），MgO（化学纯，增稠剂），短切玻璃纤维毡。

2. 设备

搅拌器，玻璃棒，烧杯，薄膜，玻璃板。

四、实验步骤

① 将粉末 $CaCO_3$（120g）、PVC（10g）、DCP（2g）、ZnSt（2g）、MgO（3g）等固体原料称于烧杯中，然后在固体料的上面加入苯乙烯 15g 和树脂 100g。

② 手持烧杯，置搅拌器于容器中，先慢速后逐渐加快转速在高速搅拌下，手持容器作上下左右移动，使树脂和固体料充分搅匀。按此要求快速搅拌 15min。

③ 将薄膜两张分别置于两块玻璃板上，把充分搅拌好的树脂糊各分一半于薄膜之上，用玻璃棒将树脂糊铺平。

④ 将玻璃纤维毡放置于铺设好的其中一块树脂糊上，将另一块铺好树脂糊的薄膜翻过来，使树脂糊的一面朝向玻璃纤维毡。

⑤ 用玻璃棒重复滚压由薄膜盖好的树脂糊和玻璃纤维毡，使其很好地浸渍。

⑥ 将玻璃板盖在上面，24h 后观察增稠情况，以不粘手为好。

⑦ 将不粘手的片材两边贴上塑料薄膜，以备后面实验使用。

五、实验结果分析

树脂糊中水分的存在强烈地影响其初期黏度。由于水分对系统的增稠作用有明显影响，因此在 SMC 制备之前，为保证实验过程中黏度变化的均一性和 SMC 质量的均匀性，对各种原材料的含水量必须严格控制，聚氯乙烯、硬脂酸锌、$CaCO_3$、MgO 等在使用之前要烘干去除水分。根据不饱和树脂增稠的机理，分析还有哪些物质可为增稠剂。

六、思考题

① SMC 是什么材料，主要成分是什么？

② 为什么不饱和树脂能增稠？常用的增稠剂有哪些？

实验五十 SMC的层压实验

一、实验目的

① 掌握SMC压制成型工艺和液压机的操作程序。

② 掌握保温时间与料厚及成型温度的关系。

二、实验原理

将一定量的模塑料放入金属对模中，在一定的温度、压力、时间下，使模塑料在模腔内受热塑化、受压流动并充满模腔交联固化而获得相应制品的成型工艺称为模压成型工艺。这种成型工艺属于压力成型工艺，它需要加压成型，因而要求模压成型的模具具有高强度、高精度、耐高温等特性。模压成型工艺生产效率较高、制品尺寸精确、表面光洁。它的优点是结构复杂的制品可一次成型，制品的外观及尺寸重复性好，缺点是模具设计与制造复杂，成本较高，易受设备限制。

SMC的模压过程较简单，只要将符合要求的片状模塑料剪成所需形状，撕去两面的保护薄膜，按要求的层数叠合装入模具内，即可按规定的工艺参数进行压制成型。它的主要工艺过程如下：

压制前的准备 → 加料 → 成型 → 脱模 → 修整 → 成品

三、原料与设备

1. 原料

SMC（实验室制备）。

脱模剂（25号变压器油）。

丙酮（工业级）。

2. 设备

模具：长方形不锈钢模具型腔200mm×180mm×3mm。

压机：250kN平板硫化机。

四、实验步骤

1. 压制前的准备

① 熟悉250KN平板硫化机的操作步骤。

② 检查SMC的质量，以不粘手为好。并按模具尺寸（200mm×180mm）裁剪好，准备足够的片数。

③ 在清洁的模具内腔，均匀地涂一层脱模剂。

④ 计算成型压力。成型压力和压机的柱塞面积及表压有如下关系：

$$kP_{表}F = Pf$$

式中 $P_{表}$——压机的表压，MPa；

F——压柱柱塞面积，cm^2；

P——成型压力，即制品水平投影面积上的单位压力，MPa；

f——制品水平投影面积，cm^2；

k——压机的有效系数，可近似取 1。

2. 压制工艺参数

成型压力：P＝10MPa。

成型温度：135～140℃。

保温时间：1min/mm。

合模时间：(30±5)s（从物料放入模具至加压合模时间）。

3. 压制过程

① 将模具及压机加热板升温至 135～140℃，并恒定在此温度下。

② 将裁剪好的 SMC 撕去两面薄膜放入模具中。

③ 迅速关闭控制阀，按加压按钮，使压机表压保持在预先计算好的压力下，时间为 1min/mm。

④ 关闭电源停止加热，但不卸掉压力，因本压机无冷却系统，所以待自然冷却后再取出脱模。

⑤ 清洁模具。

4. 弯曲强度的测定

将压制成型的试样制成 80mm×15mm×3mm 的试样 5 只，在万能力学试验机上测定其弯曲强度。

5. 实验记录

① 成型压力的计算。

② 压制的全过程、温度、压力、时间各项参数。

③ 弯曲强度试样的尺寸，测试表值、弯曲强度的计算。

五、实验结果分析

六、思考题

① 保温时间对制品性能有何影响？确定保温时间的原则是什么？

② 压制成型后制品为什么会产生收缩？有哪些措施可以减小收缩？

实验五十一 短切玻璃纤维预混料的制备

一、实验目的

① 掌握实验室手工制备短切玻璃纤维预混料的方法。

② 了解预混料中树脂具有热塑性质。

③ 制备预混料为模压成型实验准备原料。

二、实验原理

短切玻璃纤维预混料常用于模压工艺，故亦称为压缩模塑塑料。它是模压工艺中广泛使用的一种预混料。主要用来成型要求有较高强度、耐热、耐腐蚀和形状复杂的增强塑料制品。它的特点是作为增强材料的玻璃纤维含量较高（质量比为50%～60%），玻璃纤维较长（30～50mm），配方中一般无填料，只有玻璃纤维和基体树脂两个组分。根据纤维形态的不同，短玻璃纤维模塑料可分为散乱状模塑料、碎布模塑料和织物模塑料。三种模塑料中，散乱状模塑料的应用最为广泛。它可用手工预混或机械预混的方法加工。手工方法适合于小批量生产，混料时纤维强度损失小，但不易混合均匀。机械方法适合于大批量生产。

散乱状模塑料手工制备工艺如下所示：

干燥的短纤维 + 树脂胶液 → 混合 → 撕松 → 烘干 → 预混料

三、原料与设备

1. 原料

短切玻璃纤维 30～50mm，氨酚醛树脂，工业酒精。

2. 设备

塑料薄膜、烘箱、烧杯、乳胶手套。

四、实验步骤

① 短切玻璃纤维（30～50mm）180℃下干燥处理 60min。

② 将氨酚醛树脂配成 50% 的酒精溶液。

③ 将配好的树脂溶液按纤维：树脂＝60：40（质量比）比例，使短切玻璃纤维与树脂溶液用手工充分混合，达到均匀。

④ 手工撕松混合料，并均匀铺放在薄膜上，自然晾干。

⑤ 在（80±1）℃的条件下，烘干 60min，去除水分及小分子挥发物。

⑥ 冷却后装入塑料袋中封存待用。

五、实验讨论

压缩模塑增强塑料一般使用玻璃纤维、碳纤维或 Kevlar 纤维（芳纶），以及使用两种或两种以上纤维混合作增强材料。树脂多为酚醛树脂类，如氨酚醛、钡酚醛、镁酚醛以及各种改性酚醛树脂。影响模塑料质量的因素有很多，溶剂加入量的多少起到调节树脂溶液黏度的作用。树脂黏度降低有利于树脂对纤维的渗透与附着并减少纤维强度的损失。纤维长度过长，极易引起纤维间相互纠缠而产生团料。在确保纤维充分浸润的情况下，浸渍时间应尽量缩短，过长的捏合时间会引起纤维原始强度的损失，溶剂过多地挥发也会增加撕松工序的困难。烘干条件是控制模压料挥发物含量和不溶性树脂含量的重要因素。

六、思考题

① 为什么树脂能与玻璃纤维有较好的粘接作用？

② 我们实验中常用的增强材料有哪些？

实验五十二 FRP 制品模压成型

一、实验目的

① 熟悉压缩模塑成型方法。

② 掌握散乱状预混料的模压成型工艺。

二、实验原理

模压工艺是利用树脂固化反应中的各个阶段特性来实现制品成型的过程，当预混料加入到已预热的模具内时，树脂的分子还基本是线型的，属于热塑性的，树脂受热成为一种具有一定流动性的黏流状态，同时协同纤维一道流动至模腔各处，此时的树脂称作“黏流阶段”，继续提高模温，树脂受热发生化学交联，当分子交联成为网状结构时，树脂的流动性很快降低，由“黏流阶段”变为凝胶状态，最终成为不溶不熔的体形结构，达到“硬固阶段”。模压成型工艺流程如下：

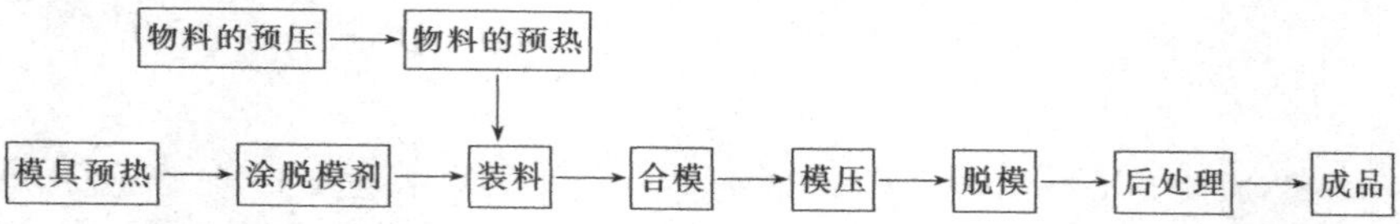

三、原料与设备

1. 原料

预混料：实验室制备。

脱模剂：硅油（化学纯）。

2. 设备

模具：180mm×160mm×4mm 长方形不锈钢模具。

压机：Y71-100-Ⅰ型液压机。

四、实验步骤

① 在清洁的模具内腔，均匀地涂一层脱模剂。

② 模具放在压机上预热。当温度达 80～90℃ 时保温 1h，同时将预混料装模使之预热，在加热过程中随时翻动，使之受热均匀，并用手辊将预混料压成密实体。

③ 压机加热板升温至（105±2)℃ 时下全压，压力为 30MPa。

④ 继续升温，按升温速度为 10℃/min，当温度到达（175±3)℃时，保温 10min。

⑤ 降温至 60℃ 以下，脱模。

⑥ 清洁模具。

⑦ 记录压制的全过程、温度、压力、时间等各项参数。

五、实验分析

实验时将物料合理摆放装模既能补偿物料流动性差的不足，有利充模，又能提高制品的质量，获得理想的性能。装模操作时应使物料的流程最短；对狭小流道及“死角”处，需预先铺设料；据制品使用受力情况，排列取向纤维，充分发挥纤维的增强作用；物料铺设尽量均匀，以改善制品的均匀性；尽可能使物料中纤维沿其流动方向取向。升温时要控制好模具温度均匀性，防止局部烧焦或未固化，影响整个制品的固化质量。

六、思考题

试分析热固性增强模压制品产生翘曲的原因是什么？

实验五十三 酚醛塑料的模压成型

一、实验目的

① 了解热固性塑料加工成型的基本原理。
② 掌握酚醛压塑粉的配合工艺。
③ 掌握酚醛塑料和模压成型方法。

二、实验原理

热固性塑料是由热固性树脂为主要原料，加上各种配合剂所组成的可塑性物料。常见的有酚醛、脲醛、密胺、环氧和不饱和聚酯等几大类。这些树脂的共同特点都是含有活性官能团的聚合物，在加工成型过程中能够继续发生化学反应，最终固化为制品。

热固性塑料也可以通过多种的成型方法和工艺，加工成型为各式各样的塑料制品。不同类型的热固性塑料的成型工艺有所不同，其中以酚醛塑料的压制成型最为重要。压制成型又分为模压和层压，模压又叫压缩模塑。本节仅就酚醛压塑粉模压实验为例，讨论热固性塑料的加工成型。

酚醛树脂是酚类化合物和甲醛缩聚反应的聚合物，其聚合方法又分为酸法和碱法，碱法树脂多为层压用料，酸法多为模压料。纯粹的酚醛树脂通常是不直接加工和应用的，大多数情况下，酚醛树脂都是与填料和其他配合剂通过一定的加工程序而成为热固性物料。用得最多的是酚醛压塑粉，其加工方法主要是压制，其次是注塑和挤出等成型。酚醛塑料制品有良好的物理力学性能和电性能。其制品种类繁多，应用广泛，特别是电工、电器和电子工业等部门。

酚醛压塑粉是多组分塑料，一般由酸法酚醛树脂、固化剂、添加剂等组成。酸法酚醛树脂是线型分子低聚物，分子量通常是几百到几千。它是塑料的主体，六亚甲基四胺是树脂的固化剂，它是碱性的，在受热或潮湿条件下分解出甲醛和氨气。

$$(CH_2)_6N_4+4H_2O \xrightarrow{\triangle} 6CH_2O+4NH_3$$

酸法酚醛树脂与甲醛在碱性条件下，将进一步的缩合并且交联。

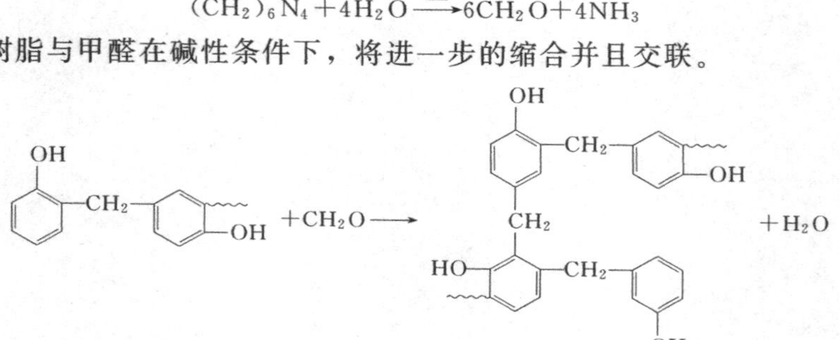

木粉是一种有机填料，实质是纤维素高分子化合物，使它分散于酚醛树脂的网状结构中，有增容、增韧及降低成本的作用。此外，纤维素中的羟基也可能参与树脂的交联，有利

于改善制品的力学性能。

石灰和氧化镁都是碱性物质，对树脂的固化起到促进作用，也可以中和酚醛树脂中可能残存的酸，使交联固化完善，有利于提高制品的耐热性和机械强度。

硬脂酸盐类作为润滑剂，不但能增加物料混合和成型时的流动性，也利于成型时的脱模。

酚醛树脂色深，其制品多为黑色或棕色，常用苯胺黑作着色剂。

酚醛压塑粉是酚醛树脂和上述各种配合剂通过一定的加工程序而制成的，首先是树脂粉碎后和配合剂的捏合混合，然后再在130℃左右的温度下进行辊压塑炼，再经冷却、磨碎而成。压塑粉中的树脂已从原来的甲阶段到达乙阶段，具有适宜的流动性，也有一定的细度、均匀度及挥发物的含量，可以满足制品成型及使用的要求。

酚醛压塑粉的模压成型是一个物理-化学变化过程，压塑粉中的树脂在一定的温度和压力下，熔融、流动、充模而成型。树脂上的活性官能团发生了反应，分子间继续缩聚以至交联起来；在经过适宜的时间后，树脂从乙阶段推进到丙阶段，即从较难熔难溶的状态逐步发展到不熔不溶的三维网状结构，最终固化完全，保证了制品的性能。

模压成型工艺参数是温度、压力和时间。温度决定着压塑粉在模具中的流动状况和固化的速度。高温有利于缩短模压成型的周期，而且又能提高制品的表面光洁度等物理力学性能。但若过高的温度，树脂会因硬化太快而充模不完整，制品中的水分和挥发物排除不及，存在于制品中使制品性能不良。反之，若温度过低，物料流程短，流量小，交联固化不完善，生产周期延长，也是不宜的。通用型酚醛压塑粉的模压成型温度，一般控制在145～185℃为宜。不同种类和不同的制品的模压温度须通过实验方法来确定。

模压压力是指完全闭模到脱模前这段时间的维持压力。压力的高低主要取决压塑粉的性能，模压温度高低与压制品的结构和压塑粉是否经过预热预压等都有关，过高过低都不宜。酚醛压塑粉模压成型压强通常是10～40MPa，压机的油缸表压可考虑压制面积等参数通过换算来确定。

模压的时间即保压时间，主要决定于塑粉在乙阶段时的硬化速度，和压制品的厚度、压制温度等也有关。模具温度达到模压温度时，通用型压塑粉的固化速度约45～60s/mm。模压时间＝固化速度×制品厚度。

三、原料与设备

1. 原料

酚醛树脂（由学生制备），木粉，固化剂，润滑剂和着色剂等。

酚醛压塑粉的配方（通用型）（质量份）：

酸法酚醛树脂	100
木粉	100
六亚甲基四胺	12.5
石灰或氧化镁	3.0
硬脂酸钙	2.0
苯胺黑	1.0

2. 设备

① XLB350×350×2型平板硫化机（或Y71-100-Ⅰ型电热油压机）。

② SK-160B 开放式炼塑机。

③ Z 型捏合机。

本机为实验室小型初混合装置，适用于固态或固液态物料的混合。捏合机的主体是一个有加热夹套的鞍型底部的不锈钢混合槽，槽内装有一对相向转动的 Z 型搅拌器，混合时搅拌器转速较低，故混合时间较长，一般在数小时以上。物料在搅拌器之间和搅拌器与混合槽壁之间受到挤压作用，各组分重复折叠和撕裂作用，从而得到均匀的混合。主要技术参数如下：

槽体有效容积	5L；
Z 型搅拌器转速	48r/min（主动）；
搅拌器速比	1∶0.476。

④ 球磨机或粉碎机或研钵。

⑤ 模具（塑料弯曲强度标准试样模具）。

⑥ XLL-2500 拉力试验机及反向压缩和弯曲夹具。

⑦ 其他工具：脱模装置、铜条、温度计等。

四、实验步骤

1. 酚醛压塑粉的配制（干法）

（1）各组分的准备与捏合

① 酚醛树脂首先要粉碎，木粉要求干燥。各种配合剂和树脂按配比分别称量，复核无误备用。

② 物料捏合。在 Z 形捏合机内加入树脂和除木粉以外的其他组分，开动混合机混合 30min，然后加入木粉再混合 30min 到 1h，停机出料备用。

（2）混合物料的辊压塑化

① 在 SK-160B 型双辊炼机上进行，机器的加热和操作要点如前述（硬 PVC 加工）。两个辊筒的温度分别调整为 100℃ 和 130℃ 左右，辊间距约 1～5mm。

② 加入混合物料辊压塑化。混合物料中的酚醛树脂因受辊筒的温度影响而熔化，并且浸渍其他组分，形成包辊层后按前面热塑性塑料塑炼的操作进行切割、翻炼，促使物料混合均匀。由于混合塑化过程是一个物理和化学变化过程，应严格控制混炼时间。塑化期间要经常检验物料的流动性，通常是用拉西格流程法来衡量流动度，要求塑化物料的硬化速度控制在 45～60s/mm 的乙阶段。辊压后的物料成为均匀黑色片材，冷却后为硬而脆的物料。

（3）塑料片的粉碎

可用锤击等方法把塑化片打碎成 5cm 以下的碎块，然后采用粉碎机或球磨机或研钵把碎块粉化。要求压塑粉有良好的松散性和均匀度。

2. 模压成型

（1）实验前的准备

模具预热是通过压机加热，严格控制上、下模板的温度一致，模压温度为 180℃。向模具涂脱模剂。根据模型尺寸和压机参数计算模压成型的表压。从塑粉的硬化速度、制品厚度确定模压时间。

（2）加料闭模压制

① 按照塑件质量用天平称取一定量的酚醛压塑粉，迅速加入到压机上已预热的模具型腔内，使平整分布，中间略高，迅速合模。

② 加压闭模、放气。压机迅速施压到达成型所需的表压后，即泄压为0，这样的操作反复两次，完成放气。

③ 压机升压到所需的成型表压为止（15～30t）。

④ 保压固化。按工艺要求达到保压力的时间（5～15min），使模具内塑料交联固化定型为酚醛塑料制品（抗弯试样），趁热脱模。

3. 注意事项

① 要带干燥的手套操作，避免烫伤。

② 加料动作要快，物料在模腔内分布要均匀，中部略高。上下模具定位对准，防止闭模加压时损坏模具。

③ 脱模时手工操作要注意安全，防止烫伤、砸伤及损坏模具。取出制品时用钢条帮助挖出来。脱出来的制品小心轻放，平整放置在工作台上冷却。压制品须冷却停放一天后进行性能测试。

4. 性能测试

对压制品进行抗弯曲强度测试。测试方法按 GB 1042-79 在 XLL-2500 型拉力机上进行，在拉力机上安装反向抗弯曲试样夹具。测试结果填写在表 53-1 中。

五、实验结果计算、分析

① 酚醛模塑制品的抗弯曲强度（表 53-1）。

表 53-1 试样结果记录

试样编号	1	2	3	平均
试样尺寸($l\times b\times d$)/mm				
试验跨距($L=10d\pm0.5$)/mm				
试验速度($V=5d$)/mm				
弯曲挠度($D=rL^2/bd$)/mm				
破坏载荷(P)/N				
应变值($r=0.048$mm/min)				
弯曲强度($\sigma_f=3PL/2bd^2$)/MPa				

② 分析模压所得试样的表观质量和弯曲强度与模压成型工艺条件的关系。

六、思考题

① 酚醛塑料的模压成型原理与硬 PVC 压制成型原理有何不同？

② 酚醛压塑粉模压温度和时间对制品质量影响如何？两者之间关系如何协调？

③ 热固性塑料模压成型为什么要排气？

④ 热固性塑料能否回收再利用，为什么？

实验五十四 脲醛树脂及其层压板的制备

一、实验目的

加深理解缩聚反应机理，了解脲醛树脂的合成方法及一般层压板的制备。

二、实验原理

脲醛树脂是由尿素和甲醛经加成、缩合反应制得的热固性树脂。

尿素和甲醛在中性或微碱性条件下反应。根据所用当量比可形成一羟基甲基脲或二羟甲基脲，简单表示为：

$$H_2N—\overset{\overset{\large O}{\|}}{C}—NH_2 + CH_2O \longrightarrow H_2N—\overset{\overset{\large O}{\|}}{C}—NH—CH_2OH + HOCH_2—NH—\overset{\overset{\large O}{\|}}{C}—NH—CH_2OH$$

生成一羟基甲基脲或二羟甲基脲间缩合反应在酸性介质中主要发生羟甲基的羟基与氨基上的氢失水缩合成为高分子。

$$\sim\sim CH_2OH + H_2N\sim\sim \xrightarrow{\text{酸性}} \sim\sim CH_2N\sim\sim + H_2O$$

而在碱性介质中，主要发生羟甲基之间的缩合：

$$\sim\sim CH_2OH + HOCH_2\sim\sim \xrightarrow{\text{碱性}} \sim\sim CH_2OCH_2\sim\sim + H_2O$$

所以脲醛树脂的合成，直接受二种原料的克分子比、反应体系的 pH 值、反应温度、时间等因素影响，所得产物的结构比较复杂。

三、原料与设备

1. 原料

尿素（化学纯），甲醛（36%水溶液）（化学纯），NaOH 溶液（10%）（化学纯），草酸溶液（10%）（化学纯），浓氨水，NH_4Cl（固化剂）一级，pH 试纸（0～14），玻璃纸。

2. 设备

搅拌器 1 套，250mL 三口瓶 1 只，冷凝器 1 支，恒温水浴锅 1 台，温度计（100℃）2 支，电吹风机 1 台，液压机 1 台，表面皿 1 只，剪刀 1 把。

四、实验步骤

1. 脲醛树脂的合成

称取甲醛水溶液 60g，用 10%的 NaOH 调节甲醛水溶液 pH＝8.5～9，称取尿素 3 份，分别为 11.2g、5.6g、5.6g。在三口瓶中先加入 11.2g 尿素和已调好的 60g 甲醛水溶液，搅拌至溶解（由于吸热而降温，可缓慢升至室温，以利溶解），升温至 60℃再加入 5.6g 尿素，继续升温至 80℃，加入剩下的 5.6g 尿素，在 80℃下反应 30min。

用少量10%草酸调节反应体系pH值，使其等于4.8左右，继续维持温度在80℃，进行缩合反应。随时取脲醛胶滴入冷水中，观察在冷水中的溶解情况。当在冷水中出现乳化现象，随时测在40℃水中的乳化现象。

温水中出现乳化后，立即降温终止反应，并用浓氨水调节脲醛的pH=7，再用少量10%NaOH调节pH=8.5～9。正常情况下应得到澄清透明的脲醛胶。

2. 层压板的制备

在表面皿中称取脲醛液40g，加入0.200g NH_4Cl，搅拌均匀，观察pH值变化。滤纸条分段浸渍胶液，为保证浸渍饱和而均匀，每段浸渍1min左右。滤纸上余量胶液任其自然流下，用电吹风机干燥至滤纸条即不沾手又不脆折的程度，剪成8～10段，上下垫好玻璃纸，放入液压机上，120℃下固化15min，可得到半透硬板。

五、实验记录

实验数据记录见表54-1。

表54-1 实验数据记录

项目	时间	温度	加入物质	现象
树脂合成				
层压板制备				

六、思考题

① 试说明 NH_4Cl 能使脲醛树脂固化的原因，还可以哪些固化剂？

② 试写出脲醛树脂固化的反应式。

实验五十五 三聚氰胺-甲醛树脂及其层压板的制备

一、实验目的

本实验将通过三聚氰胺-甲醛树脂的合成方法及层压板的制备，了解氨基酚醛一类树脂的合成及一般层压板的加工工艺。

二、实验原理

三聚氰胺-甲醛树脂的缩合反应及其结构非常复杂，它受到配料比、反应液的 pH 值以及反应温度等各种因素的影响。根据要求可控制缩聚反应进行的程度，在碱性介质中，先生成可溶性的"预缩合物"，这些缩合物以三聚氰胺的三羟甲基化合物存在，在 pH 值为 8～9 时特别稳定。进一步缩合（*N*-羟甲基和 NH 基的失水）成为微溶并最后变成不溶的交联产物。

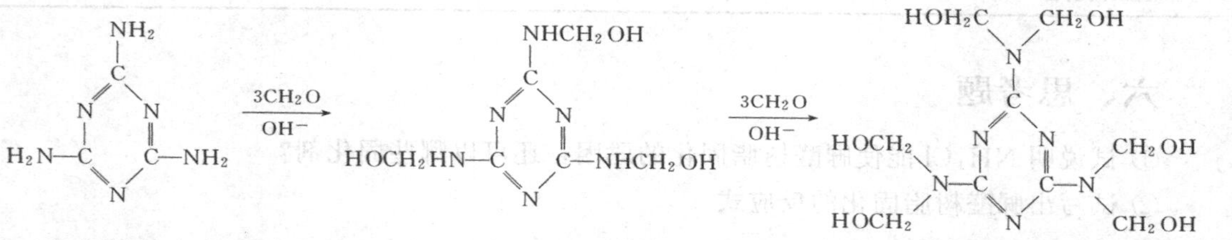

在实际生产中，首先生成可溶的预聚物，然后在产品成型中使预聚物缩聚形成体型交联产物。

三、原料与设备

1. 原料

白钢板（200mm×200mm×2mm）、钢板（200mm×200mm×7mm）、三聚氰胺、甲醛水溶液、三乙醇胺。

2. 设备

三口瓶、搅拌器、回流冷凝管、250kN 电热平板硫化机。

四、实验步骤

1. 合成树脂

安装好装置，在 250mL 三口瓶中先后加入 101.4g 甲醛水溶液（浓度为 37%）和 0.25g 六亚甲基四胺（调节反应的 pH 值呈中性），开动搅拌使其溶解。在搅拌下加入 63g 三聚氰胺，搅拌 5min 后加热至 80℃，反应进行 1h 后测定沉淀比。沉淀比符合要求后，加入 0.3g 三乙醇胺，搅拌均匀。

沉淀比的测定：从反应混合物中精确称取 2mL 样品，样品冷却至 20℃，在搅拌下向其中滴加去离子水，当加入 2mL 的 H_2O 使样品变得混浊时，停止缩合反应。

2. 浸渍干燥

将所得溶液倾于培养皿中，用滤纸浸渍 1min（分张进行），并保证浸匀、浸透树脂。用镊子取出滤纸，使过剩树脂滴掉后，用夹子将 15 张浸渍过的滤纸固定在拉直绳子上，干燥至即不沾手也不脆折。

3. 层压

将浸好干燥的纸张叠整齐，置于预涂硅油的白钢板上，在油压机上 135℃、4～10MPa 加热加压 15min，打开压机，趁热取出样品，可制得半透明层压塑料板。

五、结果与讨论

缩聚反应的目的在于制备可溶的“预缩合物”，因此反应的时间不宜过长，温度不宜过高，以免形成不溶物。在层压过程中可放气一次，以免层压板中有气泡。

六、思考题

① 结合氨基树脂的结构特点，说明其生产工艺条件的选择依据。

② 试说明氨基树脂的主要用途。

实验五十六 PVC/FRP、PP/FRP复合管道缠绕成型工艺

一、实验目的

① 掌握以PVC和PP为内衬和芯模的FRP管道的连续玻纤缠绕规律和缠绕成型方法。

② 掌握机械式缠绕机的结构特点和工作原理。

二、实验原理

聚氯乙烯是一种线型聚合物，由于有C—Cl键的偶极影响，聚氯乙烯的极性、硬度和刚性比聚乙烯大，PVC塑料有耐化学稳定性、气密性好、价廉及原料来源广等优点，其缺点是热稳定性差，受光、热及氧的作用后容易老化。聚丙烯是一种结构规整的结晶性聚合物，力学性能、耐热性能良好，连续使用温度可达110～120℃，化学稳定性好，除强氧化剂外，与大多数化学药品不发生作用，对水的稳定性特别好，不仅不溶于水，而且几乎不吸水。但耐光性差，易老化，低温下冲击强度较差，韧性不好。采用玻璃钢增强、复合聚氯乙烯、聚丙烯管道可以保持其化学稳定性的优点，克服易老化、冲击性、韧性差的缺点，在化工防腐蚀领域中更好发挥作用。

采用玻璃钢增强、复合聚氯乙烯、聚丙烯管道的方法有手糊成型法、拉挤成型法、缠绕成型法等。采用缠绕成型法的优点是可以充分发挥连续玻璃纤维的纵向增强作用，设计成玻璃纤维合理用量与合理分布的各向异性结构层，并按照缠绕规律，绕制出满足承受不同的环向应力和轴向应力的玻璃钢缠绕层。而聚氯乙烯、聚丙烯管道在缠绕成型的复合管道中，既起了内衬的防渗漏和密封作用，也起了芯模作用，保证制品获得一定结构尺寸，使缠绕成型工艺能顺利进行，同时它是处于复合管道的内表面层，与化学介质直接接触，有效地发挥了防腐蚀作用。

为了使缠绕成型顺利进行，增加玻璃钢结构层与聚氯乙烯、聚丙烯表面层的粘接力，在缠绕前需要在塑料管道上涂专用胶黏剂，然后再开始纤维缠绕。

管道的纤维缠绕，其缠绕规律和缠绕工艺与容器的纤维缠绕相似，管道缠绕采用螺旋缠绕和环向缠绕相结合的方式进行，而螺旋缠绕为无端头制品螺旋缠绕。管道缠绕之前，一般要做好工艺设计工作。

① 确定管道的设计要求及质量指标：确定管道使用的化学介质、温度、压力，管道的长度和直径尺寸。

② 原材料的选择：增强材料玻璃纤维的选择以及树脂和辅料的选择。

③ 缠绕线型的确定。

④ 缠绕层数的计算：包括螺旋缠绕和环向缠绕层数。

⑤ 确定主要工艺参数：确定缠绕工序、缠绕张力制度、确定树脂胶液的固化制度、胶纱缠绕线速度、工件表面成型温度等。

⑥ 根据所定的缠绕线型选择设备，或为设备提供设计参数。

机械式缠绕机的主体结构有床头箱、床身及小车；辅助机构有浸胶装置、张力控制装置、纱架、绕丝头、芯模加热器等。床头箱内装有固定轮系，起到变速和传递动力作用，床头箱有 3 根出轴，一根是主轴，通过卡盘与芯模相连并驱动芯模，一根连接丝杆，通过开合螺母带动小车作环向缠绕，第三根连接主动链轮以带动环链小车作螺旋缠绕。床身上装置着小车、小车轨道、环链链盘、尾座及浸胶槽，要求床身坚固，变形极小。主轴带动芯模转动和小车带动绕丝头往复运动，两者固定的速比构成了芯模上一定的缠绕线型。缠绕机传动系统图如图 56-1。

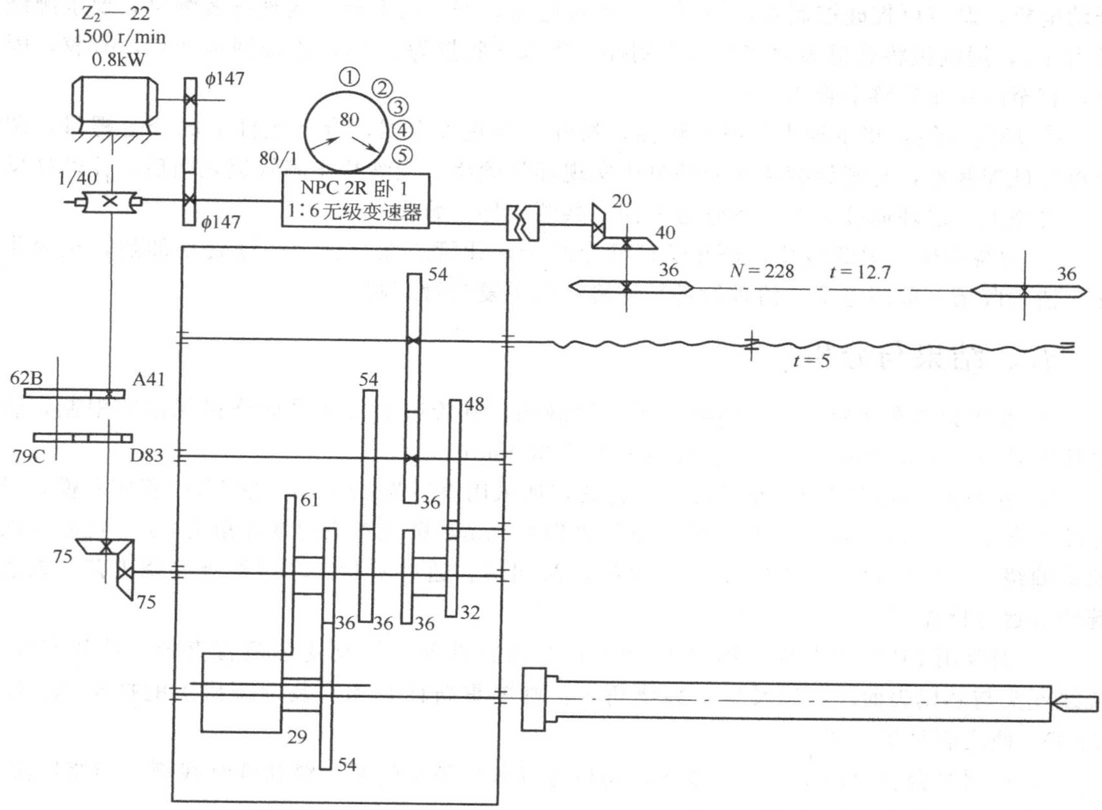

图 56-1 缠绕机传动系统

三、原料与设备

1. 原料

307 不饱和聚酯树脂；BPO 二丁酯糊；1200tex 无碱、无捻玻璃纤维粗纱；专用胶黏剂 PF-2 或 DPF-6。

2. 设备

环链式机械缠绕机，芯模为聚氯乙烯或聚丙烯管道（外径 $\phi = 100$mm，长度 $L = 1700$mm，壁厚 $\delta = 3$mm），红外灯 5 只。

四、实验步骤

① 将玻璃纤维粗纱团按纱片宽度 5mm 要求装入纱架；将树脂与引发剂按 100∶(2～4) 的质量比调配 1kg，拌均匀后投入胶槽内待用。

② 将绕丝头调整到与芯模表面的距离为 20mm；在主轴上装上 PVC 管道，将主轴齿轮拨至空挡，用手转动管道，以转动自如为宜。在芯模上方装上红外灯。

③ 在 PVC 管道表面涂上一层 PF-2 专用胶黏剂，打开芯模上方红外灯加热。

④ 螺旋缠绕：将主轴齿轮拨至慢挡，松开丝杆上的开合螺母，合上伞齿轮的离合器。开动电机，调节可控硅控制器，控制直流电机电压，按照最低转速实现螺旋缠绕，要求缠绕角为 45°，用刮板将管道表面多余树脂刮掉，要求含胶量为 20%，边绕制边加热，凝胶，固化，直至纱片布满整个管道表面。

⑤ 环向缠绕：将主轴齿轮拨至快挡，松开伞齿轮离合器，合上丝杆上的开合螺母，调节可控硅控制器，与螺旋缠绕相同的电压实现环向缠绕，当纱片布满管道表面后，让丝杆反转，再绕上一层环向纱直至布满管道表面，共两层环向缠绕。

⑥ 缠绕完毕，剪断纱片，松开丝杆开合螺母，让管道在主轴上继续转动加热，至固化止。清理胶槽，关闭电源，清理设备与环境。取下复合管道制品。

五、结果与分析

① 本实验是在实验室已有的缠绕机上绕制的，其管道的尺寸受缠绕机规格的限制，管道长度必须小于 1700mm，管道直径不能大于 300mm。

② 本实验是在设定的实验条件下进行的，如采用直径为 ϕ100mm 的 PVC 管作芯模，设定纱片宽度为 5mm，绕丝头与芯模表面距离为 20mm，螺旋缠绕的缠绕角为 45°，绕制一次螺旋缠绕（二层）和二次环向缠绕（二层），共四层。通过实验，掌握纤维缠绕工艺，熟悉缠绕机运行操作。

③ 如改用 PP 管为芯模，则改用 DPF-6 专用胶黏剂，如改变芯模管直径、纱片宽度、绕线丝头与芯模表面距离以及螺旋缠绕角等，则要重新计算和安装缠绕机上的挂轮 A、B、C、D，使之满足工艺要求。

④ 根据复合管道的工艺设计要求，可以选择其他类型的原材料和缠绕线型、缠绕层次，以达到设计和使用的质量指标要求。

六、思考题

① 纤维缠绕管道与纤维缠绕容器有何异同之处？

② 缠绕管道的机械式缠绕机，其挂轮是怎样计算的？

实验五十七 复合材料拉挤成型工艺

一、实验目的

① 掌握拉挤成型工艺原理及成型工艺方法。

② 熟悉拉挤机组和模具的技术要求和运行操作。

③ 试制出符合质量要求的小型拉挤制品。

二、实验原理

复合材料异型截面制品的制备是通过连续纤维拉挤成型工艺实现的，它是将连续纤维通过树脂胶槽浸渍树脂胶液，再经过预成型模和成型模具，在成型模具内加热、凝胶、固化，在牵引机的牵引下，连续生产出任意长，最后经切割成一定长度的异型截面的复合材料制品，包括管、杆、棒、角型、工字型、槽型、板材等型材。这种工艺的特点是：设备造价低、生产率高、便于形成自动化生产线；可连续生产任意长的各种异型截面、性能好、用途广的系列化制品；原材料的有效利用率高，基本上无边角废料。

拉挤制品由于连续纤维的增强作用，在沿纤维方向具有很高的比强度和比模量，随着连续玻璃纤维毡在拉挤工艺中的应用，拉挤制品的横向强度亦得到加强，所以它作为结构材料在电气制品、耐腐蚀制品、体育运动器材、建筑制品、车辆运输制品、农渔业制品、纺织制品、矿山制品、能源开发制品、航空航天制品等获得推广应用。

拉挤工艺所用的树脂中85%～90%是不饱和聚酯树脂，其次是环氧树脂，还有甲基丙烯酸酯树脂、乙烯基酯树脂、酚醛树脂、热塑性树脂等。根据制品性能和使用要求，选用阻燃型、耐腐蚀型、耐高温型、低收缩型树脂。根据制品的截面尺寸厚薄，选择不同活性树脂。拉挤工艺对树脂的要求是对纤维有较好的浸润性、有较高的热变形性能和较快的固化性能。

连续玻璃纤维无捻粗纱及其连续状态的玻璃纤维制品作为增强材料在拉挤成型工艺中应用最多，除此之外，碳纤维、芳香族聚酰胺纤维及几种纤维组成的混杂纤维也有较多的应用。在拉挤成型工艺中，引发剂、内脱模剂、填料、颜料、火焰熄灭剂、低收缩添加剂等辅助材料同样起着十分重要的作用。

拉挤成型机组是由纱架、胶槽、预成型模、固化模具、牵引机、切割机等组成。玻璃纤维无捻粗纱从纱架引出，经过集束辊进入树脂槽中充分浸胶，然后进入预成型模，排除多余树脂，并在压实中排除气泡，再进入成型模，在外牵引力的作用下，浸胶玻璃纤维一面向前移动，一面通过模具加热固化，这一过程可以看成是一个反应过程，模具可以看成一个反应器，反应结果使液态树脂转化为固态树脂，同时以反应热效应作为化学反应标志。由于树脂的固化放热、牵引机施加于浸胶玻璃纤维的张力、纤维拉挤通过模具时与模腔的表面摩擦、树脂与纤维界面间黏结状况、拉挤速度的快慢等因素的影响，使树脂与纤维在模具中的复合过程成为一个比较复杂的过程，研究和评价这一过程中各种树脂混合物的配方及其固化反应，无疑是个十分重要的问题。

三、原料与设备

1. 原料

S685M 间苯型不饱和聚酯树脂。

1200tex 无碱无捻玻璃纤维。

辅助材料：轻质 $CaCO_3$、乙酸丁酯纤维素 CAB、50%过氧化二苯甲酸 BPO 二丁酯糊、过氧化二碳酸酯 EHP、硬脂酸锌 ZnSt、内脱模剂 PS125、WD 湿润分散剂。

2. 设备

拉挤机组及模具（图 57-1）。

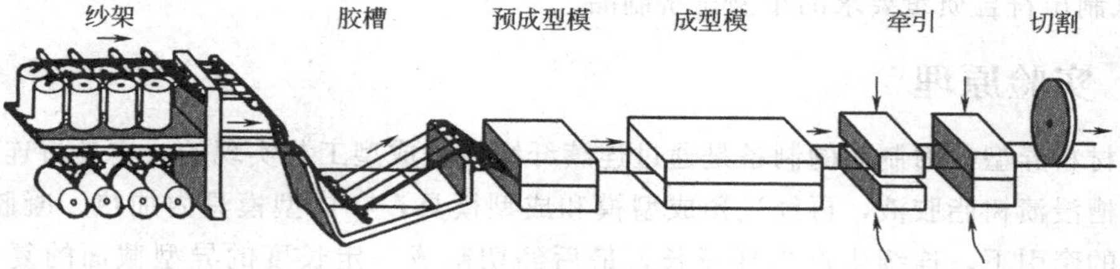

图 57-1 拉挤成型工艺

四、实验步骤

① 备好树脂胶液 5kg，各组分质量的比例为：100（S685M），2（BPO 糊），0.78（EHP），30（轻质 $CaCO_3$），8（CAB），3（ZnST），2（PS125）。为了改善树脂/填料体系的浸润性和黏度，在树脂胶液中加入填料之前，先在树脂中加入 WD 湿润分散剂，其用量为轻质 $CaCO_3$ 用量的 1%，在高速搅拌下使其充分分散在树脂中，再加入轻质 $CaCO_3$，继续充分搅拌，使 WD 在外力作用下将 $CaCO_3$ 聚集体打散，由于 WD 对填料的浸润作用，使 $CaCO_3$ 粒子在树脂中充分分散并阻止 $CaCO_3$ 固体微粒重新聚集，使轻质 $CaCO_3$ 用量从 20%增至 30%，仍能满足工艺要求并改善制品性能。树脂胶液充分搅拌后倒入胶槽。

② 玻璃纤维纱团用量 $N=SK\rho/\beta$，S 为制品横截面积（cm^2），K 取 0.5～0.6，ρ 为玻璃纤维密度 2.54g/cm^3，β 为 1200tex，即 1200g/km。

③ 将纱团按照用量数穿入导纱孔，经过胶槽，进入预成型模和成型模，再引入牵引机。

④ 打开模具加热器，控制模具各段温度分别至 140℃、160℃、140℃。

⑤ 开动牵引机，开始将浸胶玻璃纤维引入模具，经加热固化后引出模具，再牵引至切割机处，按需要长度切割成制品。拉挤过程中控制好模具各段温度和牵引速度，温度和速度要根据制品固化情况作相应的调整和配合。一般牵引速度控制在 0.3～0.5m/min。

⑥ 拉挤出一定数量制品后，结束实验，将胶槽移出清理，未浸胶的玻璃纤维牵引入模具后，关闭加热电源和牵引电源，清理机组和环境。

五、结果讨论

① 选择高活性引发剂过氧化二碳酸酯和 BPO 一起组成复合引发剂，可以缩短聚合周期，提高聚合速率，从表 57-1 可以明显看出，S685M 树脂中加入 BPO 2%和加入 BPO 2%、

EHP 0.6%在 80℃下的固化曲线有很大差异，两者相比，凝胶时间从 2.20min 缩短为 1.00min，固化时间从 3.30min 缩短为 1.50min，而固化时间与凝胶时间的差值 ΔT 从 1.10min 缩短为 0.50min。

表 57-1 80℃下 S685M 树脂的固化性

项目	凝胶时间/min	固化时间/min	放热率/℃	ΔT/min
BPO2%	2.20	3.30	228	1.10
BPO2%,EHP0.6%	1.00	1.50	230	0.50

过氧化二碳酸酯是一类高活性引发剂，它们的活性都相接近，但其稳定性有较大差别，其稳定性随着酯基 R—的增大而增大，见表 57-2。

表 57-2 过氧化二碳酸酯的半衰期

过氧化二碳酸酯种类	半衰期 $t_{1/2}$/h			贮藏温度/℃
	40℃	50℃	60℃	
IPP	19	4.5	0.29	−10
SBP	19	4.5	0.29	−10
NBP	20	4.7	0.29	−10
EHP	17	4.0	0.26	−10
DCPD	18	4.2	0.27	5
TBCP	17	4.0	0.26	20

② WD 湿润分散剂是一种长链的多元胺酰胺盐和极性酸式酯，少量 WD 的加入对于改善树脂/填料体系的浸润性和黏度有明显效果，有利于适当增加填料用量，降低成本，同时对拉挤制品的弯曲性能和拉伸性能亦有一定改善。

③ 采用哈克流变仪评价内脱模剂的脱模效果。在哈克流变仪 160℃的恒热容器中加入定量的树脂胶液，一面加热，一面以 50r/min 的恒定转速转动转子，转子半径为 20mm，转动时间为 10min，测定树脂胶液固化过程的分子间剪切作用力所形成的最大转矩。内脱模剂的脱模效果好，反映在其固化时能充分释放到物料表面而减少它在树脂中的含量，所以树脂分子间剪切作用力上升，相应的最大转矩也上升。在相同的树脂胶液和引发剂系统中，a. 加入 3%硬脂酸锌，其最大转矩为 16N・m；b. 加入 3%硬脂酸锌和 2%油酸，其最大转矩为 18 N・m；c. 加入 1%Zelec UN，其最大转矩为 26N・m。从哈克流变仪的实验结果看，Zelec-UN 内脱模剂 1%用量在树脂固化过程中拥有最大转矩，可以认为它是一种优良的内脱模剂，这一结果与实际拉挤成型工艺的效果是相同的。

六、思考题

① 拉挤制品的表观质量的影响因素有哪些？

② 拉挤成型模具的进口温度为什么要用冷却水冷却？

③ 拉挤用的不饱和聚酯树脂还有哪些更好的复合引发剂？

实验五十八 橡胶的密炼

一、实验目的

本实验的主要目的是让学生了解密炼机的结构，熟练掌握密炼机混炼的操作方法和加料顺序，熟悉密炼机混炼的工艺条件。

二、实验设备及工作原理

如图 58-1。

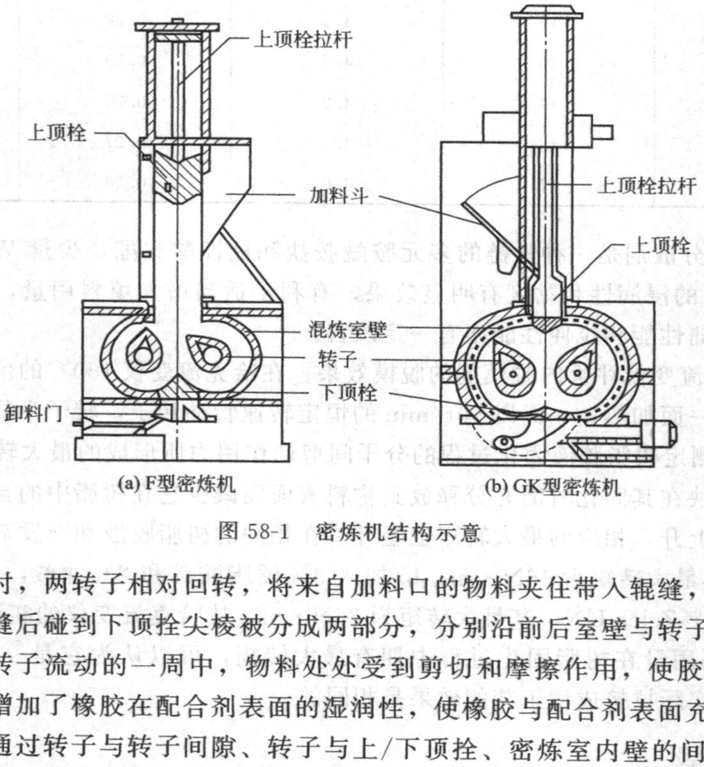

图 58-1 密炼机结构示意

密炼机工作时，两转子相对回转，将来自加料口的物料夹住带入辊缝，受到转子的挤压和剪切，穿过辊缝后碰到下顶拴尖棱被分成两部分，分别沿前后室壁与转子之间缝隙再回到辊隙上方。在绕转子流动的一周中，物料处处受到剪切和摩擦作用，使胶料的温度急剧上升，黏度降低，增加了橡胶在配合剂表面的湿润性，使橡胶与配合剂表面充分接触。配合剂团块随胶料一起通过转子与转子间隙、转子与上/下顶拴、密炼室内壁的间隙，受到剪切而破碎，被拉伸变形的橡胶包围，稳定在破碎状态。同时，转子上的凸棱使胶料沿转子的轴向运动，起到搅拌混合作用，使配合剂在胶料中混合均匀。配合剂如此反复剪切破碎，胶料反复产生变形和恢复变形，转子凸棱的不断搅拌，使配合剂在胶料中分散均匀，并达到一定的分散度。由于密炼机混炼时胶料受到的剪切作用比开炼机大得多，炼胶温度高，使得密炼机炼胶的效率大大高于开炼机。

三、原料与设备

1. 原料（单位：质量份或 g）

橡胶	100
氧化锌	5
氧化镁	5
防老剂 RD	0.5
防老剂 4010	1
抗疲劳剂	3.5
低聚酯	10
白炭黑	60
蒙脱土	30
硬脂酸	2
促进剂 DPTT	0.5
促进剂 BZ	0.5

2. 设备

2L 密炼机。

四、实验步骤

① 按照密炼机密炼室的容量和合适的填充系数（0.6～0.7），计算一次炼胶量和实际配方。

② 根据实际配方，准确称量配方中各种原材料的用量，将生胶、小料（ZnO、硬脂酸、促进剂、防老剂、固体软化剂等）、补强剂或填充剂、液体软化剂、硫黄分别放置，在置物架上按顺序排好。

③ 打开密炼机电源开关及加热开关，给密炼机预热，同时检查压缩空气、水压、电压是否符合工艺要求，检查测温系统、计时装置、功率系统指示和记录是否正常。

④ 密炼机正常，准备炼胶。

⑤ 提起上顶栓，将已切成小块的生胶从加料口投入密炼机，落下上顶栓，炼胶 1min。

⑥ 提起上顶栓，加入小料，落下上顶栓混炼 1.5min。

⑦ 提起上顶栓，加入炭黑或填料，落下上顶栓混炼 3min。

⑧ 提起上顶栓，加入液体软化剂，落下上顶栓混炼 1.5min。

⑨ 密炼均匀后排胶，用热电偶温度计测胶料的温度，记录密炼室初始温度、混炼结束时密炼室温度及排胶温度、最大功率、转子的转速。

⑩ 排出的胶料送开炼机开炼。

五、思考题

① 密炼机的工作原理是什么？

② 密炼机的夹层为什么要通冷却水？不同胶料的控温相同吗？为什么？

实验五十九 橡胶配合与开炼

一、实验目的

① 熟悉并掌握橡胶配合方法。

② 熟练掌握开炼机混炼的操作方法、加料顺序。

③ 了解开炼机混炼的工艺条件及影响因素，培养学生独立进行混炼操作的能力。

二、实验设备

ϕ160mm×320mm 双辊筒开炼机，上海机械技术研究所产品，主要由机座、温控系统、前后辊筒、紧急刹车装置、挡胶板、调节辊距大小的手轮、电机等部件组成。开炼机的结构如图 59-1 所示。

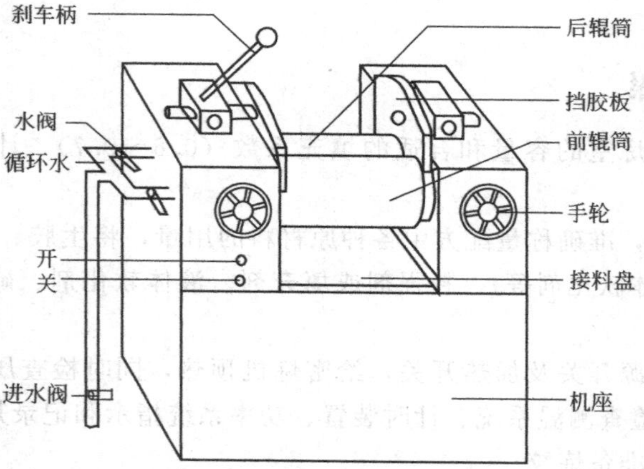

图 59-1 开炼机结构

三、实验原理

开炼机混炼的工作原理是利用两个平行排列的中空辊筒，以不同的线速度相对回转，加胶包辊后，在两辊筒间隙上方的积料随着辊筒旋转形成不断折叠旋转的料条，配合剂颗粒进入到折叠缝隙中，被橡胶包住，形成配合剂团块，随胶料一起通过辊距时，由于辊筒线速度不同产生速度梯度，形成剪切力，橡胶分子链在剪切力的作用下被拉伸，产生弹性变形，同时配合剂团块也会受到剪切力作用而破碎成小团块，胶料通过辊距后，由于流道变宽，被拉伸的橡胶分子链恢复卷曲状态，将破碎的配合剂团块包住，使配合剂团块稳定在破碎的状态，配合剂团块变小。胶料再次通过辊距时，配合剂团块进一步减小，胶料多次通过辊距后，配合剂在胶料中逐渐分散开来。采取左右割刀、薄通、打三角包等翻胶操作，配合剂在胶料中进一步分布均匀，从而制得配合剂分散均匀并达一定分散度的混炼胶。

四、实验步骤

① 根据实验配方，准确称量生胶和各种配合剂。

② 检查开炼机辊筒及接料盘上有无杂物，如有先清除杂物。

③ 开动机器，检查设备运转是否正常，开通水阀控制辊筒至规定的温度（由胶种确定）。

④ 将辊距调至规定大小（根据炼胶量确定），调整并固定挡胶板的位置。

⑤ 将塑炼好的生胶沿辊筒的一侧放入开炼机辊缝中，采用捣胶、打卷、打三角包等方法使胶均匀连续地包于前辊，在辊距上方留适量的堆积胶，经过 2～3min 的滚压、翻炼，形成光滑无隙的包辊胶。

⑥ 按下列加料顺序依次沿辊筒轴线方向均匀加入各种配合剂，加料顺序：小料（固体软化剂、活化剂、促进剂、防老剂、防焦剂等）→大料（炭黑、填充剂等）→液体软化剂→硫黄和超速级促进剂，每次加料后，待其全部吃进去后，割胶两次，两次间隔 20s。

⑦ 割断并取下胶料，将辊距调整到 0.5mm，加入胶料薄通，并打三角包，薄通 3～5 遍。

⑧ 按试样要求，将胶料压延成所需厚度，下片称量质量并放置于平整、干燥的存胶板上（记好压延方向、配方编号）待用。

⑨ 关机，清洗机台。

五、影响因素

混炼时加料顺序不当，轻则影响配合剂分散不均，重则导致焦烧、脱辊或过炼，加料顺序是关系到混炼胶质量的重要因素之一，因此加料必须有一个合理的顺序。加料顺序的确定一般遵循用量小、作用大、难分散的配合剂先加，用量多、易分散的配合剂后加，对温度敏感的配合剂后加，硫化剂与促进剂分开加等原则。因此开炼机混炼时，最先加入生胶、再生胶、母炼胶等包辊，如果配方中有固体软化剂，如石蜡，可在胶料包辊后加入，再加入小料，如活化剂（氧化锌、硬脂酸）、促进剂、防老剂、防焦剂等，再次加炭黑、填充剂，加完炭黑和填充剂后，再加液体软化剂，如果炭黑和液体软化剂用量均较大时，两者可交替加入，最后加硫化剂。如果配方中有超速级促进剂，应在后期和硫化剂一起加。配方中如有白炭黑，因白炭黑表面吸附性很强，粒子之间易形成氢键，难分散，应在小料之前加入，而且要分批加入。对 NBR，由于硫黄与其相容性差，难分散，因此要在小料之前加，将小料中的促进剂放到最后添加。辊距大小与装胶量的关系见表 59-1。不同胶料开炼机混炼时辊筒温度见表 59-2。

表 59-1 辊距大小与装胶量的关系

装胶＼胶量/g	300	500	700	1000	1200
天然胶/mm	1.4±0.2	2.2±0.2	3.8±0.2	3.8±0.2	4.3±0.2
合成胶/mm	1.1±0.2	1.8±0.2	2.0±0.2		

表 59-2 不同胶料开炼机混炼时辊筒温度 单位:℃

胶种	辊温	
	前辊	后辊
天然胶	55～60	50～55
丁苯胶	45～50	50～55
氯丁胶	35～45	40～50
丁基胶	40～45	55～60
丁腈胶	≤40	≤45
顺丁胶	40～60	40～60
三元乙丙胶	60～75	85 左右
氯磺化聚乙烯	40～70	40～70
氟橡胶 23-27	77～87	77～87
丙烯酸酯橡胶	40～55	30～50

六、思考题

① 何谓橡胶的混炼？用开炼机混炼时三阶段及配合剂的加入次序是什么？

② 生胶塑炼的目的和机理是什么？机械混炼中机械力、氧和温度的作用各是什么？

③ 影响混炼效果的因素有哪些？

实验六十 橡胶的硫化工艺

一、实验目的

① 熟悉硫化的本质和影响硫化的因素。

② 掌握硫化条件的确定和实施方法。

③ 了解平板硫化机的结构。

④ 掌握平板硫化机的操作方法。

二、硫化设备

平板硫化机如图 60-1。

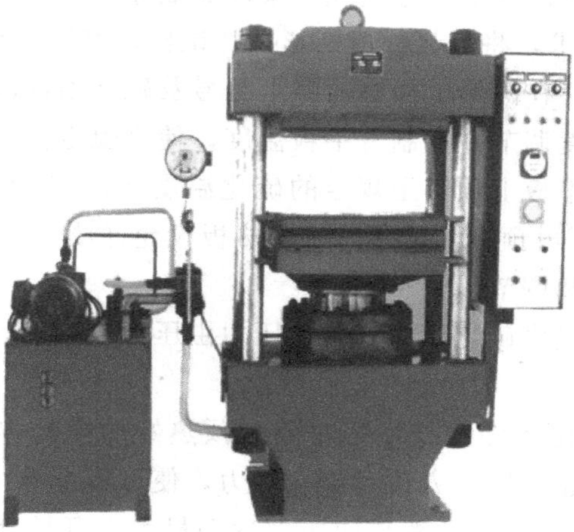

图 60-1 平板硫化机

三、实验原理

硫化是在一定温度、时间和压力下，混炼胶的线型大分子进行交联，形成三维网状结构的过程。硫化使橡胶的塑性降低，弹性增加，抵抗外力变形的能力大大增加，并提高了其他物理和化学性能，使橡胶成为具有使用价值的工程材料。

硫化是橡胶制品加工的最后一个工序。硫化的好坏对硫化胶的性能影响很大，因此，应严格掌握硫化条件。

对设备要求如下。

① 硫化机两热板加压面应相互平行。

② 平板在整个硫化过程中，在模具型腔面积上施加的压力不低于 3.5MPa。

③ 无论使用何种型号的热板，整个模具面积上的温度分布应该均匀。同一热板内各点

间及各点与中心点间的温差最大不超过1℃；相邻两板间对应位置点的温差不超过1℃。在热板中心处的最大温差不超过±0.5℃。

四、实验步骤

（1）胶料的准备

混炼后的胶片应按GB/T 2941—2006规定停放2～24h，方可裁片进行硫化。其裁片的方法如下。

① 片状（拉力等试验用）或条状试样。用剪刀在胶料上裁片，试片的宽度方向与胶料的压延方向要一致。胶料的体积应稍大于模具的容积，其质量用天平称量，胶坯的质量按照以下方法计算：

胶坯质量（g）＝模腔容积（cm^3）×胶料密度（g/cm^3）×（1.05～1.10）

为保证模压硫化时有充足的胶量，胶料的实际用量比计算的量再增加5%～10%。裁好后在胶坯边上贴好编号及硫化条件的标签。

② 圆柱试样。取2mm左右的胶片，以试样的高度（略大于）为宽度，按压延垂直方向裁成胶条，将其卷成圆柱体，且圆柱体要卷得紧密，不能有间隙，柱体体积要稍小于模腔，高度要高于模腔。在柱体底面贴上编号及硫化条件的纸标签。

③ 圆形试样。按照要求，将胶料裁成圆形胶片试样，厚度不够时，可将胶片叠放而成，其体积应稍大于模腔体积，在圆形试样底面贴上编号及硫化条件的纸标签。

（2）按要求的硫化温度调节并控制好平板温度，使之恒定。

（3）将模具放在闭合平板上预热至规定的硫化温度±1℃范围之内，并在该温度下保持20min，连续硫化时可以不再预热。硫化时每层热板仅允许放一个模具。

（4）硫化压力的控制和调节

硫化机工作时，由泵提供硫化压力，硫化压力由压力表指示，压力值的高低可由压力调节阀调节。

（5）将核对编号及硫化条件的胶坯尽快放入预热好的模具内，立即合模，置于平板中央，上下各层硫化模型对正于同一方位后施加压力，使平板上升，当压力表指示到所需工作压力时，适当卸压排气约1～3次，然后使压力达到最大，开始计算硫化时间，在硫化到达预定时间立即泄压启模，取出试样。

（6）硫化后的试样剪去胶边，在室温下停放10h后则可进行性能测试。

五、影响因素

对已确定配方的胶料而言，影响硫化胶质量的因素有3个，即硫化压力、硫化温度和硫化时间，又称硫化的三要素。

1. 硫化压力

硫化过程中对胶料施加压力的目的，在于使胶料在模腔内流动，充满沟槽（或花纹），防止出现气泡或缺胶现象；提高胶料的致密性；增强胶料与布层或金属的附着强度；有助于提高胶料的物理力学性能（如拉伸性能、耐磨、抗屈挠、耐老化等）。通常是根据混炼胶的可塑性、试样（产品）结构的具体情况来决定。如塑性大的，压力宜小些；厚度大、层数多、结构复杂的压力应大些。

2. 硫化温度

硫化温度直接影响着硫化反应速度和硫化的质量。根据范德霍夫方程式，有：

$$t_1/t_2=k^{\frac{T2-T1}{10}}$$

式中　T_1——温度为 t_1 时的硫化时间；

T_2——温度为 t_2 时的硫化时间；

K——硫化温度系数。

可以看出：当 $k=2$ 时，温度每升高 10℃，硫化时间就可减少一半，说明硫化温度对硫化速度的影响是十分明显的。也就是说提高硫化温度就可加快硫化速度，但是高温容易引起橡胶分子链裂解，从而产生硫化还原，导致物理力学性能下降，故硫化温度不宜过高。适宜的硫化温度要根据胶料配方而定，主要取决于橡胶的种类和硫化体系。

3. 硫化时间

硫化时间是由胶料配方和硫化温度来决定的。对于给定的胶料来说，在一定的硫化温度和压力条件下，有一个最适宜的硫化时间，时间过长、过短都会影响硫化胶的性能。选择适宜的硫化时间通常通过硫化仪测定来确定。

第四部分 高分子材料的测试

实验六十一 塑料拉伸强度的测定

一、实验目的

① 掌握塑料拉伸强度的测定方法。

② 学会测试材料的应力-应变曲线，并且能够判断材料的类型。

二、实验原理

塑料的拉伸性能是塑料力学性能中最重要、最基本的性能之一。几乎所有的塑料都要考核拉伸性能的各项指标，这些指标的高低很大程度决定了该种塑料的使用场合。

拉伸性能的好坏，可以通过拉伸试验进行检验。如拉伸强度、拉伸断裂应力、拉伸屈服应力、偏置屈服应力、拉伸弹性模量、断裂伸长率等。从这些测试值的高低，可对塑料的拉伸性能作出评价。

拉伸试验测出的应力、应变对应值，可绘制应力-应变曲线。从曲线上可得到材料的各项拉伸性能指标值。曲线下方所包括的面积代表材料的拉伸破坏能。它与材料的强度和韧性相关。强而韧的材料，拉伸破坏能大，使用性能也佳。

拉伸试验可为质量控制，按技术要求验收或拒收产品，为研究、开发与工程设计及其他目的提供数据。所以说，拉伸性能测试是非常重要的一项试验。

1. 定义

① 拉伸应力　试样在计量标距范围内，单位初始横截面上承受的拉伸负荷。

② 拉伸强度　在拉伸试验中，试样直到断裂为止，所承受的最大拉伸应力。

③ 拉伸断裂应力　在拉伸应力-应变曲线上，断裂时的应力。

④ 拉伸屈服应力　在拉伸应力-应变曲线上，屈服点处的应力。

⑤ 偏置屈服应力　应力-应变曲线偏离直线性达规定应变百分数（偏置）时的应力。

⑥ 断裂伸长率　在拉力作用下，试样断裂时，标线间距离的增加量与初始标距之比的百分比。

⑦ 弹性模量　在比例极限内，材料所受应力（拉、压、弯、扭、剪等）与产生的相应应变之比。

⑧ 屈服点　应力-应变曲线上，应力不随应变增加的初始点。

⑨ 应变　材料在应力作用下，产生的尺寸变化与原始尺寸之比。

2. 应力-应变曲线

应力-应变曲线是由应力-应变的相应值彼此对应地绘成的曲线图。通常以应力值作为纵坐标，应变值作为横坐标如图 61-1。

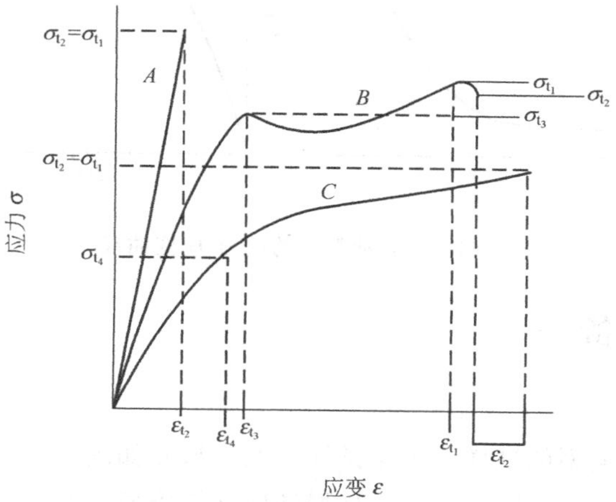

图 61-1　拉伸应力-应变曲线

A—脆性材料；B—具有屈服点的韧性材料；C—无屈服点的韧性材料；

σ_{t1}—拉伸强度；σ_{t2}—拉伸断裂应力；σ_{t3}—拉伸屈服应力；σ_{t4}—偏置屈服应力；

ε_{t1}—拉伸最大强度时的应变；ε_{t2}—断裂时的应变；ε_{t3}—屈服时的应变；ε_{t4}—偏置屈服时的应变

应力-应变曲线一般分两个部分：弹性变形区和塑性变形区。在弹性变形区域，材料发生可完全恢复的弹性变形，应力和应变呈正比例关系。曲线中直线部分的斜率即是拉伸弹性模量值，它代表材料的刚性。弹性模量越大，刚性越好。在塑性变形区，应力和应变增加不再呈正比关系，最后出现断裂。

由于不同的高分子材料，在结构上不同，表现为应力-应变曲线的形状也不同。目前大致可归纳成 5 种类型，如图 61-2 所示。

Ⅰ软而弱，拉伸强度低，弹性模量小，且伸长率也不大。如溶胀的凝胶等。

Ⅱ硬而脆，拉伸强度和弹性模量较大，断裂伸长率小。如聚苯乙烯等。

Ⅲ硬而强，拉伸强度和弹性模量大，且有适当的伸长率。如硬聚氯乙烯等。

Ⅳ软而韧，断裂伸长率大，拉伸强度也较高，但弹性模量低。如天然橡胶、顺丁橡胶等。

Ⅴ硬而韧，弹性模量大、拉伸强度和断裂伸长率也大。如聚对苯二甲酸乙二醇酯、尼龙等。

由以上 5 种类型的应力-应变曲线，可以看出不同的高分子材料的断裂过程。

3. 方法原理

拉伸试验是对试样沿纵轴方向施加静态拉伸负荷，使其破坏。通过测定试样的屈服力、破坏力和试样标距间的伸长来求得试样的屈服强度、拉伸强度和伸长率。

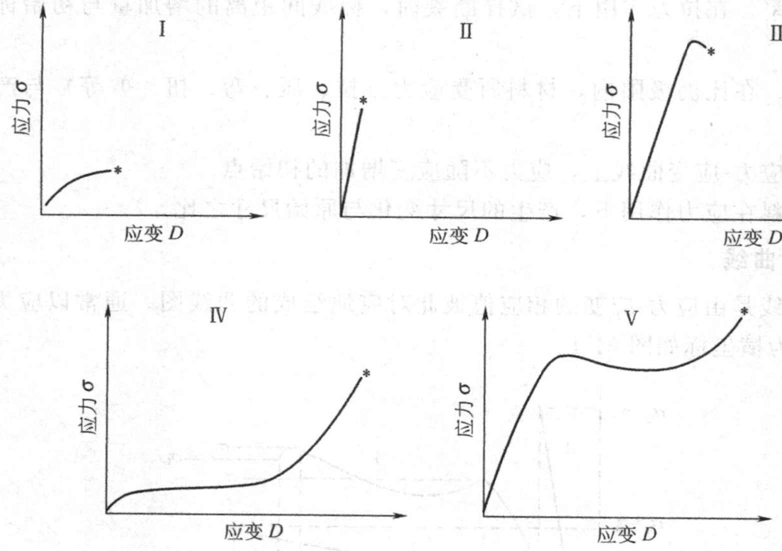

图 61-2　五种类型的应力-应变曲线

三、试样与设备

1. 试样形状

拉伸试验共有 4 种类型的试样：Ⅰ型试样（双铲型）如图 61-3；Ⅱ型试样（哑铃型）如图 61-4；Ⅲ型试样（8 字型）如图 61-5；Ⅳ型试样（长条型）如图 61-6。

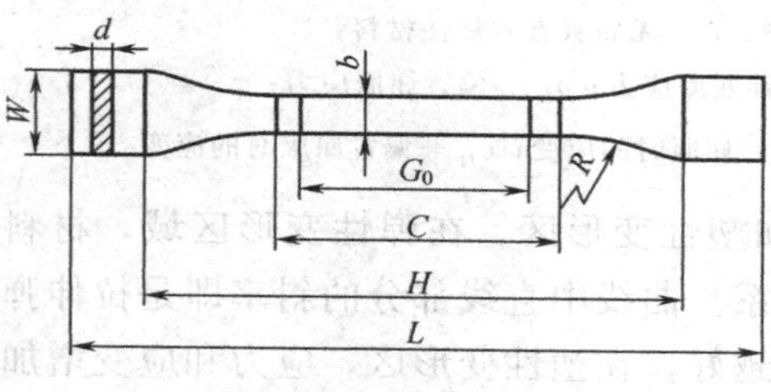

图 61-3　Ⅰ型试样

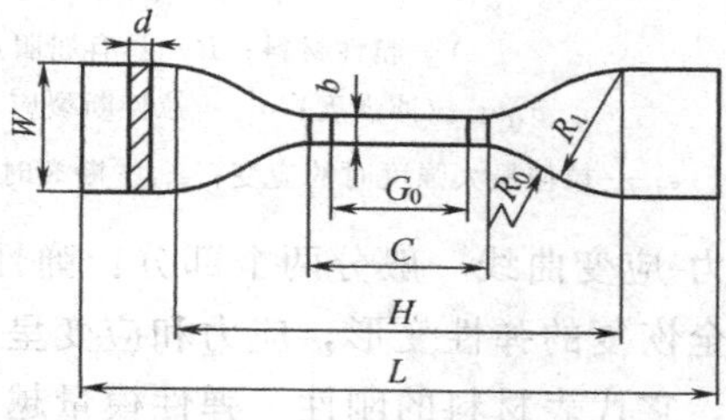

图 61-4　Ⅱ型试样

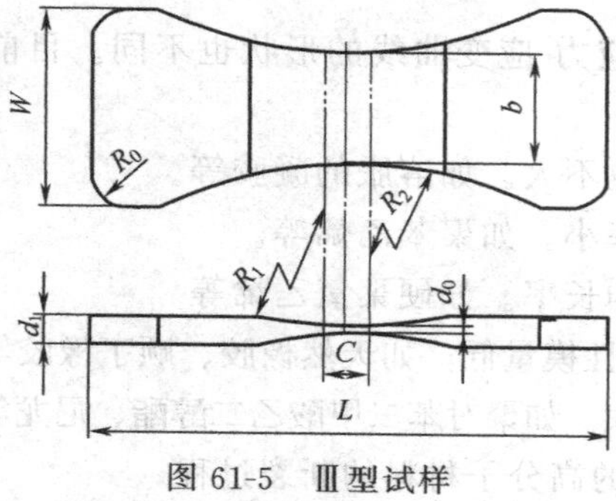

图 61-5　Ⅲ型试样

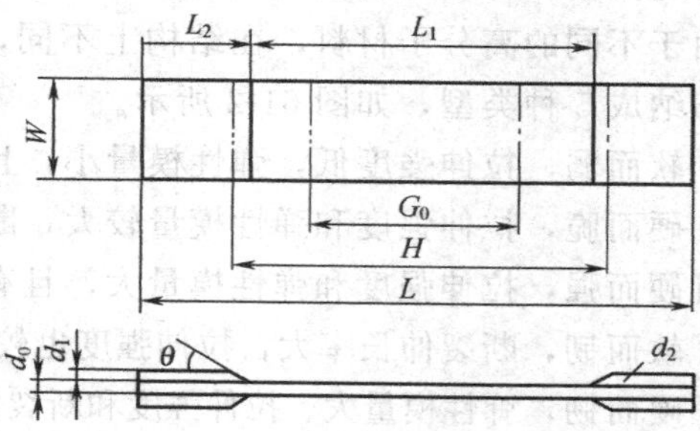

图 61-6　Ⅳ型试样

2. 试样尺寸规格

不同类型的样条有不同的尺寸公差，具体见表 61-1～表 61-4。

表 61-1　Ⅰ型试样尺寸公差　　单位：mm

符　号	名　称	尺　寸	公　差
L	总长度(最小)	150	—
H	夹具间距离	115	±5.0
C	中间平行部分长度	60	±0.5
G_0	标距(或有效部分)	50	±0.5
W	端部宽度	20	±0.2
d	厚度	4	—
b	中间平行部分宽度	10	±0.2
R	半径(最小)	60	—

表 61-2　Ⅱ型试样尺寸公差　　单位：mm

符　号	名　称	尺　寸	公　差
L	总长度(最小)	115	—
H	夹具间距离	80	±5
C	中间平行部分长度	33	±2
G_0	标距(或有效部分)	25	±1
W	端部宽度	25	±1
d	厚度	2	—
b	中间平行部分宽度	6	±0.4
R_0	小半径	14	±1
R_1	大半径	25	±2

表 61-3　Ⅲ型试样尺寸公差　　单位：mm

符　号	名　称	尺　寸	符　号	名　称	尺　寸
L	总长度(最小)	110	b	中间平行部分宽度	25
C	中间平行部分长度	9.5	R_0	端部半径	6.5
d_0	中间平行部分厚度	3.2	R_1	表面半径	75
d_1	端部厚度	6.5	R_2	侧面半径	75
W	端部宽度	45			

表 61-4　Ⅳ型试样尺寸公差　　单位：mm

符　号	名　称	尺　寸	公　差
L	总长度(最小)	250	—
H	夹具间距离	170	±5
G_0	标距(或有效部分)	100	±0.5
W	宽度	25 或 50	±0.5
L_2	加强片最小长度	50	—
L_1	加强片间长度	150	±5
d_0	厚度	2～10	—
d_1	加强片厚度	3～10	—
θ	加强片角度	5°～30°	—
d_2	加强片	—	—

3. 实验仪器设备

伺服控制拉力试验机（高铁 AL-7000-L10）、游标卡尺、直尺、千分尺、记号笔。

4. 拉伸时的速度设定

塑料属黏弹性材料，它的应力松弛过程与变形速率紧密相关，应力松弛需要一个时间过程。当低速拉伸时，分子链来得及位移、重排，呈现韧性行为。表现为拉伸强度减小，而断裂伸长率增大。高速拉伸时，高分子链段的运动跟不上外力作用速度，呈现脆性行为。表现为拉伸强度增大，断裂伸长率减小。由于塑料品种繁多，不同品种的塑料对拉伸速度的敏感不同。硬而脆的塑料对拉伸速度比较敏感，一般采用较低的拉伸速度。韧性塑料对拉伸速度的敏感性小，一般采用较高的拉伸速度，以缩短试验周期，提高效率。

拉伸试验方法国家标准规定的试验速度范围为 1～500mm/min，分为 9 种速度，见表 61-5 和表 61-6。

表 61-5 拉伸速度范围

类型	速度/(mm/min)	允许误差/%	类型	速度/(mm/min)	允许误差/%
速度 A	1	±50	速度 F	50	±10
速度 B	2	±20	速度 G	100	±10
速度 C	5	±20	速度 H	200	±10
速度 D	10	±20	速度 I	500	±10
速度 E	20	±10			

表 61-6 不同塑料优选的试样类型及相关条件

<table>
<tr><th>塑料品种</th><th>试样类型</th><th>试样制备方法</th><th>试样最佳厚度/mm</th><th>试验速度</th></tr>
<tr><td>硬质热塑性材料
热塑性增强材料</td><td rowspan="2">Ⅰ
型</td><td>注塑
模压</td><td>4</td><td>B、C、D、E、F</td></tr>
<tr><td>硬质热塑性塑料板
热固性塑料板
（包括层压板）</td><td>机械加工</td><td>2</td><td>A、B、C、D、E、F、G</td></tr>
<tr><td>软质热塑性塑料
软质热塑性塑料板</td><td>Ⅱ
型</td><td>注塑
模压
板材机械加工
板材冲切加工</td><td>2</td><td>F、G、H、I</td></tr>
<tr><td>热固性塑料
（包括填充增强塑料）</td><td>Ⅲ
型</td><td>注塑
模压</td><td>—</td><td>C</td></tr>
<tr><td>热固性增强塑料板</td><td>Ⅳ型</td><td>机械加工</td><td>—</td><td>B、C、D</td></tr>
</table>

不同品种的塑料可在此范围内选择适合的拉伸速度进行试验。

四、实验步骤

① 在试样中间平行部分作标线，示明标距 G_0。

② 游标卡尺、千分尺测量标线间试样的厚度和宽度，每个试样测量 3 点，取算术平均值。

③ 试验速度应根据受试材料和试样类型进行选择。

④ 夹具夹持试样时，要使试样纵轴与上、下夹具中心连线重合，且松紧要适宜。防止试样滑脱或断在夹具内。

⑤ 根据材料强度的高低选用不同吨位的试验机，使示值在表盘满刻度的10%～90%范围内，示值误差应在±1%之内。并及时进行校准。

⑥ 试样断裂在中间平行部分之外时，此测试结果作废，应另取试样补做。

⑦ 记录。

五、实验结果计算

① 拉伸强度或拉伸断裂应力、拉伸屈服应力、偏置屈服应力按下式计算：

$$\delta_t=\frac{P}{bd}\times 10^{-6}$$

式中 δ_t——拉伸强度或拉伸断裂应力、拉伸屈服应力、偏置屈服应力，MPa；

P——最大负荷或断裂负荷、屈服负荷、偏置屈服负荷，N；

b——试样宽度，m；

d——试样厚度，m。

② 断裂伸长率按下式计算：

$$\varepsilon_t=\frac{G-G_0}{G_0}\times 100\%$$

式中 ε_t——断裂伸长率,%；

G_0——试样原始标距，m；

G——试样断裂时标线间距离，m。

③ 标准偏差值按下式计算：

$$S=\sqrt{\frac{\sum(x_i-\overline{x})^2}{n-1}}$$

式中 S——标准偏差值；

x_i——单个测定值；

$\overline{x}$——一组测定值的算术平均值；

n——测定个数。

计算结果以算术平均值表示，δ_t 取3位有效数字；ε_t，S 取2位有效数字。

六、影响因素

温度的影响：高分子材料的力学性能表现出对温度的依赖性，随着温度的升高，拉伸强度降低，而断裂伸长则随温度升高而升高。因此试验要求在规定的温度下进行。

七、思考题

① 请说出不同材质的塑料应力-应变曲线有何不同？

② 请说出实验室温度对试样测试结果有何影响？

实验六十二 塑料弯曲强度实验

塑料弯曲实验常用作热固性脆性材料的力学性能评价。可以将其看做是冲击韧性的放大，本质上是拉伸和弯曲的复合，最终直接关系到材料的剪切强度。

一、实验目的

① 掌握塑料弯曲强度测量的基本原理。

② 掌握简支梁弯曲性能的测量方法。

二、实验原理

把试样支撑成横梁，使其在跨度中心以恒定速度弯曲，直到试样断裂或者变形达到预定值，测量该过程中对试样施加的压力。

① 试验速度——支座与压头之间相对运动的速率，mm/min。

② 弯曲应力 σ_f——试样跨度中心外表面的正应力，按式（3）计算，MPa。

③ 断裂弯曲应力 σ_{fB}——试样断裂时的弯曲应力（图 62-1 的曲线 a 和 b），MPa。

④ 弯曲强度 σ_{fM}——试样在弯曲过程中承受的最大弯曲应力（图 62-1 的曲线 a 和 b），MPa。

⑤ 在规定挠度时的弯曲应力 f_c——达到规定挠度 s_c 时的弯曲应力（图 62-1 的曲线 c），MPa。

⑥ 挠度 s——在弯曲过程中，试样跨度中心的顶面或底面偏离原始位置的距离，mm。

⑦ 规定挠度 s_c——试样厚度 h 的 1.5 倍，mm。当跨度 $L=16h$ 时，规定挠度相当于弯曲应变为 3.5% 。

⑧ 弯曲应变 ε_f——试样跨度中心外表面上单元长度的微量变化，用无量纲的比或百分数（%）表示，按式（4）计算。

⑨ 断裂弯曲应变 ε_{fB}——试样断裂时的弯曲应变（图 62-1 的曲线 a 和 b）。用无量纲的比或百分数（%）表示。

⑩ 弯曲强度下的弯曲应变 d_{fM}——最大弯曲应力时的弯曲应变（图 62-1 的曲线 a 和 b）。用无量纲的比或百分数（%）表示。

⑪ 弯曲弹性模量或弯曲模量 E_f——应力差 $\sigma_{f2}-\sigma_{f1}$ 与对应的应变差 $\varepsilon_{f2}-\varepsilon_{f1}$ 之比，见式（5），MPa。

三、装置与试样

1. 装置

两个支座和中心压头的位置情况如图 62-2，支座和压头之间的平行度应在±0.02mm 以

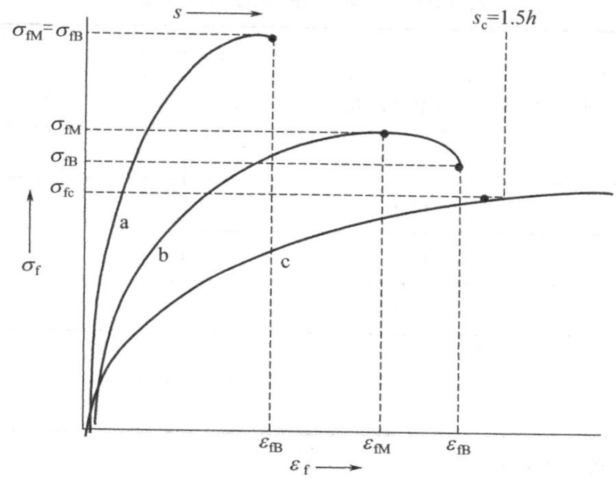

曲线a—试样在屈服前断裂；
曲线b—试样在规定挠度s_c前显示最大值后断裂；
曲线c—试样在规定挠度s_c前既不屈服也不断裂

图 62-1　弯曲应力 σ_f 随弯曲应变 ε_f 和挠度 s 变化的典型曲线

内。压头半径 R_1 和支座半径 R_2 的尺寸：$R_1=$（5.0±0.1）mm；$R_2=$（2.0±0.2）mm，试样厚度≤3mm；$R_2=$（5.0±0.2）mm，试样厚度≥3mm，跨度 L 应可调节。

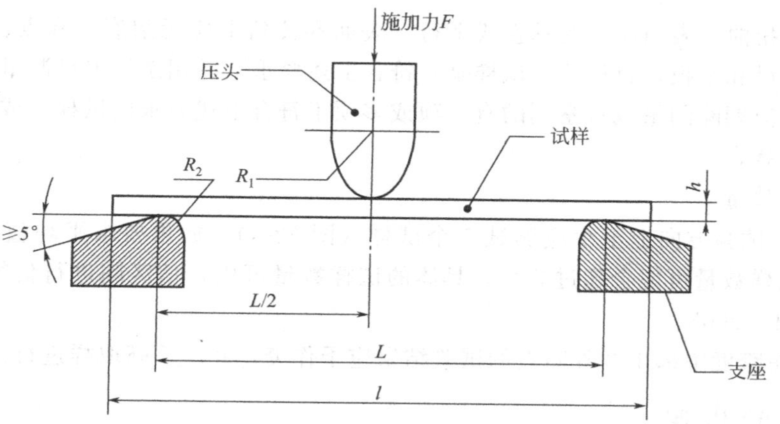

图 62-2　试样开始时的试样位置

2. 试样

（1）形状和尺寸

推荐尺寸（单位为 mm）；

长度 $l=80\pm2$；

宽度 $b=10.0\pm0.2$；

厚度 $h=4.0\pm0.2$。

其他试样：当不可能或不能采用推荐试样时，需符合下面的要求。

试样长度和厚度之比应与推荐试样相同，如式（1）要求：

$$l/h=20\pm1 \tag{1}$$

试样宽度应采用表 62-1 给出的规定值。

表 62-1 与厚度相关的宽度值 b 单位：mm

公称厚度 h	宽度 $b \pm 0.5$	
	热塑性模塑和挤塑料以及热固性板材	织物和长纤维增强的塑料
$1<h\leqslant 3$	25.0	15.0
$3<h\leqslant 5$	10.0	15.0
$5<h\leqslant 10$	15.0	15.0
$10<h\leqslant 20$	20.0	30.0
$20<h\leqslant 35$	35.0	50.0
$35<h\leqslant 50$	50.0	80.0

注：含有粗粒填料的材料，其最小宽度应在 20～50mm 之间。

（2）片材

试样应根据 ISO 2818 的规定从片材上机加工制取。

（3）长纤维增强塑料

应根据 ISO 1268 或其他规定或约定的方法加工成板材，然后按 ISO 1268 的规定或机加工制取试样。

（4）检查

试样不可扭曲，表面应相互垂直或平行，表面和棱角上应无刮痕、麻点、凹陷和飞边。对照直尺、矩尺和平板，目视检查试样是否符合上述要求，并用游标卡尺测量。

试验前，应剔除测量或观察到的有一项或多项不符合上述要求的试样，或将其加工到合适的尺寸和形状。

（5）试样数量

① 在每一试验方向上至少应测试 5 个试样（图 62-3）。如果要求平均值有更高的精密度，测量的试样数量可能会超过 5 个，具体的试样数量可用置信区间进行估算（95%概率，见 GB/T 9341—2008）。

② 试样在跨度中部 1/3 外断裂的试验结果应予作废，并应重新取样进行试验。

四、试验步骤

① 试验应在受试材料标准规定的环境中进行，若无类似标准时，应从 GB/T 2918—1998 中选择最合适的环境进行试验。另有商定的，如高温或低温试验除外。

② 测量试样中部的宽度 b，精确到 0.1mm；厚度 h，精确到 0.01mm，计算一组试样厚度的平均值 $\overline{h}$。剔除厚度超过平均厚度允差±0.5%的试样，并用随机选取的试样来代替。

调节跨度 L，使其符合式（2）：

$$L=(16\pm 1)h \tag{2}$$

并测量调节好的跨度，精确到 0.5%。除下列情况外，都应用式（2）计算跨度：

a. 对于较厚且单向纤维增强的试样，为避免剪切时分层，在计算两支撑点间距离时，可用较大的 $L/\overline{h}$ 比。

b. 对于较薄的试样，为适应试验设备的能力，在计算跨度时用较小的 $L/\overline{h}$ 比。

c. 对于软性的热塑性塑料，为防止支座嵌入试样，可用较大的 $L/\overline{h}$ 比。

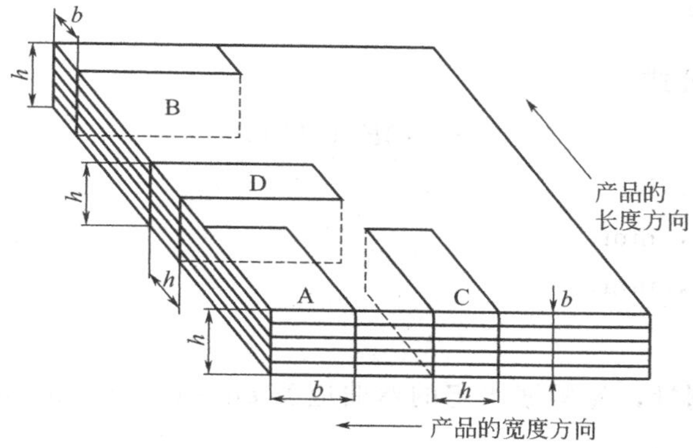

试样位置	产品方向	施力方向
A	长度	垂直
B	宽度	垂直
C	长度	平行
D	宽度	平行

图 62-3 相对于产品方向和施力方向的试样位置

③ 按受试材料标准规定设置试验速度，若无类似标准，应从表 62-2 中选一个速度值，使应变速率尽可能接近 1%/min，这一试验速度使每分钟产生的挠度近似为试样厚度值的 0.4 倍，例如，符合推荐尺寸的试样的试验速度为 2mm/min。

④ 把试样对称地放在两个支座上，并于跨度中心施加力（图 62-2）。

⑤ 记录试验过程中施加的力和相应的挠度，若可能，应用自动记录装置来执行这一操作过程，以便得到完整的应力-应变曲线图［见式（3）］。

根据力-挠度或应力-挠度曲线或等效的数据来确定相关应力、挠度和应变值。

表 62-2 试验速度推荐值

速度/(mm/min)	允差/%
1①	±20
3	±20
5	±20
10	±20
20	±10
50	±10
100	±10
200	±10
500	±10

① 厚度在 1～3.5mm 之间的试样用最低速度。

五、数据处理

1. 弯曲强度计算公式

$$\sigma_f = 3F/(2bh^2) \tag{3}$$

式中 F——施加的力，N；

b——试样宽度，mm；

h——试样厚度，mm。

2. 弯曲模量

对于弯曲模量的测量，先根据给定的弯曲应变 $\varepsilon_{f1}=0.0005$ 和 $\varepsilon_{f2}=0.0025$，按式（4）计算相应的挠度 s_1 和 s_2：

$$s_i = \frac{\varepsilon_{fi}L^2}{6h} \quad (i=1,2) \tag{4}$$

式中 s_i——单个挠度，mm；

ε_{fi}——相应的弯曲应变，即上述的 ε_{f1} 和 ε_{f2} 值；

L——跨度，mm；

h——试样厚度，mm。

再根据式（5）计算弯曲模量 E_f，用 MPa 表示：

$$E_f = (\sigma_{f2}-\sigma_{f1})/(\varepsilon_{f2}-\varepsilon_{f1}) \tag{5}$$

式中 σ_{f1}——挠度为 s_1 时的弯曲应力，MPa；

σ_{f2}——挠度为 s_2 时的弯曲应力，MPa。

注：若借助计算机来计算。所有计算弯曲性能的公式仅在线性应力/应变行为才是精确的，因此对大多数塑料仅在小挠度时才是精确的。

统计参数：计算试验结果的算术平均值，若需要，可按 GB/T 9341—2008 来计算平均值的标准偏差和 95%的置信区间。

有效数字：应力和模量计算到 3 位有效数字，挠度计算到 2 位有效数字。

六、思考题

① 为什么韧性较好的高分子材料一般不做弯曲性能实验？

② 试比较与弯曲模量和拉伸模量有关的参数？

实验六十三　塑料冲击强度的测定

冲击实验是测定塑料材料和制品在高速冲击状态下的韧性或对断裂的抵抗能力。这一实验对研究塑料在经受冲击载荷时的力学行为有一定的实际意义。塑料制品在使用的过程中，经常受到外力冲击作用致使受到破坏。因此，在塑料材料的力学性能测试中，只进行静力实验，是不能满足材料使用要求的。所以必须对塑料材料进行动载荷实验，这一点在其工程设计中尤其重要。

冲击强度是塑料韧度的主要指标。测量冲击强度有两种试验方法：一种是摆锤式冲击试验，另一种是落球式冲击试验，最常用的是摆锤式冲击实验。摆锤式冲击实验又分两种，即悬臂梁式和简支梁式冲击实验。

一、悬臂梁冲击试验方法

本方法是用悬臂梁冲击试验机对试样施加一次冲击弯曲负荷，以试样破断时的单位宽度所消耗的能量来衡量材料的冲击韧性。

1. 试样的准备

① 试样的尺寸规格见表 63-1 与表 63-2。

表 63-1　试样类型及尺寸　　单位：mm

试样类型	长度 L	宽度 b	厚度 h
Ⅰ	80.0±2	10.0±0.2	4.0±0.2
Ⅱ	63.5±2	12.7±0.2	12.7±0.2
Ⅲ			6.4±0.2
Ⅳ			3.2±0.2

表 63-2　Ⅰ型试样的缺口类型及尺寸　　单位：mm

试样类型	缺口类型	缺口底部半径 r	缺口底部剩余宽度 b_n
Ⅰ	无缺口	—	—
	A	0.25±0.05	8.0±0.2
	B	1.0±0.05	8.0±0.2

② 试样的形状及缺口形状如图 63-1 与图 63-2。

此试样为Ⅱ、Ⅲ、Ⅳ型试样，试样的长度为 63.5mm；厚度为 $12.7^{+0.15}_{-0}$ mm；宽度为 4～12.7mm，由板材加工的试样推荐为 6～12.7mm，模塑成型的试样，推荐为 12.7mm；$r=$（0.25±0.025）mm，剩余厚度 $C=$（10.16±0.05）mm。

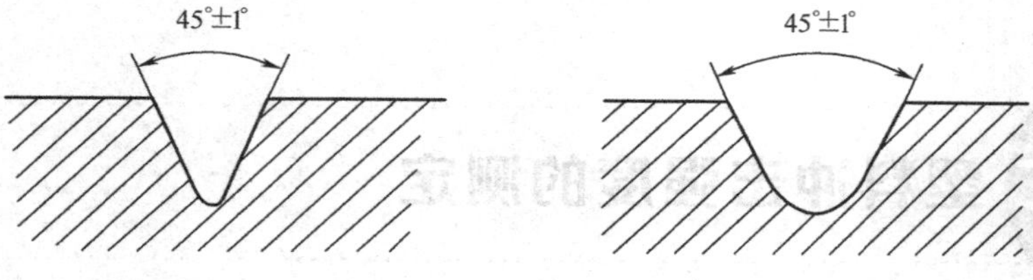

图 63-1 冲击试样缺口形状

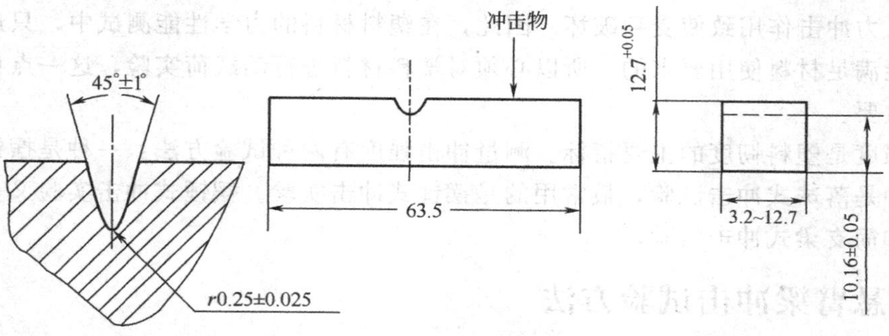

图 63-2 悬臂梁冲击试样

2. 实验设备

① 实验设备为摆锤式悬臂梁冲击试验机（GT-7045-MD）。

② 试验机底座应有水平基准面。摆锤转轴中心线应水平。冲击刃的轴线应水平，使摆锤在整个冲击过程中只冲击刃与试样接触。

③ 试样夹持台、摆锤的冲击刃及试样位置如图 63-3。

④ 试验机应附有试样定位器，以保证夹持试样能符合下列要求。

a. 试样长轴与夹持台上表面相垂直。

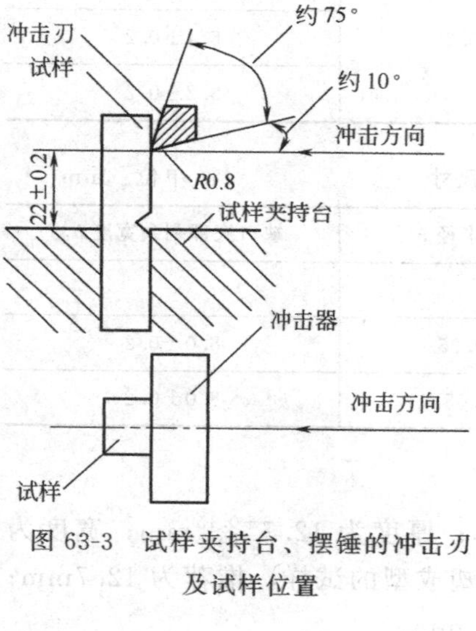

图 63-3 试样夹持台、摆锤的冲击刃及试样位置

b. 试样缺口的角平分面与夹持台上表面是同一平面。

⑤ 摆锤从预扬角位置释放，自由摆动时的能量损失应符合：

a. 指针摩擦、摆锤转轴摩擦和风阻能量损失之和，不超过其摆锤最大冲击量的 2.5%。若摆锤最大冲击能量为 5kg · cm 和 10kg · cm 时，可分别不超过 4% 和 3%。

b. 仅由摆锤转轴摩擦和风阻引起的能量损失之和不超过其摆锤最大冲击能量的 1%，若摆锤最大冲击能量为 5kg · cm 和 10kg · cm 时，不超过 2%。

3. 实验步骤

① 按试样标准制样，每组 5 个样（例如硬质 PVC 可选用Ⅳ型试样，A 型缺口）。

② 测量缺口处的试样宽度，精确到0.05mm。试样应在(23±0.5)℃和相对湿度50%环境中，放置24h。

③ 实验时应把温度设定在(23±0.5)℃下进行。

④ 选择适宜的摆锤，使试样破断所需的能量在摆锤总能量的10%～80%区间内。

⑤ 将摆锤连同被动指针从预扬角位置释放，空试样冲击，从刻度盘读取示值，此值即克服风阻和摩擦的动能损失，校正刻度盘指针。

⑥ 用适宜的夹持力夹持试样，如图63-3所示，试样在夹持台中不得有扭曲和侧面弯曲。

注：试样夹持力的大小，有时会影响实验结果，适宜的夹持力会随材料的不同而异。当试样破断后，断面与试样夹持台上表面基本呈一平面，此时的夹持力被认为对此种材料是适宜的。使用转矩扳手来获得适宜的夹持力。

⑦ 将摆锤连同被动指针从预扬角位置释放，冲断试样后，从度盘读取示值。此示值即为试样破断所消耗的能量W。

注：试样经一次冲击后，分离成两段或两段以上者称为破断，或者虽没有完全分离成为两段，但破裂已达到试样缺口处剩余厚度的90%者亦属破断。

4. 实验结果与计算

① 无缺口试样悬臂梁冲击强度按下式计算：

$$\alpha_{iv}=\frac{W}{hb}\times 10^{-3}$$

式中 α_{iv}——悬臂梁冲击强度，kJ/m^2；

W——试样破断所消耗的能量，J；

h——试样厚度，m；

b——试样宽度，m。

② 缺口试样悬臂梁冲击强度按下式计算：

$$\alpha_{in}=\frac{W}{hb_n}\times 10^{-3}$$

式中 α_{in}——缺口试样悬臂梁冲击强度，kJ/m^2；

W——破坏试样所吸收的冲击能量，J；

h——试样的厚度，m；

b_n——试样缺口底部剩余宽度，m。

仪器表针读数若为kg·cm，请按1kg·m=9.8J进行换算。

实验结果以冲击强度的算术平均值表示；破断试样不足3个时，以单个冲击强度表示。

二、简支梁式冲击韧性试验方法

简支梁试验方法适用于测定玻璃纤维织物增强塑料板材和短切玻璃纤维增强塑料的冲击韧性。试样为矩形杆（或正方形杆），并在试样表面开有V形缺口，使试样受冲击时产生应力集中而呈现脆性断裂。

1. 试样的准备

① 试样的形状和尺寸见表63-3与表63-4。

表 63-3 试样类型及尺寸 单位：mm

试样类型	长度 L	宽度 b	厚度 d
1	80±2	10±0.5	4±0.2
2	50±1	6±0.2	4±0.2
3	120±2	15±0.5	10±0.5
4	125±2	13±0.5	13±0.5

表 63-4 试样的缺口类型及尺寸 单位：mm

试样类型	缺口类型	缺口剩余厚度 d_k	缺口底部半径 r	缺口宽度 n
1～4	A	0.8d	0.25±0.05	
	B	0.8d	1.0±0.05	
1.3	C	2d/3	≤0.1	2±0.2
2	C	2d/3	≤0.1	0.8±0.1

② 试样的形状及缺口形状如图 63-4～图 63-6。

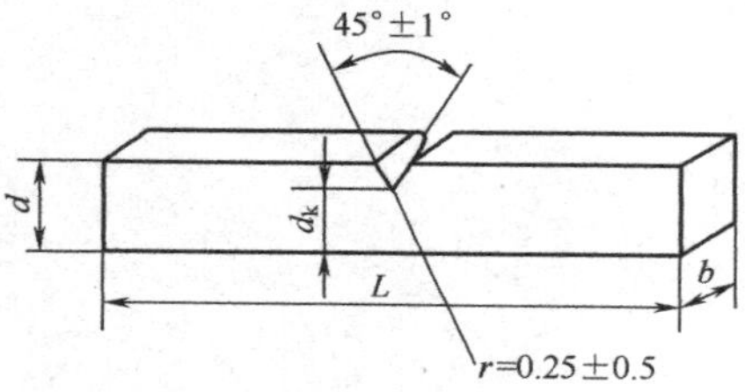

图 63-4 A 型缺口试样

L—试样长度；d—试样厚度；

r—缺口底部半径；b—试样宽度；

d_k—试样缺口剩余厚度

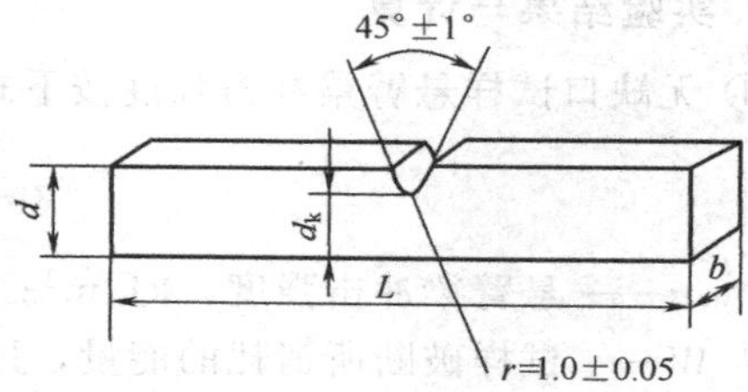

图 63-5 B 型缺口试样

L—试样长度；d—试样厚度；

r—缺口底部半径；b—试样宽度；

d_k—试样缺口剩余厚度

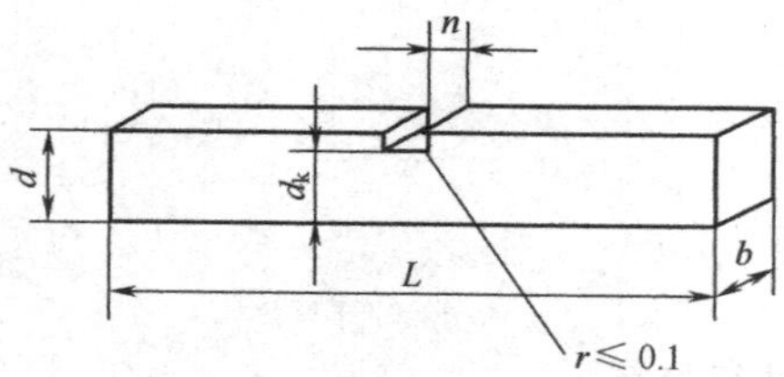

图 63-6 C 型缺口试样

n—缺口宽度；L—试样长度；

d—试样厚度；r—缺口底部半径；

b—试样宽度；d_k—试样缺口剩余厚度

2. 实验设备

① 简支梁冲击试验机（JJ-20 型智能冲击试验机）。

② 简支梁冲击实验中夹持台、摆锤冲击刃及试样位置关系如图 63-7。

3. 实验步骤

① 按标准制样，每组 5 个样。

② 测量缺口处的试样宽度，精确到 0.05mm。试样应在（23±0.5)℃和相对湿度 50%的环境中，放置 24h。

③ 实验时应把温度设定在（23±0.5)℃下进行。

④ 选择适宜的摆锤，使试样破断所需的能量在摆锤总能量的 10%～80%区间内。

⑤ 检查及调整试验机的零点和支座位置。

⑥ 将试样水平放置在支座上，宽面紧贴支座铅垂支承面，缺口面背向冲锤，试样中心

缺口应位置与冲锤对准。

⑦ 释放摆锤连续冲断试样，从度盘读取示值。此示值即为试样破断所消耗的能量 A_k。

注：冲击后凡试样不破断，或不破断在试样中间或缺口部分者，该试样作废，应另补做。

4. 实验结果与计算

① 无缺口试样简支梁冲击强度按下式计算：

$$\alpha=\frac{A}{bd}\times10^{-3}$$

式中 α——简支梁冲击强度，kJ/m^2；

A——试样破断所消耗的能量，J；

d——试样厚度，m；

b——试样宽度，m。

② 缺口试样简支梁冲击强度按下式计算：

$$\alpha_k=\frac{A_k}{bd_k}\times10^{-3}$$

式中 α_k——缺口试样简支梁冲击强度，kJ/m^2；

A_k——破坏试样所吸收的冲击能量，J；

d_k——试样的厚度，m；

b——试样缺口底部剩余宽度，m。

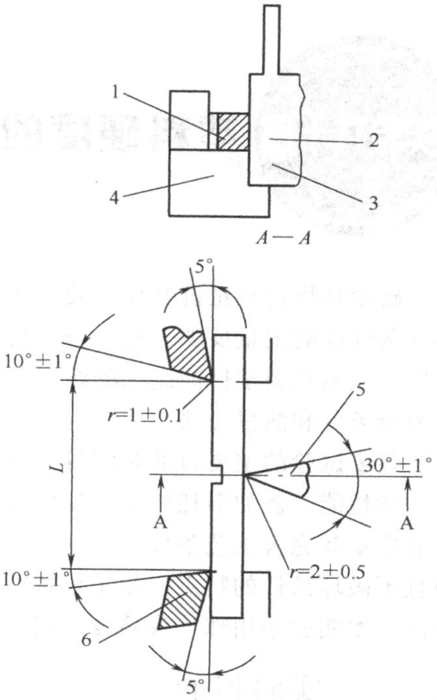

图 63-7 简支梁冲击夹持台、摆锤冲击刃及试样位置

1—试样；2—冲击方向；3—冲击瞬间摆锤位置；4—下支座；5—冲击刀刃；6—支持块

三、思考题

① 影响冲击强度的因素有哪些？

② 如何从配方及工艺上提高塑料材料的冲击强度？

③ 请将聚氯乙烯样条的试验数据填入表 63-5 中。

表 63-5 试验数据

试样编号	1	2	3	4	5	平均
试样宽度 b/m						
试样厚度 h/m						
试样缺口处剩余宽度 b_n/m						
试样冲断时能耗 W/kJ						
试样冲击强度 α_{iv}/(kJ/m^2)						

实验六十四 塑料硬度的测定

硬度是指材料抵抗其他较硬物体压入其表面的能力。硬度值的大小是表示材料软硬程度的有条件性的定量反映，它本身不是一个单纯的确定的物理量，而是由材料的弹性、塑性、韧性等一系列力学性能组成的综合性指标。硬度值的大小不仅取决于该材料的本身，也取决于测量条件和测量方法。

硬度试验的主要目的是测量该材料的适用性，并通过对硬度的测量间接了解该材料的其他力学性能，例如磨耗性能、拉伸性能、固化程度等。因此，硬度检测在生产过程中对监控产品质量和完善工艺条件等方面有非常重要的作用。硬度试验因其具有测量迅速、经济、简便且不破坏试样的特点，是工程材料应用极为普遍的方法，也是检测塑料性能最容易的一种方法。本实验采用球压痕硬度计测量塑料硬度。

一、实验目的

① 了解球压痕硬度测试的基本原理。

② 掌握球压痕硬度测试塑料的方法。

二、实验原理

以规定直径的钢球在试验负荷作用下垂直压入试样表面，经过一规定的时间后，以单位压痕面积所承受的压力表示该试样的硬度，用 kg/mm^2 表示。对于较硬的塑料硬度值测定多数使用此方法。

三、设备及材料

1. 设备

P·HBI-98A 型塑料球压痕硬度计（球压痕硬度计主要由机架、压头、加荷装置、压痕深度指示仪表和计时装置组成）。

2. 材料

硬质 PVC 板，PP 板，PS 板，ABS 板。

四、实验步骤

① 试样准备。试样的大小应保证每个测点的中心与试样边缘的距离不小于 7mm，各测点中心之间的距离也不小于 25mm，试样厚度应不小于 4mm。按照 50mm×50mm×4mm 尺寸切割制试样。试样应在室温下（20±0.5)℃左右放置 16h 以上。根据试样预估的硬度值和试样的厚度选择钢球的直径和负荷大小，选择范围见表 64-1。试样应厚度均匀、表面光滑、平整、无气泡、无机械损伤及杂质等。

表 64-1　选择范围

硬度范围(HB)	试样厚度/mm	负荷与钢球直径 D 的关系	钢球直径 D/mm	负荷/kg
>36	>6	$P=10D^2$	5.0	250
20～36	>6	$P=5D^2$	5.0	125
8～20	>10	$P=2.5D^2$	10.0	250
8～20	6～10	$P=2.5D^2$	5.0	62.5

② 试验前应定期测定各级负荷下机架的变形量，测定时应卸下压头，升起工作台，使其与主轴接触；加上初负荷，调节深度指示仪表为零；然后再加上试验负荷，直接由压痕深度指示仪表中读取相应负荷下机架的变形量 h_2。应反复测量几次，直到数值稳定。

③ 应根据试样材料的软硬程度选择适宜的试验负荷，装上压头。使压痕深度必须在 0.15～0.35mm 的范围内，若压痕深度超过此范围，则应改变试验负荷，使之达到规定的压痕深度范围。因为只有在规定范围内的压痕深度与施加的负荷之间才有较好的线性关系。

④ 选 60s 为保压时间，通电 15min 开始实验。

⑤ 把试样放在工作台上，使测试表面与加荷方向垂直接触，无冲击加上初负荷之后，将手轮转 3 圈，使表针指零。

⑥ 搬动加荷手柄，由右向左，在 5～8s 内将所选择的试验负荷平稳地施加到试样上，这时加荷指示灯灭，保压指示灯亮；保持负荷 60s 后保压指示灯灭，退回加荷手柄，这时刻度指针所指即为压痕深度 h 值。

⑦ 每组试样不少于 2 块，测量点数不少于 5 个。

五、实验数据计算

① 球压痕硬度计算公式：

$$H=\frac{P}{\pi Dh}$$

式中，H 为球压痕布氏硬度，kg/mm²；P 为试验负荷，kg；D 为钢球直径，mm；h 为校正机架变形后的压痕深度，mm。

② 将实验数据填入表 64-2。

表 64-2　实验数据记录

序　　号	钢球直径 D/mm	压痕深度 h/mm	硬度 H/(kg/mm²)
1	5		
2	5		
3	5		

六、注意事项

① 相邻的两个压痕中心距离不小于 25mm。

② 压痕深度必须在 0.15～0.35mm 的范围内，否则无效。

③ 取下试样前一定要先将加荷手柄由左向右推回零处，再逆时针转动升降台手轮，取下试样。如操作不当则会损坏设备。因此，在操作时应多加注意。

七、思考题

① 实验环境对测试结果有何影响？为什么？

② 硬度实验中为何对操作时间要求严格？

实验六十五 高聚物维卡软化点温度的测定

一、实验目的

通过实际测定高聚物维卡软化点温度，掌握维卡软化点温度测试仪的使用方法和高聚物维卡软化温度的测试方法。

二、实验原理

维卡软化温度是指一个试样被置于所规定的试验条件下，在一定负载的情况下，一个一定规格的针穿透试样 1mm 深度的温度。

这个方法适用于许多热塑性材料，并且可用于鉴别比较热塑性材料软化的性质。

三、实验仪器

维卡软化点测试仪主要由浴槽和自动控温系统两大部分组成。浴槽内又装有导热液体，试样支架、砝码、指示器、温度计等构件，其基本结构如图 65-1。

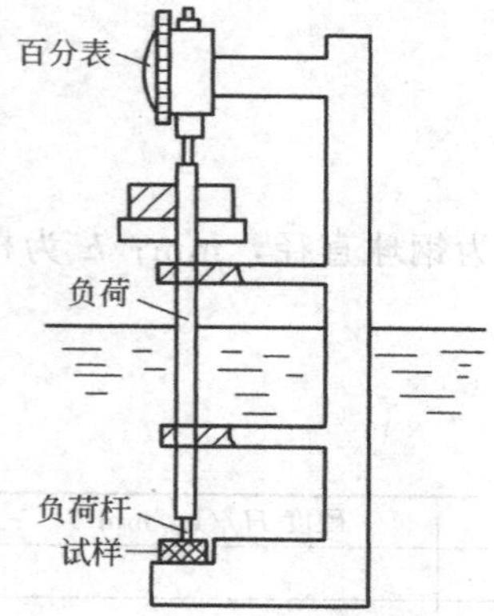

图 65-1 维卡软化点试验装置

① 传热液体。一般常用的矿物油有硅油、甘油等，最常用的是硅油。本仪器所用传热液体为硅油，它的绝缘性能好，室温下黏度较低，并使试样在升温时不受影响。

② 试样支架。支架是由支撑架、负载、指示器、穿透针杆等组成。都是用同样膨胀系数的材料制成。

③ 穿透针。常用的针有两种：一种是直径为 $1^{+0.05}_{-0.02}$mm 的设有毛边的圆形平头针；另一种为正方形平头针。

④ 砝码和指示器。

常用的砝码有两种，1kg 和 5kg；指示器为一个百分表，精确度可达 0.02mm。

⑤ 温度计。温度计测温精确度可达 0.5℃，使用范围为 0～360℃。

⑥ 等速升温控制器。采用铂电阻作感温元件与可变电压器、恒速电动机构组成。作定时等速运动来调整可变电位器之阻值，以达到自动平衡（可变电位器调整阻值的变化即为铂电阻受热后之阻值），电桥输出信号经晶体管放大输出脉冲，推动可控管工作，并控制了加热器工作时间，以 (5±0.5)℃/6min 的速度来提高浴槽温度。

⑦ 加热器。一个 1000W 功率的电炉丝直接加热传热液体。

四、试样与测试条件

所用的每种材料的试样最少要有 2 个。一般试样的厚度必须大于 3mm，面积必须大于

$10\times10mm^2$。

保持连续的升温速度为（5±0.5）℃/min，并且穿透针必须垂直地压入试样，压入载荷为5kg或1kg。它是砝码和加力杆等的总和。即相应负荷分别为9.81N和49.05N。

五、实验步骤

1. 选试样

试样可注射成型。成型后选取厚度大于3mm，宽和长大于10mm×10mm的试样，并要求试样表面平整，没有裂纹，没有气泡。

2. 安放试样

在室温下将试样支架从浴槽内提出固定在浴槽上面，把试样放在针下近似中心的位置，使针近似地靠近试样表面（没有加载）并固定好，然后将温度计插入支架上两侧孔内，使其球部尽量地接近试样并固定好。

3. 调整指示器

试样安装好后就将试样支架轻轻地放进浴槽，然后加载调整穿透指示器到零位。

4. 加热液体

指示器调整零位后开始升温，调整自动控温部分，升温速度为50℃/h（参看附录中仪器的操作规程），同时开启搅拌，保持槽内温度均匀。

5. 记录

必须仔细作穿透1mm深度时的温度记录。当穿透1mm后，从这点开始穿透深度会迅速增加，因此要求每升5℃读报一次穿透深度，直到穿透0.4mm后再每间隔50℃记录一次。

6. 试验结果

所得两个试样间的差别高于2℃，则必须做重复试验。

六、数据处理

① 将实验数据记录在表65-1中。

表65-1　数据记录

试样编号	试样尺寸/mm			标准升温速度(5℃/min)	备　注
	长 a	宽 b	高 c		
1					
2					
3					

② 结果分析。

七、思考题

① 影响维卡软化点温度测试结果的因素有哪些？

② 升温速度过快或过慢对试验结果有何影响，为什么？

实验六十六 马丁耐热性测试

一、实验目的

① 掌握实验原理，熟悉马丁耐热箱结构。

② 掌握塑料试样的马丁耐热性测试方法。

二、实验原理

马丁耐热试验方法是1924年由马丁提出的检验塑料耐热性的方法之一。马丁耐热测试适用于耐热性高于60℃的塑料。如图66-1为马丁耐热仪示意图。底座上装有固定夹持器，它可把试样一端固定，而试样的另一端夹在带有横杆的夹持器上，横杆上设有可进行调节的重锤，横杆端部带有变形指示器。试样在等速升温环境中，在一个静弯曲力矩作用下，发生弯曲变形（变形指示器指明下降6mm）时的温度即为马丁耐热温度。

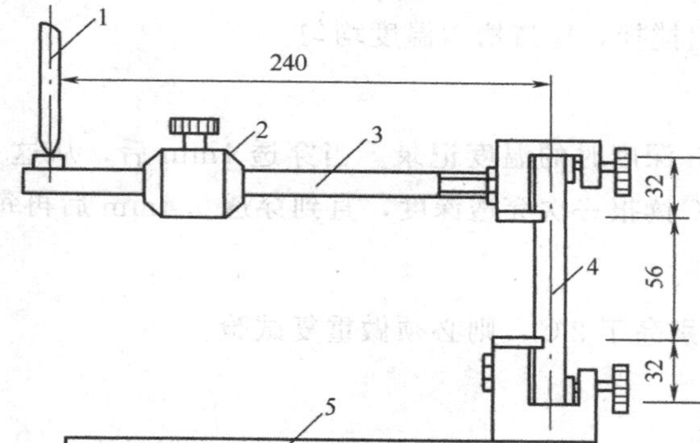

图66-1 马丁耐热仪示意

1—变形指示器；2—重锤；3—横杆；4—试样；5—底座

弯曲应力的调节，我们从试样架示意图66-2可以很方便地得到公式：

$$\frac{bd^2}{6}\sigma_t = PL + P_1L_1 + P_2L_2 \tag{1}$$

式中 σ_t——弯曲应力，Pa；

P——重锤（包括紧固螺丝）重力，N；

P_1——指示器的重力，N；

P_2——横杆的重力，N；

L_1——指示器中心到试样中心距离，cm；

L_2——横杆质心到试样中心距离，cm；

b——试样宽度，cm；

d——试样厚度，cm；

L——重锤质心到试样中心距离，cm。

当要求 $\sigma_t = 4.9\text{MPa}$ 时，就可找到对应的重锤位置。从式（1）可得：

$$L = \frac{\frac{bd^2}{6}\sigma_t - P_1L_1 - P_2L_2}{P} \quad (2)$$

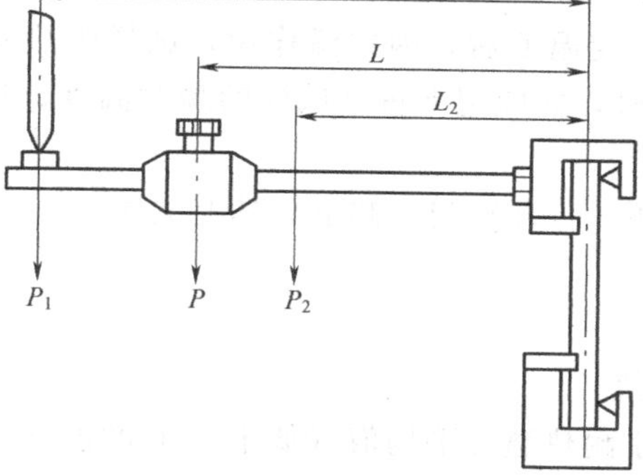

图 66-2　试样架示意

三、实验仪器与试样

① 110A 型马丁试验耐热箱；ZHY-W 型万能制样机（图 66-3）。

② 试样为 PVC 等板材，要求无气泡、无膨胀突起、无裂纹及弯曲等缺陷。

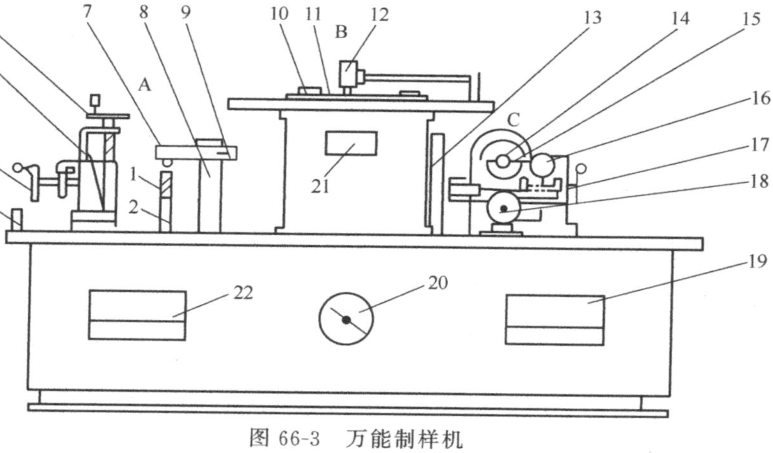

图 66-3　万能制样机

A—铣哑铃形及平面部分；B—切断部分；C—铣缺口部分

1—圆柱铣刀；2—主轴；3—支架；4—手轮；5—支架；6—手轮；7—顶尖体；8—支柱；9—锁紧螺母；10—把手；11—切断工作台；12—防尘罩；13—皮带罩；14—安全罩；15—缺口铣刀夹片；16—百分表；17—夹紧手轮；18—进给手轮；19—按钮盘；20—电源开关；21—标牌；22—指示灯盘

四、实验步骤

① 用万能制样机切断部位加工（120±1）mm×（15±0.2）mm×（10±0.2）mm 的试样 3 个，保证对应面平行。

② 用游标卡尺在宽、高两个位置测试 5 个不同点尺寸，计算宽、高平均值，求出 3 个试样 L 值，并对试样标上 1、2、3 记号。

③ 根据 3 个试样 L 值，调节垂锤位置，固定重锤，使试样上所受的弯曲应力为 5MPa。

④ 把试样仔细安装在上、下夹具内，按照从里到外的顺序，拧好夹紧螺丝，使试样保持垂直位置。调整变形指示器的刻度标尺位置，使指针对准整数。

⑤ 加热箱的传热介质为空气，为保证箱体内各点的温度差不大于 2℃，箱体内装有鼓风设备，接通电源，打开加热开关，打开鼓风开关，等速升温装置升温速度为 (50±2)℃/h。

⑥ 关好箱门，当升到一定温度后，因重锤作用，试样受热开始弯曲，当变形指示器指针离开起始位置下降 6mm 时，立即记下每个试样的瞬时温度。这就是被测塑料的马丁耐热温度。

⑦ 停止鼓风，关闭电源，打开箱门，卸下夹具上试样。

五、数据处理

① 计算每个试样的 L 值。

② 计算 3 个试样的马丁耐热温度平均值（低于 60℃的温度舍去）。

六、思考题

试讨论影响马丁耐热实验结果的因素。

实验六十七　塑料的热老化实验

塑料材料在加工成型，储存、运输和使用过程中都不可避免地要在空气环境中受到热与氧的作用，致使发生热氧老化，导致其性能降低，以致完全丧失使用价值。热空气暴露试验是用于评定材料耐热老化性能的一种简便的人工模拟加速环境试验方法。

一、实验目的

① 掌握塑料的热老化实验方法。

② 学会在较短时间内评定材料对高温的适应性。

二、实验原理

将塑料试样置于给定条件（温度、风速、换气率等）的热老化试验箱中，使其经受热和氧的加速老化作用。通过检测暴露前后性能的变化，以评定塑料的耐热老化性能。

三、实验试样及仪器

1. 试样（PVC 软质、硬质样条）

按照标准拉伸试样规格制备热老化试样，所需数量每周期每组试样不少于 5 个，试验周期数根据实验时的检测要求而定，一般不少于 5 个。可按照下式计算所需试样的数。

$$m=(nZ+1)(n_t+1)$$

式中，m 为试样总数；n 为每次测试的试样数；Z 为每一温度点测试项目数；n_t 为试验温度点数目。

2. 热老化试验箱

① 工作容积：0.1～0.3m^3 并备有安装试样的网板或旋转架。

② 工作温度：40～200℃。

③ 温度均匀性：温度分布的偏差应≤1%。

④ 平均风速：0.5～1.0m/s，允许偏差±20%。

⑤ 换气率：1～100 次/h。

3. 热老化试验箱的实验条件要求

① 实验温度的选择。塑料热老化试验温度多依据材料的品种和使用性能及其试验目的而确定。温度高时老化速度快、试验时间可缩短，但温度过高则可引起试样严重变形（弯曲、收缩、膨胀、开裂、分解变色），导致老化过程与实际不符，试验得不到正确的结果。因此，实验温度应根据材料的使用要求和试验目的确定。温度要求均匀分布偏差≤1%（试验温度）。塑料试验温度选择的原则是：在不造成严重变形、不改变老化反应历程的前提下，尽可能提高试验温度以其在较短的时间内获得可靠的结果。通常选取的温度上限：对热塑性

塑料应低于软化点；热固性塑料应低于其热变形温度；易分解的塑料应低于其分解温度。温度下限：采用比实际使用温度高约 20～40℃。

② 风速。风速对热交换率影响明显。风速大，热交换率高，老化速率快。因此选择适当的一致的风速是保证获得正确结果的一个重要条件。一般选择是在 0.5～1.0m/s 范围。

③ 换气量。换气量是在保证氧化反应充分的前提下，尽可能选择小的换气量范围。一般的试验箱换气量参数为 1～200 次/h 及 100～200 次/h。

④ 试样放置。试样箱内试样挂置间距一般不小 10mm，试样与箱壁间距离不少于 70mm，工作室容积与试样体积之比不少于 5：1。为减少箱内各部分温度及风速不均的影响，采用旋转试样或周期性互换试样位置的办法予以改善。

四、实验步骤

① 调节试验箱。根据试样要求设定试验温度，调节平均风速及换气率等参数。

② 放置试样。将试样用包有惰性材料的金属夹或金属丝夹或挂置于试验箱的网板或试样架上，试样间距不小于 10mm，与箱壁间距离不少于 70mm。

③ 恒温计时。试验箱逐渐升至试验温度后开始计时。

④ 互换试样位置。固定在上下两个转盘上的试样，要周期性的互换位置，以减少温度不匀的影响。

⑤ 周期取样。按规定或预定试验周期依次从试验箱中取样，直至试验结束。取样时要暂停通风，取样要快，尽可能减少箱内温度变化。

⑥ 性能测试。每一测试周期取下的试样与原始试样，要进行温度、湿度处理［热固性塑料 (23±1)℃，热塑性材料 (23±1)℃，相对湿度 60%±5%，放置 24～48h］后，进行规定的性能测试和外观检查，当达到老化终止指标后，实验便可结束。

五、老化试验后的性能分析

选择对塑料材料应用最适宜或反映老化（变化）较敏感的下列一种或几种性能的变化来评定其热老化性能。

① 质量的变化。

② 拉伸强度、断裂伸长率、弯曲强度、冲击强度等力学性能的变化。

③ 变色、褪色及透光率等光学性能变化。

④ 局部粉化、龟裂、斑点、起泡、变形等外观性能的变化。

⑤ 电阻率、耐电压强度及介电常数等电性能变化。

⑥ 其他性能变化。

六、思考题

① 塑料材料老化性能的好坏，对塑料的储存、加工和使用有什么影响？哪些方法可以提高塑料的热老化性能？

② 实验中试验箱内的温度高低、鼓风与否，对试样的热老化程度有何影响？为什么？

实验六十八　聚氯乙烯热稳定性测试

一、实验目的

① 了解聚氯乙烯的热分解机理。

② 掌握聚氯乙烯热稳定性的测试方法。

二、实验原理

聚氯乙烯加热高于 100℃时，即伴随有脱氯化氢反应，降解分为 3 个阶段：初期着色降解（90～130℃）、中期降解（140～150℃）、后期受热降解（180～210℃）。降解除了脱氯化氢外，还发生变色和大分子交联。随着降解程度的加深，PVC 树脂的颜色由白色→淡黄色→黄色→桔黄色→橘红色→棕色→黑色，此时能闻到浓烈的 HCl 味。降解的直接后果不仅是颜色变深，而且制品的物理力学性能下降。那么，为什么会这样呢？原因是 PVC 容易热降解，这与其分子结构有很大关系。

工业上制备的 PVC 并不是有规律的头-尾重复排列的某种单一结构；而可看作为有许多不同结构的复杂混合物，即有直链又有支链，还具有较宽的分子量分布。在平均分子量为 89000 的聚合物内，每 70 个单体单元平均出现一个支链，即每个聚合物分子平均有 20 个支链。

在所有查明的基团中，内部的烯丙基氯是最不稳定的（易被取代），依次是叔丙基氯及末端的烯丙基氯、仲氯。认为 PVC 的降解最初是由于脱掉一个氯化氢开始的，如式（1），而脱氯化氢是在分子上含有或相邻于叔氯或烯丙基氯的某一点上开始的，不管是叔丙基氯还是烯丙基氯都能起到一个“活化基团”的作用。

$$\sim\sim CH_2—CHCl—CH_2—CHCl—CH_2—CHCl—X\sim\sim \xrightarrow{(-HCl)}$$

$$\sim\sim CH_2—CHCl—CH_2—CHCl—CH = CH—X\sim\sim \qquad (1)$$

式中，X 表示活性基团。

脱掉一个氯化氢分子随即在 PVC 链上形成一个不饱和的双键，于是就使相邻的氯原子在结构上和烯丙基氯一样。这就促使另一个氯化氢分子随后脱去，这个过程自身连续重复下去。这种递增的脱氯化氢作用进行得十分迅速，很快就形成一个多烯链锻，如式（2）。

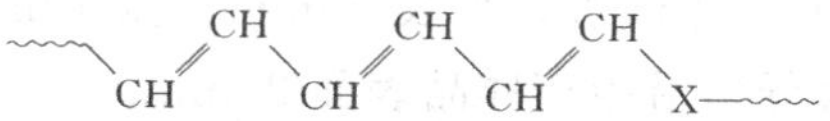

(2)

形成的共轭多烯结构是生色结构，只要共轭双键的数目达到 5～7 个时，PVC 即开始着色，超过 10 个时就变为黄色。随着氯化氢的不断脱出，共轭序列的不断加长，PVC 的颜色逐渐加深，最终成为黑色。

为了解决 PVC 加工热降解问题，人们在 PVC 配方中加入热稳定剂，这样有效地抑制了 PVC 的降解，制品外观也无变色现象，保证了制品的质量。热稳定剂的作用机理是：稳定剂是 HCl 的接受体，能够捕捉 PVC 降解产生的 HCl，从而避免了 HCl 对 PVC 分子链降解的促进作用，达到了抑制降解的目的。

聚氯乙烯热稳定性的测试方法有两种，即刚果红法和试样变色法。

三、实验方法

1. 刚果红法

（1）刚果红法

在静态的空气中，将试样插入规定的测试温度下的油浴，立即记录时间，测定分解出的氯化氢导致试样上方的刚果红试纸的颜色改变，变色程度相当于 pH 为 3 时所需要的时间。

（2）仪器与药品

① 计时器。

② 带有搅拌和恒温控制的油浴，在 120～210℃范围内恒温，误差±1℃，油浴顶部有隔热层并有夹子，以固定浸入油浴的试管。

③ 平底试管。

外径：(16±1) mm。

壁厚：0.5～0.6mm。

长度：150～160mm。

④ 小玻璃管内径为 2～3mm，长约 100mm。

⑤ 刚果红试纸。

⑥ PVC，热稳定剂 A、热稳定剂 B，其他助剂。

（3）操作步骤

① 将油浴温度升至 200℃，并控制使之恒定。

② 按照表 68-1 配方混合原料。

表 68-1 原料配方

原料	白样	AⅠ	AⅡ	AⅢ	BⅠ	BⅡ	BⅢ
PVC	100	100	100	100	100	100	100
稳定剂 A		1	2	3			
稳定剂 B					1	2	3
其他助剂	适量	适量	适量	适量	适量	适量	适量

③ 将混合好的物料加入干净的试管中，加入高度 50mm。每个试管上贴好试样标签序号。

④ 用插有细玻璃管的塞子塞住试管，将长 30mm，宽 10mm 的刚果红试纸一端插入细玻璃管内，使刚果红试纸条最低边沿距离样品表面 25mm。

⑤ 将准备好的试管浸入温度恒定的油浴中，浸入深度是使样品的上表面与油面在同一水平面。试管装置如图 68-1。

⑥ 记录从试管插入油浴，到试纸颜色变成相当于 pH 值＝3 时所需要的时间，即为热稳定时间，以分钟表示。

⑦ 每个试样至少测试两次，也可将两个试管同时插入油浴。若测得的两个值与它们平

均值相差 10%，实验必须重做。

2. 两根筋试样变色法

（1）两根筋试样变色法

将制好的两组 PVC 试样（其中一组是被测试试样，一组是标准参照样）放入恒温的热老化箱中，每隔 10min 每组各从热老化箱中取出一个试样，直到变黑为止。这样可以对比评价 PVC 的热稳定性。

（2）仪器与药品

① 热老化烘箱，双辊塑炼机，剪刀，大号铝方盘，长镊子。

② PVC，热稳定剂 A，热稳定剂 B，其他助剂。

（3）操作步骤

① 将热老化烘箱恒温在测试温度上。

② 将双辊塑炼机升温，并且恒温在塑炼温度 180℃

③ 将 PVC 原料按照表 68-1 配方配料。

④ 将配好的 PVC 料进行混合，温度混合升到 90～105℃后进行冷混。

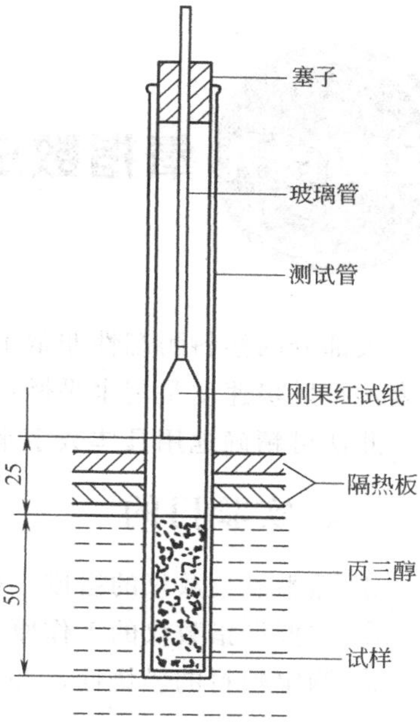

图 68-1　刚果红法测试装置图

⑤ 将混合好的 PVC 料送入 180℃的双辊塑炼机中进行炼片，经过 5～10min 拉出 1mm 厚的 PVC 片。

⑥ 将拉出的 1mm 厚薄片裁剪成 30mm×100mm 的试样 12 片。

⑦ 将两组 24 片试样放在大号铝方盘中，送入恒温的热老化箱进行热老化，立即记录时间。

⑧ 每隔 10min 每组同时各取出一个试样，观察颜色变化情况，编号保留试样，直至全部变黑为止。

⑨ 记录结果。

四、实验结果讨论

五、思考题

① PVC 为什么会热降解？

② PVC 热稳定剂的稳定机理是什么？

实验六十九 氧指数法测定聚合物的燃烧性

大部分的塑料耐燃性非常不好，遇火极易燃烧。评定塑料燃烧性可用燃烧速度和氧指数来表示。燃烧速度是用水平燃烧法或垂直燃烧法等测得的。本实验采用氧指数测定塑料燃烧性，此法可精确地用具体数字来评价塑料的点燃性。

一、实验目的

① 熟悉氧指数仪的组成、构造。

② 掌握氧指数仪的工作原理及使用方法。

③ 测定塑料的燃烧性，并计算氧指数。

二、实验原理

氧指数法行测定塑料燃烧性是指在规定的试验条件下［(23±2)℃］，在氧、氮混合气流中，测定刚好维持试样燃烧所需的最低氧浓度，并用混合气中氧含量的体积百分数表示。

氧指数仪试验装置如图 69-1。主要组成部分有燃烧筒、试验夹、流量测量和控制系统，其他辅助配有气源、点火器、排烟系统、计时装置等。

① 燃烧筒：内径为 70～80mm，高 450mm 的耐热玻璃管。筒的下部用直径 3～5mm 的玻璃珠填充，填充高度 100mm。在玻璃珠上方有一金属网，以遮挡塑料燃烧时的滴落物。

② 试样夹：在燃烧筒轴心位置上垂直地夹住试样的构件。

③ 流量测量和控制系统：由压力表、稳压阀、调节阀、管路和转子流量计等组成。计算后的氧、氮气体经混合气室混合后由燃烧筒底部的进气口进入燃烧筒。

④ 点火器：由装有丁烷的小容器瓶、气阀和内径为 1mm 的金属导管喷嘴组成，当喷嘴处气体点着时其火焰高度为 6～25mm，金属导管能从燃烧筒上方伸入筒内，以点燃试样。点燃燃烧筒内的试样可采用方法 A（顶端点燃法），也可采用方法 B（扩散点燃法）。

1. 顶端点燃法

使火焰的最低可见部分接触试样顶端并覆盖整个顶表面，勿使火焰碰到试样的棱边和侧表面。在确认试样顶端全部着火后，立即移去点火器，开始计时或观察试样烧掉的长度。点燃试样时，火焰作用的时间最长为 30s，若在 30s 内不能点燃，则应增大氧浓度，继续点燃，直至 30s 内点燃为止。

2. 扩散点燃法

充分降低和移动点火器，使火焰可见部分施加于试样顶表面，同时施加于垂直侧表面约 6mm 长。点燃试样时，火焰作用时间最长为 30s，每隔 5s 左右稍移开点火器观察试样，直至垂直侧表面稳定燃烧或可见燃烧部分的前锋到达上标线处，立即移动点火器，开始计时或

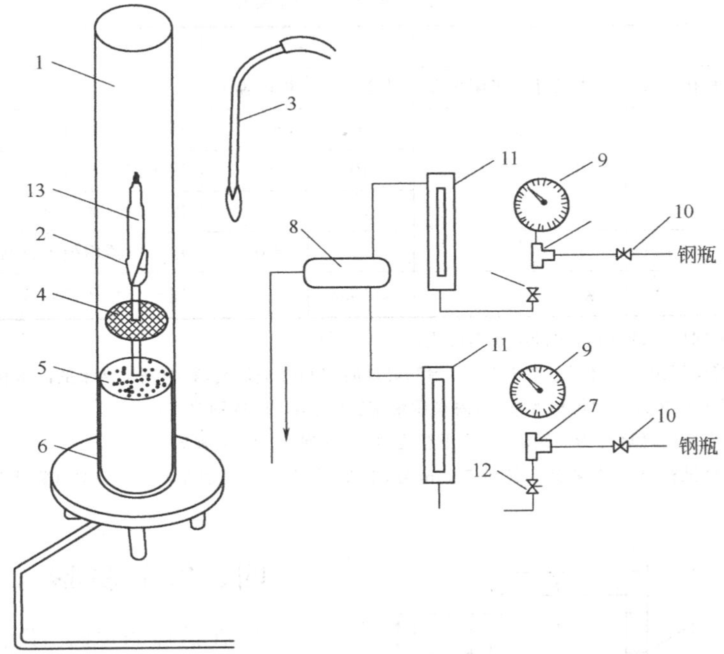

图 69-1 氧指数试验装置示意

1—燃烧筒；2—试样夹；3—点火器；4—金属网；5—放玻璃球的筒；6—底座；7—三通；
8—气体混合器；9—压力表；10—稳压阀；11—转子流量计；12—调节阀；13—燃烧着的试样

观察试样燃烧长度。若 30s 内不能点燃试样，则增大氧浓度，再次点燃，直至 30s 内点燃为止。

扩散点燃法也适用于Ⅰ、Ⅱ、Ⅲ、Ⅳ型试样，标线应划在距点燃端 10mm 和 60mm 处。

注 ① 点燃试样是指引试样有焰燃烧，不同点燃方法的试验结果不可比。

② 燃烧部分包括任何沿试样表面淌下的燃烧滴落物。

氧指数法测定塑料燃烧行为的评价准则见表 69-1。

表 69-1 燃烧行为的评价准则

试样型式	点燃方式	评价准则(两者取一)	
		燃烧时间/s	燃烧长度
Ⅰ、Ⅱ、Ⅲ、Ⅳ	A 法	180	燃烧前锋超过上标线
Ⅰ、Ⅱ、Ⅲ、Ⅳ	B 法	180	燃烧前锋超过下标线
Ⅴ	B 法	180	燃烧前锋超过下标线

三、仪器和试样

① 实验仪器：HC-2 型氧指数仪。

② 试样：试样类型、尺寸见表 69-2。

表 69-2 试样类型和尺寸 单位：mm

型式	长		宽		厚		用途
	基本尺寸	极限偏差	基本尺寸	极限偏差	基本尺寸	极限偏差	
Ⅰ	80～150		10	±0.5	4	±0.25	用于模塑材料
Ⅱ					10	±0.5	用于泡沫塑料
Ⅲ					<10.5		用于原厚的片材
Ⅳ	70～150		6.5		3	±0.25	用于电器用模塑材料和片材
Ⅴ	140	−5	52		≤10.5		用于软片和薄膜等

注：1. 不同型式、不同厚度的试样，测试结果不可比。

2. 由于该项试验需反复预测气体的比例和流速，预测燃烧时间和燃烧长度，影响测试结果的因素比较多，因此每组试样必须准备多个（10 个以上），并且尺寸规格要统一，内在质量密实度、均匀度特别要一致。

3. 试样表面清洁，无影响燃烧行为的缺陷，如应平整光滑、无气泡、飞边、毛刺等。

4. 对Ⅰ、Ⅱ、Ⅲ、Ⅳ型试样，标线划在距点燃端 50mm 处，对Ⅴ形试样，标线划在框架上或划在距点燃端 20mm 和 100mm 处（图 69-2）。

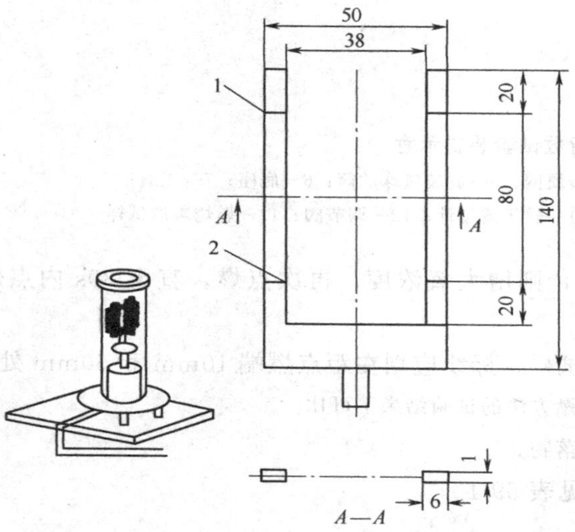

图 69-2 支撑非支撑试样的框架结构

1—上参照标记；2—下参照标记

四、实验步骤

① 在试样的宽面上距点火端 50mm 处划一标线。

② 取下燃烧筒的玻璃管，将试样垂直地装在试样夹上，装上玻璃管，要求试样的上端至筒顶的距离不少于 100mm。如果不符合这一尺寸，应调节试样的长度，玻璃管的高度是定值。

③ 根据经验或试样在空气中点燃的情况，估计开始时的氧浓度值。对于在空气中迅速燃烧的试样，氧指数可估计为 18%以上；对于在空气中不着火的，估计气指数在 25%以上。

④ 打开氧气瓶和氮气瓶，气体通过稳压阀减压达到仪器的允许压力范围。

⑤ 分别调节氧气和氮气的流量阀，使流入燃烧筒内的氧、氮混合气体达到预计的氧浓度，并保证燃烧筒中的气体的流速为（4±1）cm/s。

⑥ 让调节的气体流动 30s，以清洗燃烧筒。然后用点火器点燃试样的顶部，在确认试样顶部全部着火后，移去点火器，立即开始计时，并观察试样的燃烧情况。

⑦ 若试样（50mm 长）燃烧时间超过 3min 或火焰步伐超过标线时，就降低氧浓度。若不是则增加氧浓度，如此反复，直到所得氧浓度之差小于 0.5%，即可按该时的氧浓度计算材料的氧指数。

五、实验数据处理

① 按下式计算氧指数［OI］

$$[OI]=\frac{[O_2]}{[O_2]+[N_2]}\times 100$$

式中 $[O_2]$ ——氧气流量，L/min；

$[N_2]$ ——氮气流量，L/min。

② 以 3 次试验结果的算术平均值作为该材料的氧指数，有效数字保留到小数点后 1 位。

六、思考题

① 何谓材料的氧指数，叙述其测定原理。

② 定性说明影响氧指数的因素。

实验七十 塑料燃烧烟密度的测定

塑料的品种很多，大部分品种在燃烧或分解时常会放出烟气，如何评价它们在燃烧或分解时的产烟量呢？可以通过烟密度仪测定塑料燃烧分解时的烟密度，以此来评价塑料燃烧分解时的产烟量。

一、实验目的

① 了解烟密度仪的组成、构造。

② 掌握烟密度仪的工作原理及使用方法。

③ 测定塑料燃烧时的最大烟密度值和烟密度等级。

二、实验原理

本实验是通过测量塑料燃烧产生的烟气中固体尘埃对光的反射而造成光通量的损失来评价烟密度的大小。

实验时，将试样直接暴露在火焰中，产生的烟气被完全收集在试验烟箱里。试验烟箱的尺寸为300mm×300mm×790mm，装有光源、光电池和仪表来测量光束水平穿过300mm光路后光的吸收率（图70-1）。

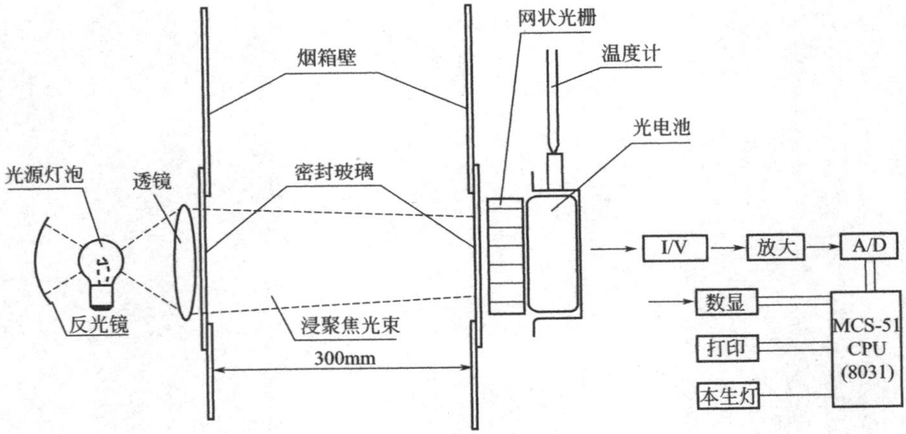

图70-1 烟箱光路示意

光源灯泡产生的光经过反射镜的反射形成沿水平方向传播的光束，再经过透镜（焦距为60～65mm）的折射汇聚在光电池上，光电池前有网状光栅保护电池免受散光的照射。光电池受光的照射时产生感应电流，感应电流被仪器转化成光的吸收率值显示在仪表上。在光通量为100%时，烟密度为0，当光通量为T时，烟密度等于100%$-T$。

实验过程中得到光吸收数据随时间变化的曲线，及最大烟密度值和烟密度等级。

三、实验仪器和原料

1. 主要仪器

JCY-1 型建材烟密度测试仪，如图 70-2。

(1) 烟箱

烟箱尺寸：300mm×300mm×790mm。

烟箱底部有 25mm 的通风口，烟箱固定在基座上。

烟箱的左边安有排风机，排风机的进风口与烟箱内部连通，排风口与通风橱相连。

烟箱左右两壁各有一开口直径为 70mm 不漏烟的玻璃圆窗，在这些位置的烟箱外部，安装有相应的光学设备和附加控制装置。

在烟箱背部安装有一块白色塑料板，透过它可以看见一个照亮的“EXIT”字样，这个标志有利于找到能见度和烟密度之间的关系。

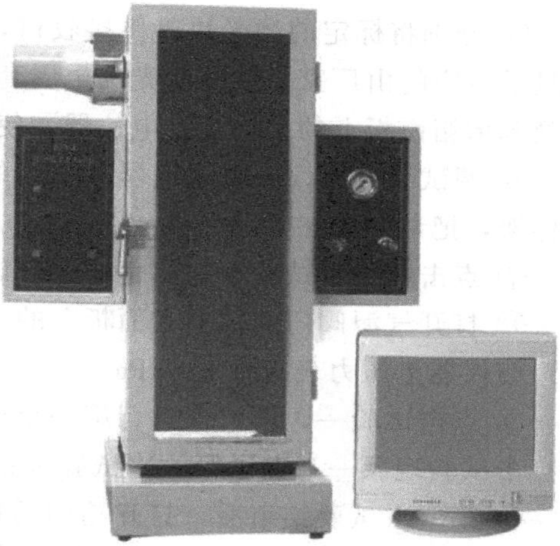

图 70-2　JCY-1 型建材烟密度测试仪

(2) 样品支架

样品支架在烟箱中，它是一个边长为 64mm 的正方形框槽，框槽上放着一个 6mm×6mm×0.9mm 的不锈钢网格。它下方的正方形框槽用于支撑收集实验时样品滴落物的石棉收集器。

(3) 点火系统

样品应由工作压力为 276kPa 的点火器产生的丙烷火焰来点燃，点火器能快速调整位置，其与底座呈 45°向上倾斜。

(4) 光电系统

由光源、光电池等组成。

(5) 计时装置

计时器在点火器移到试验位置时开始计时。

(6) 数据处理装置

计算机自动记录每隔 15s 时的烟密度值等。

2. 实验原料

聚乙烯、聚丙烯、聚苯乙烯、聚氯乙烯、ABS、聚氨酯等材料制成的 (25.4±0.1) mm×(25.4±01) mm× (6.2±0.1) mm 或 (10.0±0.1) mm 或 (25±0.1) mm 的标准试样，每组试验样品为 3 块，要求试样表面平整，无飞边、毛刺。

试验用燃气采用纯度不小于 85%的丙烷气。燃气的工作压力由压力调节器调节，由压力表显示（在非仲裁试验时，试验用燃气可采用液化石油气）。

四、实验步骤

① 用注塑机和合适的模具制成 (25.4±0.1) mm× (25.4±01) mm× (6.2±0.1) mm 标准试样。

② 接通电源、气源及相应的连接线。打开烟密度仪的电源开关、背灯开关，烟箱中有光束通过，预热15min。

③ 在计算机上双击桌面上的“烟密度”快捷启动图标，打开程序，点击：试验→初始化→OK。

④ 点击，试验→调试→百分百→调试，调试窗口显示1.000。

⑤ 分别将标定的滤光片遮住接收口，然后分别点击调试，这时计算机上调试窗口因分别显示对应的由厂家提供的滤光片金属套上的数值，3次平均值应小于3%。若有较大偏差，可微调烟箱面板上的“满度”电位器，使之适合试验的要求，后点击确定。

⑥ 调试结束后，应关闭仪器左上角的排风扇开关。打开烟箱门，把筛网和收集盒放入试样架，把试样放在筛网上。

⑦ 点击新建→试验→初始化输入与试样有关的参数→OK。

⑧ 打开气源阀门和仪器右面板上的“燃气开关”，用点火枪点着本生灯，调节“燃气调节”使仪器上压力表指示276kPa。

⑨ 点击试验一，第一次进行第一个试样的试验，试验过程中注意观察试验现象，4min后点击试验现象一，登录第一次试验观察到的现象。

⑩ 第一次试验结束后，打开箱门后风机开关排出烟气，擦净两侧光源玻璃（每次试验后），放好第二个试样，分别点击试验→第二次→现象。

⑪ 重复第三个试样的试验，至试验结束。然后点击保存，输入你认为合适的文件名，保存该次试验结果，点击打印，输出本次试验结果。

⑫ 试验结束后，关闭电源、气源、计算机，对烟箱及试样支架进行必要的维护。

五、数据处理

① 对每组3个样品每隔15s的光吸收数据求平均值，并将平均值与时间的关系绘制到网格纸上，以曲线的最高点作为最大烟密度。

② 曲线与其下方坐标轴所围的面积为总的产烟量，即0～4min内总的产烟量。测量曲线与时间轴所围面积，然后除以曲线图的总面积，即0～4min内0～100%的光吸收总面积，再乘以100，定义为试样的烟密度等级（SDR）。

实验七十一 聚合物材料动态（热）力学分析

一、实验目的

① 了解 DMTA 的测量原理及仪器结构。

② 了解影响 DMTA 实验结果的因素，学会正确选择实验条件。

③ 掌握 DMTA 的试样制备方法及测试步骤。

④ 掌握 DMTA 在聚合物分析中的应用。

二、DMTA 测量原理

聚合物材料，如橡胶、塑料、纤维及其复合材料等，都具有黏弹性，用动态力学的方法研究聚合物材料的黏弹性，已证明是一种非常有效的方法。

聚合物动态力学试验方法很多，按照振动模式可分为四大类：①自由衰减振动法；②强迫共振法；③强迫非共振法；④声波传播法。按照形变模式又可分为拉伸、压缩、弯曲（包括单悬臂梁、双悬臂梁、三点弯曲和S形弯曲等）、扭转、剪切（包括夹芯剪切与平行板剪切）等。试验中测定的模量取决于形变模式，不同形变模式所得模量不同。本章介绍的动态力学热分析仪（简称 DMTA）即属于强迫非共振型动态力学试验方法，由于其能实现以上多种变形方式，因而是最常用的动态力学方法。

材料的动态力学行为是指材料在振动条件下，即在交变应力（或交变应变）作用下作出的力学响应。测定材料在一定温度范围内动态力性能的变化即为动态力学热分析（dynamic mechanical thermal analysis）。

聚合物是黏弹性材料，研究聚合物的黏弹性常采用正弦性的交变外力，使试样产生的应变也以正弦方式随时间变化。这种周期性的外力引起试样周期性的形变，其中一部分所做功以位能形式储存在试样中，没有损耗（试样分子结构中弹性部分形变后能瞬间恢复）。而另一部分所做功，在形变时以热的形式消耗掉（试样分子结构中黏性部分形变时造成分子间的内摩擦使材料生热）。应变始终落后应力一个相位（相位滞后起因于材料分子来不及松弛）。拉伸黏弹性材料交变应力和应变随时间的变化关系可表示如下：

$$\text{应变}: \varepsilon = \varepsilon_0 \sin\omega t \tag{1}$$

$$\text{应力}: \sigma = \sigma_0 \sin(\omega t + \delta) \quad (0° < \delta < 90°) \tag{2}$$

式中 ε——应变；

ε_0——应变振幅（应变最大值）；

ω——角频率；

ωt——相位角；

σ——应力；

σ_0——应力振幅（应力最大值）；

δ——应力或应变相位角差值（滞后相位角）。

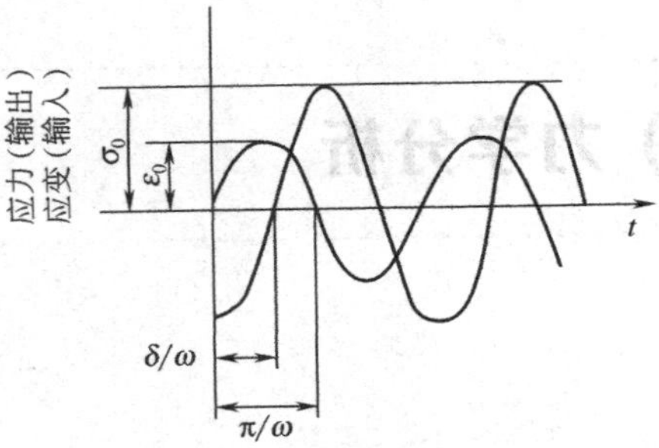

图 71-1　应力、应变和频率的关系

式（1）和式（2）说明先确定应变的相位为 ωt 时，应力变化要比应变领先一个相位差 δ，才能满足聚合物应变落后应力一个相位差的结果，如图 71-1。

将式（2）展开为：

$$\sigma=\sigma_0\sin\omega t\cos\delta+\sigma_0\cos\omega t\sin\delta \tag{3}$$

即认为应力由两部分组成：一部分（$\sigma_0\sin\omega t\cos\delta$）与应变同相位，另一部分（$\sigma_0\cos\omega t\sin\delta$）与应变相差 $\pi/2$。该式两边除以应变最大值 ε_0，整理得下式：

$$\sigma=\varepsilon_0 E'\sin\omega t+\varepsilon_0 E''\cos\omega t \tag{4}$$

$$\sigma_0\cos\delta/\varepsilon_0=E' \tag{5}$$

$$\sigma_0\sin\delta/\varepsilon_0=E'' \tag{6}$$

式中　E'——与应变同相的模量，称为实数模量，又叫储能模量，反映储存能量的大小；

E''——与应变异相的模量，称为虚数模量，又叫损耗模量，反映耗散能量的大小。

式（6）与式（5）的比值：

$$\tan\delta=\frac{E''}{E'}$$

式中　$\tan\delta$——损耗角正切或称损耗因子。

研究材料的动态力学性能，就是要精确测量各种因素（包括材料本身的结构参数及外界条件变化）对动态模量及损耗因子的影响。

聚合物的性质与温度有关，与施加于材料上外力作用的时间有关，还与外力作用的频率有关。塑料在室温下大多数是硬的，但在高温下就变软。橡胶在室温下软而有弹性，但在低温就变硬。应力松弛模量是时间的函数，短时间测得的模量具有高的数值，长时间测得的有低的数值。外力作用的频率增加与降低温度或减少时间具有同样的效果，使材料的刚性提高。相反，降低频率与提高温度或延长时间具有相同效果，使材料刚性降低。当聚合物作为结构材料使用时，主要利用它的弹性、强度，要求在使用温度范围内有较大的储能模量。聚合物作为减震或隔音材料使用时，则主要利用它们的黏性，要求在一定频率范围内有较高的阻尼。当作为轮胎使用时，除应有弹性外，同时内耗不能过高，以防止生热脱层爆破，但是也需要有一定的内耗，以增加轮胎与地面的摩擦力。综上所述，为了了解聚合物的动态力学性能，我们有必要在宽广的温度范围对聚合物进行性能测定，简称温度谱。在宽广的频率范围内对聚合物进行测定，简称频率谱，通称 DMA 谱。

测温度谱时，原则上维持应力频率不变，如图 71-2。

由图 71-2 中可以看到，随程序升温，模量随温度升高逐渐下降，并有若干段呈阶梯形的转折，耗能因子在谱图上出现若干个突变的峰，模量跌落与 $\tan\delta$ 突变峰的温度范围基本对应。温度谱按模量和内耗峰可分成几个区域，不同区域反映材料处于不同的分子运动状态。转折的区域称为转变，分主转变和次级转变。主转变主要为聚合物链段的运动，次级转变则与较小运动单元的运动有关。各种聚合物材料由于分子结构和聚集态结构不同，分子运动单元不同，因而各种转变所对应的温度也不同。典型非晶态聚合物玻璃态模量一般在 $10^9\sim10^{10}$ Pa。而玻璃化转变区模量下降的范围，对非晶聚合物而言，一般模量降低 3～4 个数量级；对结晶性聚合物，模量一般降低 1.5～2.5 个数量级；对交联聚合物，模量一般降低 1～2 个数量级；主转变又称 α 转变或玻璃化转变，此时所对应的温度为此材料的玻璃化转变温度，这段除模量急趋下降外，$\tan\delta$ 和 E''都急趋增大并出现极大值后再迅速下降，它反映了聚合物中无定形或非晶区部分链段由冻结到自由运动的转变。次级转变分成 β、γ、δ 等转变，在此转变区内，模量有小的跌落，并出现 β、γ、δ 等损耗峰，反映比链段更小的运动单元（局部侧基、端基、极短的链节等）由冻结到自由运动的转变。

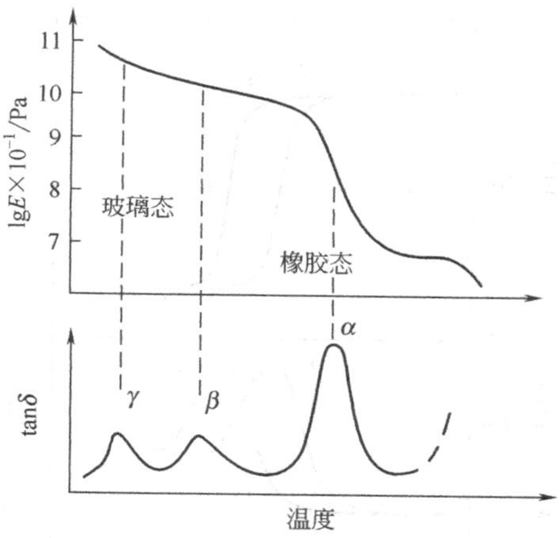

图 71-2 无定形聚合物典型动态力学性质

频率谱，即频率扫描模式，是在恒温、恒应力下测量动态模量及损耗随频率变化的试验方式，用于研究材料力学性能与速率的依赖性。图 71-3 是典型非晶态聚合物的频率谱。当外力作用频率 $\omega\gg$链段运动最可几频率 ω_0 时，（$\omega_0=1/\tau_0$，其中 τ_0 为链段运动最可几松弛时间）链段基本上来不及对外力作出响应，这时材料表现为刚性即玻璃态，具有以键角变形为主对外力作出瞬间响应的普弹性，因而 $E'(\omega)$ 很高，$E''(\omega)$ 和 $\tan\delta$ 都很小，且与频率变化关系不大。当 $\omega\ll\omega_0$ 时，链段能自由地随外力的变化而重排，这时材料表现为理想的高弹性，E'很小，E''和 $\tan\delta$ 也很小，且与频率关系不大。当 $\omega=\omega_0$ 时，链段运动由运动不自由到比较自由的运动，即玻璃化转变，此时 $E'(\omega)$ 随频率变化急剧变化，链段运动需克服较大的摩擦力，$E''(\omega)$ 和 $\tan\delta$ 均达到峰值。

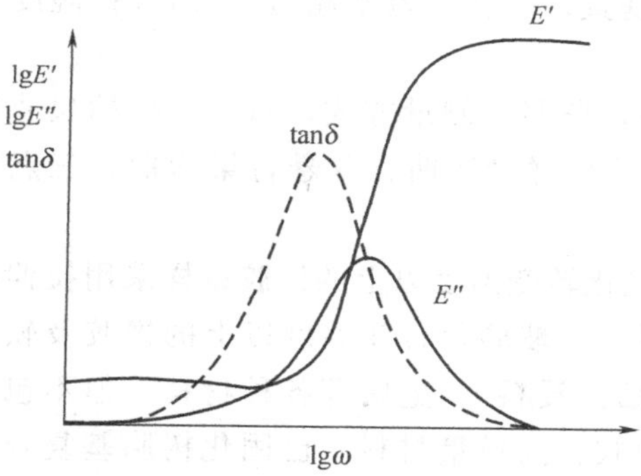

图 71-3 典型非晶态聚合物的频率谱

从不同频率下测材料在相同温度范围内的温度谱（图 71-4）可知，当频率变化 10 倍时，随材料活化能不同，其温度谱曲线位移 7～10℃，也就是说，如果频率变化三个数量级时相当于温度位移 21～30℃，因此用频率扫描模式可以更细致地观察较不明显的次级松弛转变。由上可知，通过测定的 DMA 谱图，我们可以了解到材料在外力作用下动态模量和阻尼随温度和频率变化的情况，所测的动态力学参数非常有效地反映了材料分子运动的变化，而分子运动是与聚合物的结构和宏观性能紧密联系在一起的，所以动态力学分析把了解到的分子运动作为桥梁，进而达到掌握材料的结构与性能的关系。

三、实验仪器

1. 型号

美国 Rheometric Scientific 公司 DMTA V 型动态机械热分析仪。

2. 性能指标

模量范围：$10^3\sim10^{12}$ Pa。

频率范围：$1.6\times10^{-6}\sim200$ Hz，连续无级调频。

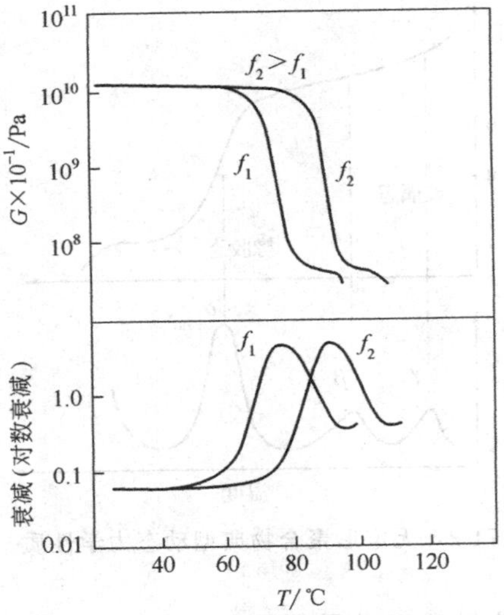

图 71-4 典型非晶态高聚物不同频率下的温度谱

力值范围：0.001～15N。

形变灵敏度：＜15nm。

温度范围：－150～500℃。

温度精度：±0.01℃。

四、实验步骤

① 仪器的校准（calibration）。

仪器系统校准（system calibration）由位移校准（displacement calibration）、力校准（force calibration）及弹簧校准（spring calibration）三部分组成。系统校准推荐每月进行一次。

a. 位移校准（displacement calibration）：确保传感器的位移测量正确。

b. 力校准（force calibration）：确保测量头应用正确的力进行测量，这一步中策动弹簧的质量也同时被校准。

c. 弹簧校准（spring calibration）：计算策动弹簧的弹簧常数，弹簧常数保证力应用于夹具而不是策动机构。它包括弹簧常数校准、空气湿度校准、低频相角校正三项内容。

② 试样的制备。

a. 对试样总的要求　试样可以是膜、纤维、片状、柱状等；要求试样表面光滑、平整、无气泡；要求试样各边（长、宽、厚）精确平行、垂直；尺寸公差不超过±0.1%；湿度大或有滞留溶剂的试样，必须预先进行干燥。

b. 根据试样模量大小选择测量方式（受力方式），按照各测量方式，对照试样的尺寸要求制备试样。常见受力方式有拉伸、压缩、弯曲（单悬臂梁弯曲、双悬臂梁弯曲、三点弯曲）、剪切等。

c. 选择测量方式遵循的原则：薄膜、纤维及玻璃化转变温度以上的橡胶试样采用拉伸模式；T_g 以上的橡胶及软泡沫塑料采用压缩模式；凝胶、玻璃化转变温度以上的橡胶及软泡沫塑料采用剪切模式；塑料、橡胶、复合材料（包括预浸料）、金属等各种材料（但不包括因脆性而无法夹持的材料）采用单/双悬臂梁弯曲模式；高模量材料（已固化树脂基复合材料、金属、陶瓷材料）采用三点弯曲模式。

③ 根据测量方式选择相应夹具，将夹具固定在合金柱上，装载试样（拉伸模式自动设定试样长度、弯曲模式需调平），在室温进行动态应力-应变扫描，以确定该材料线性黏弹区域，从而选择正确的测试条件（应力或应变），这是因为动态力学性能测试必须在线性黏弹范围内测定才有效。

④ 测量试样尺寸，矩形试样测量长度、宽度和厚度；圆形试样测量直径和厚度。

⑤ 根据要求编辑测试条件。

a. 编辑文件名称、操作者名称、试样尺寸及存储方式等。

b. Geometry 中选择试样测量方式（受力方式）。

c. Test Setup 中选择扫描方式（包括温度扫描、时间扫描、频率扫描等）。

d. Edit Test 中编辑测试条件（包括温度区间、频率、升温速率、应力等）。

⑥ 合上炉盖，在实验起始温度恒温 5～10min［若起始温度低于室温，需打开杜瓦瓶（液氮瓶）开关，将温度降至起始温度］。

⑦ 点击“START”开关，测试开始。

⑧ 实验结束后，自动温度控制器自动停止工作，仪器自然冷却至室温。

⑨ 根据要求处理谱图和实验数据。

五、影响实验结果的因素

1. 影响 E' 的主要因素

① 形变模式：材料刚度越大，形变模式对 E' 的影响越大。

② 试样厚度：同一试样，试样越厚，测得的 E' 越小。

2. 影响特征温度的主要因素

① 升温速率：升温速率越大，特征温度值越高。不同材料升温速率的影响程度不同。

② 频率：频率越高，特征温度值越高。一般来说，频率每增加一个数量级（10 倍），特征温度升高 5～15℃。

六、 DMTA 在聚合物研究中的应用

1. 温度扫描模式

温度扫描模式是指在固定频率下测定动态模量及损耗随温度的变化情况。温度扫描所得曲线称温度谱，用以评价材料的力学性能的温度依赖性。

通过 DMTA 温度谱可得到聚合物的一系列特征温度，这些特征温度除了在研究高分子结构-分子运动-宏观性能的关系中具有理论意义外，还具有重要的实用价值。

对于热塑性聚合物，可得玻璃化转变温度（T_g）、熔点（T_m）、黏流温度（T_f）、各次级转变温度（T_δ、T_γ、T_β）等。对非晶态热塑性聚合物，T_g 是它的最高使用温度和加工中模具温度的上限值；T_f 是它以流动态加工成型时熔体温度的下限，而 T_β 则接近它的脆化温度。对于部分结晶聚合物而言，T_m 是其最高使用温度，T_β～T_m 是纤维冷拉和塑料冲压成型的温度范围，T_g 的高低决定了此种材料在使用条件下的刚性的韧性：T_g 低于室温者，在常温下既有一定刚性又有良好的韧性，如 PE、PTFE；T_g 高于室温者，在常温下具有良好的刚性，如聚酰胺、聚对苯二甲酸丁二醇酯。

对于热固性树脂体系，通过 DMTA 温度谱可得到软化温度（T_s）、凝胶温度（T_{gel}）、T_h（固化温度）等特征温度，这些特征温度在材料的工艺质量控制中具有重要意义。以模压法成型时，模具温度应控制在 T_h～T_g 之间，且在材料凝胶化前加压；加工树脂基复合材料时，常采用多步升温-恒温程序进行加工，加压时间必须控制在材料凝胶化之前，最终固化温度则应控制在 T_h 以上。例如，图 71-5 为环氧树脂与碳纤维复合材料（EP/CF）在三点弯曲变形方式下所得的 DMTA 温度谱。

从图 71-5 中可知，该体系玻璃化转变温度 T_g＝133.5℃（以 $\tan\delta$ 峰值对应温度表示）或 T_g＝128.55℃（以 E' 峰值对应温度表示），最大内耗为 0.1871，该复合材料玻璃态储能模量为 7.067×10^{10}Pa，树脂玻璃化转变后（此时树脂处于高弹态）储能模量为 1.175×10^{10}Pa，玻璃化转变前后储能模量下降 6.892×10^{10}Pa，即在此温度区间复合材料刚度的下降完全是由于树脂部分发生玻璃化转变而引起的，碳纤维由于其良好的耐热性，在此温度范

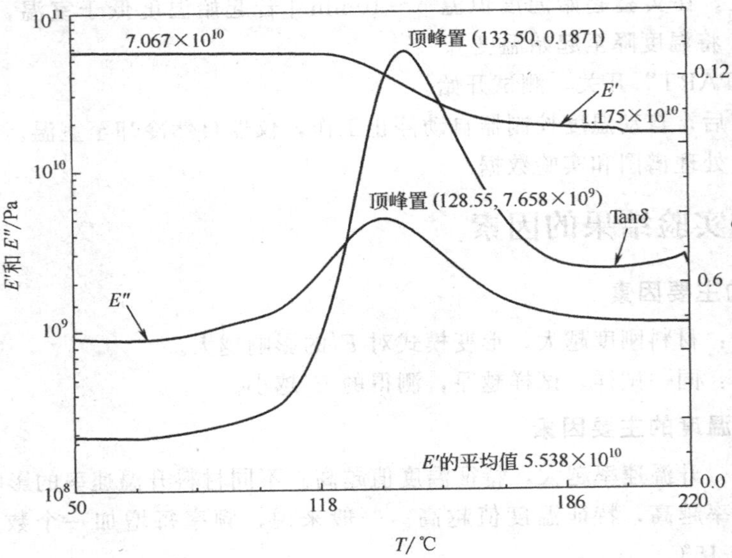

图 71-5 环氧树脂/碳纤维复合材料动态力学温度谱

围刚度没有任何变化。

2. 频率扫描模式

频率扫描模式是指在恒温、恒应力下，测量动态力学参数随频率的变化而变化的试验方式，用于研究材料力学性能的频率依赖性。由频率扫描模式所得曲线称为频率谱。

从 DMTA 频率谱可获得各级转变的特征频率，如 ω_α、ω_β、ω_γ、ω_δ 等，各特征频率取倒数，即得到各转变的特征松弛时间 τ_α、τ_β、τ_γ、τ_δ。利用时-温叠加原理，还可以将不同温度下有限频率范围的频率谱组合成跨越几个甚至十几个数量级的频率主曲线，从而评价材料的超瞬间或超长时间的使用性能。图 71-6 为某聚合物在不同温度测得的经时-温叠加所得的频率主曲线，频率范围从 10^{-12}～10^{10} Hz，大大扩展了实验仪器所不能达到的频率范围。

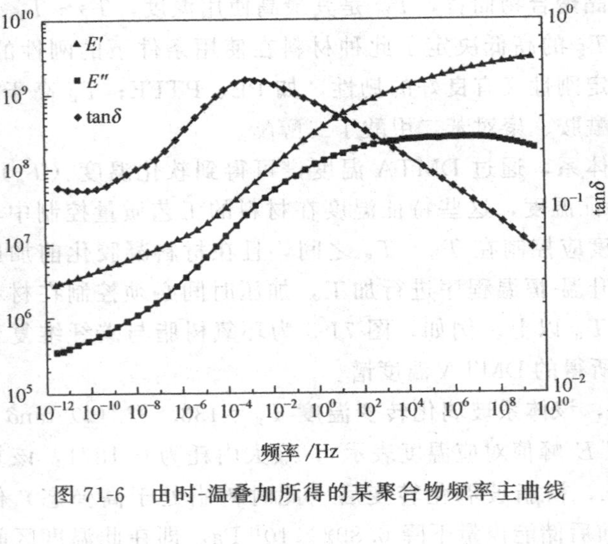

图 71-6 由时-温叠加所得的某聚合物频率主曲线

3. 时间扫描模式

时间扫描模式是指在恒温、恒频率下测定材料的动态力学性能随时间变化的试验方式，主要用于研究动态力学性能的时间依赖性。

DMTA 时间谱主要用来研究树脂-固化剂体系的等温固化反应动力学，可得到固化反应动力学参数凝胶时间 t_{gel}、固化反应活化能 $H_{固}$、凝胶系数 β 等，这些参数是预测该体系在任一温度下的固化过程、合理制定工艺条件的重要依据。图 71-7 为树脂-固化剂体系在一定频率，一定温度时恒温固化储能模量时间谱。从曲线中可以看出，开始时体系分子量较低，在固化温度下处于流动态，所以模量很低，随固化时间的增加，体系模量逐渐上升，特别是固化进行到凝胶点后，体系分子发生交联，模量随时间迅速上升，直到完全固化，模量趋于一个恒定值。凝胶点 t_{gel} 的定义为：从零时刻到达凝胶点的时间。凝胶点是评价树脂-固化剂体系工艺性的重要指标之一，在热固性树脂基复合材料的成型工艺中，加压时间选择常以凝胶时间为主要参考依据，以保证加压时基体的流动性足以充分并均匀浸润增强纤维，同时又不致因流动性太大而损失树脂含量。通常采用图 71-7 中所示切线法确定凝胶点 t_{gel}。

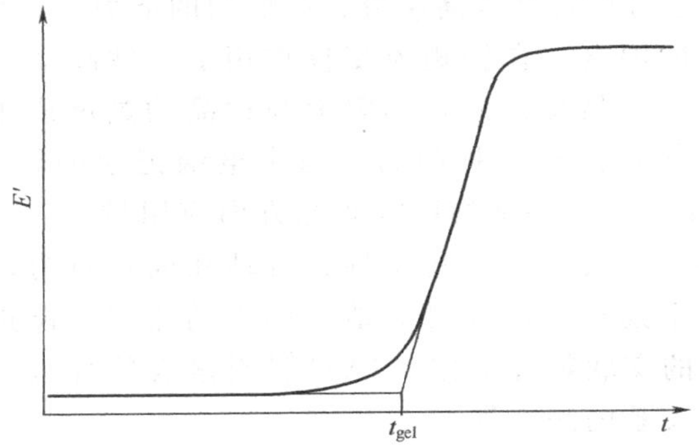

图 71-7 树脂-固化剂体系在一定频率下的恒温固化储能模量时间谱

七、思考题

① 聚合物材料动态热力学分析有何意义？

② 讨论聚合物力学性质与温度、频率、时间的关系。

实验七十二 转矩流变仪实验

一、实验目的

① 了解转矩流变仪的基本结构。

② 熟悉转矩流变仪的工作原理及其使用方法。

③ 掌握 PVC 材料热稳定性的测试方法。

二、实验原理

转矩流变仪的设计是对物料具有高湍流、高剪切的能力，以便使塑料熔体或橡胶混合物的多组分得以良好的混合。在转矩流变仪作用下，被高度剪切的物料产生非线性的黏弹性响应。被测试的样品反抗混合的阻力与样品的黏度成正比。转矩流变仪通过作用在转子上的反作用转矩测得这种阻力。通常电脑记录的转矩随时间的变化谱图，称为“流变图”。转矩流变仪在共聚物性能研究方面应用最为广泛。转矩流变仪可以用来研究热塑性材料的热稳定性、剪切稳定性、流动和固化行为，其最大特点是能在类似实际加工过程的条件下连续、准确可靠地对体系的流变性能进行测定。可以完成的典型实验有 XLPE 材料的交联特性测定，PVC 材料融合特性以及热稳定性的测定，材料表观黏度与剪切速率关系的测定等。

三、实验仪器结构及原理

1. RM-200 转矩流变仪

转矩流变仪测控系统如图 72-1，由以下几个部分组成。

主体部分：电机、齿轮变速箱，转矩传感器。

测量装置：密炼式混合测量头，螺杆挤出式测量头，测量显示记录。

控温装置：热电偶、控温仪表。

性能指标：转速范围 5～120r/min；速度控制精度 0.5%F.S；转矩测量范围 0～200N·m；转矩测量精度 0.5%F.S；熔体压力测量范围为室温至 300℃；四路温度控制精度±1.0℃。

2. 转矩流变仪密炼腔中的转子

转矩流变仪的结构为一个由热电偶控温的混合室及混合室内的转子，这两个转子平行对齐并相隔一段距离。转子的作用圈刚好相互切合。两个转子逆向转动，转速比为 3∶2。橡胶工业使用的一些特殊混合器速度比为 8∶7。通常左侧转子顺时针转动，右侧转子逆时针转动。为了使不同的物料都能取得最佳的混合效果，设计了多种转子的形状。可以随时更换。

常见的转子有以下几种。

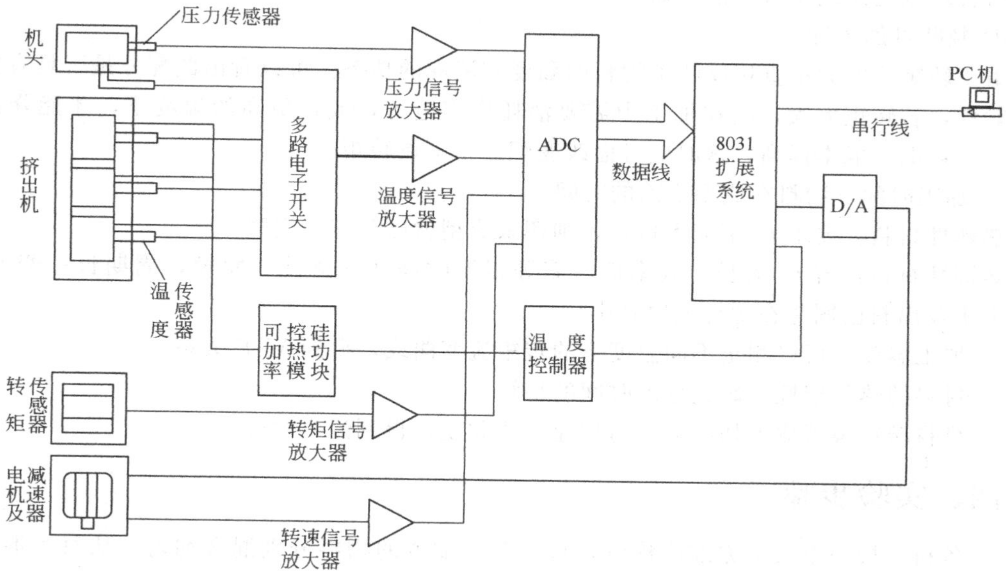

图 72-1 转矩流变仪测控系统

凸棱转子：中剪切，用于弹性体，塑料。

西格玛（Σ）转子：低剪切，用于粉末，液体。

轧辊转子：高剪切，用于特殊性能材料。

Banbury 转子：用于橡胶。

3. 转矩流变仪的原理

物料被加到混炼室中，受到转速不同，转速相反的两个转子所施加的作用力，使物料在转子与室壁间进行混炼剪切，物料对转子凸棱施加反作用力，这个力由测力传感器测量，在经过机械分级的杠杆力臂转换成转矩值的单位克·米（g·m）读数。其转矩值的大小反映了物料黏度的大小。通过热电偶对转子温度的控制，可以得到不同温度下下物料的黏度。作图得到转矩流变曲线，如图 72-2。

图 72-2 为一般物料的转矩流变曲线，但有些样品没有 *AB* 段，各段意义如下。

OA：在给定温度和转速下，物料开始粘连，转矩上升到 *A* 点。

AB：受转子旋转作用，物料很快被压实（赶气），转矩下降到 *B* 点（有的样品没有 *AB* 段）。

BC：物料在热和剪切力的作用下，开始塑化（软化或熔融），物料即由粘连转向塑化，转矩上升到 *C* 点。

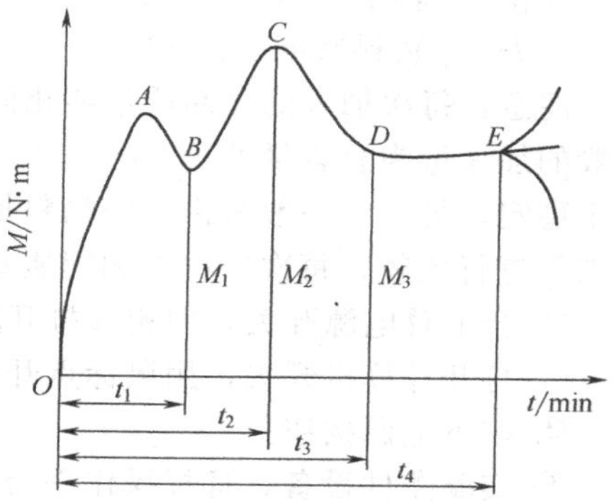

图 72-2 转矩与时间的关系曲线

CD：物料在混合器中塑化，逐渐均匀。达到平衡，转矩下降到 *D*。

DE：维持恒定转矩，物料平衡阶段（至少在 90s 以上）。

E 之后：继续延长塑化时间，导致物料发生分解，交联，固化，使转矩上升或下降。

由转矩流变曲线获得的信息如下。

① 判断可加工性。

由于转矩值的大小直接反映了物料的黏度和消耗的功率。可以看出此配方是否具有加工的可能性，若转矩太大，则在加工中需要消耗许多电力，或在更高的温度下，才能降低转矩，也需耗电，成本提高，这时应考虑改变配方，下调转矩。

② 加工时间（物料在成型之前的时间）。

热塑性材料：要求 t_4 不能太短，否则还未成型就已分解，交联。

热固性材料：若 t_4 太长，效率低，需等很多时间才能固化，脱模，周期长；若 t_4 太短，来不及出料已固化在螺杆或模具中。

③ 加工温度。可以测定不同温度下的转矩流变曲线，得到 M-T 关系。

④ 材料的热稳定性。研究分解时间的长短。

⑤ 可将转矩换算成剪切应力、剪切速率或黏度，得到流变曲线。

四、实验步骤

① 备料。按照下表配方准确称量，将这五个配方的物料分别混合均匀，从每个混合好的物料配方中称取一定质量的样品待用（表 72-1）。

表 72-1　物料配方　　单位：g

原　料	1	2	3	4	5
PVC	100	100	100	100	100
DOP	45	45	45	45	45
NT29	1	2	3	4	5

样品质量可按照下式计算：

$$样品量\ m=[(V-V_D)\times 65\%]\times d$$

式中　V——没有转子时混炼器的容积，110mL；

V_D——转子的体积，65mL；

d——物料密度，g/mL。

注意：每次加入的样品质量要相同和适当。装入量是根据容积和物料的密度计算得到，一般的加入量为总容量的 65%～85%。原因是有部分空间存在便于物料混炼均匀，转矩值易于稳定。另外，一般来讲，随物料加入增多，其黏流阻力会增加。所以为便于对试样的测试结果进行比较，每次应称取相同质量的样品。

② 合上总电源开关，用钥匙打开转矩流变仪电源开关。

③ 打开计算机开关，用鼠标点开桌面上 RM 系列转矩流变仪控制平台快捷方式。

④ 按下电源按钮。

⑤ 实验条件设备，选择操作平台，混炼器或塑料挤出机平台。混炼器二平台时是二段温度且不选压力，塑料挤出机平台时是四段温度。这里选择混炼器二平台。

⑥ 设置各区段的温度值和电机转速，一般软 PVC 为 140℃、31.5r/min；硬质 PVC 为 196.6℃、50r/min；低熔融黏度的硬质 PVC 为 204.4℃、100r/min。

注意：混炼室中两个转子转速的确定，一般以加工条件所需要的转速加以选择。有时也依照物料黏流阻力的大小、测试温度的高低、仪器灵敏度的大小等条件进行适当调整。其最终目的是使测试结果数据准确、清晰、重复性好。测试温度要稳定才能保证测试结果的准确性，所以除了控温要求稳定外，还要对混炼室进行必要的空气冷却，防止物料与转子室壁摩擦升温造成的过热现象，影响测试结果。

⑦ 按下加热按钮，观察各段升温情况，如有异常立即停机。当温度加热到设定值时保温 10min。混合器空转，记录仪开始记录。

⑧ 加料，按下电机按钮，混炼器二平台时，按下开始记录按钮，观察曲线的变化。

注意：物料加入混炼室时，应使用斜槽柱塞加料器，在尽可能短的时间内把物料压入混炼室内。其原因是如果物料进入时间长短不同，物料各部分受热、受剪切的时间就不同，造成结果波动，重复性差。

五、结果分析与讨论

依据记录图及实验数据分析原料的热稳定性、表观黏度与剪切速率的关系。

六、思考题

① 转矩流变仪能进行哪些方面的测试？

② 加料量、加料速度、转速、测试温度对实验结果有哪些影响？

实验七十三 介电常数、介电损耗的测定

一、实验目的

① 加深理解介电常数、介电损耗的物理意义。

② 初步掌握优值计（Q 表）的使用。

二、实验原理

介电常数 ε，表征电介质贮存电能的能力大小，是介电材料的一个十分重要的性能指标。电介质在交变电场中，由于消耗一部分电能，使介质本身发热，就称为介电损耗。常用介质损耗角正切 $\tan\delta$ 来衡量，它是指每周期内介质的损耗能量与储存能量之比值。

测定介电常数和介电损耗的仪器常用优值计（Q 表）。优值计由高频信号发生器、LC 谐振回路、电压表和稳压电源组成，其原理如图 73-1。

当回路谐振时，谐振电压 E_0 比外加电压 E_i 高 Q 倍。本仪器将 E_i 调节在一定的数值，因此，可以从测量 E_0 的电压表上直接读出 Q 值。Q 又称为品质因数。

不加试样时，回路的能量损耗小，Q 值最高；加了试样后，Q 值降低。分别测定不加与加试样时的 Q 值（以 Q_1、Q_2 表示）以及相应的谐振电容 C_1、C_2，则介电常数和介电损耗的计算公式如下（推导从略）：

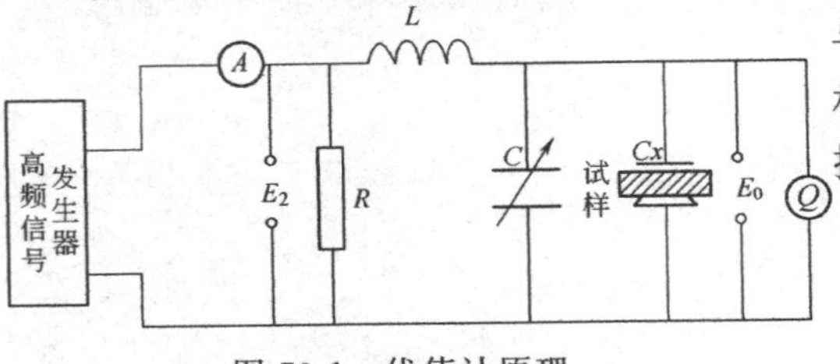

图 73-1 优值计原理

$$\varepsilon = 14.4 \times \frac{h(C_1 - C_2)}{D^2}$$

式中，h 为试样厚度，cm；D 为电极直径，cm。

$$\tan\delta = \frac{Q_1 - Q_2}{Q_1 Q_2} \times \frac{C_1}{C_1 - C_2}$$

三、实验仪器和试样

实验仪器：优值计（AS2851 型，上海无线电仪器厂）。

标准圆片试样：聚丙烯、聚碳酸酯等。

四、实验步骤

① 选择适当电感量的线圈接在 L_x 接线柱上（图 73-2）。本实验选用标准电感 LK-9（$L=100\mu$H，$C_0=6$pF）。

② 接通电源，按上定位键（弹出电源键），让仪器预热 30min。视情况机械调零。

③ 波段旋钮置于 3，频率盘置于 1MHz。

④ 调节可变电容 C 盘，使之远离谐振点（可放在 100pF 或者 500pF）。

⑤ 调节定位旋钮，使指针校准到 Q 表头上的红线位置。

⑥ 按下 Q300 键，调节 Q 零位旋钮，使指针校准到零位。

⑦ 重复步骤④、⑤，直到调好为止。

⑧ 不连接试样，按下 Q300 键，ΔC 盘置于 0，转动 C 盘，使 Q 值最大，得 Q_1、C_1。

⑨ 回到定位状态，连接上试样，同步骤⑧测试，得 Q_2、C_2。

⑩ 按下定位键，取出（更换）试样。

⑪ 结束时，按下电源键关闭仪器，拔掉电插头。

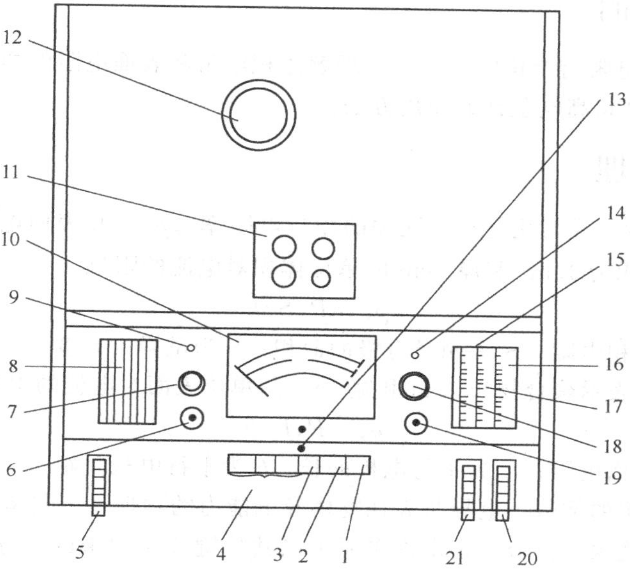

图 73-2 优值计面板图

1—电源开关按钮，按下时电源关；2—定位检查按钮，按下时表头作 ΔQ 定位表用；
3—ΔQ 指示按钮，按下时表头作 ΔQ 表用；4—Q 值范围按钮（分 100，300，600 三挡按钮）；
5—频率转盘，调节可变电容器、控制讯号源的频率；6—Q 零位调电位器旋钮；7—Q 合格预置值调节旋钮；
8—频率刻度盘（共分 7 挡）；9—对合格指示灯；10—表头，指示 Q 值、ΔQ 值还指示定位；
11—测试回路接线柱；12—波段开关，控制振荡器的频率范围（分 7 个频段）；13—表头机械零点调节；
14—定位点校准电位器；15—主测试回路电容刻度盘；16—微调电容 ΔC 刻度盘；17—电感 L 的刻度；
18—ΔQ 零位粗调电位器旋钮；19—ΔQ 零位细调电位器旋钮；20—ΔC 转盘，转动时改变 ΔC 值；
21—主电容 C 转盘，转动时改变 C 值

五、注意事项

① 被测件和测试电路接线柱间的接线应该尽量短和足够的粗，并要接触良好可靠，以减少因接线的电阻和分布参数所带来的测量误差。

② 被测件不要直接搁在面板顶部，必要时可用低耗损的绝缘材料做成衬垫物衬垫。

③ 不要把手靠近试件，以避免人体感应影响而造成测量误差。

④ 估计被测件 Q 值，将“Q 值范围”开关放在适当的挡级上。

⑤ 使用仪器应安放在水平的工作台上，校正定位指示电表和 Q 值指示电表的机械零点；开通电源后预热 30min 以上，待仪器稳定后方可进行测试。

⑥ 仪器调整后勿随便乱动。电极和样品要经擦拭，方可投入试验。

实验七十四 聚合物电阻的测定

一、实验目的

① 了解聚合物电阻与结构间的关系，理解体积电阻和表面电阻的物理意义。

② 掌握 ZC36 型超高电阻计的使用方法。

二、实验原理

聚合物的导电性，通常用与尺寸无关的体积电阻率（ρ_v）和表面电阻率（ρ_s）来表示。ρ_v 表示聚合物截面积为 $1cm^2$ 和厚 1cm 的单位体积对电流的阻抗。

$$\rho_v = R_v S/h \tag{1}$$

式中，R_v 为体积电阻；S 为测量电极的面积；h 为试样的厚度。

表面电阻率 ρ_s 表示聚合物长 1cm 和宽 1cm 的单位表面对电流的阻抗。

$$\rho_s = R_s L/b \tag{2}$$

式中，R_s 为表面电阻；L 为平行电极的长；b 为平行电极间距。

电导率是电阻率的倒数。电导是表征物体导电能力的物理量。它是在电场作用下，物体中的载流子移动的现象。高分子是由许多原子以共价键连接起来的，分子中没有自由电子，也没有可流动的自由离子（除高分子电解质含有离子外），所以它是优良的绝缘材料，其导电能力极低。一般认为，聚合物的主要导电因素是由杂质所引起的，称为杂质电导。但也有某些具有特殊结构的聚合物呈现半导体的性质，如聚乙炔、聚乙烯基咔唑等。

当聚合物被加于直流电压时，流经聚合物的电流最初随时间而衰减，最后趋于平稳。其中包括了 3 种电流，即瞬时充电电流、吸收电流和漏导电流，如图 74-1。

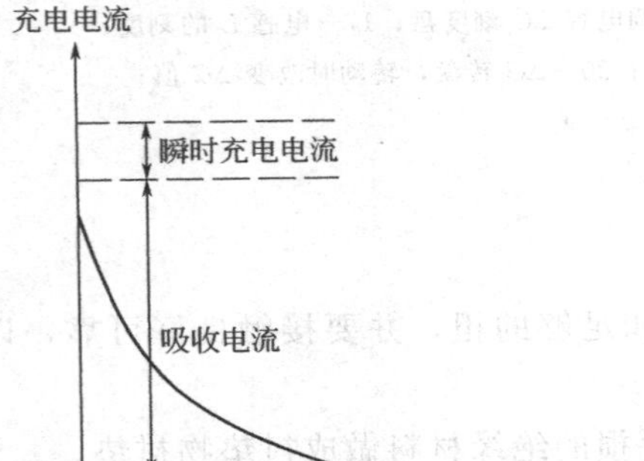

图 74-1 流经聚合物的电流

① 瞬时充电电流是聚合物在加上电场的瞬间，电子、原子被极化而产生的位移电流，以及试样的纯电容性充电电流。其特点是瞬时性，开始很大，很快就下降到可以忽略的地步。

② 吸收电流是经聚合物的内部，且随时间而减小的电流。它存在的时间大约几秒到几十分钟。吸收电流产生的原因较复杂，可能是偶极子的极化、空间电荷效应和界面极化等作用的结果。

③ 漏导电流是通过聚合物的恒稳电流，其特点是不随时间变化。通常是由杂质作为载流子而引起。

由于吸收电流的存在，在测定电阻（电流）时，要统一规定读取数值的时间（1min）。另外，在测定中，通过改变电场方向反复测量，取平均值，以尽量消除电场方向对吸收电流的影响所引起的误差。

聚合物的电导，在非极强电场下（不产生自由电子），其 R 与温度的关系曲线如图 74-2 所示。

Ⅰ为非极性聚合物，Ⅱ为极性聚合物。后者电阻较低，并在 T_g 附近出现电流增大的峰值。这是偶极基团取向产生位移电流而引起。一般导体电阻随温度增高而线性增加，而聚合物（介电质）电阻随温度升高呈对数减小（说明导电机理为活化过程），并且在力学状态改变时，其变化规律也发生变化，其原理与介质损耗相同。但在使用直流电进行测量时，考虑的主要因素是杂质离子的迁移。在 T_g 以后，由于链段运动解冻，链段相对位置不断改变，在局部上，其性质相似于液体，离子迁移更容易，因而电导增大，电阻减小，故 ρ_v 通过测试与温度的关系曲线也可测定 T_g。

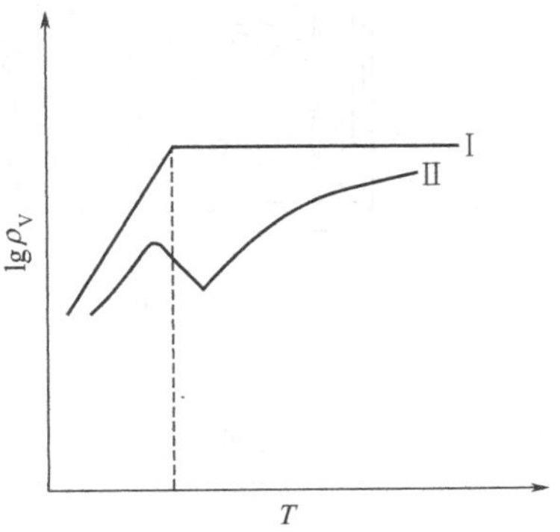

图 74-2 聚合物的体积电阻率与温度的关系曲线

环境湿度对电阻测定影响很大，尤以 ρ_s 为著。在干燥清洁的表面上，ρ_s 几乎可以忽略，但一有可导电的杂质，ρ_s 减少很快。当有水存在时，水迅速沾污（如可吸收 CO_2）而导电，有裂缝时影响就更明显。对于 ρ_v，非极性聚合物难于吸湿，影响不大，但对于极性聚合物，吸湿后由于水可使杂质离解，因而电导增大。当材料含有有孔填料（如纤维等）时，影响更大。一般来说，湿度对极性聚合物的影响比非极性聚合物的大，对无机物的影响也较有机物的大。因而对电阻的测定，规定了在一定的湿度环境中进行。

三、实验设备和材料

本实验使用 ZC 36 型 $10^{17}\Omega$ 超高电阻 10^{-14}A 微电流测试仪，它是一种直读式的测超高电阻和微电流的两用仪器。测量范围为 $1\times10^6\sim1\times10^{17}\Omega$，共分 8 挡。电压共分 5 挡（10V、100V、250V、500V、1000V），比较试验时应采用相同电压，绝缘电阻高的材料选用高电压。仪器面板如图 74-3。

仪器的倍率选择量程从 $1\times10^2\sim1\times10^9$，转换量程应从小到大。本仪器一般情况下不能用来测量那些一端接地的试样的电阻。在测试时，仪器及试样应放在高绝缘的垫板上，以防止漏电影响测试结果。

使用三电极系统测试绝缘材料的体积电阻 R_v 和表面电阻 R_s 时，可按图 74-4 接线。

当被测电阻高于 $10^{10}\Omega$ 时，应将试样置于屏蔽箱内，箱外壳接地，以减少外界的影响。

标准试样为注射成型所得的直径为 100mm 的大圆饼，试样表面应光滑、清洁，并预先在 (25±2)℃、相对湿度 65%±5%的环境中存放 16h 以上。

四、实验步骤

1. 准确测量下列数值

① 实验温度及湿度。

② 按图 74-4 所示，测量主电极直径 D_1，保护环直径 D_2。

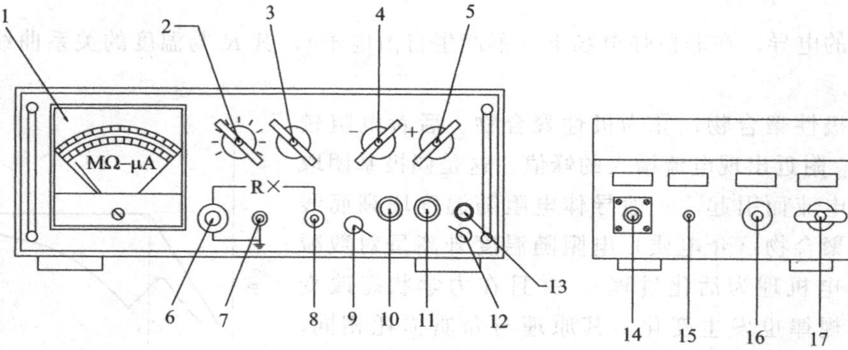

图 74-3 ZC36 型超高电阻计测试仪面板

1—指示表；2—倍率选择开关；3—测试电压选择开关；4—“+”“—”极性开关；
5—“放电-测试”开关；6—输入端钮；7—接地端钮；8—高压端接线端；
9—输入短路开关；10—“0、∞”旋钮；11—满度调整旋钮；
12—电源开关；13—指示灯；14—测量端；15—接地端；
16—高压端接线端；17—*Rs*-*R* 旋钮

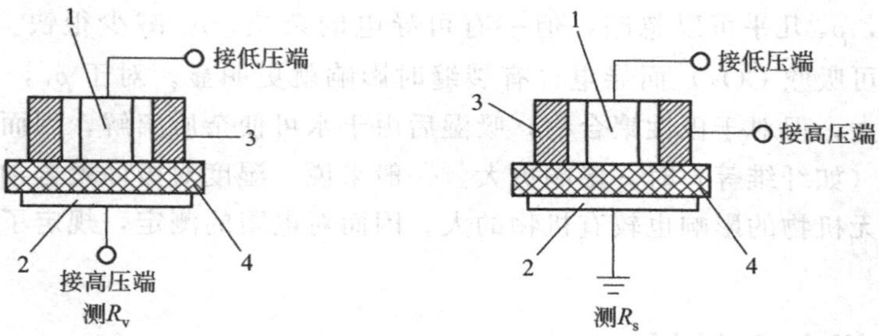

图 74-4 三电极系统接线图

1—测量电极；2—高压电极；3—保护电极；4—被测试样

③ 试样的厚度，用千分尺测量 3 个点的平均值，有效数字取两位。

2. 测试前开机前面板上的各开关位置

① 测试电压开关置于“10V”。

② 倍率开关置于最低挡位置（1×10^2）。

③“放电-测试”开关置于“放电”位置。

④ 电源开关置于“断”的位置。

⑤ 输入短路开关置于“短路”。

⑥ 极性开关置于“0”。

3. 检查测试环境的温度和湿度

当环境湿度高于 80%，测量较高的绝缘电阻（大于 $10^{11}\Omega$）时，可能会导致较大的误差。

4. 检查交流电源电压

电源电压应保持在（220±20）V，必要时使用稳压器调节。

5. 接线

按图 74-4 放好试样，连接仪器线路。

① 用接地线把电极箱接地端与高阻计接地端连接好，接上电源的地线。

② 脱下输入端 13 的保护帽，用测量电缆线将输入端 13 与电极箱测量端 14 连接。

③ 用高压接线把高压端 8 与电极箱高压端 16 连接。

④ 接通仪器电源，开启电源开关，指示灯发亮，并有蜂鸣声。如发现指示灯未亮，应切断电源，待查明原因后方可使用。

6. 仪器预热

接通电源预热仪器 30min，将极性开关置于“+”处，此时可能发现指示表指针会偏离“∞”及“0”处。慢慢调节“∞”及“0”电位器，使指针指向“∞”及“0”处，直至不再变动。

7. 调节仪器灵敏度

将倍率开关由 $\times10^2$ 位置转至“满度”位置，把“输入短路”开关下拨至“开路”，这时指针应从“∞”位置指向“满度”，即“1”位置。如果偏离，则调节“满度”电位器，使之刚好到“满度”。然后再把倍率开关拨到 $\times10^2$ 处，输入短路上拨至“短路”，指针应重指于“∞”及“0”处。否则再调节电位器。反复多次，把仪器灵敏度调好。在测试中应经常检查“满度”及“∞”，以保证仪器的测试精度。

8. 测试步骤

① 将试样放入电极箱的三个电极间，注意勿使测量电极与保护电极相接触，以免烧坏仪器的晶体管。上、下电极的中心处对齐。

② 将测试电压选择开关置于所需要的电压挡，对于聚合物材料，一般先选 100V，测不到时再转 250V、500V 或 1000V。

③ 将“放电-测试”开关置于“测试”挡，短路开关仍置于“短路”，对试样充电 30s，然后将输入短路开关拨下，读取 1min 时的电阻值，作为试样的绝缘电阻值。读数完毕，立即把短路开关拨上“短路”，“放电-测试”开关置于“放电”挡。

若短路开关拨下时，指针很快打出满度，应立即将输入短路开关拨到“短路”，“放电-测试”开关拨到“放电”，待查明原因再进行测试。

当输入短路开关拨下后，如发现表头无读数或指示很小，可将倍率开关升高一挡。逐挡升高倍率，直至读数清楚为止（应尽量取在仪表刻度上 1～10 的范围读数）。

④ 放电 30s，把电阻量程退小一挡，重复步骤②，共测量 3 次。

⑤ 按步骤②、③、④，在室温下分别测试试样的 3 个 R_v 及 R_s 值，取其算术平均值。

⑥ 试样测定完毕，即将“放电-测试”开关拨到放电位置，输入短路开关拨至“短路”，取出试样。对电容量较大（约在 0.01μF 以上）的试样，需经 1min 左右的放电，方能取出试样，否则可能受到电容中残余电荷的袭击。

⑦ 仪器使用完毕，先切断电源，将面板上各开关复原。

五、数据处理

记录原始数据。

室温： **湿度：**

项目	1	2	3	平均值
样品厚度/cm				
R_v/Ω				
R_s/Ω				
$\rho_v/\Omega \cdot \text{cm}$				
$\rho_s/\Omega \cdot \text{cm}$				

用式（1）及式（2）计算 ρ_v 及 ρ_s

$$\rho_v = R_v S/h = \pi D_1^2 R_v/(4h) \quad (\Omega \cdot \text{cm})$$

和

$$\rho_s = R_s \frac{2\pi}{\ln(D_2/D_1)}$$

式中，h 为试样厚度，cm；D_1 为测量电极直径（本仪器为 5cm）；D_2 为保护电极内径（环电极）直径（本仪器为 5.4cm）。

在此，$\frac{2\pi}{\ln(D_2/D_1)}=80$，为一定值。

六、思考题

① 影响电阻测定的因素有哪些？

② 如何防止受电击？

③ 电极的材料、尺寸和安装对测试结果有什么影响？

实验七十五 透明塑料透光率和雾度的测试

一、实验目的

① 了解积分球式雾度计的基本结构和基本原理。

② 掌握测定板状、片状、薄膜状透明塑料的透光率和雾度方法。

二、实验原理

透光率和雾度是透明材料两项十分重要的指标，如航空有机玻璃要求透光率大于90%，雾度小于2%。一般来说，透光率高的材料，雾度低；反之亦然，但不完全如此。有些材料透光率高，雾度却很大，如毛玻璃。所以透光率与雾度是两个独立的指标。

透光率是以透过材料的光通量与入射的光通量之比的百分数表示，通常是指标准“C”光源一束平行光垂直照射薄膜、片状、板状透明或半透明材料，透过材料的光通量 T_2 与照射到透明材料入射光通量 T_1 之比的百分率：

$$T_t=\frac{T_2}{T_1}\times 100\%$$

雾度又称浊度，是透明或半透明材料不清晰的程度，是材料内部或表面由于光散射造成的云雾状或混浊的外观，以散射光通量与透过材料的光通量之比的百分数表示。用标准“C”光源的一束平行光垂直照射到透明或半透明薄膜、片材、板材上，由于材料内部和表面造成散射，使部分平行光偏离入射方向大于2.5°的散射光通量 T_d 与透过材料的光通量 T_2 之比的百分数，即：

$$H=\frac{T_d}{T_2}\times 100\%$$

它是通过测量无试样时入射光通量 T_1 与仪器造成的散光通量 T_3，有试样时通过试样的光通量 T_2 与散射光通量 T_4 来计算雾度，即：

$$H=\frac{T_d}{T_2}\times 100\%=\frac{T_4-\frac{T_2}{T_1}\times T_3}{T_2}\times 100\%=\left(\frac{T_4}{T_2}-\frac{T_3}{T_1}\right)\times 100\%$$

测试中，T_1、T_2、T_3、T_4 都是测量相对值。无入射光时，接受光通量为0；当无试样时，入射光全部透过，接受的光通量为100，即为 T_1。此时再用光陷阱将平行光吸收掉，接收到的光通量为仪器的散射光通量 T_3；若放置试样，仪器接受透过的光通量为 T_2；此时若将平行光用光陷阱吸收掉，则仪器接收到的光通量为试样与仪器的散射光通量之和 T_4。因此根据 T_1、T_2、T_3、T_4 的值可计算透光率和雾度。

三、试样及仪器

1. 试样

PMMA、PC、PS、PVC 材料的板、片、膜；尺寸 50mm×50mm，原厚度；每组试样5个样；试样应均匀，不应有气泡，两测量表面应平整光滑且平行，无划伤，无异物和油污等。

2. 仪器

① 游标卡尺：精确度 0.05mm；测厚仪或千分表：精确度 0.001mm。

② 积分球式雾度计。它的原理结构示意如图 75-1。

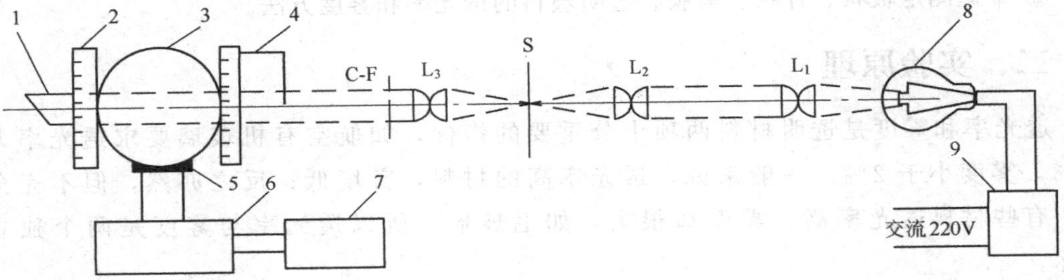

图 75-1 积分球式雾度计原理图

1—陷阱；2—标准板；3—积分球；4—试样架；5—光电池；6—控制线路；7—检流计；8—光源；9—稳压器；L_1，L_2，L_3—透镜；C-F—滤光器

a. 积分球：用于收集透过的光通量。只要出入窗口的总面积不超过积分球内反射表面积的 4%，任何直径的球均可适用。

b. 出口窗和入门窗的中心在球的同一最大圆周上，两者的中心与球的中心构成的角度在 170°以上，光电池置于与入口窗中心和球心成 90°±10°的球面上。出口窗的直径与入口窗的中心构成角度在 8°以内。

c. 反射面：积分球内表面、挡板和反射标准板，应该具有基本相同的反射率。在整个可见光波长区具有高反射率和无光泽。

d. 聚光透镜：照射在试样上的光束，应基本上是单向平行光线，不能偏离光轴 3°以上。光束的中心和出口窗的中心是一致的，这个光束在出入窗口不应引起光晕。在出口窗处光束的截面近似圆形，边界分明；对应入口中心构成角度与出口窗对入口中构成 1.3°±0.1°的环带。

e. 陷阱：无试样和标准板的时候，能够全部吸收光。

f. 光电池：球内光的强度用光电池测定。其输出在使用光强范围内和入射光强度成比例，并具有 1%以内的精度。当积分球在暗色时检流计无偏转。

g. 检流计：刻度为 100 等分。

h. 光源：标准 C 光源。

四、实验步骤

① 开启仪器，预热至少 20min。

② 放置标准板，调检流计为 100 刻度，挡住入射光，调检流计为 0，反复调 100 和 0 直

至稳定，即 T_1 为 100。

③ 放置试样，此时透过的光通量在检流计上的刻度为 T_2，去掉标准板，置上陷阱，在检流计上所测出的光通量为试样与仪器的射散光通量 T_4，再去掉试样此时检流计所测出的光通量为仪器的散射光通量 T_3，以上测试如表 75-1。

表 75-1　测试时试样与仪器所处情况

检流计读数	试样在位置上	陷阱在位置上	标准白板在位置上	得到的量
T_1	不在	不在	在	入射光通量(100)
T_2	在	不在	在	入射光透过光通量
T_3	不在	在	不在	仪器散光射量
T_4	在	在	不在	仪器和试样散射光通透量

④ 按照步骤③重复测定 5 片试样。

⑤ 准确记录。

⑥ 试验结束，关闭仪器。

五、实验结果计算与讨论

① 透光率 T_t 按下式计算：

$$T_t=\frac{T_2}{T_1}\times 100\%$$

② 雾度 H 按下式计算：

$$H=\left(\frac{T_4}{T_2}-\frac{T_3}{T_1}\right)\times 100\%$$

计算结果最后取 5 片试样的算数平均值为结果，取值到小数点后 1 位。

由于各种透明塑料有它自己的光谱选择性，对不同波长的光，透光率是不相同的，例如表 75-2 的实验结果。

表 75-2　光谱波长对试样透光率的影响

光波长/nm 透光率/%	440	460	500	560	600	680
透明有机硅胶	93.8	97.0	97.5	98.0	98.5	
PMMA	91.5	91.5	93.5	91.6	91.8	97.8

因此同一透明材料用不同光源测定，所得到的透光率与雾度值不同。例如表 75-3 的实验结果。

表 75-3　光源对实验透光率与雾度的影响　　单位：%

品种	A 光源		C 光源	
	透光率	雾度值	透光率	雾度值
PMMA	93.3	0.3	93.2	0.4
PC	88.9	1.0	86.8	1.4

由表 75-3 看出，颜色越深，影响越大，为了消除光源的影响，国际照明学会（CIE）规

定了三种标准光源 A、B、C，本实验采用 C 光源。

试样厚度的影响：同一材料厚度不同，对透光率和雾度值的影响不同，见表 75-4。

表 75-4 试样厚度对透光率和雾度值的影响

试样名称	厚度/mm	透光率/%	雾度/%
PC	3.2	88.4	0.8
	5.2	86.9	1.3
	6.9	85.9	1.9
PMMA	3.1	93.1	0.3
	4.6	93.3	0.4
	8.2	93.0	0.4
	10.7	92.8	0.4
PS	1.5	90.4	3.1
	4.3	89.7	3.7
	8.5	89.0	5.9

由表 75-4 可知，试样厚度增加，透光率下降，雾度增加。这是因为厚度增加，对光吸收就多，因此透光率下降，同时引起光射散就多，所有雾度增加。只有在同一厚度条件下才能比较材料的透光率和雾度。

六、思考题

① 什么情况下不同材料的透光率、雾度具有可比性？

② 透明材料之所以产生雾度是什么原因造成的？

实验七十六 塑料薄膜和人造革等材料透水蒸气性实验

一、实验目的

掌握在装有干燥剂的试验杯中测定塑料材料的薄膜、片材和人造革等的透水蒸气性的方法。

二、实验原理

依据 GB 1037—1988，水蒸气性即水蒸气透过量，水蒸气透过量（WVT）为在规定的温度、相对湿度，一定的水蒸气压差和一定厚度的条件下，$1m^2$ 的试样在 24h 内透过的水蒸气量。

水蒸气透过系数（P_v）是在规定的温度、相对湿度环境中，单位时间内，单位水蒸气压差下，透过单位厚度、单位面积试样的水蒸气量。

三、仪器和试剂

① 恒温恒湿箱。恒温恒湿箱温度精度为±0.6℃；相对湿度精度为±2%；风速为0.5～2.5m/s。恒温恒湿箱关闭门之后。15min 内应重新达到规定的温度和湿度。

② 透湿杯及定位装置。透湿杯由质轻、耐腐蚀、不透水、不透气的材料制成。有效测定面积至少为 $25cm^2$。

③ 分析天平。感量为 0.1mg。

④ 干燥器。

⑤ 量具。测量薄膜厚度精度为 0.001mm；测量片材厚度精度为 0.01mm。

⑥ 密封蜡。密封蜡应在温度 38℃、相对湿度 90%条件下暴露不会软化变形。若暴露表面积为 $50cm^2$，则在 24h 内质量变化不能超过 1mg。

⑦ 干燥剂。无水氯化钙粒度为 0.60～2.36mm。使用前应在（200±2)℃烘箱中干燥 2h。

密封蜡配方如下。

a. 85%石蜡（熔点为 50～52℃）和 15%蜂蜡组成。

b. 80%石蜡（熔点为 50～52℃）和 20%黏稠聚异丁烯（低聚合度）组成。

四、试样及条件

1. 试样

① 试样应平整、均匀，不得有孔洞、针眼、皱折、划伤等缺陷。每一组至少取三个试样。对两个表面材质不相同的样品，在正反两面各取一组试样。

② 对于低透湿量或精确度要求较高的样品，应取一个或两个试样进行空白试验。

注：空白试验指除杯中不加干燥剂外，其他实验步骤相同。

试样用标准的圆片冲刀冲切。试样直径应为杯环内径加凹槽宽度。

2. 实验条件

条件 A：温度（38±0.6）℃，相对湿度 90%±2%。

条件 B：温度（23±0.6）℃，相对湿度 90%±2%。

五、实验步骤

① 将干燥剂放入清洁的杯皿中，其加入量应使干燥剂距试样表面约 3mm 为宜。

② 将盛有干燥剂的杯皿放入杯子中，然后将杯子放到杯台上，试样放在杯子正中，加上杯环后，用导正环固定好试样的位置，再加上压盖。

③ 小心地取下导正环，将熔融的密封蜡浇灌在杯子的凹槽中。密封蜡凝固后不允许产生裂纹及气泡。

④ 待密封蜡凝固后，取下压盖和杯台，并清除粘在透湿杯边及底部的密封蜡。

⑤ 称量封好的透湿杯。

⑥ 将透湿杯放入已调好温度、湿度的恒温恒湿箱中，16h 后从箱中取出，放入处于（23±2）℃环境下的干燥器中，平衡 30min 后进行称量。

注：以后每次称量前均应进行上述平衡步骤。

⑦ 称量后将透湿杯重新放入恒温恒湿箱内，以后每两次称量的间隔时间为 24h、48h 或 96h。

注：若试样透湿量过大，亦可对初始平衡时间和称量间隔时间做相应调整。但应控制透湿杯增量不少于 5mg。

⑧ 重复⑦的步骤，直到前后两次质量增量相差不大于 5%时，方可结束实验。

注：a. 每次称量时，透湿杯的先后顺序应一致，称量时间不得超过间隔时间的 1%，每次称量后应轻微振动杯子中的干燥剂使其上下混合；b. 干燥剂吸湿总增量不得超过 10%。

六、结果表示

① 水蒸气透过量（WVT）以式（1）表示：

$$\mathrm{WVT}=\frac{24\Delta m}{At} \tag{1}$$

式中 WVT——水蒸气透过量，g/(m² · 24h)；

t——质量增量稳定后的两次间隔时间，h；

Δm——t 时间内的质量增量，g；

A——试样透水蒸气的面积，m²。

注：需做空白试验的试样在计算水蒸气透过量时，式（1）中的 Δm 需扣除空白试验中 t 时间内的质量增量。

实验结果以每组试样的算术平均值表示，取三位有效数字。每一个试样测试值与算术平均值的偏差不超过±10%。

② 水蒸气透过系数（P_v）以式（2）表示：

$$P_v=\frac{\Delta md}{At\Delta p}=1.157\times10^{-9}\times\frac{\mathrm{WVT}\cdot d}{\Delta p} \tag{2}$$

式中 P_v——水蒸气透过系数，g · cm/(cm² · s · Pa)；

WVT——水蒸气透过量，g/（m^2·24h）；

d——试样厚度，cm；

Δp——试样两侧的水蒸气压差。Pa。

试验结果以每组试样的算术平均值表示，取两位有效数字。

七、实验报告

① 注明国家标准号。

② 试样名称、牌号、批号、生产厂家。

③ 仪器型号、温度、湿度条件。

④ 试样的厚度和透过水蒸气的面积。

⑤ 试样的水蒸气透过量以及水蒸气透过系数的算术平均值。

⑥ 实验人员及日期。

实验七十七 涂饰材料剥离强度测试

一、实验目的

测量有表层的材料及黏合组成的材料中，层与层之间的黏合力量。

二、实验材料和器具

1. 材料

二榔皮、PVC 人造革、PU 人造革及其他有涂层的材料。

2. 器具

① 拉力强度试验机［要求：力量显示可精确至 0.01kgf，位移分解度可达 0.1mm，速度控制可达（100±1）mm/min，能够自动记录力量-距离的曲线图］。

② 老化箱［要求：温控可达（70±1)℃］。

③ 平板压机（要求：可施加 2～4kg/cm^2 的压强）。

④ 锋利的美工刀。

⑤ 聚氯酯（PU）胶黏剂。

⑥ 乙醇（要求：浓度 90%以上，分子式 C_2H_5OH）。

三、试片准备

① 将要进行测试的材料按横、纵方向裁成尺寸为 130mm×30mm 的试样各两片。

② 用乙醇清洗试样表面。

③ 让试样在室温（23℃）中晾干 20min。

④ 将聚氨酯（PU）胶黏剂分别均匀涂到两片试样的表层上。

⑤ 涂完之后让试样在室温（23℃）中晾干 20min。

⑥ 在试样上涂第二层胶黏剂。

⑦ 再次在室温（23℃）中晾干 20min。

⑧ 将试片放入（70±1)℃的老化箱中，加热 5min。

⑨ 从老化箱中取出试片，10s 内迅速贴合（将两片方向相同的试样的表层贴在一起），然后施加 2～4kg/cm^2 的压强，加压 30s。

⑩ 贴合好的试样在室温（23℃）中至少放置 24h。

⑪ 将试样裁切成 100mm×25mm 的尺寸，然后任选一端，将其剥开 25mm，如图 77-1。

试片数量：评估一种材料按横、纵方向至少需各准备 3 组试片。

实验条件：实验温度（23±2)℃，相对湿度 60%±5%。

四、实验步骤

① 将拉力机设定在规定的开始测试时的位置（即夹具间距离为 25mm）。

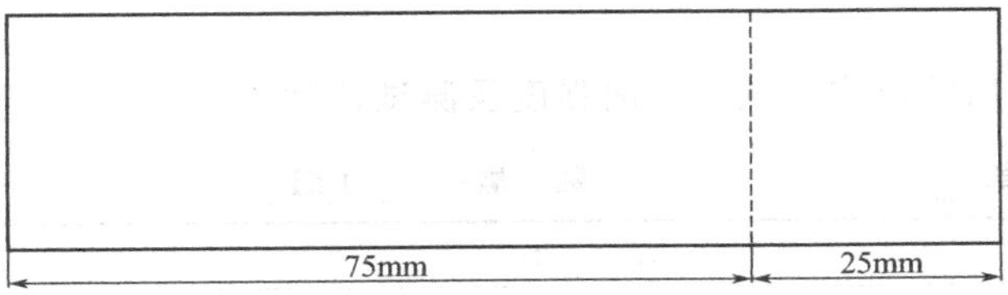

图 77-1　试样裁切

② 将拉力机进入待测试状态。

③ 将试样放至夹具之间，使其位于中央，并使其长的一边尽可能与施加力量的方向平衡，如图 77-2。

④ 以 100mm/min 的测试速度，开始测试。

注：如果材料不分离，可用刀子小心地切割测试材料表面（在测试过程中）来令其分离。

⑤ 当试样完全分离后，即可结束试验。

⑥ 测试结果从与拉力机相连的记录图表（力与距离的关系图）中作出评估。

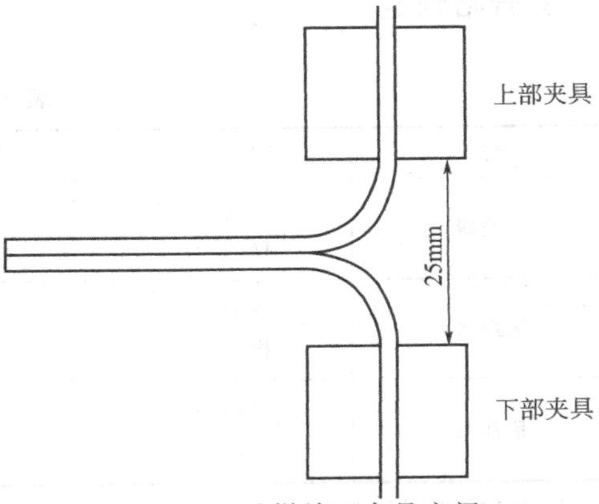

图 77-2　试样放于夹具之间

五、实验结果与分析

1. 结果鉴定

① 在计算分离力时，将曲线图从第一个峰开始至结束点分成 4 等份，4 等份中最前和最后两个等分不用作计算，而剩下的一半（第 2 及第 3 等分）曲线图应用 10 条垂直线平均分 9 份。如图 77-3。

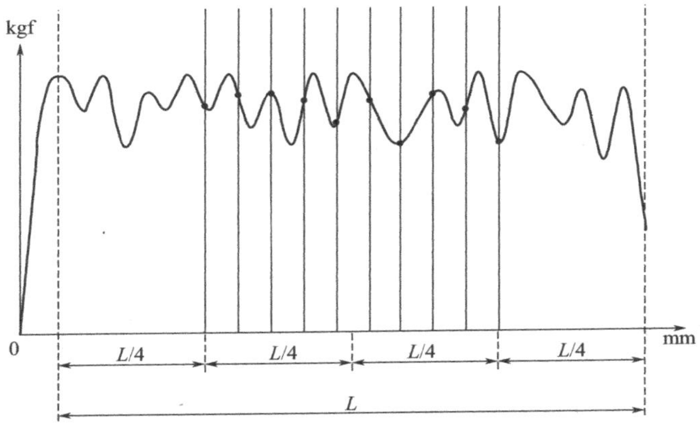

图 77-3　结果鉴定

② 垂线与曲线的相交点上所显示的分离力（图中打・处）用作测试鉴定。

③ 计算出 10 个相交点的平均值（精确至 0.01kgf）。

④ 用下面的公式计算出试样的剥离强度（精确至 0.01kgf/cm）。

$$\text{剥离强度（kg/cm）}=\frac{\text{记录到的力（kgf）}}{\text{试样宽度（cm）}}$$

式中，试样宽度＝2.5mm。

2. 报告记录

报告上应注明样品的形式，试片剥离强度及测试速度。

样品名称：PVC 人造革　　　　数　量：1 组

试验项目	结　果		方法及条件
剥离强度试验	纵向： 横向：	kgf/cm kgf/cm	温度：(23±2)℃ 速度：100mm/min

3. 合格判定

表 77-1　合格判定　　　　单位：kgf/cm

分类	PU 人造皮	PVC 人造皮	发泡 PVC 人造皮	PU 二榔皮
一般级	纵向＞1.5 横向＞1.2	纵向＞1.0 横向＞0.8	纵向＞1.2 横向＞1.0	纵向＞1.5 横向＞1.2
加强级	纵向＞2.5 横向＞2.0	纵向＞1.5 横向＞1.0	纵向＞1.8 横向＞1.2	纵向＞2.5 横向＞2.0
超强级	纵向＞3.0 横向＞2.5	纵向＞2.5 横向＞2.0	纵向＞2.8 横向＞2.5	纵向＞3.0 横向＞2.5

注：表 77-1 为某厂标准。

实验七十八 门尼黏度实验

一、实验目的

① 深刻理解门尼黏度的物理意义。

② 了解门尼黏度仪的结构及工作原理。

③ 熟练掌握门尼黏度仪的操作。

二、实验仪器

门尼黏度实验是用转动的方法来测定生胶、未硫化胶流动性的一种方法。

在橡胶加工过程中，从塑炼开始到硫化完毕，都与橡胶的流动性有密切关系，而门尼黏度值正是衡量此项性能大小的指标。近年来门尼黏度计在国际上成为测试橡胶黏度或塑性的最广泛、最普及的一种仪器。

本实验所用设备是 EK-2000M 型门尼黏度仪，如图 78-1。

图 78-1 EK-2000M 型门尼黏度仪

三、实验原理

工作时，电机→小齿轮→大齿轮→蜗杆→蜗轮→转子，使转子在充满橡胶试样的密闭室内旋转，密闭式由上、下模组成，左上、下模内装有电热丝，其温度可以自动控制。转子转动时，转子对胶料产生力矩的作用，推动贴近转子的胶料层流动，模腔内其他胶料将会产生阻止其流动的摩擦力，其方向与胶料层流动方向相反，此摩擦力即是阻止胶料流动的剪切力，单位面积上的剪切力即剪切应力。与切变速率、黏度存在下述的关系，即适合非牛顿流动的幂指经验公式：

$$\tau = K\dot{\gamma}^{n}$$

式中，τ 为剪切应力；$\dot{\gamma}$ 为切变速率；K 为流动黏度；n 为流动指数（在一定的 γ 和温度下是常数）。

为了方便讨论问题，将上式改写成下面的形式：

$$\tau = K\dot{\gamma}^{n} = K\dot{\gamma}^{n-1}\dot{\gamma}$$

$$\tau/\dot{\gamma} = K\dot{\gamma}^{n-1}$$

设
$$\eta_{a} = \tau/\dot{\gamma} = K\dot{\gamma}^{n-1}$$

则
$$\tau = \eta_{a}\dot{\gamma}$$

在模腔内阻碍转子转动的各点表观黏度 η_a 以及切变速率 $\dot{\gamma}$ 值是随着转动半径不同而不同，故须采用统计平均值的方法来描述 η_a、τ、$\dot{\gamma}$。由于转子的转速是定值，转子和模腔尺寸也是定值，故 $\dot{\gamma}$ 的平均值对相同规格的门尼黏度计来说，就是一个常数，因此可知平均的表观黏度 η_a 和平均的剪应力 τ 成正比。

在平均的剪切应力 τ 作用下，将会产生阻碍转子转动的转矩，其关系式如下：

$$M = \tau SL$$

式中，M 为转矩；τ 为平均剪应力；S 为转子表面积；L 为平均的力臂长。

转矩 M 通过蜗轮，蜗杆推动弹簧板，使它变形并与弹簧板产生的弯矩和刚度相平衡，从材料力学可知，存在以下关系：

$$M = Fe = \omega\sigma = \omega E\varepsilon$$

式中，F 为弹簧板变形产生的反力；e 为弹簧板力臂长；ω 为抗变型断面系数；σ 为弯曲应力；ε 为弯曲变形量；E 为杨氏模量。

由上式可知，ω 和 E 都是常数，所以 M 与 ε 成正比。

综上所述，由于 $\eta_a \propto \tau \propto M \propto \varepsilon$，所以可利用差动变压器或百分表测量弹簧板变形量，来反映胶料的黏度大小。

四、试样准备

① 胶料加工后在实验室条件下放置 2h 即可进行实验，但不准超过 10d。

② 从无气泡的胶料上裁取两块直径约 45mm、厚度约 3mm 的橡胶试样，其中一个试样的中心打上直径约 8mm 的圆孔。

③ 试样不应有杂质、灰尘等。

五、操作步骤

① 将主机电源及马达电源开启，打开电脑，启动测试程序。

② 设定测试条件。

③ 将实验胶料放入模腔内，压下合模按钮至上模下降，开始实验。

④ 测试完毕，压下开模按钮，打开模腔取出试样，打印实验数据。

⑤ 实验完毕，结束程序，关掉电源，清洁现场。

六、实验结果的表示法及曲线分析

① 一般以转动 4min 的门尼黏度值表示试样的黏度，并用 ML1＋4100 表示。其中：

M—门尼黏度值；L—大转子；1—预热 1min；4—转动 4min；100—实验温度为 100℃。

② 读数精确到 0.5 个门尼黏度值，实验结果精确到整数位。

③ 用不少于两个试样实验结果的算术平均值表示样品的黏度（两个试样结果的差不得大于 2 个门尼黏度值，否则应重复实验）。

④ 记录曲线的分析

记录仪所记录的是门尼黏度与时间的关系曲线，如图 78-2 所示。

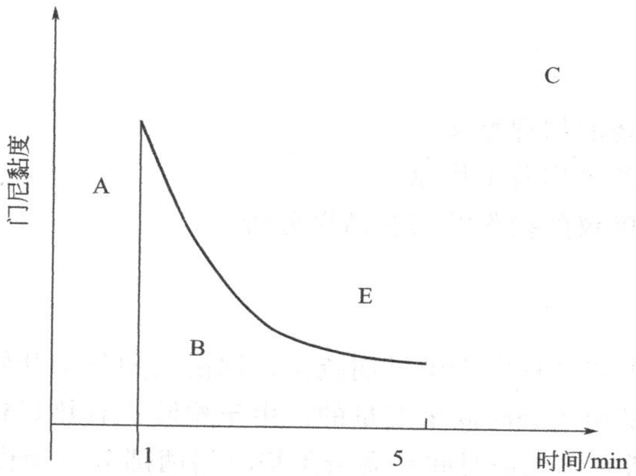

图 78-2　门尼黏度-时间曲线

七、实验报告

实验报告应包括下列内容。

① 实验样品的详细说明和标志，包括以下几项。

a. 来源。

b. 如为混炼胶，则报告混炼胶的详细情况。

② 试样制备的详细情况。

③ 所用仪器的详细情况，包括以下几项。

a. 所用仪器型号及仪器的制造厂名。

b. 转子规格（大转子或小转子）。

④ 实验条件的详细说明，包括以下几项。

a. 实验温度。

b. 预热时间（如果不是 1min）。

c. 运转时间。

d. 模腔闭合力（如果不是 11.5kN）。

⑤ 门尼值。

⑥ 实验日期。

⑦ 分析影响实验结果的因素。

实验七十九 门尼焦烧实验

一、实验目的

① 深刻理解门尼焦烧的物理意义。

② 了解门尼黏度仪的结构及工作原理。

③ 熟练掌握门尼黏度仪的操作及实验结果分析。

二、实验仪器

焦烧是未硫化胶在工艺过程中产生早期硫化，即由线型分子开始出现交联的现象。衡量早期硫化速度的快慢，是用焦烧时间来度量的。由于橡胶具有热累积效应，故实际焦烧时间包括操作焦烧时间和剩余焦烧时间两部分。操作焦烧时间是指橡胶加工过程中由于热累积效应所消耗掉的焦烧时间，它取决于加工条件（如橡胶混炼、热炼及压延、压出等工艺条件）。剩余焦烧时间是指胶料在热模型中保持流动性的那部分时间。

图 79-1 ZWM-Ⅲ型门尼黏度仪

本实验所用设备为 ZWM-Ⅲ型门尼黏度仪，如图 79-1。

其技术参数：

1. 温度范围：室温至 200℃
2. 温度波动：±0.5℃
3. 门尼值测量范围：满量程 200 个门尼值
4. 门尼值分辩率：0.1 个门尼值
5. 门尼值测量准确度：±0.5 个门尼值
6. 转子转速：2±0.02r/min
7. 电源：AC220V 50Hz

三、实验原理

门尼黏度计测定门尼焦烧时间，即是在一定温度下求其剩余的焦烧时间。根据国家标准 GB/T 1233—2008 规定，门尼焦烧实验一般采用大转子，直径为（38.10±0.03）mm，当实验高黏度胶料时，允许使用小转子，其直径为（30.48±0.03）mm，焦烧实验温度一般采用（120±1)℃，若有特殊需要，可以使用其他实验温度。

其测试原理为：工作时，电机→小齿轮→大齿轮→蜗杆→蜗轮→转子，使转子在充满橡胶试样的密闭室内旋转，密闭式由上、下模组成，左上、下模内装有电热丝，其温度可以自动控制。由于转子的转动，对橡胶试样产生剪切力矩，与此同时，转子也受到橡胶的反抗剪切力矩，此力矩由转子传到蜗轮再传到蜗杆，在蜗杆上产生轴向推力，方向与蜗轮转动方向相反，这个推力由蜗杆一端的弹簧板相平衡，橡胶对转子的反抗剪切力矩，由装在蜗杆一端的百分表以弹簧板位移的形式表示出来。仪器上有自动记录装置，弹簧板受蜗杆轴向推力产生位移时，差动变压器中的铁芯也产生位移，此位移使电桥失去平衡，有交流信号输出，信号经放大，由记录仪记录。

本实验温度采用 120℃，其目的是模拟胶料在加工过程中所处的温度，测出胶料在该加工温度下的早期硫化特性，从而得出胶料的加工安全性高低，对胶料的加工工艺及配合给以指导。

四、试样准备

① 胶料加工后在实验室条件下停放 2h 即可进行试验，但不准超过 10 天。

② 从无气泡的胶料上裁取两块直径约 45mm、厚度约 3mm 的橡胶试样，其中一个试样的中心打上直径约 8mm 的圆孔。

③ 试样不应有杂质、灰尘等。

五、操作步骤

① 将主机电源及马达电源开启，打开电脑，启动测试程序。

② 设定测试条件。

③ 将实验胶料放入模腔内，压下合模按钮至保温罩下降，开始实验。

④ 测试完毕，压下开模按钮，打开模腔取出试样，打印实验数据。

⑤ 实验完毕，结束程序，关掉电源，清洁现场。

六、实验结果的表示法及曲线分析

① 从图 79-2 的门尼黏度-时间关系曲线上可以得到如下实验结果。

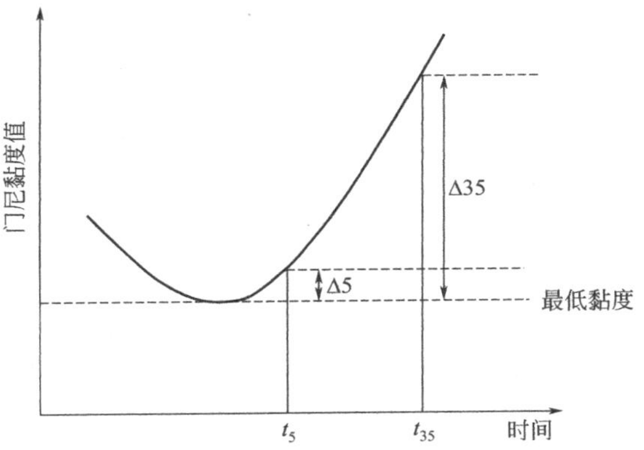

图 79-2 门尼黏度-时间曲线

a. 焦烧时间 t_5：用大转子实验时，从实验开始到胶料黏度下降到最低点再转入上升 5 个门尼黏度值所对应的时间。

t_{35}：用小转子实验时，从实验开始到胶料黏度下降到最低点再转入上升 3 个门尼黏度值所对应的时间。

b. 硫化指数：$\Delta t_{30}=t_{35}-t_5$（用大转子时）；$\Delta t_{15}=t_{18}-t_3$（用小转子时）。

硫化指数常作为胶料硫化速率的指示值。该值小表示硫化速度快；该值大表示硫化速度慢，并可用下列公式推算正硫化时间：

$$正硫化时间=t_3+K\Delta t_{30}$$（K 为硫化速率常数，一般取 10）

② 代表每一种实验品性能的试样不少于两个；以算术平均值表示实验结果。

③ 两个试样结果的差，焦烧时间在 20min 以下者不得大于 1min；焦烧时间在 20min 以上者不得大于 2min，超过允许偏差应重复试验。

④ 测定值精确到 0.5min，计算结果精确到整数位。

七、实验报告

实验报告应包括下列内容。

① 实验样品的详细说明和标志。

② 试样制备的详细情况。

③ 所用仪器的详细情况。

④ 实验条件的详细说明。

⑤ 最小门尼值。

⑥ 门尼焦烧时间 t_5。

⑦ 分析影响实验结果的因素。

⑧ 其他事项。

实验八十 橡胶硫化特性实验

一、实验目的

① 了解橡胶硫化特性及其意义。
② 熟悉橡胶硫化仪的结构及工作原理。
③ 掌握橡胶硫化仪的操作。

二、实验设备

硫化是橡胶加工中最重要的工艺过程之一。硫化胶性能随硫化时间的长短有很大变化，正硫化时间的选取，决定了硫化胶性能的好坏。测定正硫化程度的方法有3类：物理-化学法、物理性能测定法和专用仪器法，大多采用硫化仪来测定正硫化时间。

硫化仪是近年出现的专用于测试橡胶硫化特性的实验仪器，类型有多种，按作用原理可分为流变仪和硫化仪两大类，本实验所用设备是由江苏天源试验设备有限公司制造的TY-6002无转子硫化实验仪（图80-1）。

三、实验原理

实验时，下模腔作一定角度的摆动，在温度和压力作用下，胶料逐渐硫化，其模量逐渐增加，模腔摆动所需要的转矩也成比例增加，这个增加的转矩值由传感器感受后，变成电信号再送到纪录仪上放大并记录。因此硫化仪测定记录的是转矩值，由转矩值的大小来反映胶料的硫化程度，其原理归纳如下。

① 由于橡胶的硫化过程实际上是线型高分子材料进行交联的过程，因此用交联点密度的大小（单位体积内交联点的数目）可以检测出橡胶的交联程度。根据弹性统计理论可知：

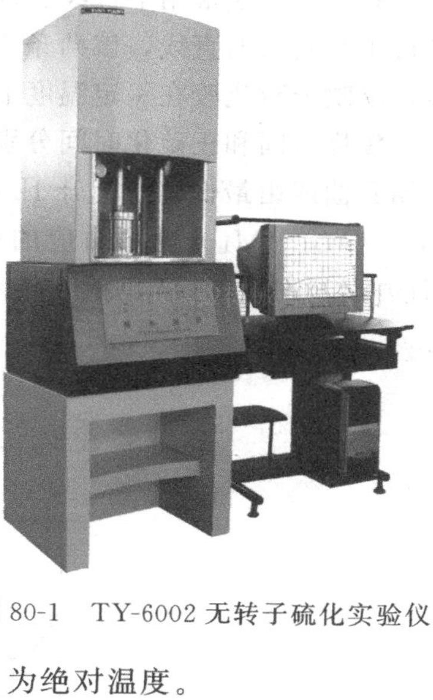

图80-1 TY-6002无转子硫化实验仪

$$G=\nu RT \tag{1}$$

式中，G 为剪切模量；ν 为交联密度；R 为气体常数；T 为绝对温度。

上式中 R、T 是常数，故 G 与 ν 成正比，只要求出 G 就能反映交联程度。

② G 与转矩 M 也存在一定的线性关系，因为从胶料在模腔中受力分析可知，转子由于作一定角度的摆动，对胶料施加一定的力使之形变，与此同时胶料将产生剪切力、拉伸力、扭力等。这些力的合力 F 对转子将产生转矩 M，阻碍转子的运动，而且随胶料逐渐硫化，其 G 也逐渐增加，转子的摆动在定应变的情况下所需的转矩也成比例增加。

因此，由于 M 与 F、F 与 G、G 与 V 都存在着线性关系，故 M 与 ν 也存在线性关系，因此测定橡胶转矩的大小就可反映胶料的交联密度。

四、试样准备

① 未硫化胶片在室温下停放 2h 即可进行实验（不准超过 10 天)。
② 从无气泡的胶片上裁取直径约 30mm、厚度约 2mm 的圆片。
③ 试样不应有杂质、灰尘等。

五、操作步骤

① 将主机电源及马达电源开启，打开电脑，启动测试程式。
② 设定测试条件。
③ 将实验胶料放入模腔内，压下合模按钮至上模下降，开始实验。
④ 测试完毕，压下开模按钮，打开模腔取出试样，打印实验数据。
⑤ 实验完毕，结束程式，关掉电源，清洁现场。

六、实验结果的表示法及曲线分析

1. 典型硫化曲线的分析和计算

硫化仪记录装置所绘出的曲线就是与剪切模量 G 成正比关系的转矩随时间变化曲线，这个曲线通常叫做硫化曲线，典型的硫化曲线如图 80-2 所示。

对硫化曲线常用平行线法进行解析，就是通过硫化曲线最小转矩和最大转矩值，分别引平行于时间轴的直线，该两条平行线与时间轴距离分别为 M_L 和 M_H，即 M_L 为最小转矩值，反映未硫化胶在一定温度下的流动性；M_H 为最大转矩值，反映硫化胶最大交联度。

焦烧时间和正硫化时间分别以达到一定转矩所对应的时间表示：焦烧时间 ts_1 为从实验开始到曲线由最低转矩上升 1kg · cm 所对应的时间；起始硫化时间 t_{c10} 为转矩达到 $M_L+10\%(M_H-M_L)$ 时所对应的硫化时间；正硫化时间 t_{c90} 为转矩达到 $M_L+90\%(M_H-M_L)$ 时所对应的硫化时间。通常还以硫化速度指数 $V_C=100/(t_{c90}-t_{s_x})$。

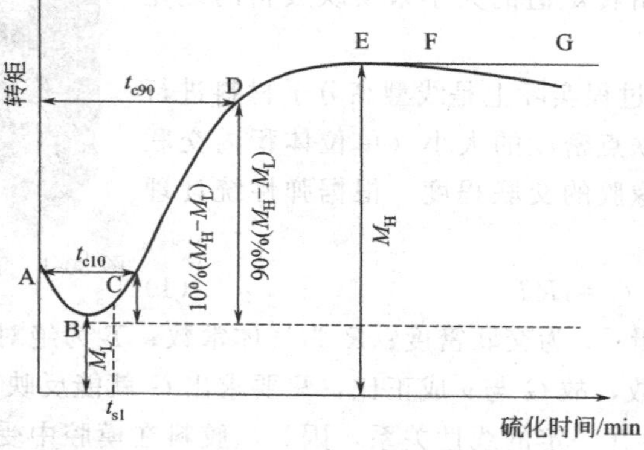

图 80-2 典型硫化曲线

2. 记录 t_{c10}，t_{c90}

评价配方的硫化体系，确定正硫化温度及实验时间。

第五部分 综合与设计性实验

实验八十一 苯乙烯聚合的综合实验

苯乙烯的精制

一、实验目的

① 了解苯乙烯的储存和精制方法。

② 掌握苯乙烯减压蒸馏的精制方法。

二、实验原理

苯乙烯为无色或淡黄色透明液体，沸点 145.2℃。

阴离子聚合的活性中心能与微量的水、氧、二氧化碳、酸、醇等物质反应而导致活性中心失活，因此，用于阴离子聚合的苯乙烯其精制的要求较高。先是除去阻聚剂，再除去在前一过程中混入的微量的水分，最后通过减压蒸馏除去其他杂质。

为了防止苯乙烯在储存或运输过程中发生自聚，通常在商品苯乙烯中加阻聚剂，例如对苯二酚，使用前必须除去。可加入氢氧化钠与之反应，生成溶于水的对苯二酚钠盐，再通过水洗即可除去大部分的阻聚剂。

在离子型聚合中除去微量水分的方法主要包括物理吸附和化学反应两种。物理吸附是用多孔的物质与水接触，而把水分吸附在孔隙中。应选择孔径的大小与水分子大小相当的物质。对于吸附水分来讲，通常选用 0.5nm 的分子筛。化学方法是加入某些物质与水反应，再除去生成物（或生成对反应无害的物质）。无水氯化钙、氢化钙等均是常用的干燥剂。氢化钙与水发生的化学反应为：

$$CaH_2 + H_2O \longrightarrow Ca(OH)_2 + H_2$$

也可将两种方法结合在一起使用。如将除去阻聚剂的苯乙烯先用 0.5nm 的分子筛浸泡一周，然后加入氢化钙，在高纯氮保护下进行减压蒸馏，收集所需的馏分。苯乙烯沸点与压力的关系见表 81-1。

表 81-1 苯乙烯沸点与压力的关系

沸点/℃	18	30.8	44.6	59.8	69.5	82.1	101.4	122.6	145.2
压力/kPa (mmHg)	0.67 (5)	1.33 (10)	2.66 (20)	5.32 (40)	7.98 (60)	13.30 (100)	26.60 (200)	53.20 (400)	101.00 (760)

三、试剂和仪器

1. 试剂

苯乙烯（化学纯），氢化钙（分析纯）。

2. 仪器

500mL 三口瓶，毛细管（自制），氮气瓶，刺型分馏柱，冷凝管，100℃温度计，水浴锅，接收瓶。

四、实验步骤

① 在 500mL 分液漏斗中加入 250mL 苯乙烯，用 5%氢氧化钠溶液洗涤数次至无色（每次用量 40～50mL），然后用无离子水洗至中性，用无水硫酸钠干燥 1 周，再换为 0.5nm 分子筛浸泡一周，浸泡过程中用高纯氮吹扫数次。

② 按图 81-1 安装减压蒸馏装置，并与真空体系、高纯氮体系连接。要求整个体系密闭。开动真空泵抽真空，并用煤气灯烘烤三口烧瓶、分馏柱、冷凝管、接收瓶等玻璃仪器，尽量除去系统中的空气，然后关闭抽真空活塞和压力计活塞，通入高纯氮至正压。待冷却后，再抽真空、烘烤，反复 3 次。

③ 在高纯氮保护下，往减压蒸馏装置中加入氢化钙 1～2g，加入干燥好的苯乙烯，关闭氮气，开始抽真空，加热并回流 2h。控制体系压力为 22mmHg 进行减压蒸馏，收集 44℃的馏分。由于苯乙烯沸点与真空度密切相关，所以对体系真空度的控制要仔细，使体系真空度在蒸馏过程中保证稳定，避免因真空度变化而形成爆沸，将杂质夹带进蒸好的苯乙烯中。

④ 为防止自聚，精制好的苯乙烯要在高纯氮的保护下密封后放入冰箱中保存待用。

正丁基锂的制备

一、实验目的

① 掌握正丁基锂的合成方法。

② 掌握正丁基锂的分析方法。

二、实验原理

正丁基锂作为引发剂，具有引发活性高，反应速度快，自身稳定等优点。此外，由于碳-锂键的半离子键半共价键的性质，使其可方便地溶于烃类溶剂中，因而在二烯烃的聚合

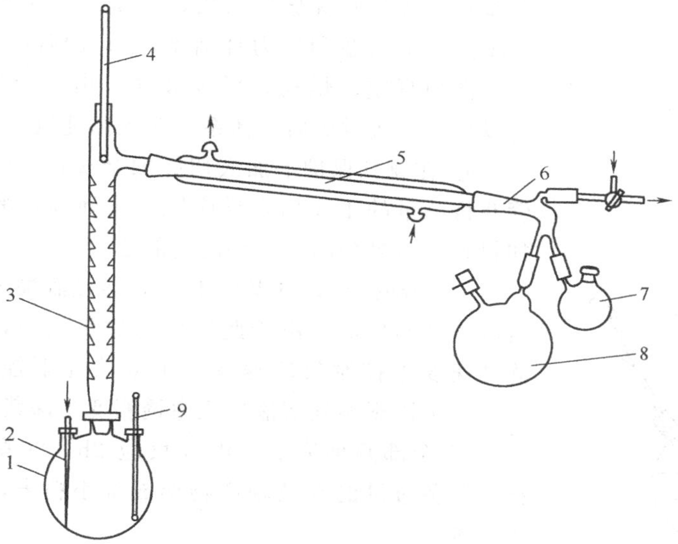

图 81-1　减压蒸馏装置

1—蒸馏瓶；2—毛细管；3—刺型分馏柱；4—温度计；5—冷凝管；6—分馏头；7—前馏分接受头；8—接收瓶；9—温度计

中可形成更高的1,4-结构。正是由于这些特点，使正丁基锂成为一种在工业上、科研中广泛使用的阴离子聚合引发剂。

正丁基锂常用的制备方法是用氯代正丁烷与金属锂在环己烷中反应得到，反应式为：

$$C_4H_9Cl + 2Li \longrightarrow C_4H_9Li + LiCl$$

三、试剂和仪器

1. 试剂

氯代正丁烷（分析纯），金属锂（工业级），环己烷（分析纯），纯氮源（99.99%）。

2. 仪器

500mL 三口瓶，加料管（自制），100℃温度计，电磁搅拌器。

四、实验步骤

1. 正丁基锂的合成

① 环己烷先用 0.5nm 分子筛浸泡 2 周，再加入金属钠丝，以除去环己烷中微量的水，用前通入高纯氮鼓泡 15min，以除去微量的氧气。

② 用 0.5nm 分子筛浸泡氯代正丁烷一周，蒸馏，在高纯氮保护下加入氢化钙回流 4～5h 后，收集 76～78℃馏分，在高纯氮保护下密封备用。

③ 用环己烷洗去金属锂外面的保护油脂，在环己烷中用干净小刀刮去表面氧化层，然后切成小块薄片备用。

④ 配方：一般锂过量，氯代正丁烷与金属锂的摩尔比为（1∶2.2）～（1∶2.3），溶液浓度在 2mol/L 左右，聚合时稀释到 0.5～1mol/L。

⑤ 按图 81-2 装好合成装置，开动真空泵抽真空，并用煤气灯烘烤三口烧瓶、分馏柱、

冷凝管、接收瓶等玻璃仪器，尽量除去系统中的空气，然后关闭抽真空活塞和压力计活塞，通入高纯氮至正压。待冷却后，再抽真空、烘烤，反复 3 次，由于金属锂可与氮反应，所以最后一次烘烤后往体系中充入高纯氩气。

⑥ 在氩气保护下加入切好的金属锂，将环己烷加入加料管并将总量的 1/3 加入反应瓶。将处理好的氯代正丁烷加入加料管，与剩余的 2/3 环己烷混合。

⑦ 开动搅拌，升温至 40℃，缓慢滴加环己烷-氯代正丁烷溶液，开始反应。由于此反应为放热反应，因此要通过调节滴加速度来控制反应速率，正常情况下控制反应温度 55～65℃。可以观察到溶液颜色由透明变为深紫色。

⑧ 全部滴加完后，继续反应 2h。注意此阶段要缓慢搅拌，避免过量的锂及副产物形成细小粉末，给下一步过滤带来困难。

⑨ 反应结束后，在高纯氮保护下，将反应液移到过滤装置上，滤去未反应的锂及副产物，得到无色透明的正丁基锂环己烷溶液。在高纯氮保护下密封备用。

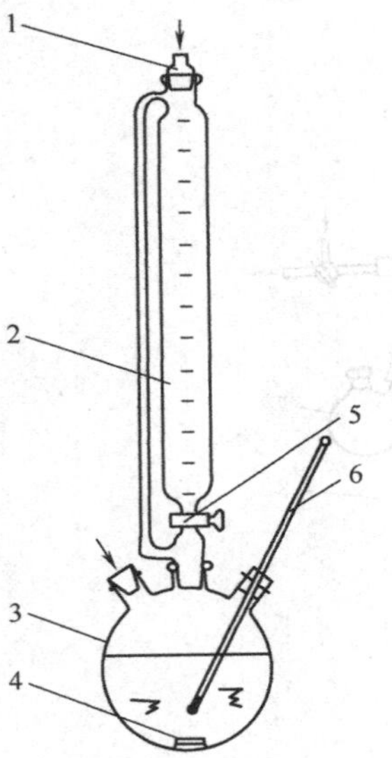

图 81-2 正丁基锂合成装置

1—加料口；2—加料管；3—反应瓶；4—电磁搅拌子；5—阀门；6—温度计

2. 正丁基锂的浓度分析

合成的正丁基锂浓度一般约为理论值的 70%左右，可用双滴定法测定正丁基锂浓度。

① 取两个 50mL 改装过的圆底烧瓶，抽排、烘烤、充氮，反复三次，高纯氮保压密封备用。

② 在 1 号圆底烧瓶中加入 5mL 环己烷，2mL 二溴乙烷，2mL 正丁基锂，摇动 2min，使其充分反应；加水 10mL，充分摇动使介质全部水解；以酚酞为指示剂，用盐酸滴定杂质含量。

③ 在 2 号圆底烧瓶中加入 2mL 正丁基锂，10mL 环己烷，10mL 水，充分摇动水解后滴定杂质含量。

④ 正丁基锂的浓度为：

$$c_{\text{正丁基锂}} = \frac{(V_{\text{总}} - V_{\text{杂}}) \times c_{\text{HCl}}}{V_{\text{正丁基锂}}}$$

式中，c_{HCl} 为标准盐酸溶液的浓度，mol/L；$V_{\text{正丁基锂}}$ 为滴定用正丁基锂的用量，mL；$V_{\text{总}}$ 为 2 号瓶消耗盐酸总量，mL；$V_{\text{杂}}$ 为 1 号瓶消耗盐酸总量，mL。

苯乙烯阴离子聚合

一、实验目的

① 掌握阴离子聚合的机理。

② 了解苯乙烯净化程度对聚合反应的影响。

③ 掌握实现阴离子计量聚合的实验操作技术。

二、实验原理

苯乙烯阴离子聚合是连锁式聚合反应的一种，包括链引发、链增长和链终止三个基元反应。在一定的条件下，苯乙烯阴离子聚合可以实现活性计量聚合。首先，苯乙烯是一种活性相对适中的单体，在高纯氮的保护下，活性中心自身可长时间稳定存在而不发生副反应。第二，正常阴离子活性中心非常容易与水、醇、酸等带有活泼氢和氧、二氧化碳等物质反应，而使负离子活性中心消失。第三，使终止反应的杂质可以通过净化原料、净化体系从聚合反应体系中除去，终止反应可以避免，因此阴离子聚合可以做到无终止、无链转移，即活性聚合。在这种情况下，聚合物的分子量由单体加入量与引发剂加入量之比决定，且分子量分布很窄。

三、试剂和仪器

1. 试剂

见表 81-2。

表 81-2 试剂

单体	溶剂	引发剂	极性添加剂	沉淀剂
苯乙烯(精制)	环己烷(精制)	正丁基锂(自制)	四氢呋喃(精制)	酒精(工业级)

2. 仪器

500mL 聚合釜，1000mL 吸收瓶，30mL、1mL 注射器各一个，0 号注射针头，厚壁乳胶管，440 称量瓶，止血钳，加料管等。聚合装置如图 81-3 所示。

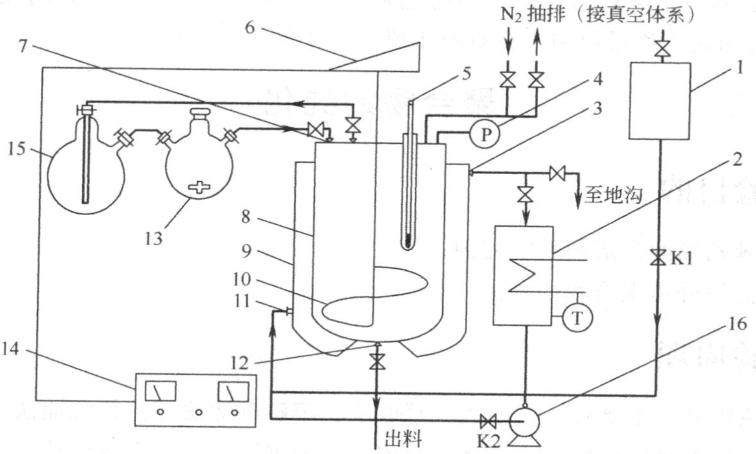

图 81-3 聚合装置

1—冷水箱；2—恒温水浴箱；3—出水口；4—压力表；5—温度计；6—搅拌电机；7—进料口；8—反应釜；9—水浴夹套；10—搅拌桨；11—进水口；12—出料口；13—引发剂进料口；14—控速箱；15—吸收瓶；16—水泵

四、配方计算

1. 设计

单体浓度：8%；分子量：40000；总投料量：20g。

2. 计算

活性中心＝20/40000＝5×10^{-4}mol＝0.5mmol

设正丁基锂浓度为0.8mmol/mL（实验中可以不同），则正丁基锂加入量为：

$$V=0.5/0.8=0.625\text{mL}$$

设

$$[\text{THF}]/[\text{活性中心}]=2$$

$$[\text{THF}]=0.625\times2=1.25\text{mmol}$$

$$m(\text{THF})=1.25\text{mmol}\times72.1\text{g/mol}=90.125\text{mg}=0.090\text{g}$$

$$V(\text{THF})=0.090/0.883=0.102\text{mL}$$

五、实验步骤

① 开动聚合釜：在氮气保护下将聚合釜中的活性聚合物放出，开启加热泵，加热循环水至60℃。

② 净化：在高纯氮气的保护下将聚合釜中的活性聚合物放出，并充氮，保持体系正压。将加料管、吸收瓶接入真空体系，用检漏剂检查体系，保证体系不漏。然后抽真空、充氮，反复3次，待冷却后取下。

③ 加料：用加料管准确取环己烷加入聚合瓶，用注射器取计量苯乙烯和四氢呋喃迅速加入聚合瓶，并用止血钳夹住针孔下方，以防漏气。

④ 用1mL注射器抽取正丁基锂，逐滴加入聚合瓶中，同时密切注意颜色的变化，直至出现淡茶色且不消失为止，将聚合液加入聚合釜。

⑤ 聚合：迅速加入计量的引发剂，反应30min。

⑥ 后处理：将少量聚合液、2,6,4-防老剂放入工业乙醇中，搅拌，将聚合物沉淀。倾去清液，将聚合物放入称量瓶中，在真空干燥箱中干燥。

聚合物的纯化

一、实验目的

① 了解聚苯乙烯的良溶剂及沉淀剂。

② 掌握沉淀法分离聚合物的方法。

二、实验原理

聚合物的纯化方法主要有：洗涤法、萃取法、溶解沉淀法。溶解沉淀法是将聚合物溶于良溶剂中，然后加入对聚合物不溶的而对溶剂能溶的沉淀剂使聚合物沉淀出来。这是聚合物精制应用最广泛的方法。

溶剂的溶解度参数与聚合物的溶解度参数相近时，溶剂是聚合物的良溶剂，否则是聚合物的不良溶剂。聚苯乙烯的良溶剂有苯、甲苯、丁酮、氯仿，沉淀剂有甲醇和乙醇。

聚合物溶液的浓度、溶解速度、溶解方法、沉淀时的温度等对所分离的聚合物的外观影响很大，如果聚合物溶液浓度过高，则溶剂和沉淀剂的混合性较差，沉淀物成为橡胶状。如果浓度过低，聚合物成为细粉状。

在沉淀中，沉淀剂用量一般为溶剂的4～10倍，最后溶剂和沉淀剂可用真空干燥除去。

三、主要试剂和仪器

1. 试剂

聚苯乙烯，工业酒精。

2. 仪器

500mL 烧杯，玻璃棒，称量瓶。

四、实验步骤

① 在 500mL 的烧杯中加入工业酒精 300mL。
② 将 50mL 苯乙烯的环己烷溶液倒入烧杯中，并不停搅拌。
③ 将上层清液倒入废液瓶中，将聚合物移至称量瓶中。
④ 将称量瓶中的聚合物在真空干燥箱中干燥至恒重。

聚苯乙烯相对分子质量及分布的测定

一、实验目的

① 了解 GPC 法测定分子量及分布的基本原理。
② 掌握 GPC 仪器的基本操作并测定聚苯乙烯的分子量及分布。

二、实验原理

凝胶渗透色谱法（gel permeation chromatography，GPC），其主要的分离机理是体积排除理论。

GPC 分离部件是以多孔性凝胶作为载体的色谱柱，凝胶的表面与内部含有大量彼此贯穿的大小不等的孔洞。GPC 法就是通过这些装有多孔性凝胶的分离柱，利用不同分子量的高分子在溶液中的流体力学体积大小不同进行分离，再用检测器对分离物进行检测，最后用已知分子量的标准物对分离物进行校正的一种方法。在聚合物溶液中，高分子链卷曲缠绕成无规线团状，在流动时，其分子链间总是裹挟着一定量的溶剂分子，表现出的体积称之为“流体力学体积”。对于同一种聚合物而言，是一组同系物的混合物，在相同的测试条件下，分子量大的聚合物，其溶液中的“流体力学体积”也就大。

色谱柱的总体积 V_t 由载体的骨架体积 V_g、载体内部的孔洞体积 V_i 和载体的粒间体积 V_o 组成。当聚合物溶液流经多孔性凝胶粒子时，溶质分子即向凝胶内部的孔洞渗透，渗透的概率与分子尺寸有关，可分为 3 种情况。

① 高分子的尺寸大于凝胶中所有孔洞的孔径，此时高分子只能在凝胶颗粒的空隙中存在，并首先被溶剂淋洗出来，其淋洗体积 V_e 等于凝胶的粒间体积 V_o，因此对于这些分子没有分离作用。

② 对于分子量很小的分子，由于能进入凝胶的所有孔洞，因此全都在最后被淋洗出来，其淋洗体积等于凝胶内部的孔洞体积 V_i 与凝胶的粒间体积 V_o 之和，即 $V_e=V_o+V_i$，对于这些分子同样没有分离作用。

③ 对于分子量介于以上两者之间的分子，其中较大的分子能进入较大的孔洞，较小的

分子不但能进入较大、中等的孔洞，而且也可以进入较小的孔洞。这样大分子能渗入的孔洞数目比小分子少，即渗入概率与渗入深度都比小分子少，换句话说，在柱内小分子流过的路径比大分子的长，因而在柱中的停留时间也较长，所以需要较长的时间才能被淋出，从而达到分离目的。

三、试剂和仪器

1. 试剂

聚苯乙烯，四氢呋喃（色谱纯）。

2. 仪器

Waters 公司的 1515 型凝胶色谱仪，烧杯，称量瓶，注射器。

四、实验步骤

① 样品必须经过完全干燥，除掉水分、溶剂及其他杂质。

② 必须给予充分的溶解时间使聚合物完全溶解在溶剂中，并使分子链尽量舒展。分子质量越大，溶解的时间应越长。

③ 配制浓度一般在 0.05%～0.3%（质量分数）之间，分子量大的样品浓度低些，分子量小的样品浓度稍微高些。

④ 冲洗泵和检测器。打开检测器和泵的电源，运行 Breeze 程序监控系统，待计算机完成仪器连接检测后，出现操作窗口，包括命令栏、工作区和采集栏。

⑤ 创建初始方法。是在 Breeze 系统中，进行某项操作时，预先设定的各种参数的集合。它包括平衡方法、数据采集方法、数据处理（校正）方法和报告方法等。

⑥ 稳定系统。设定系统在较小的流量（0.1mL/min）下，稳定 7～8h。

⑦ 平衡系统。待系统平衡后，再次选择采集栏上的“平衡系统”按钮，选择合适的平衡方法，在较大的流量（1mL/min）下进行系统的平衡，直到 RI Detector 的基线稳定为止。

⑧ 首先用一系列已知分子量的单分散标准样品，作一系列的 GPC 谱图，找出每一个分子量 M 所对应的淋洗体积 V_e，然后以这些数据作出普适或者相对校正曲线，并将其保存成一种方法。

⑨ 进行聚苯乙烯样品的测试。

⑩ 进样完成后，在监视窗中即显示数据采集过程，测试完成后即得到 GPC 色谱图。

实验八十二 苯乙烯-丁二烯共聚合实验设计

一、实验目的

① 掌握以苯乙烯、丁二烯为单体，针对目标产物进行聚合实验设计的基本原理。
② 进行不同聚合机理、聚合方法的选择及确定。
③ 在体系组成原理、作用、配方设计、用量确定等方面得到初步锻炼。
④ 初步对聚合工艺条件的设置有所了解掌握。
⑤ 通过实验达到理论与实际应用相结合。

二、实验原理

苯乙烯、丁二烯是两种来源广泛的廉价单体，目前都已实现工业化生产，均形成系列化产品。聚苯乙烯为典型的热塑性塑料，聚丁二烯为典型的弹性体，两者的结合则形成一系列不同于两者的新的聚合物。通过苯乙烯和丁二烯的共聚，至今已实现工业化生产的主要共聚物有：合成橡胶的第一大品种，采用自由基乳液聚合法生产的乳聚丁苯橡胶（E-SBR）；近年来新兴起的有节能橡胶之称的、采用阴离子溶液聚合法生产的溶聚丁苯橡胶（S-SBR）；有第三代橡胶之称的热塑性弹性体，采用阴离子溶液聚合法生产的苯乙烯-丁二烯-苯乙烯三嵌段共聚物（SBS）；通过以橡胶改性的、用途广泛的高抗冲聚苯乙烯，采用自由基本体-悬浮聚合法生产的丁二烯-苯乙烯接枝共聚物（HIPS）等。

苯乙烯-丁二烯共聚合试验设计是以共聚物目标产物的性能为出发点，进而推断出具有此种性能共聚物的大分子结构；由共聚物分子结构可确定所要采用的聚合机理和聚合方法，再确定聚合配方及聚合工艺条件，在此基础上进行聚合；最后对产物进行结构分析及性能测试，结果用于对所确定的合成路线进行修订。下面以星形热塑性弹性体 $(SB)_nR$ 为例，说明设计合成的具体实施。

1. 分子结构的确定

① 目标产物为一种弹性体，因此大分子链结构应以聚丁二烯为主。作为橡胶的聚丁二烯要体现出弹性，需经硫化形成以化学键为连接点的三维网络结构，但聚丁二烯将因此失去热塑性。由于聚苯乙烯和聚丁二烯内聚能不同，两者混合时会出现“相分离”现象，如能利用聚苯乙烯的热塑性，在大分子聚集态中以“物理交联点”的形式代替化学键形成三维网络结构，则可实现具有塑料加工成型特色的弹性体。

② 考虑目标产物为星形结构，大分子链结构应设计为嵌段共聚物结构，且聚丁二烯处于中间，而聚苯乙烯处于外端（为什么?）。为保证弹性及一定的强度，设计苯乙烯∶丁二烯＝30∶70（质量比）（为什么?）。

2. 聚合机理及聚合方法的确定

① 对于合成嵌段共聚合，最好的聚合机理是采用阴离子活性聚合，而丁二烯、苯乙烯

均为有π—π结构的共轭单体，利于进行阴离子聚合（为什么?）。

② 具体聚合路线为以单锂引发剂引发，先合成出聚苯乙烯-丁二烯的活性链，再加入偶联剂，如四氯化硅，进行偶联反应，形成具有四臂结构的星形聚合物。

③ 由于活性链与偶联剂的偶联反应为聚合物的化学反应，为保证反应完全，且有利于传热、传质等，采用溶液聚合。

3. 聚合配方及聚合工艺条件的确定

（1）聚合配方

① 引发剂。根据要有较高的活性和适当的稳定性的原则，选用正丁基锂作引发剂。用量按阴离子计量聚合原理，以星形聚合物每臂分子量为40000计（为什么?）。

② 单体。苯乙烯：丁二烯＝30：70（质量比），考虑到要保证偶联反应完全及传热、传质等原因，聚合液单体浓度定为10%（质量分数）。

③ 溶剂。对溶剂的选择首先要求能对引发剂、单体、聚合物有好的溶解性；其次要稳定，在聚合过程中不发生副反应；再次是无毒、价廉、易得、易回收精制、无“三废”等。对于阴离子聚合而言，一般可选用烷烃、环烷烃、芳烃等为溶剂，常用的有正己烷、环己烷、苯等。芳烃一般毒性较大，多不采用。从溶度参数看，聚苯乙烯为8.7～9.1，聚丁二烯为8.1～8.5，这样共聚合的溶度参数约为8.3～8.7，正己烷的溶度参数为7.3，环己烷的溶度参数为8.2，根据“相似者相容”的原理，选择环己烷为宜。

④ 偶联剂。四氯化硅，为保证偶联反应完全，以氯为标准，用量为活性中心总数的1.1倍。

⑤ 沉淀剂。乙醇。

以100mL聚合液为标准，按上述要求计算出具体聚合配方。

（2）聚合工艺

① 反应装置。根据阴离子聚合机理，要求选用密闭反应体系（为什么?），且丁二烯常温下为气态，因此选用耐压装置。可用250mL厚壁玻璃聚合瓶，反应前按阴离子聚合要求进行净化、充氮。

② 工艺路线。加入溶剂、苯乙烯、正丁基锂，先合成聚苯乙烯段；再加入丁二烯聚合，得到聚苯乙烯-丁二烯活性链；最后加入四氯化硅进行偶联反应；用乙醇沉淀，干燥，得到星形$(SB)_nR$。

③ 反应温度。考虑常温下丁二烯为气态，确定反应温度为50℃。为保证偶联反应完全，在偶联阶段，升温至60℃反应。

④ 反应时间。由于分子结构要求聚丁二烯段在中间，且为保证性能，要求为完全嵌段型结构，考虑到丁二烯比苯乙烯活泼，为保证各段聚合完全，每段聚合时间定为1h。如需加快反应，可加入少量极性试剂，如四氢呋喃（为什么?）。

4. 分析、测试

① 用GPC分析分子量及其分布。

② 用NMR分析共聚组成、序列结构和微观结构。

三、主要试剂

单体：苯乙烯和丁二烯，基本物性参数见表82-1。

表 82-1 单体苯乙烯、丁二烯的基本物性参数

单体	分子量	相对密度	熔点/℃	沸点/℃
苯乙烯	104	0.91	−30	145
丁二烯	54	0.62	−108.9	−4.4

苯乙烯-丁二烯的竞聚率：自由基共聚 $r_1=0.64$，$r_2=1.38$；

阴离子共聚 $r_1=0.03$，$r_2=12.5$（己烷中）；

$r_1=4.00$，$r_2=0.30$（四氢呋喃中）。

四、实验设计

1. 丁苯橡胶的设计合成

(1) 目标产物Ⅰ：线型通用丁苯橡胶

① 提示。

a. 聚合机理及聚合方法，自由基无规共聚，乳液聚合。

b. 反应装置：1000mL 聚合釜，装料系数 60%～70%。

c. 聚合配方：苯乙烯含量 22%～23%（质量分数），水/单体＝70/30～60/40（质量比），每 100g 单体中加入氧化剂 0.10～0.25g，还原剂 0.01～0.04g，乳化剂 2～3g，相对分子质量调节剂 0.10～0.20g，终止剂 0.05～0.15g。

对于苯乙烯-丁二烯自由基共聚，$r_1=0.64$，$r_2=1.38$。可根据 Mayer 公式的积分式求出要合成给定共聚组成且组成均匀的无规共聚物，原料配比应为多少？转化率应控制在多少？

② 要求。

a. 根据目标产物性能，确定共聚物分子结构，给出简要解释。

b. 确定聚合机理及聚合方法，给出简要解释，写出聚合反应的基元反应。

c. 根据提示计算出具体聚合配方。

d. 确定聚合装置及主要仪器，画出聚合装置简图。

e. 制定工艺流程，画出工艺流程框图。

f. 确定聚合工艺条件，给出简要解释。

(2) 目标产物Ⅱ：星形节能丁苯橡胶

① 提示。

a. 聚合机理及聚合方法：阴离子无规共聚，溶液聚合。

b. 反应装置：1000mL 聚合釜，装料系数 60%～70%。

c. 聚合配方：引发剂为正丁基锂；苯乙烯含量为 24%～25%（质量分数）；溶剂为环己烷；聚合液浓度为 8%（质量分数）；每臂的分子量为 40000；无规化剂为四氢呋喃，加入量为活性中心的 25 倍（摩尔比）；偶联剂为四氯化锡，以氯为标准，用量为活性中心总数的 1.1 倍（摩尔比）。

苯乙烯-丁二烯在非极性溶剂中进行阴离子共聚，存在 $r_2>r_1$，如加入适量的极性试剂，则两单体趋于无规共聚。

② 要求。

a. 根据目标产物性能，确定共聚物分子结构，给出简要解释。

b. 确定聚合机理及聚合方法，给出简要解释，写出聚合反应的基元反应。

c. 根据提示，计算出具体聚合配方。

d. 确定聚合装置及主要仪器，画出聚合装置简图。

e. 制定工艺流程，画出工艺流程框图。

f. 确定聚合工艺条件，给出简要解释。

2. 高抗冲聚苯乙烯的设计合成

(1) 目标产物Ⅰ：接枝型高抗冲聚苯乙烯

① 提示。

a. 聚合机理及聚合方法：自由基接枝共聚，第一步采用本体聚合，第二步采用悬浮聚合。

b. 工艺路线。

第一步：将工业级高顺式-聚丁二烯溶于单体苯乙烯中，加入引发剂进行接枝本体聚合，控制苯乙烯转化率在20%左右。

第二步：以上述体系为基础，补加苯乙烯、引发剂，加入分散剂、悬浮剂进行苯乙烯自身的悬浮聚合。

c. 反应装置：1000mL 聚合釜，装料系数 60%～70%。

d. 聚合配方。

第一步：顺丁橡胶含量 10%～14%（质量分数），引发剂用量是苯乙烯用量的 1/2000（摩尔比），链转移剂用量是苯乙烯用量的 1/3200（摩尔比）。

第二步：补加苯乙烯的量为第一步加入苯乙烯量的 6%，补加引发剂的量为补加苯乙烯用量的 1/40（摩尔比），水/苯乙烯总量＝（75/25）～（70/30）（质量比），悬浮剂的量为苯乙烯总量的 0.5%（质量分数）。

e. 聚合工艺。

第一步：将橡胶剪碎置于苯乙烯中，70℃下搅拌至溶解。反应温度为 70～75℃（以 BPO 为引发剂）。搅拌速率约 120r/min。反应 30min 后，反应物由透明变为微浑，随之出现“爬杆”现象，继续反应至“爬杆”现象消失，取样分析转化率，继续反应直到转化率大于 20%后停止反应。此时体系为乳白色细腻的糊状物。整个反应时间约 5h。

第二步：通氮。反应温度为 85℃（如以 BPO 为引发剂），反应到体系内粒子下沉时升温至 95℃继续反应，最后升温至 100℃，继续反应至反应结束。搅拌速率约 120r/min。95℃反应 1h，100℃反应 2h。

f. 转化率的测定。在 10mL 的小烧杯中放入 5mg 对苯二酚，称出总质量（m_1）。取第一步合成的产物约 1g 于烧杯中，称出总质量（m_2）。在烧杯中加入 95mL 乙醇，沉淀出聚合物，在红外灯下烘干，称出总质量（m_3）。则苯乙烯转化率为：

$$苯乙烯转化率(\%)=\frac{(m_3-m_1)-(m_2-m_1)\times R\%}{(m_2-m_1)-(m_2-m_1)\times R\%}\times 100\%$$

式中，R 为投料中的橡胶含量，以苯乙烯加料总量计。

② 要求。

a. 根据目标产物性能，确定共聚物分子结构，给出简要解释。

b. 确定聚合机理及聚合方法，给出简要解释，写出聚合反应的基元反应。

c. 根据提示，计算出具体聚合配方。

d. 确定聚合装置及主要仪器，画出聚合装置简图。

e. 制定工艺流程，画出工艺流程框图。

f. 确定聚合工艺条件，给出简要解释。

（2）目标产物Ⅱ：嵌段型高抗冲聚苯乙烯

① 提示。

a. 适当控制嵌段共聚物中聚丁二烯的含量，可得到用于制备高透明度制品的高抗冲聚苯乙烯。大分子结构可为多嵌段型。

b. 聚合机理及聚合方法：阴离子嵌段共聚，溶液聚合。

c. 反应装置：1000mL 聚合釜，装料系数 60%～70%

d. 聚合配方：引发剂为正丁基锂，苯乙烯含量为 10%～15%（质量分数），溶剂为环己烷，聚合液浓度为 10%（质量分数），分子量为 100000～150000。

② 要求。

a. 根据目标产物性能，确定共聚物分子结构，给出简要解释。

b. 确定聚合机理及聚合方法，给出简要解释，写出聚合反应的基元反应。

c. 根据提示，计算出具体聚合配方。

d. 确定聚合装置及主要仪器，画出聚合装置简图。

e. 制定工艺流程，画出工艺流程框图。

f. 确定聚合工艺条件，给出简要解释。

3. 热塑性弹性体的设计合成

（1）目标产物Ⅰ：苯乙烯-丁二烯-苯乙烯三嵌段共聚物

① 提示。

a. 本书中介绍了以正丁基锂为引发剂的聚合实验，此处请选择一种双锂引发剂。

b. 苯乙烯含量为 30%（质量分数），分子量为 150000，聚合液浓度为 10%（质量分数）。

c. 反应装置 1000mL 聚合釜，装料系数 60%～70%。

② 要求。

a. 根据目标产物性能，确定共聚物分子结构，给出简要解释。

b. 确定聚合机理及聚合方法，给出简要解释，写出聚合反应的基元反应。

c. 根据提示计算出具体聚合配方。

d. 确定聚合装置及主要仪器，画出聚合装置简图。

e. 制定工艺流程，画出工艺流程框图。

f. 确定聚合工艺条件，给出简要解释。

（2）目标产物Ⅱ：五嵌段型热塑性弹性体

① 提示。

a. 苯乙烯含量为 30%（质量分数），分子量为 150000，聚合液浓度为 10%（质量分数）。

b. 反应装置：1000mL 聚合釜，装料系数 60%～70%。

② 要求。

a. 根据目标产物性能，确定共聚物分子结构，给出简要解释。

b. 确定聚合机理及聚合方法，给出简要解释，写出聚合反应的基元反应。

c. 根据提示计算出具体聚合配方。

d. 确定聚合装置及主要仪器，画出聚合装置简图。

e. 制定工艺流程，画出工艺流程框图。

f. 确定聚合工艺条件，给出简要解释。

(3) 目标产物Ⅲ：星形丁二烯-苯乙烯嵌段共聚物

① 提示。

a. 以丁基锂为引发剂，先合成苯乙烯-丁二烯（聚合顺序是什么?），再用四氯化硅进行偶联。

b. 苯乙烯含量为30%（质量分数），分子量为每臂为60000，聚合液浓度为10%（质量分数）。

c. 反应装置1000mL聚合釜，装料系数60%～70%。

② 要求。

a. 根据目标产物性能，确定共聚物分子结构，给出简要解释。

b. 确定聚合机理及聚合方法，给出简要解释，写出聚合反应的基元反应。

c. 根据提示计算出具体聚合配方。

d. 确定聚合装置及主要仪器，画出聚合装置简图。

e. 制定工艺流程，画出工艺流程框图。

f. 确定聚合工艺条件，给出简要解释。

实验八十三 PC 合金综合设计性实验

PC 合金配方设计及原料的制备

一、实验目的

① 熟悉挤出造粒机的使用。
② 通过合金的方法或改善 PC 的力学性能。
③ 掌握 PC 合金的基本原理及制备方法。

二、实验原理

塑料合金，通常是两种相容性较好的塑料熔融共混制成塑料合金，其性能兼备两种塑料的优点。

聚碳酸酯（PC）可与聚酯类树脂（如 PET、PBT 等）、丙烯腈-丁二烯-苯乙烯共聚物（ABS）、（改性）聚苯乙烯（PS）、聚甲醛（POM）、聚氨酯（PU）、某些丙烯酸树脂等均匀熔混制备合金。制备合金目的是为了达到改善 PC 的性能，或降低成本。所以本实验按一定的配方比例制备 PC 塑料合金，研究其力学性能。

PC/ABS 合金配方设计见表 83-1。

表 83-1 PC/ABS 合金配方设计

序号	PC/份	ABS/份	相容剂 KT-2/份
1	100	0	0
2	80	20	4
3	80	20	5
4	80	20	6
5	70	30	4
6	70	30	5
7	70	30	6
8	65	35	4
9	65	35	5
10	65	35	6
11	60	40	4
12	60	40	5
13	60	40	6
14	40	60	4

续表

序号	PC/份	ABS/份	相容剂 KT-2/份
15	40	60	5
16	40	60	6
17	30	70	4
18	30	70	5
19	30	70	6
20	20	80	4
21	20	80	5
22	20	80	6
23	0	100	0

说明：23 组配方，得到数据用来分析比较判断。

① 不同份数相容剂对 PC/ABS 合金性能的影响。

② 相容剂份数相同时，不同 PC、ABS 份数比例对 PC/ABS 合金性能的影响。

③ 不同种类相容剂，对 PC/ABS 合金性能的影响。

三、实验仪器设备和原料

1. 仪器设备

JHT35 双螺杆挤出造粒机组（南京广达化工）、混合器、电子天平。

2. 原料

聚碳酸酯（PC）、丙烯腈-丁二烯-苯乙烯共聚物（ABS）、相容剂 KT-2。

四、实验步骤

① 按照配方称料。

② 将称好的物料加入混合机中混合均匀。

③ 接通水、电，用钥匙打开挤出造粒机组的控制面板。

④ 设定料筒各段温度，给料筒预热。

⑤ 预热温度达到后，打开鼓风干燥、牵引、切粒装置。

⑥ 料斗加料，打开主机油泵，打开电机。

⑦ 启动挤出螺杆，启动喂料机。

⑧ 协调喂料机、主机、切粒机速度，保证正常运行。

⑨ 实验完毕，趁热挤出机头中残留塑料，清料筒，清机头，关闭主机，整理各部分。

五、实验记录

① 记录实验挤出机的技术参数。

② 记录实验所用原料及操作工艺条件。

六、分析讨论

① 影响合金粒子均匀性的主要原因有哪些？如何控制？

② 控制哪些实验条件才能保证合金的质量？

七、思考题

① 挤出机的主要结构由哪些部分组成？
② 造粒工艺有几种切粒方式？各有何特点？
③ 你所了解的制备塑料合金的工艺方法有哪些？

PC 合金标准试样的制备实验

一、实验目的

① 熟悉注射成型的基本原理。
② 掌握 PC 合金标准试样的注射成型工艺，制备合格的标准试样。

二、实验原理（略）

三、实验设备和原料

1. 主要设备

① HTF120X1 型注塑机，射出量 173cm^3，锁模力 1200kN，海天塑料机械有限公司。
② TY-200 立式注塑机，射出量 70cm^3，锁模力 200kN，大禹机械有限公司。
③ 标准试样注射模具。

2. 原料

自制 PC/ABS 合金粒子，空白 PC 粒子，空白 ABS 粒子。

四、实验步骤（略）

五、实验数据记录及结果分析

① 记录注射工艺参数，测量塑件尺寸。

② 分析所得的试样制品的外观质量，从记录的每次实验工艺条件，分析试样的外观质量，包括颜色，有无缺料、凹痕、气泡和银纹等的影响。

③ 将取得的试样制品保留，准备下次作测试分析实验用。

六、思考题

① 注射成型时模具的运动速度有何特点？
② 试分析 PC 合金注射时是否需要干燥？为什么？

PC 合金力学性能测试

一、实验目的

① 掌握万能试验机的使用方法。

② 掌握冲击试验机的使用方法。
③ 测试 PC 合金的力学性能。

二、实验原理（略）

三、实验设备和仪器

1. 设备

伺服控制拉力试验机（高铁 AL-7000-L10 型），数码冲击试验机（GT-7045-MD），卡尺。

2. 仪器

阻燃尼龙标准样条及空白样条。

四、实验步骤（略）

五、实验数据记录及结果分析

记录数据、列表、绘图，结合配方分析实验结果，得出结论。

六、思考题

试分析 PC、ABS 的比例及相容剂加入量对合金力学性能的影响趋势？

实验八十四 阻燃尼龙综合设计性实验

阻燃尼龙配方设计及原料的制备

一、实验目的

① 熟悉塑料常用的阻燃剂及阻燃机理。

② 根据给出的实验仪器、设备和药品，学生自己选择阻燃剂，设计阻燃塑料的配方，设计实验路线和实验方法。

③ 掌握阻燃尼龙粒子的生产方法。

二、实验原理

1. 卤系阻燃剂阻燃机理

单独使用卤系阻燃剂时，目的是在气相中延缓或阻止聚合物的燃烧。卤系阻燃剂在高温下分解生成的卤化氢（HX）可作为自由基终止剂捕捉聚合物燃烧链式反应中的活性自由基OH·、O·、H·，生成活性较低的卤素自由基，从而减缓或终止气相燃烧中的链式反应，达到阻燃的目的。卤化氢还能稀释空气中的氧，覆盖于材料表面阻隔空气，使材料的燃烧速度降低。

卤系阻燃剂与氧化锑具有显著的协同作用。对卤代烃与氧化锑的详细研究表明，卤化锑的生成是决定其阻燃作用的关键因素。卤化物与 Sb_2O_3 反应生成卤化锑，卤化锑具有优异的阻燃作用表现如下：①卤-氧化锑的分解为吸热反应，可降低聚合物燃烧温度和分解速度；②卤化锑蒸气能较长时间停留在气相中，有效地稀释可燃性气体，同时覆盖在聚合物表面，可隔热、隔氧；③液态及固态卤化锑微粒的表面效应可降低火焰能量；④在火焰下层的固态或熔融态聚合物中，卤化锑能促进成炭反应，相对减缓聚合物分解生成可燃性气体的速度，同时生成的炭层又可将聚合物封闭，阻止可燃性气体逸出和进入燃烧区；⑤三卤化锑在燃烧区内可捕获气相中维持燃烧链式反应的活性自由基，改变气相燃烧的反应模式，减少反应放热而使火焰猝灭。

2. 磷系阻燃剂阻燃机理

磷系阻燃剂阻燃的材料燃烧时可生成较多的焦炭，减少可燃性气体的生成量，使被阻燃材料的质量损失率大大降低，但燃烧时生成的烟量增大。一般认为，有机磷系阻燃剂可同时在凝聚相及气相中发挥阻燃作用，但可能以凝聚相为主。有机磷系阻燃剂的阻燃机理随着其结构、聚合物类型及燃烧条件的不同也存在一定的差异。

有机磷系阻燃剂在高聚物受热被引燃时，首先分解生成磷酸，磷酸脱水生成偏磷酸，偏磷酸聚合生成聚偏磷酸（呈黏稠状液态膜），这类酸对含羟基聚合物的脱水成炭具有催化作用，加速了成炭过程。成炭的结果是在材料表面形成石墨状的焦炭层，这种炭层难燃、隔热、隔氧，从而使传至材料表面的热量减少，热分解减缓；其次羟基聚合物的脱水是吸热反应，脱水形成的水蒸气又能稀释大气中的氧及可燃气体，有助于使燃烧中断；燃烧生成的聚偏磷酸可在材料表面形成一层覆盖于焦炭层的液膜，降低焦炭层的透气性并保护焦炭层不被继续氧化，也有利于提高材料的阻燃性。

有机磷系阻燃剂热解形成的气态产物中含有游离基PO·，可以捕获游离基H·及OH·，使火焰中的H·及OH·浓度大大降低，抑制燃烧链式反应进行。有机磷的凝聚相阻燃机理基本是基于羟基聚合物的，通常认为，有机磷阻燃剂在环氧树脂、聚氨酯泡沫塑料等中的阻燃作用较大，而对不含羟基的聚合物作用则较小。

红磷的阻燃机理与其他含磷阻燃剂相似，红磷在400～450℃下受热解聚生成白磷，然后在水气的存在下被氧化为磷的含氧酸，这类酸既可覆盖于被阻燃材料的表面，又可在材料表面加速脱水炭化，形成的液膜和炭层则可将外部的氧、可燃性气体和热与内部的高聚物材料隔开而使燃烧中断。红磷的阻燃机理和阻燃效率与被阻燃高聚物有关，例如红磷阻燃HDPE的氧指数与红磷用量成正比，而红磷阻燃的含氧聚合物PET的氧指数则与红磷的平方根成正比。以8%的红磷阻燃HDPE时，被阻燃材料在400℃的空气中质量损失6%，而未加红磷的HDPE在同样条件下的质量损失为70%，这说明红磷大大提高了HDPE的热稳定性。现已证明，红磷阻燃PET的原因是由于其固体产物中含有磷酸酯，并且红磷在PET中可以形成热稳定性最佳的P—O键，使聚合物表面形成交联炭化层，抑制了挥发性气体及低分子量裂解产物的生成。

关于磷-卤体系的协同效应，目前尚无定论。有人认为，卤-磷协同与卤-锑协同类似，是因为生成可捕获游离基的卤化磷或卤氧化磷，或者归功于改变了凝聚相中化学反应的方向。例如当芳基磷酸酯与卤代衍生物并用时，阻燃效率的提高是由于三芳基磷酸酯被转化成酸性的二芳基磷酸酯，因而使卤素在气相、磷在凝聚相各自发挥作用。值得注意的是，当含卤、磷的阻燃剂与氧化锑并用时，卤-磷及卤-锑间往往没有协同作用，甚至出现对抗作用。实验发现，锑在被阻燃材料燃烧时并不气化，这可能是磷阻碍了锑的气化而抑制了卤-锑协同作用的发挥。磷-卤作用的发挥不仅依赖于磷、卤阻燃剂的结构，而且依赖于聚合物的类型。

3. 膨胀型阻燃剂阻燃机理

膨胀型阻燃剂克服了传统阻燃技术的缺点，具有高阻燃、低烟、低毒、无腐蚀性气体产生、无熔滴行为等特点。膨胀型阻燃剂通过形成多孔泡沫炭层在凝聚相起阻燃作用，炭层经历几步形成：①在较低温度（15℃左右，具体温度取决于酸源和其他组分的性质）下，由酸源放出能酯化多元醇和作为脱水剂的无机酸；②在稍高的温度下，无机酸与多元醇（碳源）间进行酯化反应，而体系中的胺则作为酯化反应的催化剂，使酯化反应加速进行；③体系在酯化反应前或酯化过程中熔化；④反应过程中产生的水蒸气和由气源产生的不燃性气体使已处于熔融状态的体系膨胀发泡，同时，多元醇和酯继续脱水炭化，形成无机物及炭残余物，使体系进一步膨胀发泡；⑤反应接近完成时，体系胶化和固化，最后形成多孔泡沫碳层。

4. 氮系阻燃

三聚氰胺尿氰酸盐MCA阻燃AP6材料在燃烧过程中由于形成了致密炭层结构，从而有效阻止了空气中氧气与本体材料之间的接触，抑制了氧化反应进行，使材料燃烧不充分，从而具有更好的阻燃效果。

5. 无机阻燃剂的阻燃机理

氢氧化铝与氢氧化镁在高温下通过分解吸收大量的热量，生成的水蒸气可以稀释空气中的氧气浓度，从而延缓聚合物的热降解速度，减慢或抑制聚合物的燃烧，促进炭化，抑制烟雾的形成。

根据这一原理，选择金属氢氧化物时，其分解温度和吸热量是两项重要的指标。碳酸钙虽也有较高的吸热量（1.8kJ/g），由于其分解温度（880～900℃）比聚合物的分解温度高很多，故不能作为阻燃剂使用。即使与聚合物分解生成的 HCl 反应，由于碳酸钙在固相、HCl 在气相，两者的反应速率和进程受到制约，没有明显的阻燃作用。虽然氢氧化铝、氢氧化镁比碳酸钙的阻燃效率要高得多，但仍需要加入 60%以上才能有明显的效果。

硼酸锌作为阻燃剂可同时在凝聚相和气相发挥作用。凝聚相中，硼酸锌在火焰作用下能熔化。脱水形成玻璃态的包覆层，进一步生成无机炭层，同时可促进聚合物的成炭，从而减缓聚合物的分解及可燃性气体的生成速度，达到阻燃与抑烟的效果；气相中，硼酸锌由于分解产生水蒸气而吸热，当与卤系阻燃剂并用或用于含卤树脂时，生成卤化锌、卤化硼，捕获活性自由基 HO·、H·发挥气相阻燃作用。

阻燃剂按照一定比例加入树脂中进行混合，均匀后加入双螺杆挤出机中进行造粒，得到分散均匀的阻燃塑料粒子，以备制样使用。

三、实验药品及设备

1. 原料

尼龙、十溴联苯醚、十溴二苯乙烷、三聚氰胺尿氰酸盐（MCA）、三氧化二锑、水合氢氧化铝、氢氧化镁、红磷、硼酸锌等，蒙脱土（MMT）。

2. 实验设备

JHT35 双螺杆挤出造粒机组、混合器、电子天平。

四、设计实验

实验配方见表 84-1。

表 84-1 实验配方 单位：质量份

编号	尼龙	MCA	MMT
1	100	6	3
2	100	8	3
3	100	10	3
4	100	12	3
5	100	14	3
6	100	16	3

五、实验步骤

① 配料，按照确定的实验配方进行称料，且搅拌均匀。

② 打开水、电开关，打开挤出造粒机组的控制面板。

③ 设定工艺参数见表 84-2，预热挤出机料筒、机头。

表 84-2 设定工艺参数 单位：℃

料筒	一区	二区	三区	四区	五区	六区	七区	八区	机头
温度	166	180	188	195	205	223	217	210	190

④ 冷却水槽充水。

⑤ 当预热温度达到设定值且温度稳定时，向料斗加入混合好的物料，开动主机螺杆旋转，开动喂料机喂料，开动牵引、过水冷却、鼓风干燥、切粒、收集产物阻燃尼龙粒子。

⑥ 调节工艺条件保障挤出造粒顺利进行。

⑦ 实验结束用过渡料清洗螺杆和料筒、机头。

六、记录实验数据（略）

七、实验结果与现象（略）

八、思考题

① 卤系阻燃剂阻燃机理。

② 无机阻燃剂的阻燃机理。

阻燃尼龙标准试样的制备

一、实验目的

① 熟悉螺杆式注射机的工作原理及工艺条件对注射样条质量的影响趋势。

② 掌握注射成型的操作过程，制得合格的阻燃尼龙的标准试样。

二、实验原理（略）

三、实验设备和原料

1. 主要设备

① TY-200 立式注塑机，射出量 70cm³，锁模力 200kN，大禹机械有限公司。

② 注射模具（标准试样）。

2. 原料

前边制备的阻燃尼龙粒子，空白尼龙。

四、实验步骤

① 原料干燥。

② 设定料筒各段温度、注射压力、注射时间、保压时间、冷却时间等。

③ 安装模具。

④ 工艺条件达到恒定时启动油泵、启动“手动”“半自动”挡位进行试验，制备标准的

测试试样。

五、实验数据记录及结果分析

① 记录注射工艺参数，注塑机各段温度、压力、时间等。

② 记录实验现象及结果。

③ 分析所得的试样制品的外观质量，包括颜色、有无缺料、凹痕、气泡和银纹等与原料、工艺条件的关系。

④ 将制得的试样制品保留，准备下次作燃烧性能测试分析。

六、思考题

① 试说明尼龙注射成型时料筒温度根据什么来设定，怎么设定？

② 试说明尼龙树脂的特点、用途。

③ 试分析尼龙粒子注射前是否需要干燥？为什么要干燥？

阻燃尼龙试样的燃烧性能测试

一、实验目的

① 熟悉氧指数仪的构造及使用方法。

② 掌握塑料氧指数的测定方法。

③ 熟悉烟密度仪的使用方法。

④ 掌握阻燃尼龙烟密度的测试方法。

二、实验原理（略）

三、实验设备和原料

HC-2 型氧指数仪，JCY-1 型建材烟密度测试仪。

自制的阻燃尼龙标准试样及空白试样。

四、实验步骤（略）

五、实验数据记录及结果分析

记录数据、列表、绘图，结合配方分析实验结果，得出结论。

六、思考题

试分析三聚氰胺尿氰酸盐、蒙脱土对尼龙燃烧性能的影响趋势。

阻燃尼龙试样的力学性能测试

一、实验目的

① 掌握万能试验机的使用方法。

② 掌握冲击试验机的使用方法。

③ 测试阻燃尼龙试样的力学性能。

二、实验原理（略）

三、试样与设备

伺服控制拉力试验机（高铁 AL-7000-L10 型），数码冲击试验机（GT-7045-MD），卡尺。

阻燃尼龙标准样条及空白样条。

四、实验步骤（略）

五、实验数据记录及结果分析

记录数据、列表、绘图，结合配方分析实验结果，得出结论。

六、思考题

试分析三聚氰胺尿氰酸盐、蒙脱土对尼龙力学性能的影响趋势。

实验八十五 玻璃纤维改性 PA-66 综合设计性实验

玻璃纤维改性 PA-66 挤出造粒

一、实验目的

① 熟悉双螺杆挤出造粒原理。

② 掌握玻璃纤维改性 PA-66 挤出造粒工艺。

二、实验原理

玻璃纤维填充塑料是塑料材料增加强度的最常用的方法。现在的技术基本上实现了玻璃纤维可以增强所有的塑料，本实验采用玻璃纤维增强尼龙-66，目的是提高其力学性能。

三、实验仪器设备和原料

1. 仪器设备

JHT35 双螺杆挤出造粒机组（南京广达化工）、电子秤。

2. 原料

尼龙-66（PA-66）、无碱无捻粗纱 2400TEX。

四、实验步骤

① 配料，按照确定的实验配方进行称料，且搅拌均匀。

② 打开水、电开关，打开挤出造粒机组的控制面板。

③ 设定工艺参数见表 85-1，预热挤出机料筒、机头。

表 85-1 设定工艺参数 单位:℃

料筒	一区	二区	三区	四区	五区	六区	七区	八区	机头
温度	180	200	220	240	255	255	255	240	225

④ 冷却水槽充水。

⑤ 当预热温度达到设定值，且温度稳定时，向料斗加入混合好的物料，开动主机螺杆旋转，开动喂料机喂料，从玻璃纤维加入口加入玻璃纤维（单根、两根、三根、四根）。

⑥ 开动牵引、过水冷却、鼓风干燥、切粒、收集产物阻燃尼龙粒子。

⑦ 调节工艺条件保障挤出造粒顺利进行。

⑧ 实验结束用过渡料清洗螺杆和料筒、机头。

五、记录实验数据（略）

六、实验结果与现象（略）

七、思考题

① 用偶联剂处理过的玻璃纤维增强塑料，塑料的强度会有所改善吗？为什么？

② 挤出速率的改变会影响改性粒子中玻璃纤维的含量吗？

玻纤改性 PA-66 的标准试样制备

一、实验目的

① 熟悉螺杆式注射机的工作原理。

② 掌握注射成型的操作过程。

③ 掌握注射成型工艺条件对注射样条的质量影响趋势，制备合格的阻燃尼龙的标准试样。

二、实验原理（略）

三、实验设备和原料

1. 主要设备

① TY-200 立式注塑机，射出量 $70cm^3$，锁模力 200kN，大禹机械有限公司。

② 标准试样注射模具。

2. 原料

前边制备的玻璃纤维增强的尼龙-66 粒子，空白尼龙。

四、实验步骤

① 原料干燥。

② 设定料筒个段温度、注射压力、注射时间、保压时间、冷却时间等。

③ 安装模具。

④ 工艺条件达到恒定时启动油泵、启动“手动”“半自动”挡位进行试验，制备标准测试试样。

五、实验数据记录及结果分析

① 记录注射工艺参数，注塑机各段温度、压力、时间等。

② 记录实验现象及结果。

③ 分析所得的试样制品的外观质量，包括颜色、有无缺料、凹痕、气泡和银纹等与原料、工艺条件的关系。

④ 将制得的试样制品保留，准备下次实验力学性能测试。

六、思考题

试说明空白 PA-66 与玻璃纤维增强 PA-66 注射成型时的料筒温度、注射压力有什么差异？为什么？

玻璃纤维改性 PA-66 成分分析及力学性能测试

一、实验目的

① 掌握万能试验机的使用方法。

② 掌握冲击试验机的使用方法。

③ 分析玻璃纤维改性 PA-66 的成分及力学性能变化。

二、实验原理（略）

三、实验设备和原料

伺服控制拉力试验机（高铁 AL-7000-L10 型），数码冲击试验机（GT-7045-MD），马弗炉。

玻璃纤维增强 PA-66 标准试样及 PA-66 试样。

四、实验步骤

① 烧蚀步骤：称量一定量（m_0）的玻璃纤维增强 PA-66 粒子放入坩埚中，送入马弗炉中，450℃烧蚀 4h，冷却后取出，称量剩余物质质量（m_t），计算玻璃纤维增强 PA-66 粒子中玻璃纤维的百分含量（m_t/m_0）。

② 力学性能测试（略）。

五、实验数据记录及结果分析

记录数据、列表、绘图，结合配方分析实验结果，得出结论。

六、思考题

① 造粒过程中螺杆转速高低对粒子中玻璃纤维含量多少有什么影响？

② 试分析玻璃纤维加入股数对尼龙力学性能的影响趋势。

实验八十六 塑料的填充改性实验设计

一、实验目的

① 熟悉塑料常用的填充改性助剂。

② 根据给出的实验仪器、设备和药品，通过查阅文献，每个学生自己选择树脂和填充改性剂，设计塑料的配方，设计实验路线和实验方法。

③ 掌握填充塑料试样的制备方法。

④ 测定塑料的物理性能，以判断填充改性配方的效果。

二、实验原理

1. 概述

填充剂又称填料，泛指被填充于聚合物中增加容量、降低成本的一类物质。随着塑料。橡胶、合成纤维加工技术的发展，填充剂的内涵和外延都发生了根本性的变化，主要体现在以下两个方面。①填充剂的主要功能从增加容量、降低成本等传统概念向改善聚合物性能、赋予聚合物新功能的方向转变。如用石墨、磁粉或云母改善塑料的导电性、通磁性和耐热性；用氢氧化铝、氢氧化镁改善聚合物的阻燃性；用钛白粉改性提高聚合物的耐候性等。②填充剂生产中超细化技术、表面改性技术和纳米技术的应用，也赋予了填充剂新的功能。如碳酸钙在传统的概念中，仅仅是为了增加容量、降低成本、改善尺寸稳定性，但力学性能明显下降。新开发的一些碳酸钙品种，平均粒径小于1μm，添加量为30%时可明显提高制品的拉伸强度，改善制品的抗冲击性能。从这种意义上讲，填充剂是改善或赋予聚合物一种或多种特定功能的一类填充材料。

关于填充剂的分类，目前尚无统一的方法。按其化学结构可分为无机类填充剂和有机类填充剂；按来源可分为矿物填充剂、植物填充剂和合成填充剂；按形态可分为片状、粉状、纤维状；按微观形态可分为球状、针状、片状、纺锤状、晶须、无定形态等。也可根据填充剂的主要功能将其分为增量型、增强型、阻燃型、导电型、着色型、耐热型、耐候型填充剂等。以粉煤灰、煤矸石为代表的另一类填充剂可以称为环保型填充剂，这类填充剂除具有填充剂的特征外，更侧重于废渣的综合利用，故属于环保型产品。

关于填充剂的作用机理，目前尚无统一的说法，普遍认可的大致可归纳为以下几种。

① 填料粒子与聚合物相互作用，形成一定数量的化学键、次价键。如炭黑通过自由基反应方式与橡胶产生部分交联，炭黑的粒度越小，比表面积越大，其交联的可能性也越大。当受到外力作用时，炭黑与橡胶形成的化学键和次价键可以吸收一部分外力，并将其余部分传递到相邻的界面，从而有效地消耗部分外力，起到补强的作用。

② 填料表面与聚合物通过次价键或范德华力相连，形成海-岛结构，当受到外力作用时，将应力传递到填料与聚合物之间的结合部位，次价键断裂，使间隙增大、形成微小裂

纹，这一过程可以有效地吸收一部分外部能量，避免应力集中，从而改善力学性能。这类填料的粒径通常要求在 1μm 以下，并且有一个最佳用量，用量太大或太小都不能得到最佳效果。

③ 对于玻璃纤维、碳纤维以及长径比较大的填料来说，其填充体系受到外力时，外力首先作用于填料上，由于这类填料比聚合物有更高的力学性能，可以发挥增强的作用。需要指出的是，纤维状填料具有各向异性的特点，因此，其长径比大小和有序排列程度对最终性能具有决定性的影响。

以上机理都以填料的充分分散为前提。通常，改善填料的分散性有两种途径：一是减小填料的粒度，在一定范围内，粒度越小，分散性也越好；二是对填料进行表面处理。事实上，如果填料的粒度小于 0.5μm，由于表面能较高，又会导致粒子间团聚，使分散性下降，因此，填料的表面处理显得更为重要。

2. 填充剂的性能及选择条件

聚合物改性用的填料无论来源和加工方法如何，最终都以颗粒的形式出现，这些颗粒的几何形状、粒径大小及其分布、物理化学性质等都将直接影响填充聚合物材料的性能，也关系到填充改性技术的成败与优劣。

（1）形态特征

粒子是填料存在的主要形式，不同填料的粒子形态具有明显的差别，不同矿物在加工粉碎后的几何形状及长径比也不相同。如球形的有珍珠岩；长方体的有方解石、长石、重晶石；片状的有高岭土、云母、滑石、石墨；纤维状的有硅灰石、透闪石、石棉、海泡石等。

（2）粒径

聚合物改性所用的填料粒子的粗细，即粒径大小是根据具体要求确定的。

一般来说，填料的粒径越小，则填充材料的力学性能越好，但同时粒子的粒径越小，要实现其均匀分散就越困难，需要更多的助剂和更好的加工设备，而且粒子越细所需要的加工费用越高，因此要根据使用需要选择适当粒径的填料。

（3）表面形态与性质

填料粒子的表面粗糙程度不同，其表面积也不同。即填料粒子的表面积不仅与粒子的几何形状有关，而且与其表面的粗糙程度有关。比表面积是指填料单位质量的表面积，比表面积的大小对填料与树脂之间的亲和性、表面处理的难易程度以及生产成本有着密切的关系。通常比表面积的大小是通过粒度分析仪测得的，也可以通过氮气等温吸附方法进行测定。

填料粒子表面能的大小关系到填料在基体树脂中的分散程度，当比表面积一定时，表面能越大，粒子相互间越容易凝聚，越不易分散。在处理填料表面时，降低其表面能是主要目标之一。

（4）物理性质

① 密度。填料的密度与相对应的矿物是一致的，而且当填料粒子均匀分散到基体树脂中时，给填充材料的密度带来影响的正是它的真实密度。由于填料的粒子在堆砌时相互间有空隙，不同形状粒子的粒径大小及分布不同，在质量相同时，堆砌的体积不同，有时差别还会很大，因此它们的表观密度是不一样的。例如矿物粉碎加工而成的碳酸钙称为重质碳酸钙，而把从石灰经化学反应制成的碳酸钙称为轻质碳酸钙，它们的真实密度是相似的，但表观密度差别很大。

② 吸油值。在很多场合，填料与增塑剂并用，如果增塑剂被填料所吸附，就会大大降

低增塑剂对树脂的增塑效果，而不同填料在等量填充时因各自的吸油值不同，对体系的影响也不同。例如使用重质碳酸钙作为聚氯乙烯人造革的填料，由于其吸油值低（对 DOP 为 30～40g/100g），而轻质碳酸钙吸油值为其 4～5 倍，故在达到同样增塑效果的情况下，使用重质碳酸钙可减少增塑剂的用量。由于重质碳酸钙的粒径往往比轻质碳酸钙大得多，因此虽然吸油值低可减少增塑剂的用量，但其强度也相应变差。如果使用白泥，其吸油值类似重质碳酸钙，粒径分布和轻质碳酸钙相似，因此填充效果也较好。

③ 硬度。填料粒子的硬度对塑料加工设备的磨损关系重大，人们不希望因使用填料使带来的效益被加工设备的磨损所抵消。硬度高的填料可以提高其填充制品的耐磨性能。例如目前流行的铺地材料半硬质聚氯乙烯塑料地板块，用石英做填料的制品非常耐磨和耐刻画，售价尽管比碳酸钙填充的高 1/3，但仍然为人们所欢迎。各种填料的硬度见表 86-1。

表 86-1 各种填料的硬度

填料	莫氏硬度	维氏压痕硬度	填料	莫氏硬度	维氏压痕硬度
滑石	1		硅灰石	5～5.6	
蛭石	1.5		玻璃	5.5	500
高岭土	2		长石	6～6.5	774
云母、沸石	2～2.5	103～146	硅石(石英)	7	1350
方解石、重晶石	3	120～250	黄玉	8	
铁(普通碳钢)	4.5		金刚石	9	2280～2800

莫氏硬度是材料之间刻痕能力的相对比较值。人们手指甲的莫氏硬度为 2，它可以在滑石上划出刻痕，但在方解石上就无能为力了，因此不同硬度的填料对加工设备的磨损程度不同。对于同一种填料，加工设备金属表面的磨损强度随填料粒径的增加而上升，当粒径大到一定程度后，磨损强度趋于稳定。

④ 颜色及光学特性。以塑料为例，除专门用于塑料着色的颜料（无机颜料或有机颜料）外，塑料用填料本身的颜色是十分引人注意的。为了对所填充的塑料基体的色泽不产生明显的变化或避免对基体的着色带来不利影响，通常都希望填料本身是无色的，当然这对大多数填料是不可能的，但至少应当是白色的，而且白度越高越好。我国目前生产的重质碳酸钙白度值都可达到 90%以上，最高可达 95%，而滑石粉的白度值一般在 80%～90%。

填料的折射率和塑料基体的折射率有所不同。对多数填料来说，其折射率还不止一个。具有立方点阵结构的晶体和各向同性的无定形物质才具有唯一的折射率，如食盐是典型的立方晶体，玻璃是典型的各向同性无定形非结晶物质。填料的折射率与塑料基体折射率（通常在 1.5 左右）之间的差别使填充塑料的透明性受到显著影响，对塑料着色的色泽深浅及鲜艳程度也有明显影响。

紫外线可使聚合物的大分子发生降解。紫外线的波长范围为 0.01～0.4μm，炭黑和石墨作为填料使用时，由于可吸收这一波长的光波，故可以保护所填充的聚合物避免发生紫外线照射引起的降解。红外线是 0.7μm 以上波长范围的光波，有的填料可以吸收或反射这个波长范围的光波。在农用大棚塑料膜中使用云母、高岭土、滑石粉等填料，可以有效降低红外线的透过率，从而显著提高农用大棚塑料膜的保温效果。

⑤ 热性能。填充兼加工大多都涉及加热、熔融、冷却定型等过程，填料本身的热性能及其与塑料基体之间的差别同样也会对加工过程产生影响。大多数聚合物的传热系数仅为无

机填料的1/10以下，而石墨的传热系数远远高于聚合物，也高于无机填料，这就为制品既能发挥塑料耐腐蚀的优点，又为具有高热导率的石墨填充塑料奠定了基础。

⑥ 电性能。金属是电的良导体，因此金属粉末作为填料使用可影响填充基材的电性能，但只要填充量不大，树脂基体能包裹每一个金属填料的粒子，其电性能的变化就不会发生突变，只有当填料用量增加致使金属填料的粒子达到互相接触的程度时，填充塑料的电性能将会发生突变，体积电阻率显著下降。

非金属的填料都是电的绝缘体，从理论上说它们不会对塑料基体的电性能带来影响。需要注意的是，由于周围环境的影响，填料的粒子表面会凝聚一层水分子，依填料表面性质不同，这层水分子与填料表面结合的形式和强度都有所不同，因此填料在分散到树脂基体以后，所表现出的电性能有可能与单独存在时反映出来的电性能不相同。此外填料在粉碎和研磨过程中，由于价键的不同，很有可能带上静电，形成相互吸附的聚集体，这在制作细度极高的微细填料时更容易发生。

⑦ 磁性能。具有磁性的粉末物质可用来作磁性塑料。目前已商品化的磁粉材料分为铁氧体和稀土两大类。铁氧体类磁粉是以三氧化二铁为主要原料，加入适量锌、镁、钡、锶、铅等金属的氧化物或碳酸盐，经研磨、干燥、煅烧，再经研磨工艺制成的陶瓷粉末，其粒径通常在1μm以下。常用的铁氧体磁粉为钡铁氧体，其中单畴粒子半径大，磁各向裸露性常数大的锶铁氧体效果更佳。稀土类磁粉受价格和资源的影响，使用量为铁氧体类磁粉的1/10，但磁性更强，加工性能也更优异。

（5）热化学效应

高分子聚合物容易燃烧，大多数填料由于本身的不燃性，在加入到聚合物中后可以起到减少可燃物浓度、延缓基体燃烧的作用。有的还可以与卤素或有机阻燃剂起到协同阻燃作用，如氧化锑、硼酸锌等。

铝、镁的氢氧化物可以独立作为塑料的阻燃剂使用。随着氢氧化铝、氢氧化镁在聚丙烯中含量的增加，填充聚丙烯的氧指数迅速上升，当氢氧化铝或氢氧化镁的质量分数达到56%以上时，填充聚丙烯的氧指数可达到27以上。氢氧化铝或氢氧化镁在一定温度下可分解成氧化铝或氧化镁与水。由于分解反应为吸热反应，释放出的水及分解出不燃的氧化物，可起到降低燃烧区温度、隔绝塑料基体与周围空气接触作用，从而达到阻燃的目的。

3. 填充剂的选择条件

塑料工业对填充剂的选择条件如下。

① 价格低廉。

② 在树脂中容易分散，填充量大，相对密度小；

③ 不降低树脂的加工性能及制品的物理力学性能，最好具有广泛的改性效果；

④ 本身的耐水性、耐热性、耐化学腐蚀性优良、不被水和溶剂抽出；

⑤ 不影响其他助剂的分散性和效能，不与它们发生有害的化学反应；

⑥ 纯度高，不含有对树脂有害的杂质；

⑦ 对增塑剂的吸收量小，无曲折白化现象。

三、实验药品及设备

1. 药品

树脂：聚乙烯、聚丙烯、聚氯乙烯、聚酰胺、ABS等。

填充剂：碳酸钙、碳酸镁、滑石粉、高岭土、硫酸钡、硫酸钙、云母、硅灰石、硅藻土、实心玻璃球、玻璃中空微球、飞灰中空微球、玻璃纤维、炭黑、青铜粉、铝粉、锌粉、钛白粉、水合氢氧化铝、白泥、红泥。

偶联剂：三异硬脂酰基钛酸异丙酯、亚乙基二氧二油酰基钛酸酯、二异硬脂酰基钛酸乙二酯、γ-甲基丙烯酸丙酯三甲氧基硅烷、β-（3，4-环氧环己基）乙基三甲氧基硅烷。

2. 设备

GH-10 型高速混合机、SK-160B 型双辊塑炼机、JHT35 型双螺杆挤出造粒机组、TY-200 立式注塑机、烘箱、试样压板模具、Y71-100-Ⅰ型电热压力成型机、ZHY-W（300×200）型万能制样机、伺服控制拉力试验机（GTAL-7000-L10 型）、数码冲击试验机（GT-7045-MD）、ZC36 高阻计。

四、设计实验

研究方向如下。

① 保证材料性能损失不大，填充低成本填料以降低材料的成本。

② 向树脂中填充导电材料，以改进塑料的抗静电性及导电性。

③ 向树脂中填充纤维及补强填料，以提高塑料材料的强度。

④ 向树脂中填充刚性增韧材料，以提高塑料材料的韧性。

学生查阅文献后，每个学生确定两种填充改性塑料可行的实验方案。此方案经过指导教师审核通过后，确定一种可行的实验方案进行实验。

五、实验步骤

学生按照确定的实验方案上的步骤进行实验。

六、实验结果与讨论

附　　录

附录一　常用单体的精制

1. 苯乙烯的精制

商品苯乙烯由于存在阻聚剂而呈现黄色。所以在使用前必须将阻聚剂除去。通常的方法是用5%～10%的氢氧化钠水溶液震荡洗涤，其操作如下。

取一只250mL的分液漏斗，加入150mL苯乙烯，用事先已配制好的5%或10%的氢氧化钠水溶液反复洗涤数次，每次用量30mL。洗至无色时再用去离子水洗涤，以除去微量碱，洗至中性为止，用pH试纸试之。以无水硫酸钠或无水氯化钙干燥后，进行减压蒸馏，收集44～45℃/2.66kPa（20mmHg）或58～59℃/kPa（40mmHg）的馏分，测其折射率。

苯乙烯在不同压强下的沸点见附表1-1。

附表1-1　苯乙烯在不同压强下的沸点

沸点/℃	18	30.8	44.6	59.8	69.5	82.1	101.4	122.6	145.2
压力/kPa	0.67	1.33	2.66	5.32	7.98	13.30	26.60	53.20	101
压力/mmHg	(5)	(10)	(20)	(40)	(60)	(100)	(200)	(400)	(760)

纯净苯乙烯是无色透明液体，苯乙烯含量一般在99%以上。可用色谱测定苯乙烯的纯度，也可通过它的某些物理常数测定，如折射率来检验其纯度。这种方法更为简便，实验室常采用这种方法。

苯乙烯的密度和折射率常数见附表1-2。

附表1-2　苯乙烯的密度和折射率常数

温度/℃	20	25	30	50
折射率	1.5465	1.5439	1.5431	—
密度/(g/cm³)	0.9063	0.9019	0.8975	0.8800

2. 甲基丙烯酸甲酯的精制

商品甲基丙烯酸甲酯为了储存，因而含有少量阻聚剂（如对苯二酚等）而呈现黄色。纯净的甲基丙烯酸甲酯是无色透明的液体，其沸点在100.3℃，密度 $d_4^{20}=0.937g/cm^3$，折射率 $n_D^{20}=1.4138$。在实验中往往需要精制甲基丙烯酸甲酯，其方法如下。

按实验所需要用量选择分液漏斗。例如精制250mL甲基丙烯酸甲酯，选择500mL分液漏斗，将单体加入到分液漏斗中，用事先配置好的10%氢氧化钠水溶液反复振荡洗涤，每次用量为40～50mL，然后再用去离子水洗至中性，用pH试纸测试呈中性即可。再用无水硫酸钠或无水氯化钙进行干燥（每升单体加100g），30min后进行减压蒸馏，收集46℃/13.3kPa（100mmHg）下的馏分，测其折射率。

甲基丙烯酸甲酯沸点与压力关系见附表1-3。

附表1-3 甲基丙烯酸甲酯沸点与压力关系

压力/kPa	3.19	4.66	7.05	10.77	16.49	25.14	37.11	50.80	72.75	101.08
压力/mmHg	(24)	(35)	(53)	(81)	(124)	(189)	(279)	(397)	(547)	(760)
沸点/℃	10	20	30	40	50	60	70	80	90	100.6

精制后的单体成无色透明液体，其纯度可用色谱仪进行测定。也可通过折射率进行测定，在使用前往单体中加入一滴甲醇，若出现混浊，表明仍有聚合物存在。

甲基丙烯酸甲酯的密度和折射率见附表1-4。

附表1-4 甲基丙烯酸甲酯的密度和折射率

温度/℃	20	25
折射率	1.4118	1.4113
密度/(g/cm^3)	0.94	0.937

3. 乙酸乙烯

纯净的乙酸乙烯为无色透明的液体，沸点为72.5℃，冰点－100℃，密度d_4^{20}＝0.9342g/cm^3，折射率n_D^{20}＝1.3956，在水中溶解度为2.5%（20℃），可与醇混溶。

目前我国采用乙炔气相法生产的乙酸乙烯，副产物种类很多，其中对乙酸乙烯聚合反应影响较大的物质有乙醛、巴豆醛、乙烯基乙炔、二乙烯基乙炔等。为了储存的目的，在单体中还加入了0.01%～0.03%对苯二酚阻聚剂，以防止单体自聚。此外在单体中还含有少量酸、水分及其他杂质，因此在进行聚合反应之前，必须对单体进行提纯。其精制方法如下。

把200mL的乙酸乙烯放在500mL的分液漏斗中，用饱和亚硫酸氢钠溶液洗涤3次（每次用量约50mL），水洗3次（每次用量约50mL）后，再用饱和碳酸钠溶液洗涤3次（每次用量约50mL），然后用去离子水洗涤至中性，最后将乙酸乙烯放入干燥的300mL磨口锥形瓶中，用无水硫酸钠干燥，过夜放置。

将经过洗涤和干燥的乙酸乙烯，在装有韦氏蒸馏头的精馏装置上进行精馏，为了防止暴沸和自聚，在蒸馏瓶中加入几粒沸石及少量的对苯二酚阻聚剂。收集71.8～72.5℃的馏分，测其折射率。

4. 丙烯腈

纯净的丙烯腈为无色透明液体，沸点为77.3℃，密度d_4^{20}＝0.8060g/cm^3，折射率n_D^{20}＝1.3911。在水中溶解度为7.3%（20℃）。其精制方法如下。

量取200mL工业丙烯腈至500mL蒸馏瓶中进行常压蒸馏，收集76～78℃馏分。将馏出物用无水氯化钙干燥3h后，过滤至装有分馏装置的蒸馏瓶中，加几滴高锰酸钾溶液进行分馏，收集77～77.5℃的馏分并测定其折射率。

注意：丙烯腈有剧毒，所有操作最好在通风橱中进行，须要小心操作，绝对不能进入口内或接触皮肤。仪器装置要严密，毒气应排出室外，残渣要用大量水冲掉。

附录二 引发剂的精制

1. 过氧化苯甲酰（BPO）

BPO的提纯常采用重结晶法，通常用氯仿为溶剂，甲醇作沉淀剂进行精制。BPO只能在室温下溶解在氯仿中，加热易爆炸！BPO在不同溶剂中溶解度见附表2-1。

附表2-1 过氧化苯甲酰的溶解度（20℃）

溶剂	溶解度/(g/100mL)
石油醚	0.5
甲醇	1.0
乙醇	1.5
甲苯	11.0
丙酮	14.6
苯	16.4
氯仿	31.6

在100mL烧杯中加入5g BPO和20mL氯仿，不断搅拌使之溶解，过滤，滤液直接滴入50mL用冰盐冷却的甲醇中，形成针状结晶，然后将针状结晶过滤，用冷的甲醇洗净后抽干。反复重结晶两次后，将结晶物置于真空干燥器中干燥，称重。产品放在棕色瓶中，保存于干燥器中。

甲醇有毒，可用乙醇代替。丙酮和乙醚对过氧化苯甲酰有诱发分解作用，故不适合作重结晶的溶剂。重结晶时，一般在室温将BPO溶解，高温溶解有引起爆炸的危险，需特别注意。

2. 偶氮二异丁腈（AIBN）

AIBN是一种广泛应用的引发剂，作为它的提纯溶剂，主要是低级醇，由于甲醇有毒，故多采用乙醇。

在装有回流冷凝管的150mL锥形瓶中加入95%乙醇50mL，在水浴上加热至接近沸腾，迅速加入5g AIBN，摇荡使其全部溶解，热溶液迅速抽滤（过滤所用吸滤瓶和漏斗必须预热），滤液冷却后得到白色结晶，结晶置于干燥器中干燥，称重，其熔点为102℃。产品在棕色瓶中低温保存。

3. 硫酸钾或过硫酸铵

在过硫酸盐中，主要杂质是硫酸氢钾（或铵）和硫酸钾（或铵），可用少量的水反复重结晶。

将过硫酸盐在40℃溶解过滤，滤液用冰冷却，过滤出晶体，并以冰水洗涤，用$BaCl_2$检验至无SO_4^{2-}为止。将白色晶体置于真空干燥器中干燥。

4. 过氧化肉桂酸（LPO）

以苯作溶剂，甲醇作沉淀剂进行重结晶，方法同1。

5. 叔丁基过氧化氢

叔丁基过氧化氢（含量约60%）20mL边搅拌边慢慢加入预先冷却的50mL 25%的NaOH水溶液中，使之生成Na盐析出，过滤，将此Na盐配成饱和水溶液，用NH_4Cl或固体干冰中和，使叔丁基过氧化氢再生。分离此有机层，用无水碳酸钾干燥，减压蒸馏，得到精制品，沸点38℃/18mmHg，折射率$n_D^{20}=1.3961$，纯度95%。

6. 三氟化硼乙醚液［$BF_3(CH_3CH_2)$］$_2$

三氟化硼乙醚溶液为无色透明液体。接触空气易被氧化，使色泽变深。可用减压蒸馏精制，方法如下。

在500mL商品三氟化硼乙醚液中加10mL乙醚和2g氢化钙减压蒸馏。沸点46℃/10mmHg，折射率$n_D^{20}=1.348$。

7. 四氯化钛（$TiCl_4$）

四氯化钛中常含$FeCl_2$，可加入少量铜粉，加热与之作用，过滤，滤液减压蒸馏。

附录三　酸值的测定

酸值是指1g聚合物样品的溶液滴定时所消耗的KOH或NaOH的毫克数，测定方法是将聚合物溶于一些惰性溶剂中（如甲醇、乙醇、丙酮、苯和氯仿等），以酚酞为指示剂，用0.1mol/L的KOH或NaOH溶液滴定。其具体操作如下。

准确称取适量样品，放入100mL锥形瓶中，用移液管加入20mL溶剂，轻轻摇动锥形瓶使样品完全溶解。然后加入2～3滴0.1%的酚酞-乙醇溶液，用KOH或NaOH醇标准溶液滴定至浅粉红色（颜色保持15～30s不退）。用同样的方法进行空白滴定，重复2次，结果按下式计算：

$$酸值=\frac{(V-V_0)M\times 56.11}{m}$$

式中　V，V_0——样品滴定、空白滴定所消耗的KOH或NaOH的标准溶液体，mL；

M——KOH或NaOH标准溶液的浓度，mol/L；

m——样品质量，g。

注：若用NaOH滴定，则计算时将式中的56.11改为40。

附录四　羟值的测定

羟值是指滴定1g含羟基的样品所消耗的KOH（或NaOH）的毫克数，羟基能与酸酐发生酯化反应，反应式为：

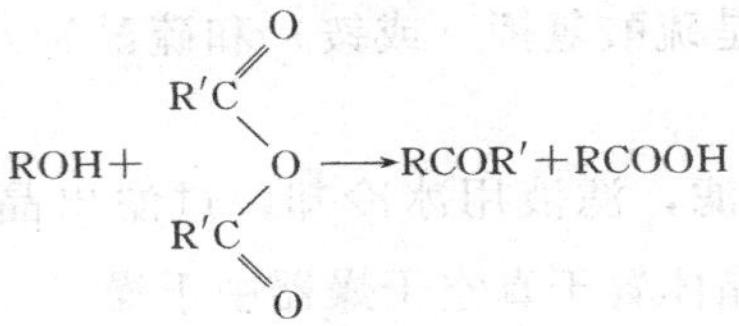

用 KOH 或 NaOH 溶液滴定在此反应过程中所消耗的酸酐的量即可求出羟值。常用的酸酐有醋酐和邻苯二甲酸酐。具体操作步骤如下：

在一个洁净、干燥的棕色瓶中，加入 100mL 新蒸吡啶和 15mL 新蒸醋酸酐混合均匀后备用。

将样品真空干燥，称取约 2g 样品（精确到 1mg），放入 100mL 磨口锥形瓶中，用移液管准确移取 10mL 配好的醋酸酐-吡啶混合液，放入瓶中并用 2mL 吡啶冲洗瓶口。放几粒沸石，接上磨口空气冷凝管，在平板电炉上加热回流 20min，冷却至室温，依次用 10mL 吡啶和 10mL 蒸馏水冲洗冷凝管内壁和磨口，加入 3～5 滴 1%的酚酞-乙醇指示剂，用 1mol/L KOH 标准溶液滴定。用同样操作做空白试验，计算羟值：

$$羟值=\frac{(V_o-V)N\times 56.11}{m}$$

式中 V，V_o——样品滴定和空白滴定所消耗的 KOH 的量，mL；

N——NaOH 的当量浓度；

m——样品质量，g。

对于端羟基聚合物，测得其羟值可用来计算其数均分子量。对双端羟基的聚醚，其数均分子量 M_n 可表示为：

$$M_n=\frac{2\times 56.11\times 100}{羟值}$$

注：1. 吡啶有毒，操作需在通风橱内进行。

2. 若用 NaOH 滴定，则计算时将上式中 56.11 改为 40。

附录五　环氧值的测定

环氧值是指每 100g 环氧树脂中含环氧基的当量数。它是环氧树脂质量的重要指标。是计算固化剂用量的依据。树脂的分子量越高，环氧值相应降低，一般低分子量环氧树脂的环氧值在 0.48～0.57 之间。另外，还可用环氧基百分含量（每 100g 树脂中含有的环氧基质量，g）和环氧当量（一个环氧基的环氧树脂克数）来表示，三者之间的互换关系如下：

环氧值=环氧基百分含量/环氧基分子量=1/环氧当量

因为环氧树脂中的环氧基在盐酸的有机溶液中能被 HCl 开环，所以测定所消耗的 HCl 的量，即可算出环氧值。其反应式为：

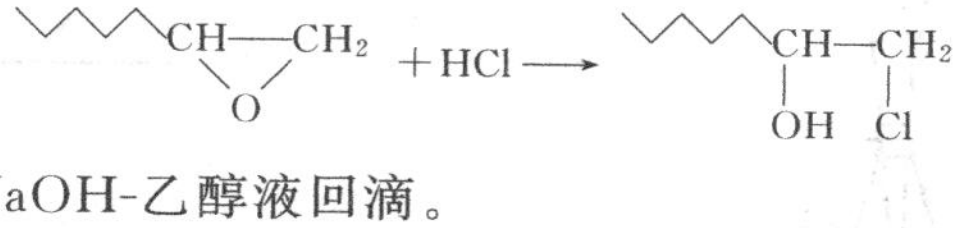

过量的 HCl 用标准 NaOH-乙醇液回滴。

对于分子量小于 1500 的环氧树脂，其环氧值的测定用盐酸-丙酮法测定，分子量高的用盐酸吡啶法。具体操作如下所述。

准确称取 1g 左右环氧树脂，放入 150mL 的磨口锥形瓶中，用移液管加入 25mL 盐酸-丙酮溶液，加塞摇动至树脂完全溶解，放置 1h，加入酚酞指示剂 3 滴，用氢氧化钠-乙醇溶液滴定至浅粉红色，同时按上述条件做空白试验两次。

$$环氧值\ Epv=\frac{(V_o-V_1)N}{10m}$$

式中 V_0，V_1——空白和样品滴定所消耗的 NaOH 的量，mL；

N——NaOH 溶液的摩尔浓度；

m——树脂质量，g。

注：盐酸-丙酮溶液为 2mL 浓盐酸溶于 80mL 丙酮中，混合均匀。

NaOH-乙醇标准溶液：将 4g NaOH 溶于 100mL 乙醇中，用标准邻苯二甲酸氢钾溶液标定，酚酞作指示剂。

附录六 结合丙烯腈含量的测定

浓硫酸在硒粉催化剂的作用下，具有强氧化能力，能使树脂中的丙烯腈分解而生成硫酸铵。

$$2CH_2{=}CH{-}CN + 13H_2SO_4 \xrightarrow[\triangle]{K_2SO_4+Se} (NH_4)_2SO_4 + 12SO_2 + 6CO_2 + 12H_2O$$

以氢氧化钠赶出铵盐中的氨，然后用硫酸溶液吸收；

$$(NH_4)_2SO_4 + 2NaOH \xrightarrow{\triangle} 2NH_3 + Na_2SO_4 + 2H_2O$$

$$NH_3 + Na_2SO_4 = (NH_4)SO_4$$

再以标准碱溶液滴定过量的酸，通过计算求出结合丙烯腈的含量。

$$H_2SO_4 + 2NaOH = Na_2SO_4 + 2H_2O$$

1. 仪器和试剂

仪器：500mL 圆底烧瓶、分液漏斗、液滴捕集器、冷凝管（400mL），蒸馏仪器如附图 6-1。

试剂：0.25mol/L 硫酸或 0.5mol/L 盐酸溶液，0.5mol/L 氢氧化钠溶液，40%氢氧化钠溶液，固体硫酸钾，硒粉。

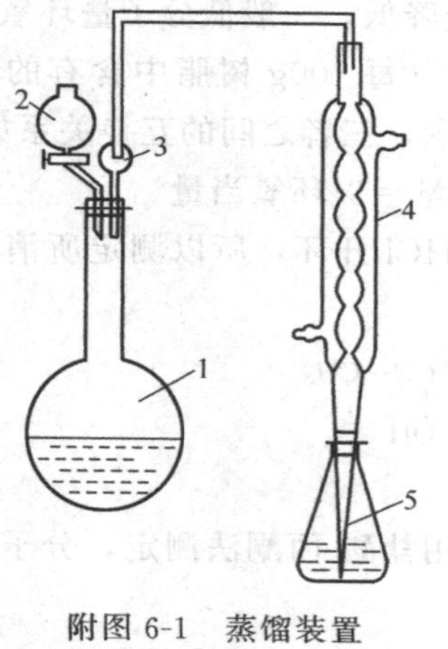

附图 6-1 蒸馏装置

1—圆底烧瓶；2—分液漏斗；3—液滴捕集器；4—冷凝管；5—接收器

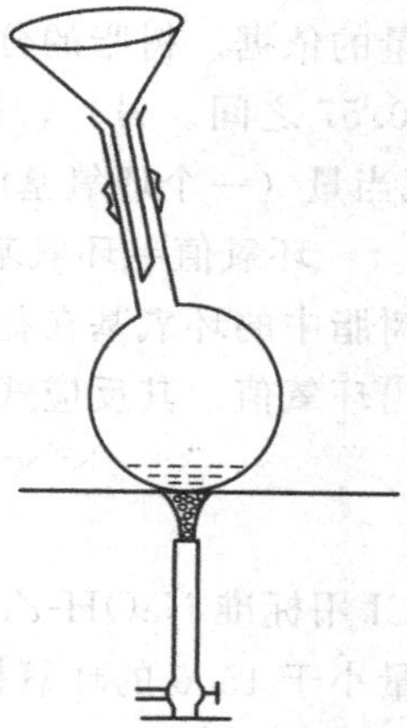

附图 6-2 结合丙烯腈加热分解装置

2. 操作步骤

称取 0.1～0.2g（准确至 0.0002g）左右试样，放入烧瓶中，往瓶中加入 2.5g 硫酸钾、少量的硒粉，然后加入 10mL 浓硫酸。用玻璃漏斗盖在烧瓶中的口上，再把烧瓶倾斜地固定在铁架上。用煤气灯加热（在通风橱中进行），待瓶内溶液透明为止。则试样分解完全，如附图 6-2。

待分解液冷却后，用蒸馏水冲洗漏斗和瓶颈，使溶液体积达 150～200mL。此后把带有分液漏斗和液滴捕集器的塞子塞上，液滴捕集器的另一端与冷凝器连接，冷凝器的出口端插入接受瓶内。

在接受瓶内加入 15mL 0.5mol/L 的硫酸和 2～3 滴甲基红指示剂以吸收氨气。

为了蒸出氨气，经分液漏斗向圆底烧瓶内加入 50mL 40%氢氧化钠溶液。冷凝管通入冷却水后，开始加热蒸馏。

蒸馏约进行 40min 左右，当蒸馏液用酚酞指示剂检验无色时，接受瓶里液体达 120mL 左右，即可停止。经冷凝器一顶端用蒸馏水洗涤其内壁及接管，用 0.5mol/L 氢氧化钠溶液滴定过量的硫酸。

以同样步骤和试剂进行空白试验。

3. 实验结果计算

树脂中结合丙烯腈含量 X（质量%）按下式计算：

$$X=\frac{(V_2-V_1)\times N_1\times 0.053}{m}\times 100$$

式中 N_1——氢氧化钠溶液的摩尔浓度；
V_2——空白试验消耗氢氧化钠溶液的量，mL；
V_1——试样测定消耗氢氧化钠溶液的量，mL；
m——样品质量，g；
0.053——丙烯腈的毫克摩尔数。

附录七 比重瓶法测固体和液体的密度

采用比重瓶测定固体和液体的密度是一种很方便的方法。

先在分析天平上称得比重瓶质量 m_0，然后取下瓶塞、灌满被测液体，放入恒温槽内，当温度达到平衡后盖上瓶塞，多余液体从毛细管溢出，用滤纸擦净，称得加液体后的质量 m_1。倒出瓶中液体，用蒸馏水洗涤数次后再予装满，同样方法称得加水后质量 $m_水$，则液体密度为：

$$\rho_1=\frac{m_1-m_0}{m_水-m_0}\rho_水 \quad (因为\frac{m_水-m_0}{\rho_水}=\frac{m_1-m_0}{\rho_1})$$

测定固体密度，一般用水做参比，但固体必须与水不发生化学作用，不溶解也不溶胀。也可以采用其他化学性质稳定、易于纯化、挥发性小、密度已知的液体作参比。方法同上，称得空瓶质量 m_0，瓶内装固体（占 1/5～1/3 体积）后质量 m_2，向瓶内加满水后称得质量 m'_2，倒出瓶中固一液体，洗净，称加满水后质量 $m_水$，则被测固体密度为：

$$\rho=\frac{m_2-m_0}{[(m_水-m_0)-(m'_2-m_2)]/\rho_水}=\frac{m_2-m_0}{m_水+m_2-m_0-m'_2}\rho_水$$

注意：在比重瓶离开恒温槽之前擦去毛细管液体，不至于室温下毛细管下降，影响测定结果。

除去液体、液体中溶解、吸附的气体。重复测定 3 次以上，取平均值。

附录八 常见聚合物的英文缩写

聚合物名称	链节结构	英文缩写
聚乙烯(低密度) (高密度)	$-[CH_2-CH_2]-$	LDPE HDPE
聚丙烯	$-[CH_2-CH(CH_3)]-$	PP
聚异丁烯	$-[CH_2-C(CH_3)_2]-$	PIB
聚丁二烯	$-[CH_2-CH=CH-CH_2]-$	PBD
聚异戊二烯(顺式) (反式)	$-[CH_2-C(CH_3)=CH-CH_2]-$	cPI tPI
聚苯乙烯	$-[CH_2-CH(C_6H_5)]-$	PS
聚氯乙烯	$-[CH_2-CH(Cl)]-$	PVC
聚四氟乙烯	$-[CF_2-CF_2]-$	PTFE
聚三氟氯乙烯	$-[CF_2-CFCl]-$	PCTFE
聚二氯乙烯	$-[CH_2-CCl_2]-$	PVDC
聚乙烯醇	$-[CH_2-CH(OH)]-$	PVAL
聚乙酸乙烯酯	$-[CH_2-CH(OCOCH_3)]-$	PVAc
聚丙烯腈	$-[CH_2-CH(CN)]-$	PAN
聚丙烯酸	$-[CH_2-CH(COOH)]-$	PAN
聚丙烯酸甲酯	$-[CH_2-CH(COOCH_3)]-$	PMA
聚甲基丙烯酸甲酯	$-[CH_2-C(CH_3)(COOCH_3)]-$	PMMA
聚甲醛	$-[CH_2-O]-$	POM

续表

聚合物名称	链节结构	英文缩写
聚砜	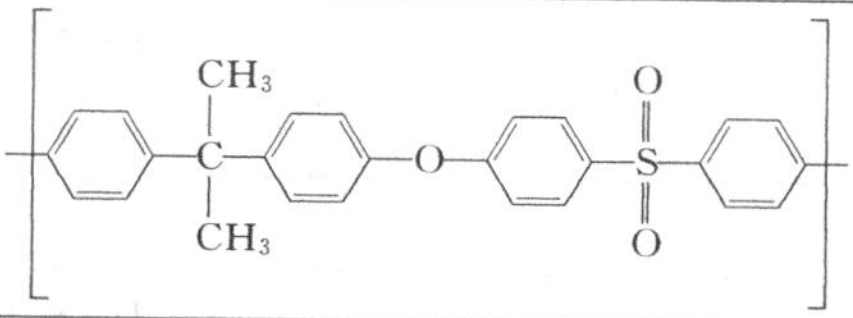	PSU(PSF)
聚苯醚	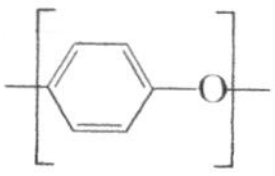	PRO
聚酰胺	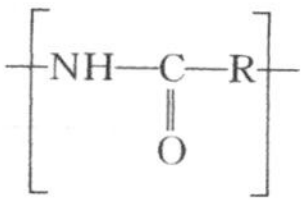	PA
聚乙烯醇缩甲醛	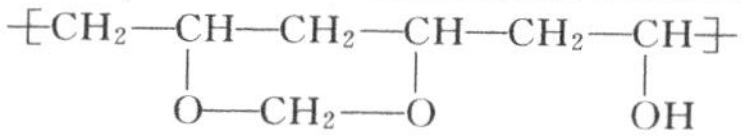	PVFM
聚碳酸酯	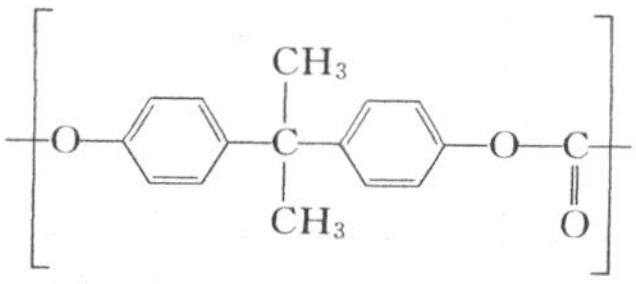	PC
聚氯醚	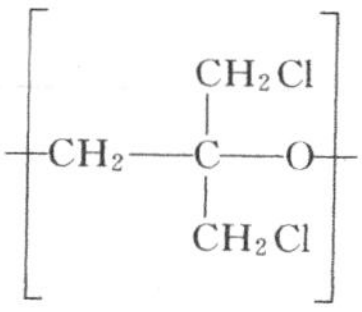	CPET
聚硅氧烷	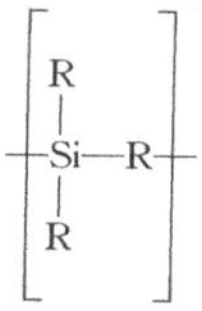	SI
聚酰亚胺		PI
酚醛树脂	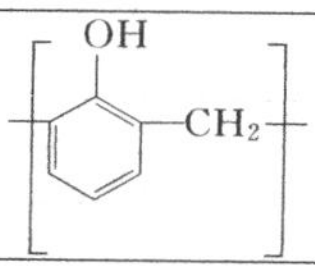	PF
脲醛树脂		UF
环氧树脂	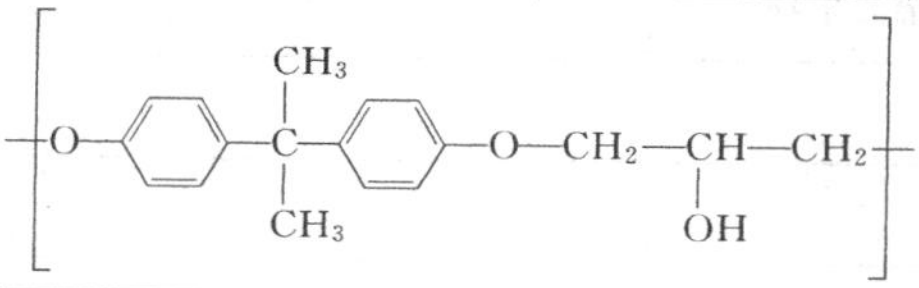	EP
涤纶树脂	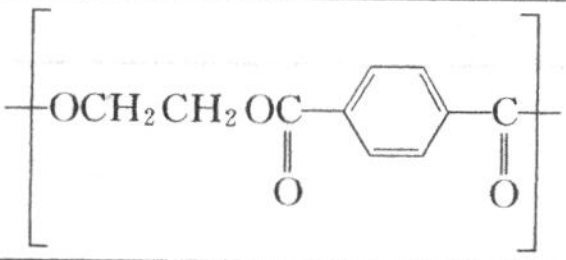	PET

续表

聚合物名称	链节结构	英文缩写
聚氨酯	$\text{-[}R-NH-\underset{\underset{O}{\parallel}}{C}-O\text{]-}$	AU(PUR)
硝酸纤维素		CN
三乙酸纤维素	$\text{-[}C_6H_7O_2(OCOCH_3)_3\text{]-}$	CTA
乙丙橡胶	$\left[-CH_2-CH_2-CH_2-\underset{\underset{CH_3}{\vert}}{CH}-\right]$	EPR
氯丁橡胶	$\left[-CH_2-\underset{\underset{Cl}{\vert}}{C}=CH-CH_2-\right]$	CR
丁苯橡胶	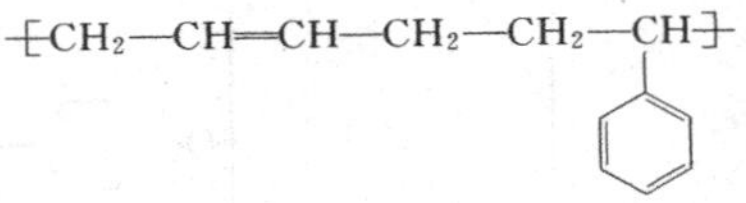	SBR(PBS)
丁腈橡胶	$\text{-[}CH_2-CH=CH-CH_2-CH_2-\underset{\underset{CN}{\vert}}{CH}\text{]-}$	NBR(ABR)
丁基橡胶	$\text{-[}CH_2-\overset{\overset{CH_3}{\vert}}{\underset{\underset{CH_3}{\vert}}{C}}\text{]-}$	GR-1(PIBI)
丙烯腈-丁二烯-苯乙烯共聚物	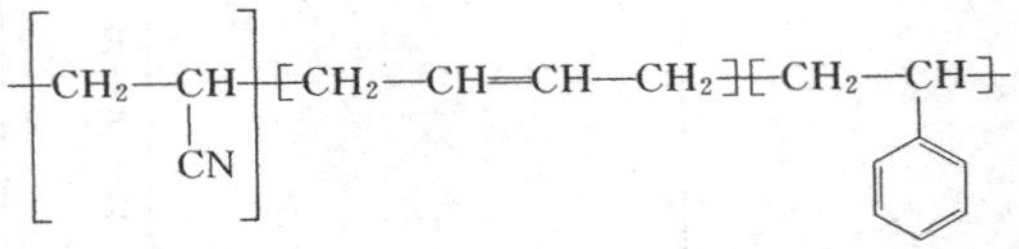	ABS
甲基丙烯酸甲酯-丁二烯-苯乙烯共聚物		MBS
氯乙烯-乙酸乙烯酯共聚物		PVCA
乙烯-乙酸乙烯酯共聚物		EVA
丙烯腈-丙烯酸-苯乙烯共聚物		AAS
聚烯烃		PO
聚酯		PES
氯化聚乙烯		CPE

附录九 常用单体物理常数表

名称	熔点/℃	沸点/℃	d_4^{20}	n_D^{20}
乙烯	−169.2	−103.5	0.6246(d_4^{-145})	
丙烯	−184.9	−47.7	0.609(d_4^{-49})	
丁二烯	−108.9	−4.4	0.6274($d_4^{-15.6}$)	1.4293(n_D^{-25})
异戊二烯	−146.8	34.0	0.6808	1.4216
名称	熔点/℃	沸点/℃	d_4^{20}	n_D^{20}
氯乙烯	−159.7	−13.9	0.974($d_4^{-14.5}$)	1.38(n_D^{15})
丙烯腈	−83.6	77.3	0.8060	1.3915
乙酸乙烯酯	−84	73	0.9342	1.3958
丙烯酸甲酯	<−75	80.3	0.9635	1.4040
甲基丙烯酸甲酯	−48.2	100.5	0.940(d_4^{25})	1.4118(n_D^{25})
苯乙烯	−30.6	145.2	0.9019(d_4^{25})	1.5439(n_D^{25})
α-甲基苯乙烯	−23.2	161.2	0.9134($d_4^{17.5}$)	1.5384($n_D^{17.4}$)
丙烯酰胺	84.5	87.0	1.122(d_4^{30})	
ε-己内酰胺	68～70	139/12 mmHg		
甲醛	−92	−21		
乙醛	−121	21		
丙烯酸	12～14	141.9	1.048～1.052	1.4224
丙烯酸乙酯			0.922～0.925	1.404～1.406
丙烯酸丁酯	−64	145～146	0.897～0.900	1.4185
甲基丙烯酸	15～16	163	1.0153	1.4314
对苯二甲酸	300 升华 425			
己二酸	151.5～152.5	337.5		
顺丁烯二酸酐	52～54			
邻苯二甲酸酐	130.8 升华			
己二胺	39～40	196		
乙二醇		196～198	1.111～1.115	
苯酚	42	180		
尿素	132 分解			
甘油	17.3	290	1.2613	1.4700

注：1mmHg=133.322Pa。

附录十 常用引发剂分解速率常数、活力及半衰期

常用引发剂及分子式	反应温度/℃	溶剂	分解速率常数 k_d/s^{-1}	半衰期 $t_{1/2}$/h	分解活化能 E_d/(kJ/mol)	储存温度/℃	一般使用温度/℃
过氧化苯甲酰	49.4	苯乙烯	5.28×10^{-7}	364.5	124.3		
	61.0		2.58×10^{-6}	74.5	(60℃)		
	74.8		1.83×10^{-5}	10.5			
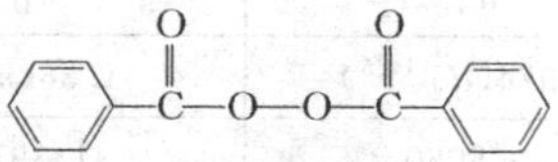	100.0		4.58×10^{-4}	0.42		25	60～100
	60.0	苯	2.0×10^{-6}	96.0	124.3		
	80.0		2.5×10^{-5}	7.7			
	85		8.9×10^{-5}	2.2			
过氧化二(2-甲基苯甲酰)	50		6.0×10^{-5}	3.2	113.8	5	
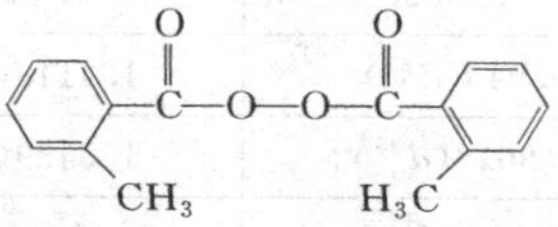	70	苯乙酮	9.02×10^{-5}	2.1	126.4		
	80		2.15×10^{-3}	0.09			
过氧化二(2,4-二氯苯甲酰)	34.8		3.88×10^{-6}	49.6	117.6	20	30～80
	49.4		2.39×10^{-5}	8.1	(50℃)		
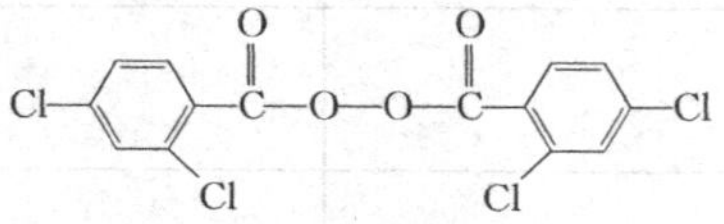	61.0	苯乙烯	7.78×10^{-5}	2.5			
	74.0		2.78×10^{-4}	0.69			
	100		4.17×10^{-3}	0.046			
过氧化二月桂酰	50		2.19×10^{-6}	88		25	60～120
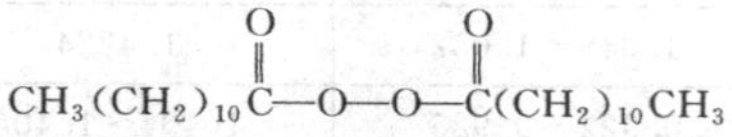	60	苯	9.17×10^{-6}	21	127.2		
	70		2.86×10^{-5}	6.7			
过氧化二碳酸二环己酯 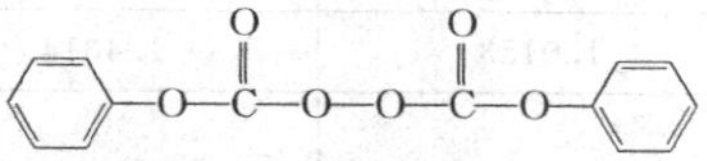	50	苯	5.4×10^{-5}	3.6		5	
过氧化二碳酸二异丙酯	40	苯	6.39×10^{-6}	30.1	117.6	−10	
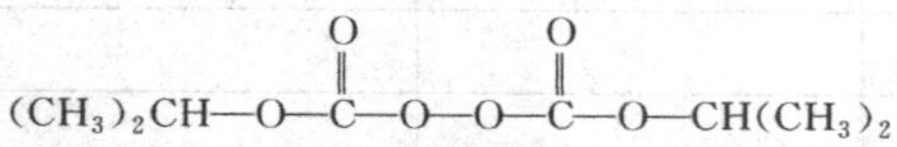	54		5.0×10^{-5}	3.85	(40℃)		
过氧化叔戊酸叔丁酯	50		9.77×10^{-6}	19.7	119.7	0	
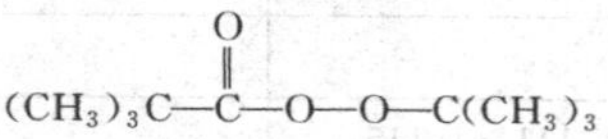	70	苯	1.24×10^{-4}	1.6			
	85		7.64×10^{-4}	0.25			
过氧化苯甲酸叔丁酯	100		1.07×10^{-5}	18	145.2	20	
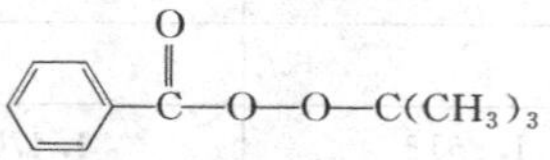	115	苯	6.22×10^{-5}	3.1			
	130		3.50×10^{-4}	0.6			
叔丁基过氧化氢	154.5		4.29×10^{-6}	44.8	170.7	25	常与还原剂一起使用 20～60
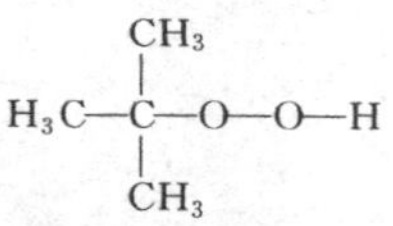	172.3	苯	1.09×10^{-5}	17.7			
	182.6		3.1×10^{-5}	6.2			

续表

常用引发剂及分子式	反应温度/℃	溶剂	分解速率常数 k_d/s^{-1}	半衰期 $t_{1/2}$/h	分解活化能 E_d/(kJ/mol)	储存温度/℃	一般使用温度/℃
异丙苯过氧化氢 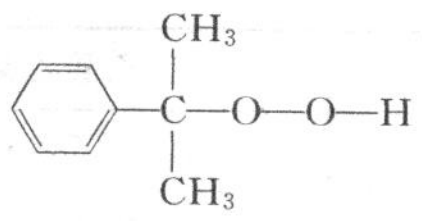	125	甲苯	9.0×10^{-6}	21	101.3	25	
	139		3.0×10^{-5}	6.4			
	182		6.5×10^{-3}	3.0			
过氧化二异丙苯 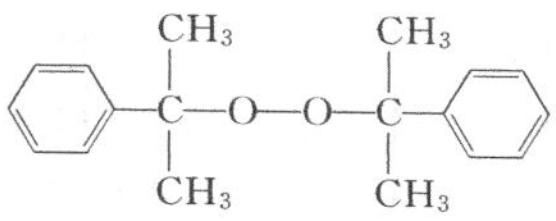	115	苯	1.56×10^{-5}	12.3	170.3	25	120～150
	130		1.05×10^{-4}	1.8			
	145		6.86×10^{-4}	0.3			
偶氮二异丁腈 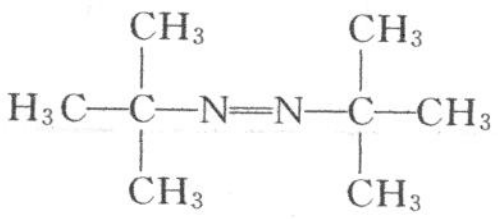	70	甲苯	4.0×10^{-5}	4.8	121.3	10	50～90
	80		1.55×10^{-4}	1.2			
	90		4.86×10^{-4}	0.4			
	100		1.60×10^{-3}	0.1			
偶氮二异庚腈 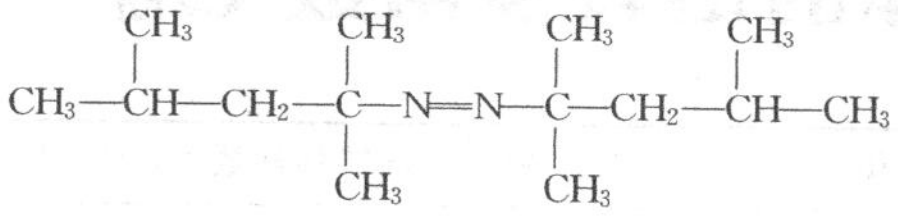	69.8	苯	1.98×10^{-4}	0.97	121.3	0	20～80
	80.2		7.1×10^{-4}	0.27			
过硫酸钾 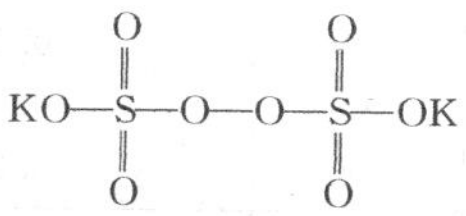	50	0.1 mol/L KOH	9.1×10^{-7}	212	140	25	与还原剂一起使用50℃左右
	60		3.16×10^{-6}	61			
	70		2.33×10^{-5}	8.3			

附录十一　几种引发剂的链转移常数 C_I

单　体	引 发 剂	温度/℃	链转移常数 C_I
苯乙烯	过氧化苯甲酰	60	0.101
		70	0.12
		80	0.13
	偶氮二异丁腈	50	0.0
		60	0.012
甲基丙烯酸甲酯	过氧化苯甲酰	60	0
	偶氮二异丁腈	60	0
顺丁烯二酸酐	过氧化苯甲酰	75	2.63
	过氧化苯甲酰	60	0.09
	2,4-二氯过氧化苯甲酰	60	0.17

附录十二 几种溶剂（或调节剂）的链转移常数（60℃）

溶剂(调节剂)	苯 乙 烯	甲基丙烯酸甲酯	乙酸乙烯酯
苯	0.018×10^{-4}	0.04×10^{-4}	1.07×10^{-4}
甲苯	0.125×10^{-4}	0.17×10^{-4}	20.9×10^{-4}
乙苯	0.67×10^{-4}	1.35×10^{-4}(80℃)	55.2×10^{-4}
环己烷	0.024×10^{-4}	0.10×10^{-4}(80℃)	7.0×10^{-4}
二氯甲烷	0.15×10^{-4}	0.76×10^{-4}(80℃)	4.0×10^{-4}
三氯甲烷	0.5×10^{-4}	0.45×10^{-4}	0.0125
四氯化碳	92×10^{-4}	5×10^{-4}	0.96
正丁硫醇	22	0.67	约 50
正十二硫醇	19		

附录十三 在均聚反应中单体的链转移常数 C_M

单体	温度/℃	链转移常数 $C_M\times10^4$	单体	温度/℃	链转移常数 $C_M\times10^4$
苯乙烯	27	0.31	甲基丙烯酸甲酯	50	0.15
	50	0.62		60	0.18
	60	0.79		70	0.23
	70	1.16		80	0.25
	90	1.47		100	0.38
顺丁烯二酸酐	75	750	丙烯腈	60	0.26
乙酸乙烯酯	50	0.25	氯乙烯	60	12.3
	60	2.5			

附录十四 自由基共聚反应中单体的竞聚率

单体 1	单体 2	r_1	r_2	r_1r_2	T/℃
苯乙烯	乙基乙烯基醚	80±40	0	0	80
苯乙烯	异戊二烯	1.38±0.54	2.05±0.45	2.83	50
苯乙烯	乙酸乙烯酯	55±10	0.01±0.01	0.55	60
苯乙烯	氯乙烯	17±3	0.02	0.34	60
苯乙烯	偏二氯乙烯	1.85±0.05	0.085±0.01	0.157	60
丁二烯	丙烯腈	0.3	0.02	0.006	40
丁二烯	苯乙烯	1.35±0.12	0.58±0.15	0.78	50
丁二烯	氯乙烯	8.8	0.035	0.31	50
丙烯腈	丙烯酸	0.35	1.15	0.40	50

续表

单体 1	单体 2	r_1	r_2	r_1r_2	T/℃
丙烯腈	苯乙烯	0.04±0.04	0.40±0.05	0.016	60
丙烯腈	异丁烯	0.02±0.02	1.8±0.2	0.036	50
甲基丙烯酸甲酯	苯乙烯	0.46±0.026	0.52±0.026	0.24	60
甲基丙烯酸甲酯	丙烯腈	1.224±0.10	0.150±0.08	0.184	80
甲基丙烯酸甲酯	氯乙烯	10	0.10	1.0	68
氯乙烯	偏二氯乙烯	0.3	3.2	0.96	60
氯乙烯	乙酸乙烯酯	1.68±0.08	0.23±0.02	0.39	60
四氟乙烯	三氟氯乙烯	1.0	1.0	1.0	60
顺丁烯二酸酐	苯乙烯	0.015	0.040	0.006	50

附录十五　某些单体在阳离子型共聚时的竞聚率

M_1	M_2	r_1	r_2	r_1r_2	引发剂	溶剂	温度/℃
苯乙烯	异丁烯	0.1	1.60	0.25	$SnCl_4$	氯乙烷	0
苯乙烯	异丁烯	0.33	3.50	1.15	γ射线	氯乙烷	−78
苯乙烯	α-甲基苯乙烯	0.05	2.90	0.15	$SnCl_4$	氯乙烷	0
苯乙烯	α-甲基苯乙烯	0.54	3.60	1.90	$TiCl_4$	甲苯	0
苯乙烯	α-甲基苯乙烯	0.55	1.18	0.65	$TiCl_4$	甲苯	−78
苯乙烯	对氯苯乙烯	2.20	0.35	0.77	$SnCl_4$	CCl_4	0
苯乙烯	对氯苯乙烯	2.10	0.35	0.73	$SnCl_4$	硝基苯	0
苯乙烯	对甲氧基苯乙烯	0.34	11	3.90	$AlCl_3$	硝基苯/CCl_4(1∶1)	0
苯乙烯	对甲氧基苯乙烯	0.12	14	1.70	$TiCl_4$	硝基苯/CCl_4(1∶1)	0

附录十六　一些聚合物的溶剂和沉淀剂（非溶剂）

聚合物	溶剂	沉淀剂
聚丁二烯	脂肪烃、芳烃、卤代烃、四氢呋喃、高级酮和酯	醇、水、丙酮、硝基甲烷
聚乙烯	甲苯、二甲苯、十氢化萘、四氢化萘	醇、丙酮、邻苯二甲酸二甲酯
聚丙烯	环己烷、二甲苯、十氢化萘、四氢化萘	醇、丙酮、邻苯二甲酸二甲酯
聚丙烯酸甲酯	丙酮、丁酮、苯、甲苯、四氢呋喃	甲醇、乙醇、水
聚甲基丙烯酸甲酯	丙酮、丁酮、苯、甲苯、四氢呋喃	甲醇、石油醚、己烷、环己烷、水
聚乙烯醇	水、乙二醇(热)、丙三醇(热)	丙酮、丙醇、烃、卤代烃
聚氯乙烯	丙酮、环己酮、四氢呋喃	醇、乙烷、氯乙烷、水
聚四氟乙烯	全氟煤油(350℃)	大多数溶剂

续表

聚合物	溶剂	沉淀剂
聚丙烯腈	N,N-二甲基甲酰胺、乙酸酐	烃、卤代烃、醇、酮
聚乙酸乙烯酯	苯、甲苯、氯仿、二氧六环、丙酮、四氢呋喃	无水乙醇、己烷、环己烷
聚苯乙烯	苯、甲苯、环己烷、氯仿、四氢呋喃、苯乙烯	醇、酚、己烷
聚氧化丙烯	苯、甲苯、甲醇、乙醇、丙酮、四氢呋喃	水
聚对苯二甲酸乙二酯	苯酚、硝基苯(热)、浓硫酸	醇、酮、醚、烃、卤代烃
聚氨酯	苯酚、甲酸、N,N-二甲基甲酰胺	饱和烃、醇、乙醚
聚硅氧烷	苯、甲苯、氯仿、环己酮、四氢呋喃	甲醇、乙醇、溴苯
聚酰胺	苯酚、甲基苯酚、甲酸、苯甲醇(热)	烃、脂肪醇、酮、醚、酯
三聚氰胺甲醛树脂	吡啶、甲醛水溶液、甲酸	大部分有机溶剂
酚醛树脂	烃、酮、酯、乙醚	醇、水
丙烯腈-甲基丙烯酸甲酯共聚物	N,N-二甲基甲酰胺	正己烷、乙醚
苯乙烯-顺丁烯二酸酐共聚物	丙酮、碱水(热)	苯、甲苯、水、石油醚
聚2,6-二甲基苯醚	苯、甲苯、氯仿、二氯甲烷、四氢呋喃	甲醇、乙醇
苯乙烯-甲基丙烯酸甲酯共聚物	苯、甲苯、四氯化碳	甲醇、石油醚

附录十七　几种高聚物的特性黏数-分子量关系式 $[\eta]=KM^{\alpha}$ 参数

高聚物	溶剂	温度/℃	$K\times10^3$/(mL/g)	α	是否分级	测量方法	分子量范围 $M\times10^{-4}$
聚乙烯(低压)	十氢萘	135	67.6	0.67	—	LS	3~100
聚乙烯(低压)	联苯	127.5	323	0.50	分	DV	2~30
聚乙烯(低压)	四氢萘	105	16.2	0.83	分	LS	13~57
聚乙烯(高压)	对二甲苯	81	105	0.63	未	OS	1~10
聚乙烯(高压)	十氢萘	70	38.7	0.738	分	OS	0.26~3.5
聚乙烯(高压)	十氢萘	135	46	0.73	分	LS	2.5~64
聚丙烯(无规立构)	十氢萘	135	15.8	0.77	分	OS	2.0~40
聚丙烯(无规立构)	十氢萘	135	11.0	0.80	分	LS	2~62
聚丙烯(无规立构)	苯	25	27.0	0.71	分	OS	6~31
聚丙烯(无规立构)	甲苯	30	21.8	0.725	分	OS	2~34
聚丙烯(等规立构)	联苯	125.1	152	0.50	分	DV	5~42
聚丙烯(等规立构)	十氢萘	135	10.0	0.80	分	LS	10~100

续表

高聚物	溶剂	温度/℃	$K\times10^3$/(mL/g)	α	是否分级	测量方法	分子量范围 $M\times10^{-4}$
聚丙烯(间同立构)	庚烷	30	31.2	0.71	分	LS	9～45
聚氯乙烯	氯苯	30	71.2	0.59	分	SD	3～19
聚氯乙烯	环己酮	20	11.6	0.85	分	OS	2～10
聚氯乙烯	环己酮	25	204	0.56	分	OS	1.9～15
聚氯乙烯	四氢呋喃	20	3.63	0.92	分	OS	2～17
聚氯乙烯	四氢呋喃	25	49.8	0.69	分	LS	4～40
聚氯乙烯	四氢呋喃	30	63.8	0.65	分	LS	3～32
聚苯乙烯	苯	20	6.3	0.78	分	SD	1～300
聚苯乙烯	苯	25	9.18	0.743	分	LS	3～70
聚苯乙烯	苯	25	11.3	0.73	分	OS	7～180
聚苯乙烯	氯仿	25	11.2	0.73	分	OS	7～150
聚苯乙烯	氯仿	30	4.9	0.794	分	OS	19～273
聚苯乙烯	丁酮	25	39	0.58	分	LS	1～180
聚苯乙烯	环己烷	35	80	0.50	分	LS	8～84
聚苯乙烯	甲苯	20	4.16	0.788	分	LS	4～137
聚苯乙烯	甲苯	35	13.4	0.71	分	OS	7～150
聚苯乙烯	甲苯	30	9.2	0.72	分	LS	4～146
聚苯乙烯(阴离子聚合)	苯	30	11.5	0.73	分	LS	25～300
聚苯乙烯(阴离子聚合)	甲苯	30	8.81	0.75	分	LS	25～300
聚苯乙烯(全同立构)	甲苯	30	11.0	0.725	分	OS	3～37
聚苯乙烯(全同立构)	苯	30	9.5	0.77		OS	4～75
聚苯乙烯(全同立构)	氯仿	30	25.9	0.734	分	OS	9～32
聚甲基丙烯酸甲酯	氯仿	20	9.6	0.78		OS	1.4～60
聚甲基丙烯酸甲酯	氯仿	25	4.8	0.80	分	LS	8～140
聚甲基丙烯酸甲酯	苯	20	8.35	0.73	分	SD	7～700
聚甲基丙烯酸甲酯	苯	25	4.68	0.77	分	LS	7～630
聚甲基丙烯酸甲酯	丁酮	25	7.1	0.72	分	LS	41～340
聚甲基丙烯酸甲酯	丙酮	20	5.5	0.73		SD	4～800
聚甲基丙烯酸甲酯	丙酮	25	7.5	0.70	分	LS,SD	2～740
聚甲基丙烯酸甲酯	丙酮	30	7.7	0.70		LS	6～263
聚甲基丙烯酸甲酯(等规立构)	丙酮	30	23.0	0.63	分	LS	5～128
聚甲基丙烯酸甲酯(等规立构)	乙腈	20	130	0.448	分	DV	3～19
聚甲基丙烯酸甲酯(等规立构)	苯	30	5.2	0.76	分	LS	5～128
聚乙酸乙烯酯	氯仿	25	20.3	0.72	分	OS	4～34
聚乙酸乙烯酯	丙酮	25	19.0	0.66	分	LS	4～139
聚乙酸乙烯酯	丙酮	30	17.6	0.68	分	OS	2～163

续表

高聚物	溶剂	温度/℃	$K\times10^3$/(mL/g)	α	是否分级	测量方法	分子量范围 $M\times10^{-4}$
聚乙酸乙烯酯	苯	30	56.3	0.62	分	OS	2.5～86
聚乙酸乙烯酯	丁酮	25	42	0.62	分	OS,SD	1.7～120
聚乙酸乙烯酯	丁酮	30	10.7	0.71	分	LS	3～120
聚乙烯醇	水	25	59.6	0.63	分	黏度	1.2～19.5
聚乙烯醇	水	30	66.6	0.64	分	OS	3～12
聚丙烯腈	二甲基甲酰胺	25	24.3	0.75		LS	3～26
聚丙烯腈	二甲基甲酰胺	35	27.8	0.76	分	DV	3～58
聚丙烯腈	二甲基甲酰胺	25	16.6	0.81	分	SD	4.8～27
聚丙烯腈	二甲基甲酰胺	20	34.3	0.73	分	DV (LS)	4～40
聚丙烯腈	二甲基甲酰胺	20	32.1	0.75	分	DV	9～40
聚异丁烯	苯	24	107	0.50	分	DV	18～188
聚异丁烯	四氯化碳	30	29	0.68	分	OS	0.05～126
聚异丁烯	甲苯	15	24	0.65	分	DV	1～146
聚丙烯酰胺	水	30	6.31	0.80	分	SD	2～50
聚丙烯酸	1mol/L NaCl 水溶液	25	15.47	0.90	分	OS	4～50
聚丙烯酸	2mol/L NaOH 水溶液	25	42.2	0.64	分	OS	4～50
聚甲基丙烯酸	丙酮	25	5.5	0.77	分	LS	28～160
聚甲基丙烯酸	丙酮	30	28.2	0.52	分	OS	4～45
聚甲基丙烯酸	苯	25	2.58	0.85		OS	20～130
聚甲基丙烯酸	苯	35	12.8	0.71	分	OS	5～30
聚甲基丙烯酸	甲苯	30	7.79	0.697	分	LS	25～190
聚甲基丙烯酸	甲苯	35	21	0.60	分	LS	12～69
硝化纤维素	丙酮	25	25.3	0.795	分	OS	6.8～22.4
硝化纤维素	环己酮	32	24.5	0.80	分	OS	6.8～22.4
天然橡胶	苯	30	18.5	0.74	分	OS	8～28
天然橡胶	甲苯	25	50.2	0.667	分	OS	7～100
丁苯橡胶(50℃乳液聚合)	苯	25	52.5	0.66	分	OS	1～160
丁苯橡胶(50℃乳液聚合)	甲苯	25	52.5	0.667	分	OS	2.5～50
丁苯橡胶(50℃乳液聚合)	甲苯	30	16.5	0.78	分	OS	3～35
聚对苯二甲酸乙二酯	苯酚-四氯乙烷(1∶1)	25	21.0	0.82	分	E	0.5～3
聚二甲基硅氧烷	甲苯	25	21.5	0.65		OS	2～130
聚二甲基硅氧烷	丁酮	30	48	0.55	分	OS	5～66
聚碳酸酯	氯仿	25	12.0	0.82	分	LS	1～7
聚碳酸酯	二氯甲烷	25	11.1	0.82	分	SD	1～27
聚甲醛	二甲基甲酰胺	150	44	0.66		LS	8.9～28.5
聚环氧乙烷	甲苯	35	14.5	0.70		E	0.04～0.4

续表

高聚物	溶剂	温度/℃	$K\times10^3$/(mL/g)	α	是否分级	测量方法	分子量范围 $M\times10^{-4}$
聚环氧乙烷	水	30	12.5	0.78		S	10～100
聚环氧乙烷	水	35	16.6	0.82		E	0.04～0.4
尼龙-66	邻氯苯酚	25	168	0.62		LS,E	1.4～5
尼龙-66	间甲苯酚	25	240	0.61		LS,E	1.4～5
尼龙-66	90%甲酸	25	35.3	0.786		LS,E	0.6～6.5
聚己内酰胺(尼龙-6)	间甲苯酚	25	320	0.62	分	E	0.05～0.5
聚己内酰胺(尼龙-6)	85%甲酸	25	22.6	0.82	分	LS	0.7～12
尼龙-610	间甲苯酚	25	13.5	0.96		SD	0.8～2.4

注：测量方法一栏中，OS代表渗透压，LS代表光散射，E代表端基滴定，SD代表超离心沉降和扩散，DV代表扩散和黏度。

附录十八 某些聚合物的 θ 溶剂

聚合物	溶剂名称	组成比例	θ温度/℃	方法
聚乙烯	正戊烷	—	约85	PE
	正己烷	—	133	PE
	二苯基甲烷	—	142.2	PE
	正辛烷	—	180.1	PE
	硝基苯	—	>200	PE
	联苯	—	125	PE
聚丙烯	四氯化碳/正丙醇	74/26	25	CT
	四氯化碳/正丁醇	67/33	25	CT
	正己烷/正丁醇	68/32	25	CT
	正己烷/正丙醇	78/22	25	CT
	甲基环己烷/正丙醇	69/31	25	CT
	甲基环己烷/正丁醇	66/34	25	CT
聚甲基丙烯酸甲酯	苯/正己烷	70/30	20	CT
	苯/异丙醇	62/38	20	CT
	丁酮/异丙醇	50/50	22.8	A_2(LS)
	丙酮/甲醇	78.1/21.9	25	CT
	丁酮/环己烷	59.5/40.5	25	CT,A_2(LS)
	四氯化碳/正己烷	99.4/0.6	25	CT
	四氯化碳/甲醇	53.3/46.7	25	CT
	甲苯/正己烷	81.2/18.8	25	CT
	甲苯/甲醇	35.7/64.3	26.2	PE,A_2(LS)
聚苯乙烯	环己烷/甲苯	86.9/13.1	15	PE
	反式十氢化萘/顺式十氢化萘	79.6/23.1	19.3	PE
	苯/正己烷	36/61	20	CT
	苯/异丙醇	66/34	20	CT
	丁酮/异丙醇	85.7/14.3	23	A_2(LS,OP)

续表

聚合物	溶剂名称	组成比例	θ温度/℃	方法
	苯/环己烷	38.4/61.6	25	CT, A_2(LS)
	苯/正己烷	34.7/65.3	25	CT, A_2(LS)
	苯/甲醇	77.8/22.2	25	CT, A_2(LS)
	苯/异丙醇	64.2/35.8	25	CT, A_2(LS)
	丁酮/甲醇	88.7/11.3	25	CT, A_2(LS)
	四氯化碳/甲醇	81.7/18.3	25	CT, A_2(LS)
	氯仿/甲醇	75.2/24.8	25	CT, A_2(LS)
	四氢呋喃/甲醇	71.3/28.7	25	CT, A_2(LS)
	甲苯/甲醇	80/20	25	A_2(OP), VM
	丁酮/甲醇	88.9/11.1	30	PE
	甲苯/正庚烷	47.6/52.4	30	PE
	苯/甲醇	74.0/26.0	34	VM
	丙酮/异丙醇	82.6/17.4	34	VM
	甲苯/甲醇	75.2/24.8	34	VM
	苯/甲醇	74.7/25.3	35	A_2(LS)
	苯/异丙醇	61/39	35	A_2(LS)
	四氯化碳/正丁醇	65/35	35	A_2(LS)
	四氯化碳/庚烷	53/47	35	A_2(LS)
聚乙酸乙烯	乙醇/甲醇	80/20	17	PE
	丁酮/异丙醇	73.2/26.8	25	PE, A_2(LS)
	3-甲基丁酮/正庚烷	73.2/26.8	25	PE, A_2(LS)
	3-甲基丁酮/正庚烷	72.7/27.3	30	PE, A_2(LS)
	丙酮/异丙醇	23/77	30	PE
聚氯乙烯	四氢呋喃/水	100/11.9	30	CT
		100/9.5	30	CT

注：PE为相平衡；A_2为第二维利系数；VM为黏度分子量关系；CT为浊度滴定。

附录十九 一些常见聚合物的密度

高聚物	ρ_c(完全结晶)/(g/cm^3)	ρ_a(完全无定型)/(g/cm^3)	ρ_c/ρ_a
聚乙烯	1.00	0.85	1.18
聚丙烯	0.95	0.85	1.12
聚异丁烯	0.94	0.86	1.09
聚丁二烯	1.01(1,4-反) 1.02(1,4-顺)	0.89	1.14
顺聚异戊二烯	1.00	0.91	1.10
反聚异戊二烯	1.05	0.90	1.16
聚苯乙烯	1.13	1.05	1.08
聚氯乙烯	1.52	1.39	1.10
聚偏氯乙烯	2.00	1.74	1.15
聚三氟氯乙烯	2.19	1.92	1.14

续表

高聚物	ρ_c(完全结晶)/(g/cm³)	ρ_a(完全无定型)/(g/cm³)	ρ_c/ρ_a
聚四氟乙烯	2.35(>20℃) 2.40(<20℃)	2.00	1.17
尼龙-6	1.23	1.08	1.14
尼龙-66	1.24	1.07	1.16
聚甲醛	1.54	1.23	1.25
聚环氧乙烷	1.33	1.12	1.19
聚环氧丙烷	1.15	1.00	1.15
聚对苯二甲酸乙二醇酯	1.46	1.33	1.10
聚碳酸酯	1.31	1.20	1.09
再生纤维素	1.58	1.16	1.15
聚乙烯醇	1.35	1.25	1.07
聚甲基丙烯酸甲酯	1.23	1.17	1.05

附录二十 一些具有代表性的聚合物的结晶参数

聚合物名称	构象①	晶系	晶胞参数				单体单元数(晶胞)	晶体密度/(g/cm³)
			a	*b*	*c*	交角		
聚氯乙烯	Z	正交	10.6	5.4	5.1		4	1.44
聚乙烯醇	Z	单斜	7.81	2.54	5.51	$\beta=91°42'$	2	1.35
等规聚甲基丙烯酸甲酯	$H,5_5$	正交	21.08	12.17	10.55		20	1.23
聚丙烯酸异丁酯	$H,3_1$		17.92	17.92	6.42			1.24
聚丙烯酸仲丁酯	$H,3_1$		17.92	10.34	6.49			1.06
聚丙烯酸叔丁酯	$H,3_1$		17.92	10.50	6.49			1.04
聚甲醛	$H,5_1$	六方	4.66	4.46	17.30		9	1.506
聚氧化乙烯	$H,7_2$	单斜	8.03	13.09	19.52	$\beta=126°0'$	4	
聚氧化丙烯	Z	正交	10.40	4.46	6.92		6	1.096
聚甲基乙烯基酮	$H,7_2$	六方	14.52	14.52	14.41		—	1.216
聚对苯二甲酸乙二酯	Z	三斜	4.56	5.94	10.75	98°,118°,112°,1/2°	1	1.455
聚碳酸酯(从双酚 A 制得)	Z	正交	11.9	10.1	21.5		8	1.30
聚乙烯	Z	正交	7.36	4.92	2.534		2	1.014
等规聚丙烯	$H,3_1$	单斜	6.666	20.87	6.488	$\beta=98°12'$	12	0.937
间规聚丙烯	$H,2_1$	正交	14.5	5.8	7.4		48	0.91
聚 1-丁烯	$H,3_1$	四方	17.7	17.7	6.5		18	0.95
等规 1,2-聚丁二烯	$H,3_1$	四方	17.3	17.3	6.5		18	0.96
间规 1,2-聚丁二烯	Z	正交	10.98	6.60	5.14		4	0.963
1,4-顺式聚丁二烯	Z	六方	4.54	4.54	4.9		1	1.02

续表

聚合物名称	构象	晶系	晶胞参数				单体单元数（晶胞）	晶体密度/(g/cm³)
			a	b	c	交角		
1,4-反式聚丁二烯	Z	单斜	4.60	9.50	8.60	$\beta=109°$	4	1.01
聚3甲基-1丁烯	H,4_1	单斜	9.55	8.54	6.84	$\gamma=116°3'$	4	0.93
聚4甲基-1戊烯	H,7_2	四方	18.66	18.66	13.80		28	0.812
聚5甲基-1己烯	H,3_1	六方	10.2	10.2	6.5		3.5	0.84
聚苯乙烯	H,3_1	四方	22.08	22.08	6.628		18	1.111
聚α-甲基苯乙烯	H,4_1	四方	21.2	21.2	8.10		16	1.12

① Z表示锯齿型；H表示螺旋型。

附录二十一　一些聚合物的玻璃化转变温度（T_g）和熔点（T_m）

单位：℃

聚合物名称	T_g	T_m
聚乙烯	−120	137(高密度)
聚乙烯醇	85	245
聚乙烯醇缩甲醛	105	—
聚丁二烯(1,4-反式)	−48,−72	100,92,148
聚丁二烯(1,4-顺式)	−105,−108	63,1
聚三氟氯乙烯	45	220
聚己二酰己二胺	50	265
聚己内酰胺	50	225,215
聚丙烯(全同立构)	−10	176
聚丙烯(无规立构)	−20	—
聚丙烯腈	104,130	317(<T_m时分解)
聚甲基丙烯酸甲酯(无规立构)	105	—
(间同立构)	115	>200
(全同立构)	45	160
聚四氟乙烯	126	327
聚对苯二甲酸乙二酯	69	267
聚异丁烯	−70,−60	128
聚异戊二烯(天然胶)	−73	36,25
聚苯乙烯(全同立构)	100	240,230
(无规立构)	90～100	—
聚氯乙烯	87	212
聚碳酸酯	150,148	200,267
聚乙酸乙烯酯	29	—
乙酸纤维素(2,3)	120	—

附录二十二　一些聚合物的折射率

聚合物名称	折射率	温度/℃
聚四氟乙烯	1.35	
聚二甲基硅烷	1.43	
聚乙酸乙烯酯	1.4665	20
聚甲基丙烯酸	1.472～1.480	
聚甲基丙烯酸甲酯	1.4893	23
聚乙烯醇	1.49～1.53	
聚丙烯(密度 0.9075g/cm^3)	1.5030	20
聚异丁烯	1.505～1.51	
聚乙烯(密度 0.9145g/cm^3)	1.51	20
(密度 0.94～0.9455g/cm^3)	1.52～1.53	20
(密度 0.965g/cm^3)	1.545	20
天然橡胶	1.519～1.52	
聚丙烯腈	1.52	
聚丙烯腈	1.5187	20
尼龙-6,尼龙-66,尼龙-610	1.53	
蛋白质	1.539～1.541	
聚氯乙烯	1.54～1.55	
聚苯乙烯	1.59～1.592	20
硬橡胶(32%S)	1.6	

参考文献

[1] 刘喜军，杨秀英，王慧敏.高分子实验教程.哈尔滨：东北林业大学出版社，2000.
[2] 复旦大学高分子科学系、高分子科学研究所.高分子实验技术.上海：复旦大学出版社，1996.
[3] 吴承佩，周彩华，栗方星.高分子化学实验.合肥：安徽科学技术出版社，1989.
[4] 何伟东.高分子化学实验.合肥：中国科技大学出版社，2003.
[5] 欧国荣，张德震等.高分子科学与工程实验.上海：华东理工大学出版社，1998.3.
[6] 欧阳国恩，欧国荣.复合材料试验技术.武汉：武汉工业大学出版社，1993.
[7] 曹同玉，刘庆普，胡金生.聚合物乳液合成原理性能及应用，北京：化学工业出版社，1997.
[8] 潘祖仁.高分子化学.北京：化学工业出版社，2003.
[9] 吴人洁.现代仪器分析在高聚物中的应用.上海：上海科学技术出版社，1987.
[10] 施良和.凝胶渗透色谱.北京：化学工业出版社，1980.
[11] 沈德言.红外光谱法在高分子研究中的应用.北京：科学出版社，1982.
[12] 何曼君，陈维孝，董西侠.高分子物理.上海：复旦大学出版社，1990.
[13] 张美珍，柳百坚，谷晓昱.聚合物研究方法.北京：中国轻工业出版社，2000.
[14] 黄丽，陈晓红，宋怀河.聚合物复合材料.北京：中国轻工业出版社，2001.
[15] 周维祥.塑料测试技术.北京：化学工业出版社，1997
[16] 浙江省皮革塑料工业公司.塑料标准手册.杭州：浙江科学技术出版社，1982.
[17] 吴培熙，王祖玉.塑料制品生产工艺手册.北京：化学工业出版社，1993.
[18] 刘晓明.硬聚氯乙烯改性与加工.北京：中国轻工业出版社，1998.
[19] 黄锐.塑料成型工艺学.北京：中国轻工业出版社，1997.
[20] 邵毓芳，嵇根定.高分子物理实验.南京：南京大学出版社，1998.
[21] 赵玉庭等.复合材料基体与界面.上海：华东化工学院出版社，1991.
[22] 陈中一.热塑性塑料模塑成型工艺.杭州：浙江科学技术出版社，1985.
[23] 橡胶加工基本工艺编写组.橡胶加工基本工艺.北京：化学工业出版社，1997.
[24] 麦卡弗里 E L.高分子化学实验室制备.蒋硕健等译.北京：科学出版社，1981.
[25] Sorenson W R 等.高分子化学制备方法.上有槐等译.北京：石油工业出版社.1975.
[26] 张开.高分子物理学.北京：化学工业出版社，1988.
[27] 布朗 D.塑料简易鉴别手册.塑料简易鉴别法编写组译.北京：轻工业出版社，1985.
[28] 欧国荣，倪礼忠.复合材料工艺与设备.上海：华东化工学院出版社，1991.
[29] 华东化工学院等.玻璃钢机械与设备.北京：中国建筑工业出版社，1981.
[30] 林尚安等.高分子化学.北京：科学出版社，1984.
[31] 黄天滋，钟兆灯，盛勤等著.高分子科学与工程实验.上海：华东理工大学出版社.1998.
[32] 北京大学化学系高分子教研室.高分子实验与专论.北京：北京大学出版社，1990.
[33] 张兴英，李齐方.高分子科学实验.北京：化学工业出版社，2004.
[34] 刘长维.高分子材料与工程实验.北京：化学工业出版社，2004.
[35] 杨清芝.现代橡胶工艺学.北京：中国石化出版社，2007.